四川省防灾减灾教育馆"减灾兴川"系列丛书

纪年

四川灾害史

（上册）

吴厚荣　主编

四川省防灾减灾教育馆　出品

四川大学出版社
SICHUAN UNIVERSITY PRESS

图书在版编目（CIP）数据

四川灾害史纪年 / 吴厚荣主编 . -- 成都 : 四川大
学出版社，2025.4
ISBN 978-7-5690-6750-7

Ⅰ . ①四… Ⅱ . ①吴… Ⅲ . ①自然灾害－史料－四川
Ⅳ . ① X432.1

中国国家版本馆 CIP 数据核字（2024）第 075906 号

书　　名：四川灾害史纪年
　　　　　Sichuan Zaihaishi Jinian
主　　编：吴厚荣
出　　品：四川省防灾减灾教育馆

选题策划：李波翔
责任编辑：梁　明
责任校对：李　耕　李畅炜
装帧设计：墨创文化
责任印制：李金兰

出版发行：四川大学出版社有限责任公司
　　　　　地址：成都市一环路南一段 24 号（610065）
　　　　　电话：（028）85408311（发行部）、85400276（总编室）
　　　　　电子邮箱：scupress@vip.163.com
　　　　　网址：https://press.scu.edu.cn
印前制作：四川胜翔数码印务设计有限公司
印刷装订：成都金龙印务有限责任公司

成品尺寸：210 mm×285 mm
印　　张：53
字　　数：1323 千字

版　　次：2025 年 4 月　第 1 版
印　　次：2025 年 4 月　第 1 次印刷
定　　价：358.00 元（全二册）

扫码获取数字资源

四川大学出版社
微信公众号

编者说明

　　《四川灾害史纪年》，是关于四川省灾害历史的第一部综合的、连贯的资料汇集。笔者尽可能地搜罗四川史上发生过的自然灾害的文字记录，经整理及重点校核，按年份有序编纂，力求能大略地呈现历年全省灾害的时空分布和演变趋势，使之有助于科学认知和正确把握四川灾害的地域环境特点和成灾因素，以及历朝历代治灾救灾的成效及经验教训，进而为当代"减灾兴川"提供决策参考。同时，也可为防灾减灾科普读物、培训教材、音像作品的编写制作，提供所需的历史素材或线索。

　　本书根据巴蜀地区的历史特点，以大禹治水（《尚书·禹贡》"岷山导江，东别为沱"）为卷首开篇，旨在扬起古蜀先民首次成功应对水患的大旗。[①] 但因年代久远，文献不足，从后续纪年能得以连续考虑，则宜以李冰治水为上限[②]，下限止于1949年，历史跨度为2226年。

　　本书记述的地域范围，原应以四川省现行行政辖区为依归，但因历史上一直以巴、蜀为一大完整的自然地理单元，且按地方史志以往通例，故将曾划出建省的西康（1939—1955）和于1997年3月14日划出建直辖市的重庆两地区，统一列入记述范围。

　　本书收录的灾害种类如下。①气象灾害：旱灾、洪灾、冰雹、大风、淫雨、低温、冻害、雷暴、雪灾；②地震；③地质灾害：泥石流、滑坡、崩塌；④疫病：传染病（多种）、地方病（多种）、畜禽病（多种）；⑤生物灾害：农作物病虫害（多种）、森林虫害（多种），兽害（鼠、虎、犬）；⑥火灾。总计三十多个灾种。

　　本书以记载历史上发生的灾害事件、事实为基本内容，以人应对灾害的行动实践和认知发展为主线。中华民族应对自然灾害，自古以来就有一项独特的制度创造——荒政[③]，从这个意义上说，四川历代应对灾害的历史，主要就是国家荒政在本地域施行的历史。本书"关于人应对灾害的记述"部分，其实就是一篇"四川荒政简史"，着重收录：由上至皇帝下至县官组成的政权体制在凶荒袭来时采取的赈救举措和所起作用；荒政推行的力度、成效与朝政、吏治、国力的关联；荒政起伏与政权兴衰的关联；国家荒政（官赈）与民间自救（民赈）的关联；荒政长期实施、调试、完善过程中的经验教

---

　　① 根据2000年11月9日发布的夏商周断代工程阶段性成果《夏商周年表》，夏代始年为公元前2070年，则大禹治水年代当在公元前21世纪。

　　② 李冰治蜀在公元前277年—前238年（据《四川通史》卷二"秦汉三国"第18页的论断）。

　　③ 1936年版《辞海》："荒政，救饥荒之政。"1979年版《辞海》："荒政：中国历史上救济灾荒以稳定政权的措施。"2010年版《辞海》："荒政：中国历史上救济灾荒的措施。""荒政有利于稳定社会秩序和维持再生产。"

训；史上于抗灾救灾有功的人物。由于这些史料都穿插于各相关年份中，显得有点零散，为让读者对历史主线有个总体印象，特在卷首设"内容概述"，可起导读作用。

本书特别关注灾难中底层百姓的命运，专项搜集了"灾荒中的芸芸众生"史料，特别注意饥荒中人的生命价值，记录了大灾大难中人性善恶的表现，也记录民间禳灾的一些习俗，反映了当时官民对灾害的认识。

本书编者先后收集到正史、方志、专著、文集、资料汇编等书 400 多部，从中获取到大量关于灾情灾荒的史料（共录入史料 8500 余条），而在本书编写过程中，编者尤其注意充分使用四川省史志界和专业部门多年辛勤积累的已有成果，主要有：《四川省志》中的《卷首》、《大事纪述》（上、中、下）和地震、气象、水利、农业、粮食、医药卫生、民政等部门志中有关灾害的记述，重庆市图书馆编印的《历代四川各地灾异提要索引》（1956 年 12 月），省气象局编印的《四川省近五百年旱涝史料》，孙成民主编的《四川地震全记录》（上、下），部分市县志。同时，从部分公开出版的全国性灾害史资料汇编和研究专著中，也采集到较多的四川灾害史料。对所有引用的资料来源，除在每个条目下简注或在必要位置的附记中说明，并在书后列出总书目，以备查核，亦表谢忱。

书中按年份先后对史料排序，明代中叶之前条目较少，排序相对简单。自明孝宗弘治二年（1489）始，史料趋于丰富、条目增多。每个年份的框架结构一般设定为三大块。①"主板块"，集中排列各府州县（市区县）当年发生的灾害事件，条目排序大致按灾种归类，一般依次为灾害性天气、虫灾、疫病、火灾、地震、地质灾害；每类中的条目，有具体日期者，按日期先后排列，不明何月，放是年最后，不明何日，放是月最后。遇复杂情形时，有所变通。②"主板块"之前为"前缀"，首列当年全省性或流域性、多地性的灾情综合，重大、典型灾事，与灾害密切相关的重要政治、经济、军事大事等条目（社会背景）。③"主板块"之后为"后附"（"链接""备览""善榜""德碑""附"等），内容为当年应对灾害的举措、行动，影响灾害的人为因素，灾情造成的后果，与灾害应对相关的文献，记述灾害实况的诗、文等人文内容，多荟萃于此。

本书尽可能搜集了近千名官民在治水、建仓、抗灾、救灾、捐赈、办赈等方面的事迹、小传，为之立碑张榜，以垂范于世。

灾害的应对，包括灾前防、灾中抗、灾后救（赈）三个阶段，本书尽可能搜罗"防""抗""救"全过程的资料，特别是对一些重大灾害的应对举措及其效果，更全面充分予以记载，以便进行深入研究。

本书史料表明：历史长河中的各个朝代，以及每个朝代的各个不同阶段，同一时期的不同地方，在灾害应对上采取的举措及其成败得失各有异同。对照、分析典型灾例的普遍性与特殊性，有助于获得启迪，并在灾害应对中贯彻因时因地制宜的实事求是原则。

对于同一件灾事，有来源不同的多条记述，其内容详略与侧重点往往有异，而各有其价值，本书一并予以收录，可起互补互证作用。对所有录入的条目，除个别处须删节或合并外，对原有文字均不作改动。校勘中发现原有文字讹、衍、脱者，凡能确定可予纠正者即径改，否则加注"存疑"。

本书所引资料多有文言文，统予断句、加标点，因属资料汇编，一概不加注释。

古今地名对照问题，因代换时移，郡邑名号废置离合，极其纷纭复杂，实难一一加注，本书避免不必要的烦琐注释。凡在地方志中收录的条目，古地名均按该志书所录。在其他文献、专著中所采录的条目，涉及的古地名一般径改今地名，必要时采用古地名后括注今地名。

对四川历史上曾出现的几个割据政权，其年号用括号置于公元纪年下，并用脚注注明该政权存在的起讫年。

纪年采用公元纪年下括注年号纪年的方式，月、日用阿拉伯数字者为阳历，用汉字者为农历。

四川旧时的量器（石、斗、升）规制异常杂乱，有大石、小石、京斗、仓斗、市斗、大升、小升、皇升等诸多名目，本书大量涉及石、斗、升数字，难以换算为今制数值，只好照引原文；同时，由于本书为资料汇编，文献来源多样，数字用法多不一致，在不影响行文的情况下，编排过程中一般不予修改，而对明显存在错漏之处，则作少量修改，尽量保持局部统一，请读者鉴察。

"减灾兴川"：新时代中国省域灾害史料综合性整理的新探索

——《四川灾害史纪年》序

夏明方

中国人民大学清史研究所教授

中国灾害防御协会灾害史专业委员会主任

2019 年 11 月中旬，中国灾害防御协会灾害史专业委员会以"中国灾害研究七十年"为主题在海口召开第十六届年会。会议开幕式前，专委会秘书长赵晓华教授特别指引我去拜见一位年过耄耋的与会长者，说是来自四川省防灾减灾教育馆，这几年正在编纂《四川灾害史纪年》，希望与灾害史研究同行有更多的学术交流。初见之下，颇为讶异。老先生精神矍铄，身形康健，看起来不到七十，而且言谈之间儒雅睿智，思路清晰，对灾害史的理解也极有见地。但我对他执意从事的研究，心中虽极敬佩，却也有些怀疑——担心他能否胜任这样一种既繁且巨、连年轻人也望而生畏的大型史料整理工作。没想到三年疫情刚过，这位老先生就托他的女儿，将总计约 90 万字的书稿电邮给我，还一再叮咛，希望我写个序，对书稿提出批评。老先生认为有一些批评意见，"议论纷纭，或许对灾害史研究进一步向广度和深度推进，起到一点助力作用"；尤其是目前的省域灾害史研究似较薄弱，希望以《四川灾害史纪年》的出版为契机，引起相关讨论，自己五年多的辛劳"也就不枉了"。老先生总是自称中国灾害史研究的"小学生"，可是他对自己书稿的期许，却又充满着坚定的自信，这自然引起我对书稿的兴趣，亟欲一睹为快了。

通读之后，我的总体印象和编者的自许完全一致。毋庸置疑，这确实是一部省域灾害史料综合性整理的巨著，更是关于四川省（包括今重庆市）灾害历史的第一部通贯古今、包罗宏富的集成性史料汇编。当然在此之前，学界早就开始搜集和整理四川省的灾害历史文献了。其中比较重要的有《历代四川各地灾异提要索引》（重庆市图书馆编印，1956）、《四川省近五百年旱涝史料》（四川省气象局资料室编，1978）、《四川两千年洪灾史料汇编》（水利部长江水利委员会、重庆市文化局、重庆市博物馆编，1993）、《四川地震全记录》（上、下册，孙成民主编，四川人民出版社，2010），以及以地方档案和文献为基础而编撰的《巴蜀灾情实录》（李仕根主编，中国档案出版社，2005）。这些资料汇编或著述，为四川灾害史研究提供了比较坚实的基础，但就其内容而言，或偏于洪灾、地震或旱涝等单一灾种及少数灾害，或主要利用方志、地方档案等地方性史料，而且对于灾害记录的内容，更多选取的是与自然变化有关的要素，而将有关灾害的社会影响以及社会的应对方面的文献做简略化处理，或干脆舍弃掉了，显然不足以从全灾种、全过程、全方位、全文献的角度，去呈现有文字记载以来四川地区各类灾害发生的总体面貌，以及灾害对四川社会的总体性影响，尤其是生活于这片土地之上的四川民众自古以来长达数千年的、与自然灾害不息抗争的悲壮历程和坚韧品格。《四川灾害史纪年》不仅充分吸收了过往有关四川灾害史料的学术成果，更以此为基础，进行了广泛的拓展：其一，将关注的灾种，从过去的水灾、旱灾、地震等扩大到四川过去发生的各类自然灾害，包括前人关注较少的酷热、火灾等，还将对四川社会造成巨大影响的人祸如战争、匪乱、烟祸等，一并收入在内，使读者对历史时期四川各地天灾人祸交相煎迫的惨况有着具体而痛切的感受，甚至有意搜罗了有关历史上时或发生的"大熟"记载，以凸显灾害与社会之间的复杂关联，用心良苦；其二，就灾害"事件"而言，其所收录的文献，从过去对"灾时"的聚焦尽可能延展到对"灾前""灾时"和"灾后"各个环节的描述，有助于读者从灾害全过程这一新时代灾害研究和灾害应对的新视角，重新考察该地过往发生的灾害与危机，从而更好地揭示灾害的自然社会成因，以及更主要的，当地民众对灾害的应对与抗争的过程及其经验、教训；其三，就征引的文献而言，虽然编者在资料搜集方面遇到许多困难，但是在当地各级政府相关机构和科研院所的热情支持之下，还是尽可能全面地占有各类主要文献，同时对新中国成立以后学界出版的相关史料著述，包括著名历史学家李文海先生主编的《近代中国灾荒纪年》及其《续编》，进行概括性、整合性的引用，使其成为迄今为止有关四川灾害史料编纂中文献利用最为多样的著述，其所蕴含的灾害信息更加丰富。就灾害记录的体裁而言，除了通常涉及的谕旨、奏疏、杂记、专论、新闻报道、灾情报告、碑文等，还收录了大量咏灾叹灾的诗词歌赋甚或民谣，生动地再现了受灾之时当事人、旁观者的所思所想、所感所悟，使本来枯燥的史料汇聚涌现出活生生的"人气"，充溢着某种历史的"现场感"。

这部地方灾害史料编纂巨帙的又一个主要特点，是对灾害纪年体裁的创造性探索。

对有着五千年悠久历史的中华文明来说，其灾害记录的连续性、丰富性和多样性，是这个地球上其他文明难以望其项背的。但这些记录，往往并非对现实发生的自然变动及其危害自发进行的无意识再现，而是中国历代史家按照一定的标准从中进行选择，并运用一定的体裁所作的系统化叙述。大致说来，至少有以下几种形式：第一种是班固《汉书》以后历代正史设置的"五行志""灵征志"或"灾异志"等，其对全国范围内各地发生的灾害或灾异，按水、火、木、金、土等五行分类依时记述，是为"志书体"，这是中国史书中最早也是最重要的灾害叙事形式。第二种是明清时期大为兴盛的地方志中普遍设立的"灾祥""祥异""灾异"或"杂记"等专门性卷目，此类叙事形式多样，但绝大部分都是对某一特定行政区域内历代发生的各种灾害以及相应的救灾行为，依序按朝代逐年记述，或可称为"纪年体"。第三种形式似可命名为"金鉴体"，原创于清人傅泽洪编纂、雍正三年（1725）完成的《行水金鉴》。该书以年为经，以流域为纬，将其所收录的先秦至康熙末年有关水患及其治理的各种文献记录，分别归于黄河、淮河、汉水、江水、济水、运河等流域之下依序排列，并对每一条记录均注明原始文献出处，以便利用者检索、考证。第四种形式为"年表体"，清末民国大量出现，最重要的成果乃是陈高佣编撰的《中国历代天灾人祸表》（暨南大学1939年版）。

新中国成立后，上述各种灾害叙述形式，在由水利、地质、气象、农业科技等领域自然科学学者所主导的气候、灾害史料整理过程中，得到更为广泛的运用，并对新中国成立以来中国灾害研究和国家防灾减灾事业乃至国民经济区域规划，发挥了至关重要的作用。但无论是纪年体，还是志书体，在内容上更加关注自然界的异常变化及其造成的灾情，很大程度上却忽略了灾害的社会影响以及社会对灾害的应对，不足以反映自然灾害自然性和社会性相结合的双重性，更谈不上对灾害形成全过程的完整叙述了。

在这一方面取得突破性进展的，还是前文提及的李文海先生主持编撰的《近代中国灾荒纪年》（湖南教育出版社 1990 年版）。该书"查阅了大量的官方文书、文集、笔记、书信、日记、地方志、碑文以及报纸杂志，尤其是查阅了清宫档案，摘录了历年各省督抚等官员就各地灾情向清政府的报告，共搜集、整理数以百万字计的有关资料，并在此基础上详加考订甄选，条析缕分"，"采取传统的编年体的形式，对历年全国发生的各类重大的自然灾害，分别省区，予以说明，尽可能将各地自然灾害发生的时间、地点、受灾的范围和程度加以详细介绍，而且对灾区人民的生活状况、清政府救荒措施及其弊端予以说明"，系统地呈现了"近代史上自然灾害的概貌和受灾地区的具体情况"（戴逸序，《近代中国灾荒纪年》，第 3 页）。故此书甫一出版，即受到学界一致好评，认为其填补了"中国近代史研究中一片重要的空白"，是"中国第一部全面系统研究近代灾荒史的巨著"。

与《近代中国灾荒纪年》及其《续编》的体例相比，这部《四川灾害史纪年》有其自身的特点，其在体例上最大的不同是对多样化史料的处理方式。前者是在对档案、官书、报刊、方志等各类记载进行比对、校核的基础上，对主要内容进行剪裁，并按照灾害发生的时空顺序，用作者的概括性、连缀性文字将所取史料串联起来，形成对某年某地各类灾害及其应对的完整记述，同时尽力保留原始史料的风貌，以便读者参考或核对；后者则如编者所言，主要采取多重"板块"的形式，将前人对每一年份同一次灾害事件留下的丰富多样的史料，纳入一个既相互区分又互为关联的整体性框架之中，立体式地再现灾害事件的全貌。此种"板块"有三：一是"主板块"，集中排列各府州县（市区县）当年发生的灾害事件，大致按灾种归类排序，每类中的条目，则按日期先后为序排列，时间不明者置于最后，并没有根据情况有所变通。二是在"主板块"之前加以"前缀"，首列当年全省性或流域性、多地性的灾情综合，重大、典型灾事，以及与灾害密切相关的重要政治、经济、军事大事等条目（社会背景）。三是在"主板块"之后缀以"后附"（其中又分"链接""备览""善榜""德碑"等项），史料内容主要是当年应对灾害的举措、行动，影响灾害的人为因素，灾情造成的后果，于是，诚如编者所言，"与灾害应对相关的文献，记述灾害实况的诗、文等人文内容，多荟萃于此"。很显然，这样的安排，一方面可使编者辛辛苦苦从各类文献中搜罗而来的灾害记述得以以完整的面貌呈献给读者，便于读者相互参照，另一方面，又使得读者比较容易地把某年某地发生的灾害尤其是特大灾害，与当时四川所处的社会背景和时代特点联系起来，同时更重要的是，从那一时期不同主体不同角度不同体裁的灾害记述中，全方位地观察川民的悲惨遭遇，及其在灾前、灾时、灾后不同阶段可能采取的防、抗、救等灾害响应的全过程，从而在了解四川历史上的灾害对社会的破坏性影响之外，也领略了四川社会不屈不挠的抗灾救荒史，用编者的话来说，就是"四川荒政史简编"。

如此这般颇具包容性的纪年体，使得这部巨制的第三个特点，也是最重要的特色，得以凸显，这就是渗透在这部精心编排的史料汇编中的编者本人对灾害历史的卓见以及贯穿全书的人文主义精神。

该书编者显然赞同中国灾害防御协会灾害史专业委员会对灾害史所做的定义，即灾害史，既是灾害实际发生的历史，也是对灾害进行研究的历史，是灾害史和灾害研究史的结合，但又做了自己的解释。在编者看来，"综合的灾害史，就是人类社会应对灾害的历史"，其基本框架，则为"一体两翼"。"一体"是以叙述历史上发生的灾害事实为主体，此为研究的资料基础。所谓的"两翼"：一是自然科学对灾害研究的发展历程，即人对灾害认识（研究）的演进，包括直到当代人类在自然灾害认知各阶段取得的成果；一是人文科学研究，侧重于探讨人类社会在应对灾害的长途中形成的国家社会体制，以及个人的命运簸荡、人性磨炼、责任担当，乃至人类在应对灾害的过程中由脆弱的个体逐步凝聚成强劲合力、众志成城的内在逻辑，一句话，即人应对灾害行为的演进。

这样的定义，虽然有把自然科学和人文社会科学割裂开来的嫌疑，但其中对于灾害中人之作为的强调，则是此前各种灾害史定义中很少见到的。在编者看来，"人类对灾害的认知和应对灾害的行动实践的发展历程，乃灾害史研究的主题"。

这样的定义饱含编者对于灾害研究所坚守的人文主义精神，是全书之"魂"。对这样一种精神，读者自可从阅读过程中，从四川各阶层官民历经灾难所获得的灾害认知、所激发的抗争行动，以及在灾害应对和社会治理过程中留下的宝贵经验与惨痛教训之中，得到深刻的体验，这里只想引用作者的一段话略窥一斑：

> 本书的特色之一是，尽可能全面地反映从古代到民国时期历次大饥荒中饥民群体的命运，一场灾荒，"饿殍盈野、塞途"，灾民数量或数万、十数万，乃至百万，但史书、文献中对如此大量的人口短期内集中死亡似乎已经麻木，多只笼统记一笔，极少记载从鲜活的人到成堆的枯骨的生命之火熄灭过程。今天，我们不是要揭人类饥饿史上的伤疤，而是想指出，人类与灾害将长期共存，今日的抗灾减灾大事，全社会人人有责。以史为鉴，饥民的大批死亡，与社会制度不完善、时局动乱、吏治腐败、财政拮据等因素密切相关，从而使我们更加珍惜今天拥有的与灾害做斗争的制度优势、举国体制。生活于"人民至上，生命至上"的时代，何其幸运。

这样一种精神也具体反映在这部书的编者和他的研究对象之间特殊的关系中。通常而言，对于包括省域在内的地方史研究来说，本地人研究本地事，那是天经地义的，而这样一部由四川省防灾减灾教育馆倡议编纂的大型地方灾害史料，其汇编工作，却是由来自江西的文化工作者，而且是一位退休的长者来担纲。除了当地对主编的高度信任和主编本身的研究功底与高风亮节之外，我实在找不到其他的理由。其中恰恰体现了汶川地震之后不同地域的国人对灾害危机的共识性反应，体现了这场大灾应对过程中举世瞩目的中华民族大团结的合作精神。而正如编者在后记中反复提及的，其在编纂过程中曾经得到四川地方政府和相关领域多层次、多方面的支持和襄助。从这一意义上来说，这部书的编纂实际上也应该是一项值得弘扬的公共文化工程，是地方减灾事业切切实实的有机组成部分。作为这部书的主编和他的团队，在将自己的姓名刻写在中国灾害史研究的学术谱系之上时，也将自己变成了当代中国地方减灾事业，尤其是四川省"减灾兴川"大业中一名特殊的成员。尽管书中还存在这样那样的问题和不足，有待于再版前修改和补充，但书中洋溢的人文主义精神，却是中华民族永续不灭的品格。

这位编者，就是来自江西鹰潭市的一名地方史志学者，一名退休公务员，2018 年 7 月受聘于四川省防灾减灾教育馆，担任《四川灾害史纪年》的主编。他的名字叫吴厚荣。此时此刻，这位在新冠疫情期间冒着危险到各地搜罗文献，而且每天抽出八个多小时奋笔疾书的老者，却被病魔纠缠，即便如此，他仍然念念不忘他的作品。作为后辈的同行，固然不平于天地之不公，更为其生命不息奋斗不止的精神所深深地打动了。路漫漫其修远兮，吾将上下而求索。愿这样的精神和正气最终打败病魔，让吴老尽快康复，新老各代学人再度会聚，共话中国灾害史研究的未来。

是为序。

后辈 明方敬奉

2023 年 9 月 20 日于北京

补记：令人痛心的是，吴厚荣先生因病情突然恶化，抢救无效，于 2023 年 9 月 27 日凌晨 4 时溘然离世。谨以此文表达一位灾害史研究同行的深切哀悼和纪念，同时祝愿吴老所牵挂的中国省域灾害史研究乃至整个中国灾荒史研究无愧于新的时代，取得更大的成就。

2023 年 9 月 28 日

内容概述

灾害史是人类社会应对灾害的历史

灾害史在我国是一门年轻的学科。本书编者认为：灾害史与灾害学有区别，综合的灾害史，就是人类社会应对灾害的历史。灾害史内容的基本框架，可设想为"一体两翼"。"一体"是以叙述历史上发生的灾害事实为主体（这是研究的资料基础）。"两翼"：一翼为自然科学对灾害研究的发展历程，即人对灾害认识（研究）的演进；一翼是人文科学研究人类社会应对灾害的长途中形成的国家社会体制，以及人类由个体向集体转变的内在逻辑，即人应对灾害行为的演进。简言之，人类对灾害的认知和应对灾害的行动实践的发展历程，乃灾害史研究的主题。

本书作为资料汇编，就是按此基本框架搜集、整理、排列资料的。

甲、关于灾害事实的记述

占有资料，是科学研究之本。我们竭力搜集到400多部正史、方志、专著、资料汇集等书，从中获取了大量灾害灾荒信息（有些资料书我们知其名，但无法见到）。可以大致看出两千年来各种灾害在巴蜀大地发生、发展的过程与趋势。有些重要灾例，仅凭一处所得资料，存在记载过简或有所侧重等缺陷，笔者则想方设法从他处觅得资料予以弥补。对灾事发生的时间、地域、强度、破坏力等可做定量分析指标的数据，必一一收录。对重要灾例和事件有疑义处，则特意找到别的资料进行校核，以求史料的真实可靠，同时纠正了少数资料书上偶有的差错。

古代文献关于灾害的记载既疏又简，年代愈近则所记愈密而详。清末民国时期，每个年份都可收集到数十乃至上百个条目。本书内容自然显得前简后繁。每个年份，尽可能作"面""线""点"的记述："面"指全川，"线"指流域、灾种，"点"指县、乡、村乃至户、人。

对重特大灾害事件，本书特别注意搜罗表现其全过程、多视角的详尽资料。因为大灾大殃给人类造成的损失特重，代价特大，暴露出潜在的问题往往更多，人们从中得到的经验、启示也可能较多。这是用许多生命换来的血泪教训，是以社会作实验室取得的科研资料，需要自然科学、人文科学用"解剖麻雀式"的郑重态度加以研究。因此，本书对历史上的重特大灾害，都尽力搜集相关官员奏折、时人笔记、诗文、地方志、专著、调研报告、当时报刊等，力争多渠道、多侧面、多角度采集资料。例如，1936年、

1937 年的大旱，共收入有效史料约 10 万字，以尽可能地展现此次灾害的全过程。

记述灾害，必须联系具体的地域环境、时代条件。本书编纂注意到巴蜀地域的地理、历史等若干特征与灾害关系密切。

（一）自然与地理条件

四川的气候非常适合发展农业，但地形地貌乃其限制条件之一，易引发灾害。其一，地处长江上游，多高山深谷，山洪易发，而沿江民居甚多，故一场短时洪水，往往溺死者成千上万。其二，淫雨是四川常见的一个灾种，其表现为，当稻谷成熟，久雨不晴，田中黄谷生芽霉烂，竟至颗粒无收，虽非地震水旱，却往往酿成一县饿死上万人之大饥荒。其三，巴蜀之地多丘陵，田地"地势高，五日不雨则枯，十日不雨则槁，故丰年常少，凶（旱）年常多"。通常旱灾多指田禾干死，而川地却是人畜濒临渴死，且缺乏饮水的人口竟达上千万，这就是奇特的"水荒"。"水荒"又引发疫病，加重灾情。此外，泥石流多发且破坏性大，也是蜀地灾害特征之一。

（二）遭遇多次灭顶大灾

宋末元初，四川坚持抗元战争长达 50 余年，蒙古军两次攻陷成都，分兵四处屠城，"搜杀不遗，僵尸遍野"，人口大量死亡、逃散。至元世祖至元二十七年（1290），四川仅有 61.5 万人，比南宋嘉定十六年（1223）减少 600 余万人。元朝统治近百年，由于对川人实行压迫政策，四川一直未获复苏。元末至洪武五年（1372），全川仍只有约 42 万人，反而比 1290 年少 18 万人，迫使明太祖实行"湖广填四川"。明末清初，由于历经 30 余年大战乱，巴蜀大地成为"人相食，虎入城"的蛮荒世界，至顺治十八年（1661），全省总人口仅约 8 万余人，清廷只得亦推行"湖广填四川"大移民运动。四川历史上这几次大劫难，伴随着更严重的天灾人祸，对巴蜀地区社会正常的发展进程产生了重大而深远的影响。

（三）民国前期军阀混战，战乱频仍

民国初年四川内外特殊的政治风云，造成了境内武夫拥兵、各立"防区"的局面，混战不断。1915 年至 1935 年，川省内发生大小 470 余战，养兵百万，军费超出全川财政收入一倍多，军队预征田赋已超前三四十年；征收苛捐杂税，滥铸劣币，人民负担奇重。军阀混战、不但造成战区人民生命财产的巨大损失，而且开启如下多种祸端。（1）为广收鸦片税筹取军费，当局鼓动、强迫农民种植鸦片，曾占粮田 700 万亩，粮食总产量大大减少，200 万种烟农民染上烟毒，丧失劳动力。（2）掠夺救荒积谷，阻止粮食流通。清代官民历百年努力储存下的数千万石备荒积谷，多被军阀强取作军粮军饷，使大量本应获赈的饥民成为饿殍。各军在水陆交通要道遍设关卡，拦截商米，加剧饥荒。（3）战乱使都江堰长期失修，濒临淤废。（4）兵匪勾结，土匪多于牛毛，富户多遭洗掠搜刮，贫者更无立锥之地。总之，四川灾荒的造孽者，不仅有"天"，而且有"人"。

清末至民国期间，政治腐败，经济萧条，兵匪肆虐，民不聊生，民间陷于极端贫困化，抗灾能力极度削弱。四川应对灾害的自身力量、外部力量都非常薄弱。待到 1949

年新中国成立，进入新的社会阶段，这种状况才得到根本改善。

乙、关于"人"对灾害认识的记述

大禹、开明在蜀治水，是最早识地形、水性并治水患的伟人，反映出中华民族探索灾害规律并将其用以防灾控灾的悠久历史和高超智慧。

都江堰创建者——秦蜀守李冰，深明"水不安定，人即无法安定"，"若不能治水，便不能治蜀"，"治水即治蜀"的道理，这是对治灾与政治关系规律的深刻认识；凿离堆以分内外二江，减弱水势，再筑堰以操纵水力，变水害为水利，这是对洪水导控规律的深刻认识。都江堰是农耕社会以工程措施应对灾害的世界性典范。

唐代诗人、通州（今达州）代理知州元稹作诗《旱灾自咎，贻七县宰》，列举州县官若有九种害民、冤民、扰民的过错罪愆，上苍与鬼神就会降灾以责罚。"臣稹苟有罪，胡不灾我身？胡为旱一州，祸此千万人！"这是古代天人感应说关于灾害的思维惯性反映，是对官吏殃民将招致天灾的因果关系的沉痛反思，是一位爱民情殷的州官目睹民饥对自身的切责，也可视为是一种无奈的应对行为。

清道光四年（1824），四川布政使董纯向全省各州县发布《防旱示》十六条，认为"天道靡常，旱灾时有，不得不急尽人事，以收补救之效"，揭示了"明天道"与"尽人事"的关系，主张以积极态度防御旱灾。他倡导因地制宜，晓谕"各粮户相度地势，安设筒车，或筑石堰，或开土塘，总以足资灌溉为度……不致旱干为灾"。全文长约5000字，分析建设农田水利的必要性、可行性，对治理旱灾应采取的对策分析得具体周到，还对官员、粮民分别提出要求和考绩奖惩办法，规定得十分明确。此文是巴蜀地方应对旱灾的历史经验总结，是当时四川官方对全蜀治旱策略方针的集中表达，是一份颇有价值的水利历史文献。

本书对历来官民祈天祭神的种种求雨、退水、禳疫活动也予记载，主要考虑到这是对当时民间灾害心理的反映，是一种应予正视的畸形的应对活动。

本书对近代以来四川在水文、气象、地震等方面的观测预报措施和灾害防控工程建设及治理活动（治水、防疫、治虫等）的进展情况，尽量简要记载。

丙、关于"人"应对灾害的记述——四川荒政史概略

四川应对灾害的历史，就主体而言，其实就是施行"荒政"的历史。

中华民族应对自然灾害创立了一种独特的措施——荒政。战国时期成书的《周礼》在《地官司徒·大司徒》中记载："以荒政十有二聚万民。"此后历代中央政府（朝廷）都把荒政列为国之大政。荒政在数千年运行中不断发展，逐渐在"十二策"基础上形成了一整套较成熟的理念、法规、方略、政策、措施，在史上屡屡显示了"聚万民"（凝聚全国百姓）的作用。

本书以两千余年巴蜀历史长河中的灾害事实为依托，尽力搜集历代荒政在川施行情形及效果，并大力挖掘与之有关的人文史料，经整理，逐渐形成一条四川荒政简史的内容主线，即灾前"防"—灾中"救"—灾后"赈"，或谓"先事之政"—"临事之政"—"事后之政"。

一、官方（政府）的应对

（一）灾前的预防

四川历代主政者中都有志士仁人，认为应对灾害须"以防为主"，而且懂得古来防患两要事：蓄水，蓄粮。这抓住了"荒政"内涵中两项关键举措：一是兴修水利，二是积谷备荒。

1. 兴修水利

李冰建都江堰，万世功德，嗣后，其传人代代相继，形成"治蜀先治水"传统。本书记载了从古代文翁、诸葛亮、章仇兼琼、张琳、黄璂、韩亿、李璆、王刚中、赵不愿、李秉彝、吉当普、杨伯高、陈君宠、杭爱、能泰、阿尔泰、黄廷桂、张南瑛、张凤翥、强望泰、钱璋、丁宝桢，到民国陈廷杰、刘沅、邵从燊等100余位官员，主持大修、改建、扩建、疏通都江堰枢纽工程或渠系工程的业绩。这一系列巴蜀治水功臣，维护了几乎年年受岷江巨洪冲击的都江堰，并使灌区不断扩大，使成都平原两千年来基本上旱涝保收。这对稳定巴蜀大局、发展社会经济、保障人民生活起到了不可估量的作用。灌区以外的各州、县，历代也有一些官员（如清岳池县知县董淳）因地制宜，倡导、主持兴修中小型水利工程，改善农业灌溉条件。其中著名的是1939年修成的"中华抗战第一堰"——三台郑泽堰，工程主持者为郑献徵、黄万里、霍新吾。民间也有一些有勇有谋的人才，自发兴修水利工程。清顺治、康熙年间，三圣寺大朗和尚募化建成大朗堰。乾隆年间，彭山县涌现两位治水名人：周文良倡修古佛堰，八年告成，灌田万余亩；卢敬臣开复通济堰，灌田数万亩。嘉庆中，绵阳乡医苏桂友建成鸶鹤堰。本书都尽力搜集，列为"德碑"。

与治水功臣们相反，另有一些官员在灾害应对中失职、渎职，亦被记录在案。道光八年（1828），都江堰被洪水冲毁，水利同知袁昌业、灌县知县朱华报汛延误，又不及时抢修，被革职。1943年，由于"水利机关平日贪污成风"，致都江堰失修，被水冲坏，各县均受水旱灾，省水利局被追责。1947年，都江堰工程处处长被撤职。

2. 积谷备荒

无论是官办的常平仓、监仓，民办的社仓、济仓（义仓）、积谷仓，所储之粮都是"救命粮"。因其关系民命、民生至大，本书对历朝至民国时期的粮食仓储制度（仓政）以及各时期川省粮食的产、销、存、运的史料倍加关注，共搜集到颇有研究价值的文献80余篇。

本书对清代四川"积谷备荒"善政推行的兴衰过程做了较详的连贯记载。①中央政权的推行，如乾隆元年至三年，乾隆帝专就兴办社仓的方针政策连下三道谕旨；②省级重要人物川督常明（嘉庆朝）、徐泽醇（咸丰朝）、丁宝桢（光绪朝）坚持积谷备荒的指导思想，关注具体措施取得的实效；③一些府县主官大力劝民积谷，制定规章细则，加强管理，因而川省城乡遍布仓廒，积谷总数虽缺统计，累计当在数千万石；④州县地方志记述表明，备荒积谷曾起到重大作用，存活众多饥民；⑤败坏积谷善政的主要因素：一是军阀、土匪的强吞掠夺，二是管理者的监守自盗。至20世纪30年代，多数地方积谷损失殆尽，仓廒倒塌无存。但仍有一些乡村，由于积谷备荒观念深入人心，管理制度较为完善，经办者正派热心，所以直至20世纪40年代，积谷仓储量依然厚实，在荒年继续起到救饥拯命的作用。

（二）灾中的抗、救

抗灾御患，历来是地方官的主要职责之一。当天灾降临时，一般地方官都能认真履职、保境安民，力所能及地抢救被地震、洪水围困的灾民，安顿临时食宿，打击乘危抢掠的偷盗者，维护社会治安。

宋仁宗时，阆州通判李孝基抗洪抢险："江水啮城几没，郡吏多引避，孝基率其下决水归旁谷（泄洪），城赖以全。"

明嘉靖时，资阳大水"涌入城中，署舍荡尽，知县姜诉率僚佐督船救援，教民撤材木、置筏自济，官民获免于溺"。

清代官员的抗灾举措列举如下：

康熙时，绵江龚家堰决口，绵竹知县陆箕永指挥千人紧急抢筑壅堵决口工程，经三昼夜努力，工竣，"至是乃欢声雷动，咸顿首感泣，谓使君活我"。

新繁知县郑方城：亲历一线抗洪抢险，"立水中亲荷锸，民皆感动，争负土塞门，城赖以不没"。他还妥善安置乡间受灾民众，亲自下乡勘察，排除渍涝，恢复生产，最终"是秋大熟，水不为害"。

潼川知府魏邦翰：洪水漫城时，"苍茫风雨立水中"，"捍灾御患，劳瘁得病，殁于官"。有功德于民而殉职，百姓至今仍啧啧称赞。

合川知州霍为芬：当大水入城，街户尽淹，即亲率衙役封小船数十只，打桨巡河，抢救水困民众；遇行劫者，即捕行法；闻呼救声，飞桡立至。数昼夜约拯千百人。

但也有官员临危弃民逃命。同治十二年（1873）六月，洪水陡涨涌入酆都县城，城内居民无路走避。知县徐浚镛撇下灾黎不救，先自封船带印，携眷登船一走了之。遗民逃生不及，多有溺毙。事后，徐被朝廷革职，"永不录用，以为玩视民瘼者诫"。

另有一些官员，"应对"天灾，不办实事，而热衷于率领绅民立坛祭天，进庙焚香，撒米送神，敲锣惊鬼，禁屠宰、赶旱魃祈雨，诵经齐喊"苍天"乞求怜悯。时至1937年，四川大旱，从省城到乡村竟然还上演大规模高规格的祈雨闹剧。成都祈雨坛，有全国赈务委员会委员长、四川省主席，率领合城官绅焚香，"吁恳天恩，早沛甘霖，以恤民命"，其中也折射出一些官员面对凶荒束手无策、只有喊天的忧焚心态。

（三）灾后的赈济

天灾酿成饥荒，危及人民生命。帝王"代天养民"，能否保护人民生存，关系到江山能否坐稳。所以，针对灾民赈济问题，历代形成了一套作为荒政制度重要部分的救荒措施：急赈、平粜、施粥、放粮放钱、以工代赈、蠲免赋税、安辑流民等，其核心是拯救饥民的生命。荒政制度的推行实施，有赖从中央到地方的举国体制。本书收集了历代朝廷赈济四川和省内赈灾的实践状况。

1. 古代朝廷对四川灾害的赈济

（1）晋代。"晋武帝咸宁三年（277），益、梁二州洪水，诏赈给之。"

（2）唐代。①直接遣使到灾区实地"存问、宣抚、赈给"，本书收录到的这类"遣使"就有6次。②赈给举措有：出巨额"内库银"买粮食发放给饥民，蠲免租税，"拨钱二十一万缗留邛、蜀二州备赈"。③严肃查处"失于蠲放致饥民扰乱"的各级地方官。

（3）宋代。①"遣使行视，疏治赈恤，蠲其租赋。"②宽恤流民，允许饥民出境"趁食"。③建成都路广惠仓，每三日向饥民发米一次。④督促地方官察灾、蠲税、赈饥，并考评其"勤惰"，分别奖惩。有赈饥名臣文彦博、张咏、韩亿、韩琦、赵不意、李繁。⑤对隐瞒重灾、粉饰太平的州官予以斥责罢官。绍兴六年（1136），四川大旱大饥，道殣枕藉。果州守臣宇文彬却为了邀宠，向皇帝献《禾粟九穗图》，制造大丰收假象，遭吏部侍郎晏敦复驳斥："果、遂饥民还正在受难，不应提倡阿谀奉承！"宇文彬被贬官。

（4）元代。①潼川洪水，"敕有司给粮一月，免其田租"。②广元路饥，"官市米赈之"。③诏成都路设惠民药局。

（5）明代。①地方有灾，"朝廷得报，遣官覆视存恤"。②前期，对四川水旱灾区，蠲免税粮数额巨大，多次为数十万石，或棉花90余万斤。③孝宗时四川旱饥，派户部侍郎赈成都，"截湖广岁漕京仓米二十万石赈济，百姓颇可度日"。④常平仓制较健全，可调借巴、郫、射洪县仓谷赈长寿县。⑤注意灾后尽快恢复生产，"于湖广产地籴买新鲜种子运川，量给灾重地方人民趁时播种，以系人心"。⑥嘉靖元年（1522），"以四川旱，诏令抚、按官讲求荒政，积谷预备，务使民各沾实惠"。⑦后期朝政紊乱，吏治腐败，自万历朝始，虽曾"全蜀荒旱，殍死无数"，再未见朝廷赐赈，仅个别州县官勉力支撑赈务。

（6）清代。①最高统治者亲自过问赈务，强调"不使一人失所"。雍正帝对四川绅民关于赈事的奏书亲自作复。乾隆五十一年（1786）打箭炉（今康定）地震，皇帝在川督保宁报告施赈情况的奏折上做出两处朱批。乾隆五十七年（1792）道孚乾宁地震，乾隆帝先后三次下旨，严查抚恤事宜"是否已办周妥"，并虑及"若仅照例给予赏银（赈银），犹恐或有拮据"，下令加倍发放赈银。道光三十年（1850）西昌地震，朝廷接到川督徐泽醇关于灾情的奏报后，先后两次发出上谕：令"详加查勘，妥为抚恤，毋使一人失所。所需银两，着即在于捐备经费项下动支，以资接济"；"应行蠲缓钱粮之处，迅速查明具奏"。光绪十年（1884），朝廷两次颁上谕，令川督丁宝桢"抚恤"所报"被水被雹被火灾民"。②康熙、雍正、乾隆、嘉庆四朝的117年间（康熙二十五年至嘉庆八年），朝廷给四川省共赐予"非灾"蠲免地丁钱粮达20多次；遇灾害，另予赈济。③乾隆四十三年（1778），全川大旱大饥，"赤地千里，饿殍盈途，遍郡邑立人市鬻子女"；次年，又春旱大饥，道殣相望，酆都、垫江、忠县"人食人"。可见，如逢百年一遇的大灾，即使在太平盛世，仅赖朝廷"蠲政"，也难免造成人民大批死亡的惨象。④乾嘉年间，川省除个别年份有特大灾害外，丰收年较多，一般年份都是局部有灾、局部丰稔。但自道光十年（1830）后，水旱频发，而朝廷也开始趋于困境，赈济难及，致城口、雅安饿死上万人。⑤从乾隆十二年（1747）到咸丰七年（1857），朝廷从四川共调出913万石备荒积谷，充作军粮，致荒年民食空虚。光绪二十三年（1897），川督鹿传霖奏："川东灾情甚重，库储奇绌，应付无方。"⑥清朝末年，四川连遭大灾：光绪二十六年（1900），川北大旱；继之以1902年壬寅大天干，1903年癸卯大天干，1904年甲辰大旱。1900年，慈禧太后发库银50万两赈川。"壬寅赈务"待到三年后才核实：共动用仓谷12445石、银4525356两，是清代四川最大的一次赈灾。甲辰大旱，清廷筹拨四川赈款亦达2927990两。上述赈款看上去数额巨大，其实并不敷用。例如，1903年三台知县邹耿光筹到银7万两、钱1.1万缗，经精心措置，才得"赈事告竣"。一个县就需银钱这么多，而壬寅大天干灾区达115厅州县，上述赈款明显不足。

　　2. 清代四川官府的赈灾

　　（1）总督办赈。

　　乾隆五十一年（1786）五月初六日，打箭炉（康定）南发生地震。总督保宁得报，立即动身亲临灾区，主持赈恤事务。①沿途察询灾情，了解灾民困忧。区别不同情形，做出赈济部署。②派员分头核查户口，首先发给口粮，并给丧人户、倒房户分别发放抚恤银，少数民族一体抚恤。③安抚驻军，修复军事设施。④恢复衙署、交通。⑤劝谕灾民迅速恢复生产，并调借种子。保宁作为封疆大吏，冒着炎夏，骑马长途驰驱，从成都出发，经双流、新津、邛州、名山、雅安、荥经，直达震中打箭炉，现场办公，昼夜指挥，督办赈灾诸事，且又亲赴灾区其他重要地点宁越营、越西营、越西厅、大渡河万工堰及老虎崖堰塞湖溃决等处处理事务。至六月初二日，即在地震发生后25天，已发出呈皇帝的奏折（1600余字），报告"兵民等皆沾圣泽，现各安堵"。

　　道光三十年八月七日，西昌、普格间地震，受灾2.7万多户，灾民13.5万多人，倒房2.6万多间，压死2.6万多人，损失极其严重。总督徐泽醇得报后，一面极速向朝廷奏报首次信息（以后查核后逐次及时详报），一面在震区附近府县官中选派能员7名，携急赈款5000两赶赴灾区救灾。徐督坐镇成都，随时候接朝廷谕旨（多次），并与布政使、按察使及时会商，调度布置赈务各项事宜。其间，总督带头捐廉2000两，抚、按各捐1000两，发动赈灾募捐，全省州县共捐银10.5万两。不仅无须动用国库帑银就开支了全部赈费工费，还有余款备作灾后常年水利岁修之用。震后仅57天就奏报朝廷，赈务已获成功："民情安贴，汉夷辑睦，静谧如常。"徐泽醇用人得力、督导有方，所选派的委员7人"自备资斧，分赴各乡，露宿蓬栖于瓦砾之中，奔驰累月，查核被灾户口，无滥无遗，散发赈资，概系亲手分给，不假书役之手，灾黎咸沾实惠"。事后，朝廷对赈灾有功官员分别给予奖励。

　　清代总督亦有赈灾不力者。

　　总督刘秉璋不办赈务，残杀饥民。光绪十八年（1892），川北灾荒，官府不予救济，饥民集合至南江县禹门场"吃大户"。把总陈仲溶率兵镇压，被激怒的饥民打死。川督刘秉璋诬为匪乱，派兵围剿，残杀饥民60余人，逮捕90余人。此后，连年发生清军围剿得不到救济的饥民事件。清廷残杀身处绝境、唯求生存的饥民，预兆末日将临。

　　总督奎俊漠视民瘼，贪食赈银。光绪二十八年（1902）四川发生的旱灾民间称"壬寅大天干"，插秧不及十分之三，米价腾贵，省城穷民食大户者，每处聚集二三千人。如此奇灾，府县均即时上报，而川督奎俊却说"雨水调匀，粮价平易"，"既不奏闻，亦不议恤"。就是这个奎俊，以成都知县为鹰犬，多行不义，阴济其贪。他当年被开缺回京，查明贪食赈银5000两。

（2）州县官办赈。

凶年救饥，存活民命，是州县官的神圣职责。但是，赈灾是一项难事、苦事，不少官员抱推诿应付态度，粉饰门面，不存实心，不求真效。凡"饿殍盈野"之处，往往就是此类官员的治下。然而，四川历史上确曾有一些胸怀仁心、体恤民瘼、勇于担当、恪尽职守、措置有方的良吏，拯饥救亡，赢得百姓的诚挚爱戴，被视为救命大恩人。本书编者细心查阅文献，录到了300余位路府州县官员力行赈济而卓有成效的事迹，其中有北宋张咏、韩亿、韩琦，南宋赵不愚、李蘩，明代陈霁岩、张厚、赵德遴、李开原，清代刘衡、国璋、吴士淳、谢玉珩、靳章绅、薛济、朱百城、侯若源、桂天培、任睿之、王麟祥、邹耿光、罗廷权、汪景星等。

嘉庆八年（1803）五月，合川谷价骤涨，贫民乏食，饥馑弥漫。知州吴士淳募民捐赈，首自出米百石为倡，州尉万钟浚亦出米数十石继之，士商陆续接济。因设男女粥厂各一处，每日投米70余石。同时，以工代赈，增筑州城，周围一律加高7尺，月余完工。粥厂亦撤。总计赈米2300余石，赈济饥民数万。虽有饥荒，而"田庐市廛相安无事，熙熙而乐"。

道光四年（1824），"绵竹大旱，粒米无收。知县谢玉珩发义仓平粜；同时，首自捐廉买米百石，更劝募杨荣光、王守惠等合邑绅耆，共捐米5200余石，四城设局赈济。是岁虽饥，野无饿殍"。

道光六年（1826），巴县旱，翌年春，各乡贫民陆续流入县城乞食。此时，知县刘衡已奉命升任绵州知州，但刘自言："本县为民父母，断不因卸事界期，遂行袖手。"迅即延请城乡绅耆入署面商，斟酌时势，议定："救荒之法，聚不如散。""邑中各顾各保，令本保之富户接济本保之贫民。"于是劝令入城饥民"各归各保，以便赈恤"。同时，刘知县紧急向全县各保发出自订的《办理春荒章程》十三条（本书于"道光七年"附录全文），即救饥实施细则，布置具体办法，详尽周到，入情入理，可操作性强。并严令督办："目下青黄不接，务须飞速办理（赈饥），盖迟一日即多饿死数人，早一日即多全活百十人也。"《章程》在全县实施后，获得成功，民国《巴县志》一语评定："是年，虽饥不害。"

光绪三年（1877），四川大旱，广元大饥。知县董蕴章详请开仓，县城设粥厂二、赈粮处一、平粜处二，各委正绅经理，知县逐日周巡，务期各沾实惠，款不虚糜；丁丑（1877）九月起，戊寅四月终，春秋有收，米价乃平，全活老幼男女逾万。（按：查是年20部县志，各县纷书"饿死者沿街塞路""饿殍载道""道殣相望""死者无算""挖有万人坑掩埋尸体"，赤地数万里，饿死数万人。唯广元，因有董蕴章，民得活命。可见，同样遭灾，死活大异，事在人为。）

事实表明，一般灾情下，只要地方主官负责任、肯担当，出面主持筹措赈济，尽力而为，就可以避免灾民大批饿死。由于官员的资质（仁政意识、处事才干）参差不齐，对荒政措施的执行力度、落实深度不一样，灾民受惠获救的可能性就不一样。同时，本书也以实例记载了州县官办赈之艰难，以及因"道殣相望、漠不关心"，匿灾不报或赈灾无方而被革职的地方官员。

3. 民国时期官方的赈灾

（1）中央政府的赈务。

民国时期中央政府的赈灾严重缺位，但1937年上半年曾短暂出现"举国救川灾"高潮（后有专题）。

民国时期是中国历史大转折的动荡年代，内战、外战连绵，天灾、人祸严重叠加，国家多难，国力衰弱，整个官僚系统腐败无能，所以，对于荒政，当局既无心亦无力。即使面临大灾略有举措，亦乃装饰门面，所拨一点赈款，无异于杯水车薪。本书收集到1937年以前媒体报道的蒋介石关于四川赈灾的几次言行，清楚地表明了国民党政府对川省赈务的漠然态度。正是由于中央政府的缺位，总体而言，民国时期四川始终未形成由国家主导的社会赈灾体系和大规模行动（1937年上半年例外）。

[特例专题] 1937年春，四川因三年连旱爆发特大饥荒，警报频传。省主席刘湘向新闻界发声：面对迅速蔓延、日益严峻的旱涝形势，"按之川省经济情形，则窘绌已臻极度，虽欲力谋自救，实已万不可能"，呼吁全国救济①。由此，全国上下猛然掀起一场声势空前浩大的赈救川灾运动。

国民政府（中央）方面，蒋介石屡次与刘湘通电通信，商议、部署、督办赈务；行政院电示《川灾救济办法》并决定在全国发行四川赈灾公债1200万元；中央赈灾委员会委员长朱庆澜、财政部特派查赈放赈专员曹仲植同机飞抵渝、蓉，实地视察灾情。随后，朱委员长在广播电台报告查灾经过，提出赈济意见，决定对最重灾26县、次重灾46县，以中央及民政部所拨之200万元，先按灾况分别配赈，县派查放员，分组挨户查看，当面填给赈票，要求做到迅速、公允、实在，要选灾民中非赈不生者赈之，并要赈一家即活一家。

四川省内方面，省政府于3月下旬指令省赈会、省粮食调整委员会、省民政厅，各派员分赴各县调查灾情，了解收成、米荒和灾民人数及处境状况；随后在成都、重庆分别举行万人"救灾动员大会"；相继颁布《各县集中办赈令》、《各县各联保成立赈务分会令》（赈务机构延伸至乡村基层）、《查灾放赈部署及应遵事项》、《田赋减免、缓征办法》、《农业救灾办法》、《老弱灾民临时收容及资遣办法》等政令、法规；省赈会尽力筹措赈款，迅速派出专门队伍赴各县查灾放赈；各专署、县府乃至联保，一体行动，遵照省府指示，抓紧实际行动，救济饥民，抗旱补种、保苗，收容流民，安置孤寡老幼，维持社会治安。

社会方面，华洋义赈会总干事贝克应邀入川调查灾情，指导规划工赈；寓居省外蜀人纷纷发起救川灾行动；上海特地派员赴川拍摄制作了纪录片《川灾电影纪实》，观众大受震撼，慷慨捐赈；各大学、各学术团体、各界名流百余人著文在报刊密集发表，从各个角度提出了许多有科学依据、有剀切见地的川灾治本治标建议；新闻界更奋起为川民"喉舌"，上海《大公报》、南京《新民报》、成都《华西日报》《新新新闻》、重庆

① 《四川灾情专栏：刘主席为川灾函本社社长谢无量先生附青代电》，《中国公论》（南京），1937第一卷第6期，第36页。

9

《国民公报》《商务日报》等数十家报纸，以铺天盖地之势持续在显著位置以大幅版面刊发记者深入灾区一线调查的灾情报告，披露无数灾民在生死线上挣扎的悲惨处境，并配发社论、社评，反思致灾的远因、近因，跟踪评论赈务各项举措的实施进展状况，为千万四川灾民请命，呼吁各界广大民众投入川灾赈济运动。正如1937年3月23日南京《新民报》社论《如何赈济川灾》所言："集全国之力，以至全世界之力，以拯川民。"总之，"救川灾"呼声一时盖过一切。

这是国民政府时期唯一一次曾有"举全国之力"气象的省域救荒高潮，也可以说是中国传统荒政制向现代赈济体制转型的一场肇端实验（荒政体系现代化）。这场轰轰烈烈的大赈灾之所以能于1937年上半年在蜀地出现，并非偶然，乃是由其时全国和四川的特殊情势造就：川政统一，服从中央，领导权责明确；抗战形势迫在眉睫，国家决计以四川为"抗日后防""复兴民族根据地"，四川万不能因大饥而乱；刘湘同意川康整军，蒋介石则表示，川省"遭遇奇旱"，"中央自当以全力相助"，愿给财政支持。当时舆论亦明白此大局态势。1937年4月28日《大公报》社评川灾救济运动指出："救济川灾，正所以为国家消除西顾之忧，为国防保全重要之线"，"矧川省经济前途无量，如能拯川人于危难之中，使得保存生产力，则全国经济界同受其利，又一救人自救之例也"，"亟应扩大救灾运动，依全国之力，拯救此饥饿线上之数千万同胞，庶乎西南之危机可以消灭，国防之后府可以安全，此实全国问题，非止川人之切身利害也"。

1937年7月7日，卢沟桥事变爆发，全国急速掀起抗日高潮，国人关注点转移到全民抗日救亡，川灾救济大事未能引起持续性关注，诸多赈济措施未及落实。又因川中入夏后多地降雨（并致洪水、淫雨），旱象基本解除，田稼有望；政府和社会已采取的种种急赈救荒举措也多少对饥民之困起到了缓解作用。全川人民强忍前此大灾带来的剧痛和损失，迅速融入全国抗战洪流。

1937年上半年的四川大赈灾虽为时势所中断，但它显示了四川人民伟大的自救力，缓和了因十年防区制内战和苛政酿成的军民、政民的极度紧张关系，调节了社会气氛，振作了民心士气，为川域迅速由"饿乡"转变为"抗战后方"创造了条件。本书搜集到大量有关史料，展现了1937年确为四川"大悲之年，大壮之年"的历史实情。

（2）四川省级赈务。

民国成立以后，传统的荒政制度有向现代赈灾体制过渡的趋势，出现了一些新的变化，如成立专门的赈务机构，为赈灾立法，赈灾费列入地方财政预算，赈济方式加入了合作基金、贷款等金融手段，省内外民间慈善团体介入赈灾，新闻媒体积极主动参与灾情通报，呼吁捐赈，并起一定的舆论监督作用。

但是，民国的成立承袭了晚清的"衰世"，四川省十年防区制、军阀割据、战乱连绵的"乱世"，使得经济凋敝、百业不振，官府财源枯竭，民间"盖藏空虚"，救灾体系始终处于支离、薄弱状态，设防水平、承载能力低下，社会严重残破化、贫困化。百姓本就承受着很重的苛捐杂税，如牛负重，度日艰难，却偏又逢连年多灾，且系大灾，全川灾民少则数十万、上百万，多则数千万。在应对灾害的外部、内部力量都十分薄弱的情势下，省政府主赈人士亦曾尽力筹措，给重灾区拨些急赈粮款，但基本上是杯水车薪，无济于事。民国官场又非常腐败，社会上黑恶势力猖獗，二者相互勾结侵吞仅有的微薄的赈粮赈款，真正用于赈务的微乎其微。想实心赈灾、解民疾苦的地方官员也实在如凤毛麟角。所以，民国时期因灾害饿死的人绝对数很大，情状之悲惨，堪谓血泪汪洋。

本书记录的民国时期川省政权的赈务概况如下。

①1915年，四川巡按使公署成立省筹赈总局，办理灾赈。巡按使发布命令：不准富户囤积居奇，一律开仓平价出售，不准粮食出关（实际效力不大）。筹赈总局派出调查员巡察各地灾情，省政务厅也派出查灾员。总局给川东拨发救灾款1万银圆，又令嘉陵道给三台水灾拨3000银圆救济。

②1916年，岷江大洪水，1923年癸亥大洪水，均未见省赈济。1923年，炉霍、道孚地震，川边镇守使陈遐龄急电北洋政府报灾并请求赈款，对灾民"迭经设法安抚，发放口粮、种子，于春季从速播种，幸各有秋"。

③1925—1935年，四川省内军阀混战，省级政权陷于瘫痪，其间连年大灾，均缺省级赈济。1925年，据四川筹赈会派员调查，"综计全川饿死者达30万人，死于疫疠者约20万人，至于迁徙流离、委填沟壑者在六七十万以上"。因失于赈济，造成百万人惨死的大悲剧。1929年、1930年，大旱，赤地千里，灾民800万。占据川东的二十一军军长刘湘在重庆组织"民食救济委员会"，自任会长，向省外购粮。据海关统计，当年湘米上运101512担（约508万公斤），对缓解饥馑起了一定作用，但对800万灾民中大多数无钱买米的贫民而言，未沾实惠。1933年，叠溪地震及堰塞湖溃决，致数万人丧生，损失极其惨重，竟未得到军政当局的赈济，当局"口惠而实不至"，空言"就地设法，靠人民自救"，致使不少灾民"于悠久岁月中，艰苦挣扎在饥寒线上过其可怜生活"。

④1935年川政统一后，省政府公布国府行政院此前已先后颁行的荒政法规《勘报灾歉规程》《灾赈查放办法》等，并制发了《实施救灾准备金暂行办法》《旱灾急救办法》等地方条规。同年，成立四川筹赈会；省府恢复备荒仓储，是年10月，138个县市已共有仓谷232.29万石。至1940年，111个县市共开销186.17万石，实存81.22万石。嗣后，贪挪殆尽。

⑤1935年以后，省政府、省赈务会实施的重大赈灾举措如下。△1936年起，由省府派出查灾员对各灾区县评出等级，分别给予不同的赈济。赈灾办法有：发放急赈粮款、以工代赈粮款，减免缓田赋，发放农贷借款。△1936—1937年的"大天干"，赤地千里，省政府的办赈举措：1936年，首先拨救灾准备金14万元给武胜等42县急赈，用于拯救老弱灾民。其次，省府拨款100万元，向银行借100万元，共200万元。其时急待赈济的灾民2980万人，人均摊不到0.1元（"灾民三千万，人均一角赈济款"）。且经报灾、查灾、筹赈、拨款等时日迁延，又在赈款发放上历经周折，先是行政院派查赈专员曹仲植来川核查，再是省政府委派无数查赈长分赴各县灾区核查，然后才分配赈票。至发放赈款时，非赈不生者多已濒临死亡或早已死亡。再次，拨420万元为以工代赈款，修整川滇、川鄂公路。另筹300万元为合作金库基金，发放农村金融紧急贷款，指定贷与受灾农民购买耕牛、种子、农具之用，以利恢复生产。最后，1937年11月2日，成立川灾救济会，决定将国民政府公布之赈灾公债600万元分配用途：农贷400万

元，水利 200 万元。

⑥1936 年，有两个省级赈务批件具有典型意义。一是，大足大旱，"饮源枯竭，粮禾几尽，斗米三元，哀鸿遍野"。县府呈报《本县秋旱情况并恳赈济》文，刘湘批示训令："给撒旱谷资料一份，据此遵行。"二是，巴县已连续数年干旱，不少饥民因吃白泥致腹胀而死。县府电告省赈务会请求赈济，回复却是："此类偏灾，随处皆是，本会款绌区多，实难为继，故不得不有望于良有司之负责自谋也。"

⑦省筹赈会努力筹到的赈款，散发到灾民手上的情形：1934 年，綦江灾民达 16 万人，省筹赈会所拨 1 万元赈款，每个饥民仅得法币 0.06 元，不足买 5 斤米；1936 年，省筹赈会拨给达州赈济款法币 4.8 万元，发到达县每个灾民手中仅 1 角钱，饥殍横路，饿死数万人；1937 年，云阳灾民 41 万人，省政府拨旱灾急赈款 2.5 万元，灾民人均才 0.06 元。

1936 年，旱、洪、风、雹、虫灾席卷汶、理、茂、懋、靖、松等地，十六区专署于 5 月 19 日布告放赈："重灾：极贫，每大户八角、小户四角；次贫，每大户六角、小户三角。轻灾：极贫，每大户五角，小户者不赈。"

1947 年，眉山洪灾，受灾 13453 户、97219 人。省里、专署两次共拨救济款法币 4000 万元，人均 411.44 元，时米价 3.74 万元/公斤，仅可买大米 0.011 公斤。1948 年，眉山 20792 户、89449 人受灾，省、县共拨救济款 23052 万元，人均 2577 元；时米价 34.74 万元/公斤，仅可买米 0.007 公斤。拨发赈款已完全失去实际意义。

民国时期赈灾中也不乏另类官员。

△借赈谋利，贪污舞弊。

1940 年，成都市饥民遍布，米价飞涨。国民政府军事委员会成都行辕主任、四川省府委员兼秘书长贺国光，一方面利用其侄儿控制"成都市平价米销售处"，掺杂使潮，贪污中饱；另一方面又在新都等地囤积大米四五千石，待价而沽，民怨四起，当年 3 月，成都即发生民众抢米事件。

苍溪县公安局局长陶子国，1936 年吞食赈款 1 万多元。

省赈委以赈灾名义从省外购运的食米，实际上多为官僚奸商所套购。

官僚地主资本利用金融力量，囤积几十万石粮食以图厚利，更促使粮价上涨。

△以民为敌，制造血案。

1941 年 5 月，温江县永安、毗卢、寿安三乡先后发生成百上千饥民抢商粮、军粮事件，当局出动军警镇压，死、伤 5 人，捕 13 人，寿安一名甲长被处死刑。

1947 年，由于货币贬值，粮价疯涨，平民走投无路，全川陆现抢米风潮。5 月 8 日，成都市贫民结队到 7 个市场及其附近的米店、米厂抢米。政府实行戒严，军警捕人，以"奸党"名义枪杀 2 人。

1948 年 4 月 9 日，四川大学、华西大学等学生数千人，为买不到平价米上街游行，往省政府请愿。省主席王陵基命令军警镇压，逮捕 132 人，打伤 200 多人，造成震惊全国的"四九血案"。

同年 6 月 16 日，重庆市米店斗米价上午 60 万元，下午骤涨至 90 万元，市民愤起抢米店 76 家。当局派军警逮捕 309 人，以"奸党"名义判死刑 1 人，无期徒刑 1 人。

国民政府倒行逆施，发动内战，只顾筹办军粮，挤压民食，又发行金圆券剥夺民财，米价飞涨，人民无以活命，抢米店系官逼民反，是维护生命权的最后手段。政府不恤民命，反以民为敌，出动军警武力镇压，表明其民心丧尽，天下必变。

（3）四川县级赈务。

历来县级赈务直接关系灾民生死。

民国时期，四川县级赈务处境非常不利：上头（中央、省）极少接济；县内备荒积谷已被军阀强取殆尽；下头乡村富户被兵匪苛捐杂税敲剥，极少积存，广大贫民生计更极端艰难。一遇灾荒，县级主政者双手空空，面对遍地饥民，实在一筹莫展。不过，也出现一些新的有利因素：民国初期开始推行"地方自治"，县级"两会"（议事会、参议会）有权议决赈务；县设赈务分会，有人专门负责办赈；报刊关注灾情，迅速向公众报灾，呼吁捐赈；省外省内慈善团体及旅外同乡会介入。由于对中央、省的求助已经绝望，不少县府主官和乡贤不再两眼望上，转而立足本地，"求人不如求己"，多方设法，显示出自主办赈的积极性。且四川各县赈务具有多样性和县际之间的不平衡性：同等灾况，在相邻各县造成的人口损失大不一样，取决于其地有无热心办赈救命的官和绅。

1921年，达县议事会决定，设立筹赈局，先后置赈田年租888石，积谷备荒。

1925年忠州大旱，忠县设临时筹赈会。调查全县极贫39188人，次贫81622人；极贫者每月按名发大洋1元，次贫者0.5元。连发3月，共费洋24万元。

1925年，温江大饥荒。温江县知事公署提出"安贫保富，筹赈救饥"的口号，邀集县城绅商募捐，得银圆1205元、钱13.2万文，购小麦485石，定期折价出售，缓解了城区1717户贫民的饥馑。继之，县知事训令各区成立临时赈济筹办处、平粜经理处，仿效城区办法，按大小口平价出售麦面。

1928年，三台大旱大饥，得到多渠道赈济。驻军军长田颂尧特设川西北赈灾委员会募集捐款，旋拨银4200元交三台赈务分会；时嘉陵道赈务处募银1500元，绅商募银3000余元，加收契厘银1000余元，上年赈务存款2100元，一并散发到各乡各保，所存积谷与就地所募之款亦次第散发，饥民始得稍安。

1928年，绵阳、剑阁、三台等12县大旱荒，户口总数600万，能自给者十之三四，待救者十之六七。绵阳筹赈总局远近募捐得银圆8万，官府出仓谷1827石，按口散发。

1933—1936年，酆都全县大旱。各联保办事处不断向县府呈文请求拨款救济，县府均批"发动募捐，设粥厂以赈灾黎"。仁沙乡联保主任募捐无门，到县衙跪哭请赈，县长孙醉白批借农行基金2000元放赈。接着，各乡联保主任齐集县城，联名请拨赈款，县府急电省府请赈，省令"自筹"。一些乡镇强令富户出粮设粥厂，仅几天即停，灾民流离失所，死亡甚众。（按：酆都县"赈灾"情状，代表了民国四川省赈务在省－县－乡三级的普遍态势）

1935年，达县大旱，仅收二成。省赈务会救济法币1万元，重庆救济会拨2.1万元，县府未用分文救灾，全部挪用修筑防共碉堡100余座。同年，"省赈务给宣汉县拨法币1万元赈灾，县以工代赈，修筑西北乡村道路720里，购置耕牛79头、锄头3820把、铁耙955把，分给农民。"

1936年、1937年，"丙丁大天干"县级赈济举例如下。

1936年开县大饥，各乡贫民吃大户。县长郭其书一味派警镇压无效，向省发电借军粮款法币1万元，筹富仓谷800石，平分到乡；重灾乡甘棠千户得千元，户均1元，仅可购米1升，民怨沸腾。郭县长终以救灾不力、治民无方被弹劾指控，撤职离任时遭愤怒群众拦路痛骂。

1937年，兴文县两年连旱。省赈务会发赈款银圆4500元，经党部委员赵灼监视发票，县赈分会主席萧焕文前往四乡向灾户放款、收票两次，灾民均得实惠。焕文得省府、省赈务会传谕嘉奖。

1937年，宣汉县春荒严重，疫病流行。县府发布告，提倡"主佃接济、家族照顾、亲友提携、邻里扶持、自由捐助"等互助救济办法。25个乡镇灾民户，互济洋芋种1.11万斤，稻谷种100石；县政府发施粥赈款法币1579元，省赈务会拨法币4000元。县政府规定，公务员月薪在20元以上者，以20元助赈，有存米10石者，抽10%作赈、10%作借。限制煮酒熬糖，节约粮食。但在发赈救济中，乡保人员克扣贪占，灾民难得实惠。

1937年，荣县大旱，灾民43.4万人。饿殍满途，甚至有盗食死尸、杀人卖肉者。仅城区就收容被遗弃的婴儿253名、老者61名、残废儿童54名。为了救荒，民众募捐法币7333元，铜圆2443吊，米73.8石，黄谷377.1石，工赈米27.2石。政府工赈法币71元，粜米604.9石，赈款法币2740元，铜圆7500吊，赈谷1945.8石。

1941年，宣汉县旱、洪灾严重，县政府发赈谷837.33石，甲级大口（12岁以上）赈谷8升、小口（未满12岁，又称半口）4升，乙级大口6升、小口3升，赈救4.65万人。

1947年7月，灌县饥民数百围攻粮户，开仓抢粮。县长肖天石扣押米粮公会理事长杨岷山，命令米粮行业每日以20石米上市，缓解粮荒。

1948年，奉节县春荒奇重。县参议会一届九次会议决定：以最低息借贷乡、保存粮；强制出售或接管富绅余粮；募捐；取缔不法粮商；禁止黄白酿酒；电请省府准重灾乡就地卖中央粮和省粮。

（4）省外慈善团体对四川的赈济。

1921年，上海慈善家创办华洋义赈会，为四川灾区拨赈款30万元，由川人代表张澜承领；其中分配三台县2000元，由绅士领取发放。

1920年、1921年两年，彭水县水旱灾害迭至，收成仅十之一二，全县百姓多食草根树皮，死者甚众。上海红十字会先后载大批赈米来县城施赈，每天给灾民施粥，灾民赖以生存。

1937年，驻万县红十字会会长赵润风、刘俸地率队员10人，亲赴忠县三区，挨户放赈大洋共2万元。盖恐保甲经手中饱也。

同年，梁平春旱、8月水灾。四川省赈会拨给急赈款1.7万元。9月初，驻万县世界红十字会兑来赈款8000元，派来查赈队员10余人，前往重灾乡镇查户给票，并派放赈员会同县赈务会委员赴乡发放（防基层乡保舞弊）。县长杨晴舫向部分绅士募捐2000元。慈善团体在城厢成立第一施粥厂，领粥饥民日渐增多，有一天竟达8300人。

二、民间的应对

(一) 义赈：饥荒中的民间救助

历来城乡富人中有一种追求为富而仁、急公好义的人。这些人士通常家道殷实，祖训"为善最乐"，有仁义胸怀，有社会声望，同情灾民痛苦，担忧社会动乱。他们是民间赈粮赈钱的主要捐助者或赈务操办者，是当地真心办赈官员的得力支持者、合作者，是大灾荒时期人心摇惑中的良知未泯者。一个地方有若干此等人士形成的人间关爱系统，举办与"官赈"配合的"义赈"，就有可能少饿死人乃至不饿死人。

△北宋蓬溪李洪，在灾年捐资，救活了 10 万家人，县人建丰泽庙祭祀。

△明英宗正统十一年（1446），大足县大旱，县人夏文生、夏文启弟兄尚义，散谷 2000 石赈饥。

△乾隆四十三年（1778），四川发生百年一遇的特大旱灾。合川县民多饿死，流亡载道。邑富户黄远谟曰："人皆饿，我独饱，奈何？"乃率族亲出外地籴米泛舟而归，减价四分之一上市平粜，又设粥厂赈饥，另有老弱以举火者数十人，所全活者甚众。

△乾隆五十一年（1786），富顺县饥，罗象贤、罗象贵兄弟捐米 8000 石，以活饥民。

△道光十八年（1838），温江县米价大涨，饥民汹汹。知县刘文蔚集绅筹粮，各绅认捐无几，知县甚忧。适有一位向来慷慨乐施之盐商陈天柱因事入衙，悉刘知县筹赈之艰，天柱即邀同好曾恒顺，共捐银 3000 两，立往下游买米运粜，人心遂安。

△道光三十年（1850），西昌、普格 7.5 级地震，昌州土司卢昊深明大义，主动捐银 1050 两，助工赈。

△光绪三年（1877），川北大旱（"丁丑大天干"），巴中尤重。县内一批民间善人主动挺身而出救饥，或捐米捐麦，或筹谷平粜，或自设粥厂施粥，或襄办赈事尽心尽力，有始有终。他们所行善举的结果是"全活无算""全活无数""全活甚多""存活甚众""拯荒活殍，惠流山乡""乡里赖之"。1927 年《巴中县志》载有丁丑年大力拯救饥民的人士就有 22 名。其中陈常由川督丁宝桢奖蓝翎并给匾额，杨保元由川督"议叙正七品衔"。

△光绪年间，巴县乡贤文国恩被举为济仓董理，"主管济仓历时最久，十年之间增谷至四千余石。后又别于本乡倡捐积谷，亦几至千石。岁饥，赖以全活者甚众"。

△光绪二十九年（1903），绵阳大饥，邑善士吴朝聘奉委为筹赈局总办，请准发大量仓谷赈济，并募赈款 37000 余缗，分别散发州中灾黎，存活无算。

△广元：1929 年绅商成立慈善会，会费由乐施者自助捐充。1929、1930 两年天旱，办理赈务，慈善会出力为多，其时川北灾民 800 万，饿殍塞途，而广元未见饿死人记载。

△1939 年大旱，大竹县唐玉峰、夏同春、何元坤、郑凤德、伍云会、王秉钧等人自发四处募化，筹集大米，每天在竹阳公园施稀粥救济难民。而且于腊月廿九、三十日向孤寡发送年关救济米，当年所募大米一次发完。1938—1943 年，前后坚持 6 年。

△1945年7月，荣县洪灾，名儒赵熙"作书乞赈于自贡盐商，并自捐款救济"。

△1947年，灌县城珠紫街大火。寓县外籍名画家董寿平捐赠梅竹画十帧，县长肖天石书写诗词、对联、格言十余帧，义卖赈济。

1947年夏，筠连县发生粮荒。巡司乡人李春发、陈杖生、陈大统在本乡率先主动办理平粜。县长祝世德闻讯，令乡长报核，据悉春发损失约500万元，杖生、大统各约损失300万元。祝氏嘉之，特赠春发"义举超人"匾额，又题赠杖生、大统"善人是福"四字，制匾赠之。

△民国时期，有一批新闻报刊、慈善团体的从业人员，坚守职业道德，不辞辛劳，深入灾区底层调查采访，及时向公众报告灾区实情真相。1925年，中国济生会一名特派员（未悉其名），从上海远道深入川北通江、南江、巴中三县调查后，向总会发出书面报告，略谓：通、南、巴三县，三年灾荒，饿而死者十数万，食树皮、草根、白泥伤肠胃成疾死者亦20万。办赈人每入一家，见其尸秽，难以调查；购一米一饭皆难，放赈人不自带食物，即不免同被饿死。该员同时发电报，指出造成惨状原因："天灾、人祸、兵匪横行，遭兵抢匪劫，民无粮米，饿殍载道。"一些报刊发表评论，尖锐指出四川灾荒严重的原因是人祸。本书搜集了各年份诸报刊对四川天灾人祸多方面的报道和言论。

（二）从个体应对到抱团应对

从晚清民国以来，四川的灾赈出现一些新情况。一是官赈与义赈结合，民间自发成立慈善团体。一些地方官员深感天灾频现，临灾想请得中央、省级的赈款赈粮希望渺茫，即便求得一点也是"远水不解近渴"，无法存活嗷嗷待哺的治下饥民，乃转而向下，"求上不如求下"，"以有余贷不足"，联合本地的绅士、富户、善士成立一种团体，有组织、常态化地开展赈济事业。例如，同治十一年（1872），忠州饥民载道。知州侯若源与州人鲁敦五商榷，设厂煮粥，减价售米以济饥民。若源捐廉百缗，绅商亦捐助有差，虽一时全活甚众，但款已耗尽。若源虑难持久，再捐廉千缗；并劝富绅秦敬之捐谷13石有奇，秦友棠、吴履阶、谭蔚云各捐数百金，购谷400石；李树德昆仲捐鸣玉溪全院作永久粥厂，名曰永济会。随后，该会又筹积谷6000石，全活甚众。百姓于厂内竖若源神道牌，故又名其地曰侯公祠。民国初年，此产移并城厢公立善堂，继续发挥慈善赈荒作用。其他县的官、绅、商、民也有类似的民间赈灾团体，如十全慈善会、救命会、太平会、协济会等。二是上海红十字会、华洋义赈会等著名慈善组织入川参与赈灾活动。如彭水县1920年、1921年相继发生水旱灾，县民多食草根、树皮，死者甚众。幸有上海红十字会先后运来大批赈米在县城施赈、每日施粥，灾民赖以生存。三是川省各县市的旅外（沪、蓉、渝等）同乡会及时向报界报告家乡灾情，呼吁募赈。

历史表明：在灾害面前，孤立无援的个人是十分脆弱的，而认识到命运与共的人们，则可以众志成城。这是人的觉悟和应对实践上的一大进步。应对灾害，必须有硬实力，更要有软实力。

（三）传统荒政体制向现代救灾体制转型的探索

中国传统荒政制度在四川实行已久，其间不断有所补充、纠错、创新，至清道光年间已趋完善，有三种可称为标志性的文献。

一是：道光七年（1827）巴县知县刘衡颁行的《办理春荒章程》。共13条，就是"各顾各保设法救饥"的实施细则，凝结着一位资深地方循吏丰富的理政实践经验，其特征是赈济行动的精准化、透明化，将有限的救灾粮、款迅速送达于饥民之手，使其获救存活。

二是：道光十四年（1834）合州知州李宗沆的《合阳拯穷六政》。李知州访民间疾苦，见"民有乞食无获，手刃其养女三指者"，大悯，"集诸绅议所以拯穷之道，首在置育婴堂"。其后"则更建五事"："育婴""宾兴""恤嫠""拯水""栖流""泽骨施棺"，统名之曰《合阳拯穷六政》，各有专章，自为一书。其实就是补以往荒政举措之不足，使救荒内容更完备周到。

三是：同治《仁寿县志》所载，写于咸丰七年（1857）的《议救荒》《救荒余论》。二文的基本论点是："议救荒无奇策，惟在因时、地制宜"；"天下之不平，莫甚于富者日益有余，贫者日益不足，是故平天下（荒年救饥）之要务，为损富补贫。"

虽然传统荒政制在少数地区因有循吏、贤吏主持，显得相当完善有效，但迨至清末，已是国事颓唐，政治腐败，吏治黑暗，社会浑浊，弱肉强食，"良法难行于末世"。最为典型的是，光绪十一年（1885）一名李姓诗人写的诗中所揭露的中江县赈荒全过程中舞弊猖獗的情状，虽有"设宴请富户劝捐""且以清俸补不足""竭力多方设法筹赈"的县令罗实斋，却敌不过"奸民黠吏因缘为奸"，"狐兔纵横肆其毒"，结果是"溺不能援反下石"，"夜夜烦冤新鬼哭"，罗县令则以"实惠不至（饥民），怨讟繁兴"而悄然去职。

时至光绪二十二年（1896），川东秋霖害稼，至翌年春，大饥大疫，朝野大震，称"川东粮荒案"，"于是赈荒之政遍川东"，"四赈"并举："恩赈"（宫廷、国帑），"官赈"（总督筹拨，州县社仓开赈），"义赈"（各省官绅、川中士夫捐集），"民赈"（城乡绅富就地募捐）。虽然如此，仍有大批饥民殒命："（1896）七月至八月，绥定府（达州）各县淫雨48天，沿河田毁谷烂，民大饥，饿殍载道，至挖大窖掩埋。""宣汉，米价腾贵，死者无算，甚至有人相食者。"

总之，到清末，传统荒政各项举措似已完备无缺，但难落实，荒政制走到了尽头，有识之士忧世悯民，转而探索救荒新路。

1897年，达县举人、教育家、维新志士、革命党人（同盟会成员）刘行道（1869－1910），于川东大饥荒后"痛定思痛"，"亟谋善后之策"，撰成长文《川东赈荒善后策》。其主旨是，以西方"富国学"理论和经济、政治制度，反观中国传统荒政思想和制度，检讨其局限和弊端，看"覆车之鉴"，思"补牢之计"，期望"（建）立足食富民之政策，饥馑不为害，水旱不成灾"。文中值得注意的议论有：第一，泰西各国有编户之政、足民之政，以重民命，为强弱之原、盈亏之本。而中国民生日用恒业，多一胥吏经手之事，即多一扰民之事。如丁宝桢倡行积谷之法，"名曰民自为之，民仍不得自为之，官惠不能下究，民隐无以上通"。又，报灾、勘灾制度，层层官府行之不力而且心怀觊幸，驳难盘查，耽误时日。而西国有财政预算和国计簿制度。社仓积谷，今后可参用中西公会之法，实行股份制，设董事会，股东人人有稽核之权、经管之责。第二，"西人言富国学者，莫不以开矿为先务"，"近江西萍乡绅士，筹办本地矿务，荒歉赈济，筹款至十万两之多"。四川"煤铁土产，蕴于地中"，可仿西国以工代赈，或"招集股本，联为公司"，建山峡煤厂，大开利源。另仿日本"讲求山林之政"，桑柘麻苎、谷蔬果窳、养殖畜牧，多种经营。总之，导其本源，尽其地力，生业日富，即能大养元气，藏赈荒之力于社会民间，遇荒不慌。第三，涉及四川土地租佃制度之弊："豪民兼并，坐食租赋""蠲免之条，佃户不与沾，丰穰之利，佃户不与羡；故主佃不相恤，而一歉已多流亡。"——这是从经济基础角度找到了农民一遇灾害就不得不外出逃荒的根源。第四，他又从去秋淫霖之积，场稼败于垂成时，官府、农艺人士倡导用竹竿晾干稻穗之法，但不少农民却嫌此法烦琐而不愿行动，以致大量黄谷腐烂的事实，得出一个警示："民智不开，唯愚且惰。"如此农民，"即语以钾养之利农田、电气之宜园圃，更不知作何状也。"——先进农业科技，难以推广。因此，必须革新教育，开发民智，推行科学技术。

刘行道用19世纪末从西方、日本传入的富国、足民理念，来考量四川的灾害应对、饥荒赈救问题，是救灾、救荒思维的一大转变，提出的对策多有新意和针对性，是对传统荒政制的突破和创新，也是对一种新的救荒制度的探求和设想。《川东赈荒善后策》全文无一字提及寄希望于官方赈济，实际上是对古来以"皇帝恩赐型"（所谓"同沾皇恩"）为核心的荒政制的否定和摒弃。

民国时期，四川天灾、人祸频发，民不聊生，凶荒连岁，酿成空前的大量灾民死亡和人食人惨象。传统荒政制已名存实亡，丧失了"存活民命""聚万民"的效用。同时，在社会实践中，救灾主体逐渐多元化，民间自主救荒渐成气候。科学、民主之新风也吹拂巴蜀大地。1936-1937年的"丙丁大天干"，堪称史无前例的大饥荒，灾民3000万，全国震惊。1937年上半年掀起"举国急起救川灾"运动，川中有识之士群起检讨、追究大灾大荒的成因，从多角度提出治标治本之策，仅当时编印的《民国廿六年四川旱荒特辑》一书，在"川中旱荒标本救治办法之建议"的栏目下，就收录了各报刊登的各界人士和各报编者撰写的救灾治荒策论文章25篇。其中的论述尖锐地指出：历代荒政救荒之法虽已尽善，而奉行之人，或视为具文，疲玩成习，或缓急轻重，举措失宜，甚则居中牟利，专事中饱，参与放赈者皆贪污成性，其能已饥已溺者，殆亦鲜矣。因而，赈款多而灾民终鲜得实惠，酿成人相食惨剧。对传统荒政制表示彻底绝望。追究四川巨灾之病因，认为"在骨非在皮，在里非在表"，"自远非自近，自人非自天"，"是人造灾荒""天降之灾一，人选之灾九，奈何不饥荒遍地也"。指出："二十年来主天府之政者，骄奢淫逸，害民毁财。"因此，"如何克制灾荒？军人、官吏、豪绅必须'认过改过'"。同时，提出了许多超越传统荒政举措的新办法，但当时就有人质疑，这些良策在"不良的社会环境"中，是推行不了或难于收到实效的。总而言之，清末民国时期，传统荒政制渐趋衰微，有识志士在积极探索新的救荒之策，酝酿变革，但其时尚不具备转型的社会条件，只有到中华人民共和国成立之后，具有现代文明特征的救灾赈灾体制才得以确立和发展。

灾难中社会底层的芸芸众生

灾害史研究的对象是自然灾害，但关注的中心最终应是"人"，尤其是人口占大多数的底层社会贫苦民众。灾害、饥荒发生时，受灾的主要是他们，而他们恰恰是抵挡力最弱的人群，必须依靠国家、社会的外力救助，才能度过危机，故救灾急务，首在保住饥民生命；存活饥民人数，是赈灾成功的标尺；而灾损人口数量，则是衡量灾害对社会破坏力大小的主要指标。而且，从总体来看，底层劳苦民众，乃是防灾减灾自救的主力，是灾后重建、恢复扩大再生产、社会复苏发展的主力。所以，灾害史理应以最广泛的社会底层为关注对象。这也是灾害史研究的根本价值关怀。

本书编者悉心从各种历史文献、书刊、报章中（往往是夹缝中）搜剔资料，整理、分析后，从四个方面记述灾荒中底层社会的芸芸众生。一是从整体、群体、个体（户、人）三个维度，从极贫、次贫、自赡、小康、富户各阶层，作系列记载（虽分散但可串联），反映各自在危机中所处的地位和生存状态；二是分别记载人们在大旱、洪水、淫雨、地震、瘟疫等不同灾害中所受的灾难和痛苦；三是记述一场饥荒从开始到终结的全过程中，饥民从无助、绝望到痛苦、挣扎，再到抗争直到惨死（饿毙或自杀）等不同阶段的状态；四是饥民动态，或守家待毙，或盲目外流，或群聚"吃大户"，或结伙抢米，少数遁入"绿林"。总之，尽可能还原当年亲历者们切身感受的那种氛围。

本书的特色之一是，尽可能全面地反映从古代到民国时期历次大饥荒中饥民群体的命运，一场灾荒，"饿殍盈野、塞途"，灾民数量或数万、十数万，乃至百万，但史书、文献中对如此大量的人口短期内集中死亡似乎已经麻木，多只笼统记一笔，极少记载从鲜活的人到成堆的枯骨的生命之火熄灭过程。今天，我们不是要揭人类饥饿史上的伤疤，而是想指出，人类与灾害将长期共存，今日的抗灾减灾大事，全社会人人有责。以史为鉴，饥民的大批死亡，与社会制度不完善、时局动乱、吏治腐败、财政拮据等因素密切相关，从而使我们更加珍惜今天拥有的与灾害做斗争的制度优势、举国体制。生活于"人民至上，生命至上"的时代，何其幸运。

一、灾民人数与死亡人数

人口的灾损数是衡量灾害轻重程度的主要指标。但有关四川灾害的历史文献，对此记载都不全、不清，多缺漏或笼统计之。以下仅据已查得的明确记载，罗列部分年份、部分地区的灾民数和死亡数。（宋末元初、元末明初、明末清初三次天灾加战乱，四川人口大减，此处未列。）

灾民死亡人数，包括三种情形：一是在地震、洪水、泥石流爆发时猝然遇难而死，二是因乏食饥饿而死或因饥饿自杀而死，三是疫疠流行病死，以及因灾直接患病而死。

△唐高宗总章二年（669）七月，剑南 19 州旱，百姓乏绝，总 367690 户。（按：占 19 州当时总户数的 57%，是载于正史的古代罕见的大饥荒年。）

△宋乾道四年（1168），全蜀大旱，盗延 8 郡，汉州饥民至 9 万余。

△宋光宗绍熙二年（1191），嘉陵江暴溢，漂民居 34 万余。

△宋嘉定七年（1217），石泉军饥，殍死万余人。

△元武宗至大三年（1310），峡州大雨水溢，死亡万余人。

△明宣德元年（1426），永川（重庆）旱，民缺食者7448户、11280口。

△乾隆五十一年（1786），打箭炉地震，壅塞大渡河，后十日壅堵溃决，嘉、叙、泸、渝一带人民漂没者不下十万众。

△道光七年（1827）五月十五日，西昌南门外河街洪水，淹毙居民万余人。

△道光十三年（1833），春，城口县因上年秋霖颗粒无收，全城饿死数万，流亡者不可胜计。

△道光十八年（1838），雅安：夏大饥，殍死万余。

△道光二十年（1840），川东北特大春荒，饥民二三十万。

△道光三十年（1850），西昌、普格地震，受灾户27880家，灾民135382人，压毙26050人。

△同治七年（1868），多地大疫，新繁县死近万人。

△光绪三年（1877），丁丑凶荒，仅南江县就饿死不下数万。

△光绪十五年（1889），水灾，受灾53840户、262000余丁口。

△光绪十八年（1892），川西20余府州县霍乱流行，5—9月成都死亡万余人。

△光绪二十三年（1897），川东饥荒奇重，仅巴县就饿死万人。

△光绪二十八年（1902），四川"壬寅大天干"，灾区90余州县，灾民数千万。每邑极、次贫丁口，多者20余万，少亦十数万，离乡乞讨者共有数十万之多，饥民载道，死者枕藉。

△光绪三十年（1904），"甲辰大旱"，受灾59州县，灾民200万。

△1915年，忠县极贫、次贫民15万人，垫江极贫、次贫民2.9万人。

△1916年，全川霍乱、伤寒、麻疹、白喉、痢疾、天花、猩红热、黑死病等8种传染病患者1672076人，死亡640656人。

△1920年，达县死于霍乱、伤寒、痢疾、天花4种病者共7.67万人。同年5—7月，重庆市区6934人死于霍乱。富顺、自流井6000—7000人死于霍乱，成都死4000余人。

1920年2月，重庆大火灾，延烧5700户，死1.5万人。

△1924年，川省数十县大旱，因无赈济措施，据不完全统计，饿死者达70余万人。

△1925年，川省80余县大旱，据全川筹赈会派员调查，综计全川饿死者达30万人，死于疫疠者约20万人，至于转徙流离、委填沟壑者，在六七十万人。

△1928年，全川50余县旱灾，灾民800万，能自给者十之三四，待救者十之六七。

1928年，川北、川西北旱灾，灾民600万人，能自活者不及十分之四。

△1929年，川北阆中等县灾民800万，均陷于饥馑。

△1931年9月，洪水，资阳、资中、内江、宜宾一带淹毙人口1万余。

△1933年，雹蝗水旱，四川农村加速贫困。岳池：50万人口，其中急需救济的贫

民有 20 万人；合川：60 万人口，生活无着者 40 万人。

1933 年"825"叠溪大地震后海子溃决，洪水漂没男女老幼在 2 万以上。

△1935 年，潼南 6 月以后，病饿而死者近万人。

△1936 年，巴中 2—4 月三个月中，饿死的饥民不下 8 万人。

1936 年，旺苍饿死约 8000 人。

1936 年，梁平柳荫乡 14 保仅 10 天内饿死 580 人。

1936 年，达县赈灾款发到灾民手中每人仅 1 角钱，饿死数万人。

1936 年，云阳 8 个月未下透雨，全县灾民 2.74 万户，饿死与自杀者数万人。

1936 年，宜宾大旱，灾民 35 万人，其中 14 万人以蕨根、芭蕉头、白泥充饥，死 2000 余人。

1936 年，江油、彰明待赈灾民占总人口的 70％以上。

△1937 年，全省被灾 141 县，灾民 3500 万。

1937 年，潼南春夏大旱，病饿而死者近万人。

1937 年，广安"全县野菜、蕨根、麻头、干苕叶食尽，百姓流离乞食，饿死万人"。

1937 年，开江先旱后淫雨，饿死 9042 人。

1937 年，川东灾民大批流入重庆市，"各小巷饿殍横卧"，据警察局统计，仅 1—3 月饿死的路尸就有 8772 具，自尽、弃婴或抱子投江者甚多。

1937 年，綦江大旱、洪水，灾后全县人口从 50 万减为 37 万。

1937 年 6 月，四川省政府主席刘湘承认，忠县已埋饥民尸体 1.8 万多具。

1937 年，云阳灾民 412690 人，占全县总人口的 80％。

△1940 年，川北霍乱大流行，死 35020 人。

△1941 年，大足旱灾，极贫、次贫灾民 32 万余人，流离死亡者无计。

1941 年，美姑县牛牛坝连续三年霍乱流行，死亡 1 万多人。

1941 年 7、8 月，盐亭县霍乱，死 5863 人。

△1944 年，川北 26 县春夏荒旱，秋后淫雨，灾民 2000 万。

1944 年，酉阳东北部大蝗灾，饿死 5000 余人。

1944 年，南江县麻疹大流行，死 16281 人。剑阁 3 个月中因麻疹死小孩子超万人。

△1945 年 7 月，四川北、中、西部洪水，据三台、江油、射洪等 5 县统计资料，共淹死约 8000 人。涪江大洪水，合川县渭沱捞起尸体 3 万余具。

同年，霍乱大流行，估计至少死万人。

△1947 年 9 月，省府公布，本年岷、沱、涪三江流域 33 县洪灾，被灾人口 442921 人。

△1949 年春夏，四川 108 县受水旱灾，2000 万人面临饥馑。

1949 年 9 月 2 日，重庆大火灾，灾民 4 万多人，死伤近 7000 人，其中死 2874 人。

二、灾民生存状态

（一）各地灾民之情状

△水淹资阳城的灾民困境。

《民国资阳县志》载，光绪二十四年（1898）六月，资阳"全城皆水"。居民"有逃避不及坐屋脊而候人拯救者，有夜半出城衣履不完而泥泞遍体者，有数日不得食而接屋溜而饮者，有僵卧于各处匾额及各庙宇之高处者，有匍匐至莲台寺岳庙、挠民间玉麦不论生熟而聊为充饥者"。

△"壬寅大天干"中的简阳灾民。

近百年来简阳的旱灾，以清光绪二十八年（壬寅，1902）为最。干旱时间长达八九个月，小春收获无几，大春栽种不下，旧粮告罄，秋收无望，人民生活陷于绝境。地主奸商伺机囤粮，米贵如珠，粮价从正月400文到五月涨至2000文。高明乡刘文兴一家四口，干猪草吃完吃白善泥，儿子活活胀死。宏缘乡杨李氏家，交了地租后只剩点粮食留给老人吃，儿孙都吃苕藤、谷壳。何龙章一家五口，以柏树枝磨粉掺少许豆粉做丸为食。为了活命度荒，外逃讨饭、卖妻卖子的不少。草池烂田沟李水先将儿子卖到成都，得钱13吊；武庙曾五秀才将女卖给外场陈家，得钱47吊。英明汤大娘，儿子逃荒他乡，家无生计，将媳卖钱10多吊。时有民歌泣诉："爹娘难养儿和女，远抛路旁割心肝。丢掉万一有人捡，却胜死在眼面前。"饿死、自杀者不知多少。草池农民余春香，母吃树皮哽死，父负债自杀，春香被地主强奸，夫亦自杀。杨家乡某农民一家八口，因饥饿难挨，偷吃地主谷草，全家被逼自杀。草池乡饿殍载道，一里多路横尸70多具。

△光绪二十八年蓬溪饥民。

自光绪二十六年起，蓬溪频遭旱灾，民间积贮早空，迨壬寅（光绪二十八年）遭奇荒，受创尤巨。辛丑、壬寅冬春之交，县民无所得食，扶老襁幼，迁徙他乡，转死道途者，已难胜计。其不能去者，或男女相守，僵于窗下；或骨肉并命，惨填沟壑；或将尽之喘，卖及妻儿，以图一饱；或一家之长，先杀其属，后乃自裁。市廛寥落，闾巷无烟。徙死之余，孑遗无几。

△1925年川北、川东灾状。

1925年，川省数年连旱形成大荒，川北、川东尤重，饿殍遍地，死亡约达百万人。"有争掘草根杀伤人命者，有攫食白泥腹塞而死者，有饿逼自缢或投河者，有先杀儿女再行自尽者，有全家服毒同死者，有聚众向官索食、求予枪毙者，有相率逃亡、估吃大户、死亡载道者。"

川北灾地"已饿死者七万余口，因饥而病死者五万余人，易子而食者一千余家，自食其子者二十六家"。

△1928年川北、川西北灾民惨象。

民国十七年（1928），"各灾区收成约百分之二三，寻常富户概无储蓄。灾民有全家缢死者，有日食一餐者，有终日无食或数日断炊者，有抛弃儿女外逃者，有食草根、树皮、残叶、白泥者，情状不齐，类多惨象。其被灾户数约二百万，被灾人数约八百万"。

△流入城市的饥民惨状。

1929年，连年荒旱，"绝粮断炊的灾民，盲目地流向城市县镇，而等待他们的仍是饥馑与死亡。如绵阳、梓潼等县，每到黄昏，城厢附近各街道的廊下或柜台上，都布满成群成队的难民，有哭者，有笑者（原注：无知的小孩），有呻吟者，有呼爷呼娘者，有倚壁柱而立者，有据石地而卧者，形形色色，不忍卒睹。可是一到旭日东升的时候，昨晚所见的许多活着的人，现在都大半已变成了死的尸，那种惨状，真是不堪回忆"。

△1947年成都洪灾后无家可归的灾民。

民国三十六年（1947）7月，成都洪灾。大安街到新南门一带千户左右的贫民，沿河房子被冲去一半，其余也全被淹了，栖身无所。在南、北两城门处，可看到许多无家可归的灾民，有的睡在城墙脚下，有的困在别人的房侧，有的搭竹棚以遮烈日，有的暴露在草坪无避雨之物，更有三天以来粒米未见奄奄一息卧以待毙者。

（二）饥民自杀

饥民自杀，有几种情形：①求生无路，借贷不得，久饥难熬，以死解脱；②家长觅食无计，养活不了一家老少，诚恐骨肉相残（人食人），不如一起了断；③地主恶霸与官府逼债逼粮欺凌，含恨自尽；④也有的是自保人格尊严，不愿做乞丐、盗贼而苟活。

△民国《忠县志》载：清代，忠县有烈妇罗王氏，"夫家素窘，值岁大歉，无以为生，屡逼行乞，始终不从，遂投江死"。时忠县诗人为作《王烈妇歌》。

△1915年，南川县"有李姓者，行为正直，贫无立锥，仅夫妻二人及三岁之幼子，丰年亦不过仅得一饱，今遭此天灾（大旱），夫妻一子聚饿数日，实属无法，不得已商议杀子充饥，议毕夫遂杀其子，其妻伤子之死亦自缢死，其夫悔之无及亦自杀，邻人见者靡不洒泪"。（四川筹赈总局调查员罗震炘报告）

△1915年，涪陵灾象尤甚。县属尖山子秦姓居民，因饥寒交迫为富绅冉某所知，赠钱一串，意在拯诸穷途，不料秦姓受赠，潜买砒霜割肉和食，毒毙全家八口。至今谈者犹为凄然泪下。

△1926年夏，阆中乡间树皮草根掘食殆尽。十区李某夫妇有幼小子女三人，饿已两日矣。夫无奈，出外觅食。妇看护子女，待之既久，子女绕妇号啼，妇无可为计，以泥和石灰做三饼状煨以炉中，诳曰："儿勿哭，但围炉待饼熟，我困倦思睡。"遂闭门自缢。薄暮李归，问故，乃出其饼，则泥丸也。辟门见妇缢死，李悲愤交集，扑杀三儿，亦自悬梁缢死。

△1936年，汶川旱灾严重，粮价飞涨，草根、树皮采掘一空，人民生计完全断绝。县城居民黄道辉，一家数口无以为生，妇哭儿啼。黄思出路全绝，投岷江自尽；殊因水浅未死，乃取怀中小刀自割其喉，一戳再戳始行死去。县长陈明甄目击伤心，特电呈省府请予救济，文中有言："人民匍匐饥饿线上。近来城乡居民因生活断绝而自戕者一日数起，或举家仰药，或闭户投环，或操刀自刎。"汶（川）、灌（县）道上随处可见饿死道旁之尸。有母女二人无术求生，竟双双拥抱坠岩而死。

三、底层社会中的人间关爱

自古以来，我国底层社会就有一种"患难相助""亲帮亲，邻帮邻"的传统（习俗）。

1937 年，宣汉县春荒严重，县政府发布告，提倡"主佃接济、家族照顾、亲友提携、邻里扶持、自由捐助"，这 20 个字就把"人间关爱系统"的潜力都调动起来了。25 个乡镇的灾民，"互济洋芋种 1.11 万斤、稻谷种 100 石"。此处值得注意的，一是"灾民"，百姓各户各村受灾有重有轻、家底有薄有厚，灾民中亦有部分人是可以并愿意出点力帮扶其他重灾民的；二是互济的洋芋、稻谷都是"种子"，这是紧急抢种所必需的物资。

1947 年 7 月，成都大水进城，摧屋漂物，街头灾民饥饿难挨。太平中街有一化缘为生的道人廖永义，经一年余化缘，积存白米 3 斗（约 120 市斤），此时不忍见饥民的痛苦，自愿将米全数捐出，邻居有人捐柴三捆、出借锅灶，帮他煮粥救济灾民。有记者采访报道此事，提问："不知那些拥有数千石米的囤户，和物资数万的巨富，看到此种情形，作何感想？"

四、饥民抗争

饥民抗争的主要方式："吃大户、划粮袋。"这两种都是有组织的行动。

△"吃大户"是饥民聚众，强迫有钱有粮的大户当场煮饭、发钱粮赈饥的一种斗争方式。光绪二十八年（1892）"大天干"，简阳饥民一二千人包围海螺乡地主陈东文宅，高喊"饿得慌"，要求陈家赈饥，遭陈拒绝，饥民不散，陈派团勇驱赶并在宅内打炮威胁，激怒了饥民，众人一举冲入宅内开仓煮饭，每日两餐，两三日后，陈被迫散发一些钱米赈济。但事后又勾结官府，诬良为盗，捕捉领头人。

△"划粮袋"是饥民探查到地主奸商囤聚、贩运的粮食，凭借人多势众，拦路或开仓划破粮袋夺粮的斗争办法。

光绪二十三年（1897），崇庆饥民聚众于多地屡劫官米、兵米、商米。官府为保护运米，派营兵长驻崇庆。

1931 年 7 月，灌县"贫民谋生无术，各乡抢夺米袋之事更多"。"崇义乡有自然集合之贫民男妇老幼共二百余人，用麻布制有旗帜二面，上写'饥民团'三字，就其群众中推出执旗人，领导为劫夺米车、奔食大户之事。"

农村"划粮袋"，城市饥民则抢米店。至 1947—1948 年，发展到全川抢米风潮，成为与全国学生"反饥饿、反压迫"运动相呼应的推翻国民党统治的斗争之一。

△灾民集体发声，通报灾情，提出诉求。民国时期的灾民不再沉默待毙，不再寄希望于官府，而是以天降灾害、官府不赈、富户不仁的受害者身份提出诉求，显示了人权意识的觉醒。

1926 年 1 月，酆都、长寿、垫江、涪陵 4 县饥民举行大会发布文告，"情词哀痛，大事连络"，饥民纠众劫谷，日必数起。

1929 年冬，昭化、广元灾民发布《昭、广灾民急迫之痛呼》，历诉是年大旱、冰雹、虫害灾情之严重，"我昭化灾民眼前，饥急不可终日"，呼吁各方赈济。

1934 年，兴文县灾民组织吃大户，发布 200 多字的《告白》，斥责"地方大富，方据粮以居奇，借贷登门，虽一毫而不拔"；灾民"沿途乞食，到处辄少炊烟；前途茫茫，恐尽人皆饿殍";"故特约集垂绝之贫民,为吃大户之组织",声明:"凡可果腹,即可请求;其他衣物,不准夹带;俾有别于土匪,庶延续于残生。"宣告"吃大户"的理由正当性,并宣布纪律:"只为解饥延生,不图其他财物;我们不是土匪强盗,不是乞丐讨饭!"

五、灾荒笼罩下的小康人家

小康人家即仅可在平常年景维持温饱之家。如自耕农,一旦遭灾,大水冲没田禾,或干旱,作物歉收乃至颗粒无收,则顿时沦为贫民;如城市小商贩、手工匠人,洪水进城,房屋倒塌,粮食衣物漂走,则亦成贫民。1936年旺苍大饥荒,青龙乡第十六保,"饿死最惨的"就有"自耕农石太秀"等4户,共饿死12人。1947年洪水中,郫县庆合乡、回龙乡和何武乡的重灾户内,有"何家元等97户属于小康";另有"牛市坝居民唐绍荣,小贸营生,洪水冲倒草屋,一切器具随水漂流,恳请县府鉴怜赈济"。

小康人家略有数石数斗辛劳积下的粮食,灾荒时期即成为某些饥民心中"惦记"的目标。巴县1937年重旱大饥,"劫案频报,日必数闻;被劫者多系三五升半杂粮,为匪者又十之八九皆系土著"。可见"被劫者"就是小康之家。所谓"匪"就是本地饥民,或就是邻居。

小康人家,颇有怀良知、守自尊者。道光三十年(1850),川督徐泽醇在关于地震赈灾的奏折中言,被灾户中有"力可支持者,不愿官为赈济"。各地设粥厂,凡自家能"日有一餐者",都不会去排队领粥。

小康群体人数众多,在灾后的生产恢复、促进经济复苏上,起着重要作用。

六、灾害的帮凶——荒政实施中的干扰者、破坏者

富户即农村地主,城市富商,也有受洪水、地震突袭,"朝富夕贫者"。在饥荒中,部分富户当官府募捐时,能或主动,或被动地捐粮捐钱、设粥厂救饥。但大部分富户对饥民既冷漠又惶恐;一些人则囤积居奇,操纵粮价,牟取暴利,或放高利贷、廉价雇工、催租逼债,有的更与饥民对抗。

大小地主只知收租,遇灾歉收时,就"打抢谷",甚至连种子也不留给佃户。对于平日的防旱工作,他们也绝不肯耗费分文。1932年,二十一军军长刘湘曾严令收租50石以上的地主开堰1口,但被地主们拒绝。

囤积居奇,哄抬粮价。1937年"四川灾情虽重,而利用灾情以致富者,仍不乏其人。某下野军人,去年囤米,曾赚三十余万元,特别从上海用飞机接去一著名妓女,到成都享受,费去数万金"。(范长江《川灾勘察记》)

社会腐败破坏赈济。1937年,省政府颁令各县,责城区、乡公所督饬少壮灾民建筑塘堰、公路,由当地酌给口粮,实行以工代赈。其中拨出法币420万元为工赈专款,修川滇、川鄂公路部分路段时,修路灾民按保甲编队,保长任队长,每日上午8时到下午5时在工地劳动,当日收工时验工后发给工钱0.2元(仅可买米1升)。由于当事官员和乡保长勾结图利,对灾民借端苛求,剥削压迫,灾民不堪忍受,怨声载道,不断逃亡。

地痞、流氓等趁灾打劫。城市、乡村都有一批乘众人受灾蒙难之机发横财的官僚、军阀、劣绅、奸商，这是一群丧失天良之徒。

清同治九年（1870）六月，合川州城被洪水淹没时，许多人家骑在屋顶上呼救，有一帮"贼船"乘机靠近大肆抢掠，甚至有为劫夺财物而把人推入滔滔洪流中的。

1947年7月，成都洪水，上河坝街有流氓王从明、苑均才、贾尔康等10余人，乘水涨人逃之机，驾巡江船数艘挨户寻觅。凡稍有价值之物，尽皆盗走，使房屋幸存者亦十室九空。

目　　录

大禹与开明时期

古蜀地平治水患的两大丰碑：

大禹导岷沱（前21世纪，唐虞时期）
开明决玉山（前7世纪，春秋早期）

在上古时代，对人类危害最大的天灾是洪水。尧舜时期都有洪水为患的记载。《尚书·虞书·尧典》中，有一段尧帝与大臣的谈话，说到当时洪水情景："汤汤洪水方割，荡荡怀山襄陵，浩浩滔天，下民其咨"。（意译：汤汤荡荡的洪水，分割了大地，环抱了山岭，淹没了丘陵，浪涛滚滚，浩浩滔天，天下百姓正遭受大难，都在叹息叫苦啊！）

尧帝忧心如焚，征求治水能人，可人才难得，决定试用鲧，并郑重叮嘱他谨慎从事。但是，鲧治水九年而无功。舜帝继位后，惩罚了鲧，仍令鲧之子禹继续治水。大禹治水十三年，三过家门而不入。鲧治水用"堵"，禹治水用"疏"。禹是吸取了父亲治水失败的惨痛教训，或许也有自身此前做过调查积累下的实践经验，最终治水成功。人类正是在不断吸取失败的教训和成功的经验中，逐渐加深了对自然灾害的认知，采取的应对之策才逐步明智、有效起来。

相传大禹出生于岷江上游，其治水大业也起始于西南。当时西蜀同样遭受着如尧帝所说的那样洪水滔天的灾难。大禹怎么办呢？《尚书·夏书·禹贡》中明确地记载着大禹的八字决策："岷山导江，东别为沱。"就是顺着岷山这条主脉疏导水流（岷江），使之注入大江（长江）；这还不够，必须在东面向东另外分出一条支流，称为沱江，才能起分洪作用。导引主流与别开支流相结合，奠定了万里长江上游的水系（水利）格局。

大禹消退洪水，给成都平原带来的气象是："蜀都之地，古曰梁州，禹治其江，渟皋弥望，郁乎青葱，沃野千里。"（汉·扬雄《蜀都赋》）为后来成都平原的开发、富饶提供了基础条件。

到了前7世纪初，古蜀国传到杜宇王朝。杜宇，称望帝，建都郫邑，"教民务农"，"尝导合江流，治沟泽"①。但遇上"玉山出水，若尧之洪水，望帝不能治"。时有荆人鳖灵，蜀王（杜宇）以为相。"使鳖灵决玉山，民得陆处"。

---

① 清·王来通辑《灌江备考》转引古籍："杜宇，都郫邑，尝导合江流，治沟泽。"

洪患消除后，"帝（杜宇）自以为薄德，不如鳖灵，委国鳖灵而去，如尧之禅舜"①。鳖灵号"开明帝"，创立"开明王朝"。

可见，当时的蜀国，治水关乎国本，关乎民心。治水成败，竟至决定王位的更替、王朝的兴亡。

大禹、开明树起的治水平患两大丰碑，永放光彩，照耀着巴蜀代代子孙。

[备览]　　　　**传大禹曾重返青衣江治水患**

青衣江流域古为氐、羌生息地，聚居中心在飞仙关以上，关于古青衣羌国从游牧社会步入农业社会的缓慢进程中其具体的治水活动，见于汉人的竹书记载有《尚书·禹贡》所载"蔡蒙旅平，和夷底绩"，记大禹重返青衣江"旅平"系因疏导了多功峡谷，治理了最严重的洪水灾害，其效果如清咸丰八年（公元 1858 年）《天全州志》载："夫《禹贡》叙梁州之域，有曰'和夷底绩'。区区二水，乃烦大圣人之胼手胝足，与导岷同功……此所以蔡蒙之旅，同告成功也。而微神禹疏凿之功，则天、荥、芦三县，其不为鱼蛤也者几希矣！州之人，当亦每饭不忘也夫。"若权当大禹治水仅仅是传说，上述记载亦可说明本流域先民们的生息繁衍，以及农业生产的发展，是同河道疏导，借以取得防洪效果分不开的。

（参见《青衣江志》105 页）

神禹漏阁

[清] 竹全仁

大禹旅平越蔡蒙，为留漏阁著神功。
飞仙关外帘垂雨，禾水崖边盖揭龙。
破石直穿坤所底，汐潮竟与海相通。
始知古圣传名处，不比寻常浅近同。

（《青衣江志》）

鳖灵凿巫峡

荆人鳖令，"望帝立以为相。时巫山峡而蜀水不流。帝使令凿巫峡通水，蜀得陆处。望帝自以为德不若，遂以国禅。号曰开明"。（《水经·江水注》引来敏《本蜀论》）

望帝称王于蜀，立鳖灵以为相。"其后，巫山龙斗，壅江不流，蜀民垫溺。鳖灵乃凿巫山，开三峡，降丘宅土，人得陆居"。"后数岁，望帝以其功高，禅位于鳖灵，号曰'开明氏'"。（《蜀中广记》）

周·杜宇，古蜀主。蜀尝大水，宇率居民避长平山。后鳖灵开峡治水，人得陆土。宇禅位于灵，自居西山，得道上升。（同治《郫县志·仙释》）

———————

① 《太平御览》卷888载《蜀王本纪》：荆人鳖灵，"蜀王（杜宇）以为相。时玉山出水，若尧之洪水，望帝（杜宇）不能治。使鳖灵决玉山，民得陆处。""帝自以为薄德，不如鳖灵，委国援鳖灵而去，如尧之禅舜。"

商

约前 16 世纪—前 11 世纪

古成都大洪水，巨浪挟泥沙将大片宫殿式建筑群冲毁湮没。

1985 年，成都市西青羊宫十二桥建筑工地开挖地基，发掘出商代整片倒覆地面原木梁结构古蜀建筑群遗址，上面依次覆盖周、秦、汉、晋、唐、宋沙土砾石地层，显然是洪水所冲毁。（《成都水旱灾害志》22 页、207 页）

十二桥古蜀文化遗址，是被一次洪水所带来的泥沙湮没的。洪水是成都平原的老问题，所以蜀地才会出现那么多治水英雄。事实上，在都江堰水利工程修筑以前，历代的蜀王和政治家们都必须和洪水搏斗，因为洪水就潜伏在平原周边的山地中，说不定什么时候就会如脱缰的野马横扫整个平原。（《地下成都》76－77 页）

周

前 360 年
（周显王九年）

蜀导青衣水入沫水：蜀人请魏国瑕阳（今山西临漪西南）人，从岷山导羌地青衣水，西和沫水（今四川大渡河）相合。[《中国历史大事编年》（第一卷）325 页]

前 298 年
（周赧王十七年）

蜀郡成都先旱后涝："初则炎旱，三月后又霖雨；七月，车溺不得行。（故蜀侯恽）丧车至城北门，忽陷入地中。"（《华阳国志校补图注》129 页）

秦

前 316 年，秦惠王派张仪、司马错率军攻蜀，杀蜀王开明十二世，夺成都，灭蜀国；随后东进，取巴国都城江州（今重庆），俘巴王，巴国灭。自此，巴蜀入秦国版图。

前 277 年—前 238 年
（秦昭襄王三十年至秦王政九年[①]）

秦蜀守李冰创建都江堰："蜀守冰凿离堆，辟沫水之害，穿二江成都之中。此渠皆可行舟，有余则用溉浸，百姓飨其利。至于所过，往往引其水益用溉田畴之渠，以万亿计。"（《史记·河渠书》）

"秦孝文王以李冰为蜀守。冰能知天文、地理，谓汶山为天彭门；乃至湔氐县，见两山对如阙，因号天彭阙……冰乃壅江作堋。穿郫江、检江，别支流，双过郡下，以行舟船……又溉灌三郡，开稻田。于是蜀沃野千里，号为陆海。旱则引水浸润，雨则杜塞水门，故记曰：'水旱从人，不知饥馑。''时无荒年，天下谓之天府'也……此其渠皆可行舟……皆溉灌稻田，膏润稼穑。是以蜀人称郫、繁曰膏腴，绵、洛为浸沃也。又识齐（盐水）水脉，穿广都盐井诸陂池。蜀于是盛有养生之饶焉。"（《华阳国志校补图注》132—134 页）

公元前 250 年左右，李冰任蜀守时期，不仅修筑了都江堰，疏导郫、检二江（今府河、南河），还疏浚绵水、洛水（今绵远河、石亭江），使成都平原从此成为膏腴浸沃之地。值得注意的是，李冰的这些工程，是组织军队参加的，所以进度很快。当然，这些工程的完成、粮食的丰收，又大大有利于支持秦国的军事行动。（《四川战争史》11 页）

在发挥防洪、灌溉、航运效能的长久历史中，在都江堰工程管理维护上，形成了五年大修、三年特修、每年岁修的工程整治定例。（《巴蜀灾情实录》99 页）

都江堰一开始就是综合利用工程，并且灌溉区域日益发展，汉代灌区灌田万顷，约今 70 万亩，经过唐、宋扩建，元、明更新，至清代已控灌成都平原 14 州县，灌溉农田达 200 多万亩。（《四川省志·水利志》2—3 页）

民国期间，都江堰水利局直接管理 14 县、稻田 520 余万亩。（《都江堰水利述要》）

"新中国成立之后，持续大力扩建、完善都江堰工程，使其效益达到浸润六市三十

[①] 李冰任蜀守时间，据《四川通史》卷二第 18 页《李冰治蜀》的考证，并见《四川省志·卷首》143 页："李冰治蜀的时间，从公元前 277 年起，至公元前 238 年。"

四县，迄于公元一九九三年，农田实灌一千万亩，雄居全国之首。"（《都江堰实灌一千万亩碑记》，1994年4月立）

公元前世界著名的"七大奇迹"中……都江堰建成已经2250余年。这个世界上历史最悠久的无坝引水工程，在"天人合一""因势利导"的理念指引下，变水害为水利，巧妙地运用了流体力学、系统工程学、控制论、仿生学等科学原理，利用特殊的地形建造了鱼嘴分水堤、飞沙堰溢洪道和宝瓶引水口三大工程，创造了两千多年来一直为人类造福而且功能不断丰富的奇迹，灌溉面积已从汉代的"灌田万顷"——约为70来万亩——增加到1300多万亩，并且还为几十座城市提供了工业用水和生活用水。（《都江堰向您报告》2页）

经李冰治理疏导开凿的水利工程，还有石犀溪、羊摩江、文井江、洛水、绵水等处。这些江河的治理，对进一步开发成都平原及其附近的山区，都起了重要的作用。（《四川省志·卷首》144页）

[备览]　　　　　　　　李公父子治水记
[清] 刘沅

道者，天理而已，天理全备于人，故得道者，即与天通，而神化不测。自圣功罕诣，学者不知人之所以合天，又安知神之所以为神。大禹之治水也，开巫峡、禁支祁，书籍皆传异迹，而岷山导江不闻。盖夔峡未通，群壑无归，江故横溢，去其壅滞，初非有凭以为殄者耳。岷嶓既艺，沱潜既导，则贡赋已列梁州，又安虑民之困于昏垫？而不然者。周室井田疆索，戎蜀齿于蛮荒，羌茅分跖，安有经猷，故沟洫之制渐颓。而《华阳国志》所以云禹导江之后，沫水尚为民害也。水由山曲，亦藉山维，二江未分，离堆支于山麓，水绕其东而行，奔流驶泻，郡蜀俱为鱼鳖，非李公崛兴，民安得而耕耨？

且夫有非常之惠必生非常之人，彼苍仁爱斯民，往往而然，亦非独李公父子也。公酾二渠，斩潜蛟，约水神，瘗石犀，皆合幽显而特著功能，与大禹治神奸、驱蛇龙，先后一辙，非得道于身安能有是。且公治水非一处，襄之者亦非一人。若南安、荣经等处，皆尝及之。故离堆之事，讹而同时，若竹氏毛郎亦赞厥勋，二郎其尤著也。二郎固有道者，承公家学而年正英韶，尤喜驰猎之事，奉父命而斩蛟，其友七人实助之，世传梅山七圣，谓其有功于民，故圣之，惜仅存其名，又亡其一，亦考古者之憾矣。

公本犹龙族子，隐居岷峨，与鬼谷交，张仪筑城不就，兼苦水灾，乃强荐公于秦而任之。公营郡治，致神龟，立星桥，通地脉，功业非一，因其治蜀治水，益州始为天府。故世称曰川主。而世俗不察，第以为其子二郎之功。夫善则归亲，人子之道，况二郎实佐其父，史传朗如。安得舍公而专祀之哉？

誓水碑在天彭，斩蛟在灌口，石犀石牛不一，则自导江至郡，皆有之，旧多朦胧，愚已皆为详考，著之于书。今门人王惠荣刊愚《江沱考辨》等于公庙，而贤士大夫又求约公之事于石，亦阐微之盛意也。故不辞而复为之记。

（光绪《增修灌县志》卷13·艺文志）

石犀

[唐] 岑参

江水初荡潏，蜀人几为鱼。

向无尔石犀，安得有邑居。

始知李太守，伯禹亦不如！

（未修都江堰时，蜀地基本上都是泽国，百姓无地可居。岑参认为，大禹也比不上李冰对蜀的功劳）

东汉李冰石像出土：1974 年 3 月 3 日，都江堰渠首因修外江枢纽闸占据了原安澜索桥的位置，在外江闸下游 130 米处恢复索桥，开挖左桥基坑深 4.5 米时，挖出了东汉（灵帝）建宁元年（公元 168 年）雕刻的李冰石像。石像为灰色砂石大型圆雕，高 2.9 米，肩宽 0.96 米，前胸有题刻隶书文字："故蜀郡守李府君讳冰"，两袖接刻"建宁元年闰月戊申朔二十五日都水掾""尹龙长陈壹造三神石人珎（镇）水万世焉"。为李冰创建都江堰提供了实物依据。（《都江堰志》71 页）

（汉灵帝建宁元年，都江堰岷江大水，地区主管官吏刻石立庙镇水。——《成都水旱灾害志》208 页）

[参考] 李冰籍贯与生卒年一说："综合有关史料，李冰生卒年定为公元前 287—公元前 220 年较适宜"；"籍贯定为四川什邡龙门山区或彭华山区洛水镇李冰村。"[《德阳市志（1995～2006）》下册 1668 页]

巴蜀白虎为害：秦昭襄王时，白虎为害，秦蜀巴汉患之，害千二百人。（《华阳国志》《后汉书·南蛮西南夷列传》）

前 221 年

（秦王政二十六年）

秦始皇下令在都江堰渠首为李冰立祠。

秦朝廷将李冰时所建的"三祠"中的渎山祠、江渎祠列为官祠。（《四川通史》卷二·秦汉三国）

汉

前 190 年
（惠帝五年）

蜀郡夏，大旱。江河水少，黢谷绝。（《汉书·五行志》）

前 185 年
（高后三年）

夏，江水、汉水①溢，流民四千余家。（《汉书·高后纪》）

前 181 年
（高后七年）

地震，羌道山倾。（民国《雅安县志·祥异》）
江汉水溢，后五年，江汉水又溢。（雍正《四川通志·祥异》）

前 180 年
（高后八年）

夏，江水、汉水溢，流万余家。（《汉书·高后纪》）
夏，江水溢，流万余家。（嘉庆《四川通志·祥异》）（按：《四川水旱灾害》编者认为，此次大洪水不在川境）

天全："地震，羌边山倾，江水溢。"（咸丰《天全州志·祥异》）

越嶲（今西昌市域）："羌边山倾，江、汉水溢，后五年水又溢（四川）。"（《邛嶲野录》）

---

① 据《四川两千年洪灾史料汇编》36 页记载，此处"汉水"，即今嘉陵江。按：《四川水旱灾害》编者考证：这次洪水发生在汉江流域。

前 145 年—前 141 年

（景帝中元五年至后元三年）

（汉）孝文帝末年①，以庐江文翁为蜀守。翁穿湔江口，灌溉郫、繁田千七百顷②。是时世平道治，民物阜康。（《华阳国志校补图注》141 页）

［附］　　　　**巡堰杂谣（都江堰灌区农家乐）**
金堂人刘忠相

赵公山，一匹练，斗鸡台，千条线，沃野绣错分禹甸，低下为田高作堰。一半向都江，一半来北条。北条之水七邑劳，分道湔沱各扬镳，灌田滋亩二百里，苍茫直会焦沙尾。李守、文翁今谁祀，依稀不复想原始。锦绣春光如画图，秋来刈稻黄云里。菊花黄，酿新醅，梅花白，献寿杯。田间妇女归，去来笑数里，门婚嫁，喜筵开。

（同治《金堂县续志·食货》）

前 116 年

（武帝元鼎元年）

西昌地震，县陷为泽。（《凉山州志·自然灾害》）

前 30 年

（成帝建始三年）

二月，犍为地震，山倾，江水逆流。（雍正《四川通志·祥异》）
冬十二月，越嶲山崩。（《汉书·成帝纪》）

前 28 年

（成帝河平元年）

资中人王延世灵活运用李冰湔堋③成法平水患："王延世，字长叔，资中人也。建始五年，河决东郡，泛滥兖、豫四郡三十二县，没官民屋舍四万所。御史大夫尹忠，以不忧职致河决，自杀。汉史按《图纬》，当有能循禹之功者，在犍（为）、（牂）柯之资阳求之，正得延世。征拜河堤谒者，治河。以竹落长四丈，大九围，夹小船，载小石治之，三十六日，堤防成。帝嘉之，改年曰河平，封延世关内侯，拜光禄大夫。"（《华阳

---

① 《四川省志·卷首》145 页：文翁任蜀守为"景帝末年（公元前 141 年）"。
② 汉亩约当今 0.7 亩，"千七百顷"约为 12 万亩。
③ 汉代，今都江堰一带河流称"湔江"，都江堰亦称"湔堋"。

国志校补图注》582 页）

任乃强注："延世之术由何得之？由《沟洫志》文，可知其人素为蜀郡水官，习知李冰湔堋成法而又灵活运用之者。所云'竹落'即历世递传迄今不能废之都江堰竹笼石砾筑堤防法。"（《华阳国志校补图注》587 页）

前 26 年
（河平三年）

成帝河平三年二月丙戌，犍为（今宜宾市辖区）柏江山崩，捐江山崩，皆壅江水，江水逆流，坏城，杀十三人；地震积二十一日，百二十四动。（《汉书·五行志》）

前 5 年—前 1 年
（哀帝建平二年至元寿二年）

（其间某年）五月一日，"日将中，天北云起，须臾大雨，至晡时，湔水涌起十余丈，突坏庐舍，所害数千人。"（《后汉书·方术列传·任文公传》）

哀帝时，湔水泛滥，漂流民室数千。（乾隆《茂州志·风土志》）

107—113 年
（安帝永初年间）

［备览］成都发生大火灾（即《华阳国志》所说的"永初后，堂遇火"），整座城市几乎毁灭殆尽，仅剩西汉文翁修建的一间石头结构建筑得以幸存。（《华西都市报》2020 年 6 月 22 日报道）

110 年
（永初四年）

九月甲申，益州郡地震。（嘉庆《四川通志·祥异》）
越嶲郡发生地震。（《凉山州志·大事记》）

124 年
（安帝延光三年）

夏四月，巴郡阆中山倾。（民国《阆中县志·杂类志》）
六月庚年，巴郡阆中山崩。（《后汉书·五行志》）

125 年
（延光四年）

十月丙午，蜀郡越嶲山崩，杀四百余人。（《后汉书·五行志》）

126—131 年
（顺帝永建年间）

永建中，泰山吴资元约为（巴）郡守，屡获丰年。民歌之曰："习习晨风动，澍雨润乎苗。我后恤时务，我民以优饶。"及其迁去，民人思慕，又曰："望远忽不见，惆怅尝徘徊。恩泽实难忘，悠悠心永怀。"（《华阳国志校补图注》17 页）

146 年
（质帝本初元年）

成都大水，冲倒"李君碑"（2010 年 11 月出土）。

150 年
（桓帝和平元年）

秋七月，梓潼山崩。（《后汉书·桓帝纪》）

155 年
（桓帝永寿元年）

六月①，巴郡、益州郡山崩。（《后汉书·桓帝纪》）

194 年
（献帝兴平元年）

广汉城灾，车舆荡尽。（嘉庆《汉州志·祥异》）
绵竹天火烧刘焉（益州牧）城府车重，延及民家，馆邑无余。（《后汉书·刘焉传》）

---

① 嘉庆《四川通志》记为"夏四月"。

三国

东汉末年，天下大乱，群雄并起。214 年，汉宗室刘备率大军抵成都，益州牧刘璋投降，刘备自领益州牧。221 年，刘备在成都称帝，国号汉，史称蜀汉。227—234 年间，丞相诸葛亮五次率军北伐攻打曹魏，以图"恢复汉室"，终因实力不逮未果。263 年，魏军三路攻蜀，后主刘禅出降，蜀汉亡。

221—234 年
（蜀汉期间）

成都洪水为害，诸葛亮兴修水利：蜀汉丞相兼益州牧诸葛亮，以"唯劝农业，无夺其时；唯薄赋敛，无尽民财"为治国方针，十分重视兴修水利，以防天灾。他深知都江堰是成都平原农业的命脉，特征发壮丁 1200 名常驻堰区，设置"堰官"专任管理，负责经常性保护和维修，提高都江堰的防洪抗旱能力。"诸葛亮北征，以此堰（都江堰）农本，国之所资，以征丁千二百人主护之，有堰官。"（《水经注校证》733 页）

诸葛亮同时在堰南首设"都安县"，用地方行政力量确保工程正常运行和周边安全。诸葛亮是为都江堰工程设立专管机构和行政区划的首创者。为防止洪水冲刷成都近郊大片洼地上的农作物，他又主持建成一条九里长堤，即成都市西北部府河沿岸的"诸葛堤"。堤建成后，他又于章武三年（223 年）颁布《九里堤护堤令》，全文为："丞相诸葛令：按九里堤捍卫都城，用防水患。今修筑竣，告尔居民，勿许侵占损坏。有犯，治以严法。令即遵行。章武三年九月十五日。"（《四川省志·水利志》245 页）

蜀先主时，因天旱禁酒，酿者处刑。（《中国救荒史》）

250 年
（蜀汉后主延熙十三年）

成都平原"夏，大雨，岷江暴水，县地被灾"。（《蜀故》）

263 年
（蜀汉后主炎兴元年、魏景元四年）

蜀汉后主刘禅炎兴元年，蜀地震。……是冬，蜀亡。（《宋书·五行志》）

蜀自刘备于公元 221 年称帝，至此，历四十三年。魏灭蜀，得蜀户二十八万，口九十四万，甲士十万二千，吏四万人；米四十余万斛，金、银各两千斤，锦、绮、彩、绢各二十万匹。(《中国历史大事编年》40 页)

蜀汉末年，何随任安汉令。蜀亡，去官。时巴土饥荒，所在无谷，送吏行，乏，辄取道侧民芋。随以帛系其处，使足所取直。民视芋，见帛，相语曰："闻何安汉清廉，行过，从者无粮，必能尔耳。"持帛，追还之，终不受。因为语曰："安汉吏取粮，令为之偿。"(《华阳国志校补图注》630 页)

[附]陈寿《三国志·刘后主传》评云："国不置史，注记无官。是以行事多遗，灾异靡书。"蜀汉时期，境内自然灾害记录全无，盖由朝廷不设史官。但"国无史官，则私史旁兴"。现所知其时一些灾异，皆出于私家史传。

264 年

（魏元帝咸熙元年）

（罗）宪距守经年，救援不至，城中疾疫大半。(《晋书·罗宪传》)

晋

268 年

（武帝泰始四年）

诏立常平仓，丰则籴，歉则粜，以利百姓。（《文献通考·市籴》）

272 年

（泰始八年）

三蜀地生毛，如白毫，三夕，长七八寸，生数里。（《华阳国志校补图注》435 页）

五月，蜀地雨白毛。（嘉庆《四川通志·祥异》）

六、九月，资中（今资阳）大水。（《内江地区水利电力志》）

275 年

（武帝咸宁元年）

十月，南安山（峨眉）崩，涌水出。（乾隆《四川通志·祥异》、《四川两千年洪水史料汇编》186 页）

276 年

（咸宁二年）

十月庚午，"黄龙（洪水）二（度）见于汉嘉灵关一带"。（《青衣江志》131 页）

277 年

（咸宁三年）

六月，益、梁八郡水，杀三百余人，没邸阁别仓。九月，益、梁等州又大水，伤秋稼。诏赈给之。（《晋书·武帝纪》）

九月，始平郡①大水。（同治《绵州志·祥异》）

278 年
（咸宁四年）

六月丁未（十日），阴平（今甘肃文县）、广武（今四川青川）地震，甲午（二十七日）又震。（《晋书·武帝纪》）

七月丙辰，白虎见犍为。（《宋书·五行志》）

280—282 年
（武帝太康元年至三年）

晋武帝太康初年，旌（德）阳大疫，死者十七八。（同治《德阳县志》引《四川名胜志》）

284 年
（太康五年）

四川水。（《晋书·五行志》）

九月，南安（今乐山）大风折木，郡国五大水，陨霜，伤秋稼。（《晋书·武帝纪》）

巴蜀流人汝班、蹇硕等数万家，布在荆、湘间。（《晋书·杜弢传》）

285 年
（太康六年）

三月，青、梁（含今四川地）、幽、冀郡国旱。（《晋书·五行志》）

秋七月，巴西（今阆中）地震。（《晋书·武帝纪》）

十月，南安山崩，涌水出。（嘉庆《四川通志·祥异》）

286 年
（太康七年）

二月，朱提（今云南昭通）之大泸山崩，震坏郡舍。（嘉庆《四川通志·祥异》）

七月，南安、犍为（今彭山）地震。（《晋书·武帝纪》、嘉庆《四川通志·祥异》）

① 始平郡系分涪县地置；西汉始建涪县，即今绵阳地。

287 年

（太康八年）

太康中，蜀土荒馑，开仓赈贷。长文（广汉郪人，姓王）居贫，贷多，后无以偿。郡县切责，送长文到州，刺史徐干舍之。（《晋书·王长文传》）

七月，阴平地震。（《宋书·五行志》）

293 年

（元康三年）

四川地震。（《晋书·五行志》）

蜀自太康至于太安，频怪异。……繁、什邡、郫、江原生草高七八尺，茎叶赤，子青如牛角。……元康三年正月中，（成都）歘一夜，有火光，地仍震。童谣曰："郫城坚，益底穿。"（《华阳国志校补图注》480 页）

294 年

（元康四年）

夏五月，蜀郡山移，……山崩地陷，坏城府及百姓庐舍。（《晋书·惠帝纪》）

[备览] 晋元康中，侍御史李苾表言：蜀有仓储，宜令流人就食。从之。（《晋书·惠帝纪》）

297 年

（元康七年）

秋七月，梁州疫。（嘉庆《四川通志·祥异》）

301 年

（惠帝永宁元年）

七月，梁益二州螟，继而大风。十月，南安（今乐山）、巴西（今阆中）、江阳（今泸州）等地青虫食禾叶，甚者十伤五六。（《晋书·五行志》）

303 年

（惠帝太安二年）

西晋末年"八王之乱"，涌入蜀地的"六郡流民"领袖李雄（李特之子）率众反晋，于 303 年攻占成都。时川地民众或死或逃，几乎无人务农，以致全川饥馑，军队乏粮。

（李雄）既克成都，众皆饥饿，（李）骧（李雄叔父）乃将民入郪王城（今广汉属地）食谷、芋。（《华阳国志·李特雄期寿势志》）

于时雄军甚饥，乃率众就谷于郪，掘野芋而食之。（《晋书·李雄载记》）

惠帝太安二年闰月，（李）雄入成都，军士饥甚，乃率众就谷于郪，掘野芋而食之。（《资治通鉴·晋纪》）

任乃强注：（李雄）人众乏食，暂无可资，乃由（李）骧率之赴郪。初犹谓郪地僻，或有人、粮。至则郪人亦流徙，但山谷间尚有野蔬可资。时以野芋为最珍，虽入冬，犹存在地，故举为野蔬代表。（《华阳国志校补图注》486 页）

309 年

（怀帝永嘉三年）

三月，大旱，江、汉、河、洛皆竭，可涉。（《晋书·怀帝纪》）

311 年

（晋怀帝永嘉五年、成汉武帝玉衡元年）

李雄于 306 年称帝，国号"大成"。（338 年，李雄之侄李寿改国号为"汉"，史书上因此与"成"合称为"成汉"。）雄乃虚己受人，宽和政役。远至迩安，年丰谷登，乃兴文教，事少役稀，民多富实。至乃闾门不闭，路无拾遗，狱无滞囚，刑不滥及。（《华阳国志校补图注》485 页）

任乃强按：李雄"于极度饥荒中从事垦种，发展生产，恢复富饶"，"一切以安定地方，争求富庶为志"。"十七年中，李雄由'纪纲莫称'之君，转化为纪纲渐饬之封建朝廷，国土奄由益、梁、宁三州，成为五胡十六国中富强稳固、传世最久之大国。"（《华阳国志校补图注》493 页）

［备览］347 年，东晋安西将军桓温率军攻占成都，成汉主李势请降，成汉亡。成汉政权历 5 代、47 年。（《中国历史大事编年》第二卷 140 页）

313 年

（晋愍帝建兴元年）

涪陵（古彭水）疫疠。（同治《酉阳州志·祥异》）

318 年

（晋元帝太兴元年）

十二月……西陵地震，山崩。（《宋书·五行志》）

319 年
(太兴二年)

三月丁未，成都风雹杀人。(《宋书·五行志》)

327 年
(晋成帝咸和二年)

三月，益州地震。(《宋书·五行志》)

334 年
(咸和九年)

九年八月，成都大雪。(《宋书·五行志》)

336 年
(成帝咸康二年)

冬，蜀郡岷山崩，江水竭。(《晋书·李寿载记》)

337 年
(咸康三年)

成都地震。(同治《成都县志·祥异》)

338 年
(晋成帝咸康四年)

三月壬辰，成都大风，发屋折木。(《晋书·五行志》)

八月，蜀中天连阴雨，禾稼伤损，百姓饥疫。(李)寿命群臣极言得失。草莽臣龚壮上书曰："淫雨泛溃，垂向百日，禾稼伤损，加之饥疫，百姓愁望。或者天以监示陛下。"(《华阳国志校补图注》501 页、《资治通鉴·晋纪十八》)

341 年
(咸康七年)

朱提之大泸山崩，震坏郡舍。(嘉庆《四川通志·祥异》)

345 年

（晋穆帝永和元年）

蜀连有灾谴，天雨血，地仍震，地生毛，鹡鸲集于城下。（《太平御览》）

301—347 年

（李氏割据政权期间）

地仍震，又连生毛，其天谴不能详也。（《华阳国志校补图注》516 页）

任乃强注：此处"天谴"二字，指水、旱、天火诸灾异，昔人以为是天示谴罚者。其数频多。"不能详"，犹言不胜列举。（《华阳国志校补图注》517 页）

377 年

（孝武帝太元二年）

江水历峡，东径新崩滩。此山，汉和帝永元十二年崩，晋太元二年又崩。当崩之日，水逆流百余里，涌起数十丈。（《水经·江水注》）

南北朝

南北朝期间，南朝的宋、齐、梁，北朝的西魏、北周等政权，先后统治过四川地区。政局动荡，战乱频仍，蜀中处于大乱之中。

441 年
（宋文帝元嘉十八年）

五月江水泛溢，没居民，害苗稼。(《宋书·五行志》)

448 年
（元嘉二十五年）

十一月丁丑，白虎见蜀郡，二赤虎导前。（嘉庆《四川通志·祥异》）

502 年
（北魏世宗景明三年）

九月丙辰，梁州暴风昏雾，拔树发屋。(《魏书·灵征志》、嘉庆《四川通志·祥异》)

505 年
（北魏宣武帝正始二年）

十一月，南安郡（今剑阁）地震。(《宋书·五行志》、嘉庆《四川通志·祥异》)

506 年
（正始三年）

七月甲申，南安郡地震。(《宋书·五行志》)

509 年

（正始六年）

二月丁卯，南安郡地震。（《宋书·五行志》）

547 年

（梁武帝太清元年）

黎州（今广元）水中有龙斗，波浪涌起，云雾四合，而见白龙南走，黑龙随之。①
（嘉庆《四川通志·祥异》引《隋书》）

571 年

（陈宣帝太建三年）

是冬，四川及周边，牛大疫，死者十六七。（《周书·武帝纪上》）

---

① 注：古代称泥石流现象为"出蛟、见龙"。

隋

隋朝存在 37 年（581—618），巴蜀社会相对安定。

596 年
（文帝开皇十六年）

诏立社仓，并于当县安置。（民国《崇庆县志》引《文献通考》）

603 年
（文帝仁寿三年）

梁州就谷山崩。（《巴蜀灾情实录》323 页）

605—618 年
（炀帝大业年间）

嘉州（乐山）有蛟为害，太守赵昱入水斩之。（雍正《四川通志·祥异》）

610 年
（大业六年）

嘉州江水涨溢。（嘉庆《嘉定府志·祥异》）

612 年
（大业八年）

广安州大旱，人多饥死。（光绪《广安州新志·祥异志》）

617 年
（大业十三年）

广安州大旱。县邑遭筑城，发男女无少长，皆就役。（光绪《广安州新志·祥异志》引《隋书》）

唐

　　唐代存续 289 年（618—907），巴蜀地区内无大规模战争，社会经济文化趋于繁荣。其间，发生多次巨灾，如太宗贞观十八年（644）大旱大疫、高宗总章二年（669）洪旱交作、文宗太和六年（832）大疫洪旱、武宗会昌二年（842）宜宾特大洪水等，大都能得到朝廷及时的赈济。但自贞观十二年（638）至太和三年（829），唐与吐蕃、南诏发生了近 200 年的边防战争，主战场之一就在蜀地西北部，双方多次大战，共出兵二三十万，死伤多至十余万。最终，吐蕃失去了对四川西部的统治。

　　隋唐时期四川农业有了迅速的发展。在水利灌溉事业上，入唐以后，成都平原及其毗邻的岷江、涪江冲积平原先后兴建了多项水利工程，形成了自秦汉之后又一个大规模发展水利事业的高潮。自唐太宗至僖宗，四川历任地方官注重水利建设，在扩建都江堰传统水利工程的同时，努力在成都平原兴建水利工程，从而扩大了灌溉面积。在农业生产技术上，水稻育秧移栽法和水旱轮作制在唐代逐渐得到普及。随着复种面积的扩大和农业耕作技术的提高，成都平原的粮食产量迅速增加，从而成为当时全国著名的粮食产区。陈子昂说这里"人富粟多，顺江而下，可以兼济中国"（《陈子昂集》）。故每当关中发生饥馑时，不仅要从成都平原调运大批粮食进行接济，而且外地的"衣冠士庶""皆求于蜀人"（《全唐文》卷 359）。此外，剑南、陇右驻军的粮饷也主要依靠成都平原供给。与成都平原相毗邻的丘陵、山区，则在多种经济作物的生产上显示出了优势。（《四川省志·卷首》172 页）

618 年
（高祖武德元年）

令州县始置社仓。（嘉庆《四川通志·食货》引《册府元龟》）

623 年
（武德六年）

七月，越嶲山崩，川水咽流。（嘉庆《四川通志·祥异》）

624 年
（武德七年）

七月，嶲州（今西昌市）地震，山摧壅江，水噎流。（《新唐书·五行志二》）

（清嘉庆《四川通志》卷 203 作："唐武德六年，七月二十日，越嶲山崩，川水咽流。"）

625 年
（武德八年）

武德八年秋，大水。（民国《忠县志·事纪志》）

627 年
（太宗贞观元年）

四川渠州旱，冬不雨至于明年五月。（民国《渠县志·别录》引《文献通考》）

益州郭下福感寺塔，隋初建，系九级木浮屠。"贞观年初，大地震动，此塔摇飔，将欲摧倒，于时郭下无数人来，忽见四神，形如塔量，各以背抵塔之四面，乍倚乍倾，卒以免坏。"（唐道世《法苑珠林》卷 51、《四川地震全记录》上卷 4 页）

太宗即位，免民逋租宿负。（嘉庆《四川通志·蠲赈》）

628 年
（贞观二年）

诏天下州县并置义仓。（《旧唐书·食货志》）

630 年
（贞观四年）

唐贞观四年，长江大水，涪州人于群猪滩崖下刻"唐贞观四年水至此"八字。（同治《重修涪州志·拾遗》）

秋，许、戴、集（即今四川南江县境，洪水发生在渠江上游）三州大水。（《新唐书·五行志三》）

627—631 年

（贞观初年）

益州大都督府长史高士廉扩建都江堰灌区。"秦时李冰守蜀，导汶江水灌田，濒水者顷千金，民相侵冒。士廉附故渠厮引旁出，以广溉道，人以富饶。"（《新唐书·高俭传》）

635 年

（贞观九年）

秋，剑南旱。（《新唐书·五行志二》）

秋，大水。（民国《忠县志·事纪志》）

638 年

（贞观十二年）

四川盆地中部与东部干旱范围大。（《四川省志·水利志》55 页）

正月壬寅（二十二日），松（今阿坝藏族羌族自治州松潘县）、丛（今南坪玉瓦区境）二州地震，坏人庐舍，有压死者。（《旧唐书·太宗纪》）推断震中位置在北纬 32.6°，东经 103.6°，震级 5.75 级，烈度 7 度。（《阿坝州志》314 页）

巴州（今巴中市）、蜀州（今崇州市）旱：冬不雨至于明年五月。饥，人相食。（《新唐书·五行志二》）

639 年

（贞观十三年）

五月，巴、蜀旱。（《新唐书·五行志二》）

644 年

（贞观十八年）

秋，梓州（今绵阳市三台县）、忠州（今重庆市忠县）、绵州（今绵阳市）大水。巴州、普州（今资阳市安岳县）疫。（《新唐书·五行志二》《新唐书·五行志三》）

自春及夏，泸（今泸州市）、巴、普州疾疫，遣医往疗。（《康济录》）

646 年

（贞观二十年）

旱，自冬不雨，至于明年五月。（光绪《井研志·纪年》）

647 年

（贞观二十一年）

秋，夔州（今重庆市奉节县）旱。（《新唐书·五行志一》）
渝州（今重庆市）鼠害稼。（《新唐书·五行志一》）
秋，渠州（今达州市渠县）蝗。（《新唐书·五行志三》）
秋，陕、绛、蒲、夔等州旱。（《旧唐书·五行志》）

648 年

（贞观二十二年）

沱江下游及川江洪水。（《四川水旱灾害》32 页）
夏，泸（今泸州市）、渝等州水。（《新唐书·五行志三》《新唐书·地理志》）
秋，开（今重庆市开州区）、万（今重庆市万州）等州旱。冬，不雨，至于明年三月。（《新唐书·五行志三》）
冬不雨，明年三月方雨。（民国《忠县志·事纪志》）

650 年

（高宗永徽元年）

夔州蝗。（《新唐书·五行志三》）

653 年

（永徽四年）

嘉陵江及川江洪水。（《四川水旱灾害》32 页）
蜀州江溢。（民国《崇庆县志·事纪》）
夔州、果州（今南充市）、忠州水。（《新唐书·五行志三》）
大水。（民国《忠县志·事纪志》）

662 年
（高宗龙朔二年）

江油县令刘凤仪（率众）开利人渠（今江油阴平堰），引马阁水入县溉田。（《新唐书·地理六》、《涪江志》148 页）

669 年
（高宗总章二年）

七月，益州奏：六月十三日夜降雨，至二十日，水深五尺，其夜暴水，深一丈以上，坏屋一万四千三百九十区，害田四千四百九十六顷。（《旧唐书·五行志》）

七月，剑南州十九，旱；冬，无雪。（《新唐书·五行志》）

秋七月，剑南益、泸、嶲、茂、陵、邛、雅、绵、翼、维、始、简、资、荣、隆、果、梓、普、遂等一十九州①（今四川大部）旱，百姓乏绝，总三十六万七千六百九十户，遣司珍大夫路励行存问赈贷。（《旧唐书·高宗纪下》）（按：清嘉庆《四川通志》作"乾封二年"。经查《旧唐书》，实为总章二年。）

669 年，六月中旬，成都平原遭暴雨型洪灾。七月，剑南道十九州大旱，旱区几乎遍及整个盆地，受灾县估计达 95 个县，含沱江流域大部，涪江、嘉陵江流域部分；受灾户数达 36.77 万户，占当年 19 州总户数 64.46 万户的 57% 以上，"百姓乏绝"，朝廷遣使"存问赈贷"，是古代十分罕见的一次严重旱灾。（《四川水旱灾害》170 页）

唐高宗时，韩思彦奉命巡察剑南益州，会蜀大饥，开仓赈民，然后以闻，玺书褒美。（《新唐书·韩思彦传》）

670 年
（高宗咸亨元年）

春旱，秋复大旱。（《新唐书·五行志》）

［备考］据《新唐书·陈子昂传》："（陈子昂）梓州射洪人。……父元敬，世高赀，岁饥，出粟万石赈乡里。"

---

① 益（今成都）、泸（泸州）、嶲（凉山州）、茂（汶川）、陵（仁寿、井研）、邛（邛崃）、雅（雅安）、绵（绵阳）、翼（茂县）、维（理县）、始（剑阁）、简（简阳）、资（资阳、资中）、荣（荣县）、隆（阆中）、果（南充）、梓（江油、安县、三台）、普（安岳、乐至）、遂（遂宁）。

688 年

（武周垂拱四年）

绵州长史樊思孝、巴西县令夏侯奭利用引水源，修建广济陂水库，蓄水灌田，是巴蜀水利建设史上"引蓄结合"的率先实践。（《四川省志·水利志》93 页）

702 年

（武周长安二年）

八月辛亥（十六日），"剑南六州地震"。（《新唐书·则天皇后纪》）

684—704 年

（武周年间）

据《新唐书·地理志》记载，彭州长史刘易从"决唐昌沱江，凿川派流，合堋口埌岐水，溉九陇、唐昌①田。民为立祠"。此举使都江堰灌区向平原西北方向发展。

719 年

（玄宗开元七年）

七年六月，敕夔、绵、益、彭、蜀、资、汉、剑、茂等州，并置常平仓。其本，上州三千贯，中州二千贯，下州一千贯。（《旧唐书·食货志下》）

740 年

（开元二十八年）

章仇兼琼开元中为益州长史，二十八年改采访使，开通济堰，自新津邛江口引渠南下，百二十里至眉州西南入江，溉田千六百顷（溉田面积折合今亩为近 14 万亩）。（《新唐书·地理志》《都江堰功小传》）

章仇兼琼还在眉州蟆颐山下岷江左岸开引水渠，灌溉眉山、青神一带农田"逾万亩"，名为"蟆颐堰"。（《四川省志·水利志》116 页）

---

① 九陇，今彭州市西南；唐昌，今郫都区唐昌镇，濒柏条河。

741 年

（开元二十九年）

正月，委州县长官与采访使，遇诸州饥馑，可开仓赈给，然后奏闻。（《中国历史大事编年》第 2 卷 609 页）

749 年

（玄宗天宝八年）

天宝八载，常平仓粮，剑南道万七百十石。（嘉庆《四川通志·食货》引《文献通考》）

761 年

（肃宗上元二年）

都江堰冲决，洪水"损户口"：八月，岷江洪水泛滥，都江堰灌口镇冲决。时寓居成都的诗人杜甫作诗《石犀行》记其灾状："蜀人矜夸一千载，泛溢不近张仪楼。今年灌口损户口，此事或恐为神羞。"（《杜甫草堂诗注》："考《旧唐书·五行志》，上元二年七月霖雨至八月，灌口损户口。"）

[附]

石犀行①
［唐］杜甫

君不见秦时蜀太守，刻石立作三犀牛。

自古虽有厌胜法，　天生江水向东流。

蜀人矜夸一千载，　泛溢不近张仪楼。

今年灌口损户口，　此事或恐为神羞。

终藉堤防出众力，　高拥木石当清秋。

先王作法皆正道，　鬼怪何得参人谋。

嗟尔三犀不经济，　缺讹只与长川逝。

但见元气常调和，　自免洪涛恣凋瘵。

安得壮士提天纲，　再平水土犀奔茫。

（《杜少陵全集》上册卷四 42 页）

---

①　当时灌县城区已称"灌口"。《石犀行》第一次确切记录了灌县城区受到洪水破坏、溺死人口的史实，而且指出这次洪灾"恐为神羞"的警示意义，表达了诗人对遵循正道治水、再平水土安民的殷切希望。

772 年

（代宗大历七年）

江州（今重庆）：二月，江溢。（《新唐书·五行志》）

773 年

（大历八年）

合川大水。（光绪《合州志·祥异》）

775 年

（大历十年）

三月三日，嘉陵江水极枯。据清乾隆《合州志·金石》："合川石镜在州东大江十里，水涸极始见。唐大历十年三月三日，此石出。"（《重庆市志·大事记》）

795 年

（德宗贞元十一年）

十月，蜀州（时辖青城、唐安、晋原、新津）江溢。（《新唐书·五行志》）

806 年

（宪宗元和元年）

九月，黔州（今彭水）大水，冲坏州府城郭。（光绪《彭水县志·祥异》）

811 年

（元和六年）

黔州大水，坏城郭。（《中国历代天灾人祸表》）

813 年

（元和八年）

黔中大水，坏城郭。（光绪《彭水县志·祥异》）

814 年
（元和九年）

三月丙辰（初八日），嶲州地震，昼夜八十震方止，压死百余人，地陷者三十里。（《新唐书·五行志二》）

[备览] 唐名臣陆贽贬官忠州，"地苦瘴疠，贽为《今古集验方》五十篇示乡人"（《新唐书》）。其钻研医书、为民治瘴的精神成为家族的传统。南宋陆游任蜀州通判，也对治病兴趣浓厚，多方搜集医方，续先祖之著作，撰《陆氏续集验方》，为民除病。（参见陆游《剑南诗稿》）

818 年
（元和十三年）

通州（今达州）大旱。时任通州代理刺史元稹（779—831）于此年作长诗《旱灾自咎，贻七县宰》。

旱灾自咎，贻七县宰
［唐］元稹

吾闻上帝心，降命明且仁。臣稹苟有罪，胡不灾我身。
胡为旱一州，祸此千万人。一旱犹可忍，其旱亦已频。
腊雪不满地，膏雨不降春。恻恻诏书下，半减麦与缗。
半租岂不薄，尚竭力与筋。竭力不敢惮，惭戴天子恩。
累累妇拜姑，呐呐翁语孙。禾黍日夜长，足得盈我囷。
还填折粟税，酬偿赍麦邻。苟无公私责，饮水不为贫。
欢言未盈口，旱气已再振。六月天不雨，秋孟亦既旬。
区区昧陋积，祷祝非不勤。日驰衰白颜，再拜泥甲鳞。
归来重思忖，愿告诸邑君。以彼天道远，岂如人事亲。
团团囹圄中，无乃冤不申。扰扰食廪内，无乃奸有因。
轧轧输送车，无乃使不伦。遥遥负担卒，无乃役不均。
今年无大麦，计与珠玉滨。村胥与里吏，无乃求取繁。
符下敛钱急，值官因酒嗔。诛求与挞罚，无乃不逡巡。
生小下里住，不曾州县门。诉词千万恨，无乃不得闻。
强豪富酒肉，穷独无爨薪。俱由案牍吏，无乃移祸屯。
官分市井户，迭配水陆珍。未蒙所偿直，无乃不敢言。
有一于此事，安可尤苍旻。借使漏刑宪，得不虞鬼神。
自顾顽滞牧，坐贻灾沴臻。上羞朝廷寄，下愧同里民。
岂无神明宰，为我同苦辛。共布慈惠语，慰此衢客尘。

（嘉庆《达县志·祥异志》）

823 年

（穆宗长庆三年）

十一月丁丑，雨木冰。（《新唐书·五行志三》）

826 年

（敬宗宝历二年）

梓州（三台）、玄武（中江）江溢。（民国《中江县志·祥异》）

829 年

（文宗太和三年）

成都洪灾。（《新唐书·五行志》载：唐文宗"太和三年，成都门外有龙与牛斗"。）

830 年

（太和四年）

十月，李德裕任剑南西川节度使，克平吐蕃，建筹边楼于维州，广集谋略。时方饥馑，蠲粟赈饥，松、叠、威、茂饥民赖以全活。（民国《松潘县志·宦绩》）

831 年

（太和五年）

"剑南东川水害稼，请蠲秋租。""秋七月，剑南东、西两川水，遣使宣抚赈给。"（《旧唐书·文宗纪》）

甲午，梓州玄武江溢。（《新唐书·文宗纪》）

六月，玄武江（今凯江）涨高二丈，溢入梓州罗城（今射洪县城），东川大水害稼。（《新唐书·五行志三》）

太和五年，西蜀洪水惊溃。（《蜀典》）

夏，涪陵江大汛，来势迅猛，毁州城沿江民舍，洪水历数日始退。（同治《重修涪州志·祥异》）

夏，涪江大泛，突入壁垒，溃里中庐舍，历数日水始平。（民国《续修涪州志·拾遗》）

832 年

（太和六年）

春，剑南大疫。（《新唐书·五行志三》）

春，剑南饥，自剑南至浙西，大疫。（民国《剑阁续县志·事纪》）

剑南大旱，饥。（《巴蜀灾情实录》）

"六月甲午，东川奏：玄武江水涨二丈，梓州罗城漂人庐舍"；"秋七月丁酉朔，剑南东西两川水，遣使宣抚赈给"；"是岁，剑南东川并水，请蠲秋租"。（《旧唐书·五行志》）

文宗时期，西川"水潦为沴，沉溺实多"，遣户部郎中李践方宣抚赈济。（《中国灾害志·隋唐五代卷》）

839 年

（文宗开成四年）

七月庚辰朔，西蜀水，害稼。（《旧唐书·文宗纪》）

秋，西川大雨，水害稼及民庐舍。（《新唐书·五行志三》）

荣县岁饥。（民国《荣县志·事纪》）

岷山地震，"洮水逆流三日"。（《新唐书·吐蕃下》）

840 年

（开成五年）

三台（今郪县）：知县郑复，整治改建涪江防洪工程。当年七月，洪水大至，新江果然发挥抗洪效益，不再"病民"。但知县却被罚俸。（《四川历代水利名著汇释》）

[附] **梓潼移江记**

[唐] 郑樵

涪缭于郪，迫城如蟠，淫涨于秋，狂澜陆高，突堤啮涯，包城荡墟，岁杀州民，以为官忧。

荥阳公（郑复）始至，则思所以洗其患。颇闻前观察使，欲凿江东埭地，别为新江，使东北注流五里，复汇而东，即堤墟旧江，使水道与城相远，以薄江怒。遂令武吏发卒三千，迹其前谋。役兴三月，功不可就。

有谒于荥阳公曰："公开新江，将抒民忧。然江势不可决，讹言不可绝，公将何以终之？"

荥阳公曰："吾欲厚其直以劝其卒，可乎？"

对曰："饥卒赖厚直；民惜其田，惧有碍，不可。"

荥阳公曰："吾欲戮其将以劝其卒，可乎？"

对曰："代之将者必苦吾卒，卒若叛，不可。"

荥阳公曰："奈何？"

对曰："夫民可与乐终，难与图始。故自役兴以来，彼其民曰：夏王鞭促万灵以导百川，今果能改夏王迹耶？非徒无功，抑有后灾。群疑牵绵，民心荡摇。前时观察欲凿新江，中辍议而罢，岂病此耶？公即能先堤民言，新江可度日而决也。"

荥阳公诺。

明日，视政加猛，决狱加断。又明日，杖杀左右有所贰事、鞭官吏有所阻政者。遂下令曰："开新江，非我家事，将脱郏民于鱼祸耳。民敢横议者死！"郏民以荥阳公尝为京兆，既惮其猛，及是，民心大栗，群舌如斩。未几，而新江告成。

荥阳公欢出临视，颁赏罢卒。已而叹曰："民言不堤，新江其不决耶！"

新江长步一千五百，阔十分其长之二，深七分其阔之一。盘堤既隆，旧江遂墟，凡得民田五百亩。其年七月，水果大至。虽逾防稽陆，不能病民，其绩宜何如哉！

荥阳公既以上闻，有司劾其不先白诏，夺俸钱一月之半。樵尝为《褒城驿记》，恨所在长吏不肯出豪力以利民，睹荥阳公以开新江受谴，岂立事者亦未易耶？

是岁，开成五年也。

（《四川历代水利名著汇释》137页）

842年

（武宗会昌二年）

宜宾特大洪水：据唐人段成式（803年或稍后至863年）《酉阳杂俎·续集卷三·支诺皋下》记载：唐武宗会昌二年七月，戎州（州治在僰道县）城"忽暴水至"，"水高百余丈"，洪水退后，"旧州地方"，"除大石外，更无一物"。北宋乐史（930—1007）《太平寰宇记》记载："僰道县会昌二年遭马湖江（金沙江）水漂荡，随州移在北岸今里所。"可见这次特大洪水毁掉了整个古宜宾城，州治不得不从三江口迁至岷江北岸（即今俗称旧州坝）。据水电部成都勘测设计院《金沙江842年特大洪水的考证和估算》，这次洪水位为289.34米。"有人认为公元842年的洪水至少是千年一遇的特大洪水。"（《四川城市水灾史》263页）

宜宾：唐会昌二年马湖江（金沙江）水涨，僰道城被荡圮。（民国《宜宾县志·古迹志》）

武宗会昌二年，戎州治迁回僰道县城。同年，马湖江大水，荡圮僰道县城垣，州、县治同迁今岷江北岸旧州坝。（《宜宾县志·大事纪》）

宜宾市位于金沙江、岷江、川江三江交汇口，是古西南夷僰侯国都，秦置僰道县，唐时为戎州州治。相传"唐会昌二年空前大水，全城被淹完了，会龙寺仅存宝顶"。这是唐代至今千余年来金沙江最大的一次洪水。（《巴蜀灾情实录》58—59页）

843 年前后
(会昌年间)

遂宁广德寺、石佛寺，寺废塔毁，地陷城池。(民国《遂宁县志·杂记》)

846 年
(会昌六年)

旱，免今年夏税。(嘉庆《四川通志·蠲赈》)

853—857 年
(宣宗大中七年至十一年)

成都尹白敏中开金水河引郫江水入城，疏环街大渠，开拓城市水利。(《成都水旱灾害志》210 页)

唐白敏中尹成都，始疏环街大渠。(《淘渠记》)

854 年
(大中八年)

七月，剑南东川蝗。(《新唐书·五行志三》)

869 年
(懿宗咸通十年)

咸通十年，白虹横亘西方。是年，南诏寇成都，不克，遁还，新津阻水。(民国《新津县志·祥异》)

870 年
(咸通十一年)

蜀地震。(《巴蜀灾情实录》341 页)

876 年
(僖宗乾符三年)

西川节度使高骈筑成都罗城，周二十五里。同时，"改造府河，流经城北，绕城东至合江亭与南河相汇，形成'二江抱城'的形胜，城区的防洪、排涝、航运、供水和景观更臻完善，而社会经济愈益繁荣，至有'扬（州）一益（州）二'的美誉。"（熊达成《成都水旱灾害志序》）

罗城筑起后，高骈在郫江上游修筑一个导流堤——縻枣堰，使郫江改道沿城北东行，在城东又折向南，与检江相汇，流入岷江，使成都形成北、东、南三面临水的格局。又在西城垣前开凿"西壕"。新郫江（府河）保护北、东两面，西壕和流江（南河）连通保护西、南两边。"两江抱城"就此呈现，成都城市格局就此千年未变。（《道金牛》160 页）

885 年

（僖宗中和五年、光启元年）

正月，地动，一月十余度。（《锦里耆旧传》）

四月，维州（今理县）山崩，石坠，飞尘满空。（《锦里耆旧传》）

886 年

（光启二年）

春，成都地震，月中十数，占曰：兵、饥。（《新唐书·五行志二》）

886 年，以嘉州人多疾疫，（当地人柳本尊）遂盟于佛，持咒灭灾，由此名声大振。（《四川省志·卷首》182 页）

890 年

（昭宗大顺元年）

（成都）大疫，死人相藉。（《新唐书·陈敬瑄传》）

正月，嘉眉州运粮供军，内饥乏，死者不可胜记；父母委弃，雏稚不相保养。居人多以藜藿充饥，皆有菜色，仆者甚众。军人多偷刈新麦，每一斗值二千余金。五月，城内乏食，民俗惶惶，递相欺凌，无所怕惧，所在斩杀，处处暴尸，其有军都处则稠闹，别街巷则寂静。（《锦里耆旧传》）

891 年

（大顺二年）

王建围成都，城内"易子而食"。王建攻占成都后，分遣士卒就食诸州。（《十国春秋·前蜀一》）

892 年
（昭宗景福元年）

七月十三日，青城鬼城山因滞雨崖崩，瀑水大至，在丈人观后高百余丈，殿当其下，将殿摧坏，俄有坠石如岸，堰水向东，竟免漂陷。（《录异记》）

894 年
（昭宗乾宁元年）

王建围彭州，久攻不克，城中乏食，"斗米五千，第二年斗米十千，第三年粮尽，百姓递相食"。（《锦里耆旧传》）

897 年
（乾宁四年）

李茂贞遣将符道昭攻成都，至广汉，震雷，有石陨于帐前。（《新唐书·五行志三》）

902 年
（昭宗天复二年）

蜀大水，嘉州（乐山）漂荡尤甚。（《锦里耆旧传》）

903 年
（天复三年）

三川晏宁，五稼丰稔，梁州夔峡东西五千余里，山河肃静。（《锦里耆旧传》）

904 年
（天复四年）

蜀地大旱，"褒、渠之境，赤地数千里，民有相食者。山中竹无巨细者皆放花结实，民采之舂米而食，赖以存活"。（《十国春秋》）

五代十国

　　五代十国的 53 年间（907—960 年），中原历后梁、后唐、后晋、后汉、后周 5 个政权；其间有 48 年，巴蜀地区为前蜀、后蜀两个地方割据政权所统治。907 年，唐朝所封蜀王王建在成都称帝，国号"蜀"，史称"前蜀"，至 925 年为后唐所灭，共 18 年。934 年正月，后唐所封西川节度副大使孟知祥在成都称帝，国号"蜀"，史称"后蜀"，至 965 年正月为宋所灭，共 30 年。"前蜀""后蜀"均列"十国"中。由于僻居一方，避开中原五代纷乱，巴蜀社会相对安定，尤其有张琳、黄璟两位地方官兴修水利，促进了农业生产发展。

907 年前后
（前蜀高祖王建称帝时）

　　张琳修复通济堰：张琳，许昌人。五代前蜀时，为眉州刺史。修章仇通济堰，溉彭山、通义、青神田万五千顷，民被其惠。（《蜀梼杌校笺》131 页）

　　唐初章仇兼琼所建通济堰，至唐末年久淤废。五代十国时，前蜀眉州刺史张琳主持修复，溉田万五千顷。深得人心，民谣："前有章仇后张公，疏决水利粳稻丰。"对此后眉州农业发展关系至切，宋代"蜀饷为粟百五十万石，仰西州者居多。岁恃以稔，惟都江、通济二堰"。（《四川省志·水利志》117 页）

910 年
（前蜀高祖武成三年）

　　六月二十六日（8 月 5 日），岷江大洪水，都江堰渠首建筑被冲向下游近一公里，但都江堰的分流引水功能仍得以保持。渠首位置这一改变，天然适应了河道变迁条件。著名道士杜光庭为此作《贺江神移江笺》，并载入其著作《录异记》："蜀朝庚午，夏，大雨，岷江泛涨，将坏京江。灌江堰上，夜闻呼噪之声，若千百人列炬无数，大风暴雨，火影不灭。李冰祠中，旗帜皆湿。及明，大堰移数百丈，堰水入新津江。导江令黄璟及镇静军同奏其事。是时，新、嘉、眉水害尤多，而京江不加溢。"[1]（《蜀故·神异》、《四川省志·水利志》93 页）

---

　　[1]　京江，指今成都市府南河；灌江堰，即都江堰；新津江，指今金马河。

灌县：夏，大雨，岷江泛涨，堰水入新津江。(《录异记》)

新津：夏，大雨，岷江泛涨，水入新津江，漂溺至甚。(道光《新津县志·祥异》)

912 年
（前蜀高祖永平二年）

十二月，黄龙见富义江。(民国《富顺县志·祥异》引《文献通考》)

913 年
（永平三年）

邛崃南河大水：永平三年秋七月，白龙见邛州江。(《新五代史·五行志》)

916 年
（前蜀高祖通正元年）

成都暴雨洪水："(成都) 大霖雨，蜀王祷于奇相之祠。"(奇相之祠，指成都城南江渎庙，祀岷江水神奇相。)(《蜀梼杌校笺》138 页)

917 年
（前蜀高祖天汉元年）

成都大风拔木，幕幄皆裂。(《蜀梼杌校笺》147 页)

922 年
（前蜀后主乾德四年）

成都大旱："自五月不雨至于九月，林木皆枯，赤地千里，所在盗起。"(《蜀梼杌校笺》177 页)

923 年
（乾德五年）

成都暴风雨：四月十九日，(王衍) 游浣花溪，龙舟彩舫，十里绵亘。自百花潭至万里桥，游人士女，珠翠夹岸。日正午，暴风起，须臾雷电冥晦，有白鱼自江心跃起，变为蛟形，腾空而去。是日溺死者数千人。(按：似为龙卷风。)(《蜀梼杌校笺》181 页)

后蜀仓庾虫灾："九月，天富仓奏：米中生虫如小蜂，尾后如米粒，曳之而行。"朝臣李道安《上灾异疏》："今粒食中皆生蜂蚕，切疑在位贪鄙，夺民农时，戕害人命，故天生灾异，以为警告。"（《蜀梼杌校笺》184－185页）

927 年
（后唐明宗天成二年）

黔南大稔，人以为节度李公承约政教所致。（光绪《彭水县志·祥异》）

929 年
（天成四年）

春，（蜀地）饥荒，米斗钱四百文。（《锦里耆旧传》）

932 年
（明宗长兴三年）

七月，夔州赤甲山崩，大水漂溺居人。（《旧五代史·五行志》）

934 年
（后蜀后主孟昶明德元年）

夏四月庚午朔（初一日），地震。（《锦里耆旧传》）

935 年
（明德二年）

七月，阆州大雨雹，如鸡子，鸟雀皆死，暴风飘船上民屋。（《蜀梼杌校笺》335页）

936 年
（明德三年）

春三月，蜀（成都）地震。（《锦里耆旧传》）

长江水极枯。据1987年初于重庆江北县（渝北区）鱼嘴镇蒋祠沱长江北岸发现的枯水石刻题记："大蜀明德三年岁次丙申二月上旬，此年丰稔倍常，四界安怡，略记之。水去此一丈。"（《重庆市志·大事记》）

938 年

（后蜀后主广政元年、后晋天福三年）

秋八月，蜀地大水。（《锦里耆旧传》）

据嘉庆《金堂县志·外编》载：明万历三十年（1602）五月金堂暴雨，冲刷三皇峡口石壁，显现镌记历年大水共 19 次，因字迹剥落，不悉刻自何时，唯"天福三年六月二十三日""天圣七年五月二十八日"两条可辨。

十一月，地震，屋柱皆摇，三日而后止。（《蜀梼杌校笺》340 页）

939 年

（广政二年）

蜀中大水。（雍正《四川通志·祥异》）

六月，蜀"地震汹汹有声"。（《蜀梼杌校笺》340 页）

二年三年（939－940），边陲无扰，百姓丰肥，以辅相得人也。（《锦里耆旧传》）

940 年

（广政三年）

"五月，地震。""六月，（成都）银枪营中井水涌，（地）又数震。"（《巴蜀灾情实录》341 页）

"十月，地震从西北来，声如暴风急雨之状。""地频震。"（《蜀梼杌校笺》342、344 页）

941 年

（广政四年）

夏四月，蜀蝗。（《锦里耆旧传》）

942 年

（广政五年）

"正月，地震。""十月，又地震，摧民居者以百数。"（《蜀梼杌校笺》347 页）

943—946 年
（广政六至九年）

蜀国境内"大有"。（《锦里耆旧传》）

948—949 年
（广政十一至十二年）

蜀国境内"时平俗阜"。（《锦里耆旧传》）

950 年
（广政十三年）

"是时，蜀中久安，赋役俱省，斗米三银"；"府库之积，无一丝一粒入于中原，所以财币充实"，"城中之人子弟不识稻麦之苗，以为笋、芋俱生于林木之上，盖未尝出至郊外也"。（《蜀梼杌校笺》381 页）

951 年
（广政十四年）

十月，地震，民居摧毁者百余所。（《十国春秋》）

952 年
（广政十五年）

成都大雨雹，洪水坏延秋门，淹数千家：夏六月朔（初一日），蜀后主宴于教坊，俳优作《灌口神队》二龙战斗之象。须臾天地昏暗，大雨雹。明日，灌口奏：岷江大涨，锁塞龙处铁柱频撼。其夕，大水漂（成都）城，坏延秋门，水深丈余，溺数千家，摧司天监及太庙。（蜀后主）令宰相范仁恕祷青羊观，又遣使往灌州下诏罪己。十一月，地震。十二月，天雨毛。（《蜀梼杌校笺》388 页）

（广政）十五年夏六月，大水入京城（成都），漂荡五门，以其城内溺死者众，于是大赦境内，赈被水之家。（《锦里耆旧传》）

七月十三日，青城县鬼城山因滞雨崖崩，暴水大至，在丈人观后，高百余丈，殿当其下，将陇摧坏，俄有坠石如崖，堰水向东，竟免漂泊陷。（《蜀典·故事类》、《巴蜀灾情实录》323 页）

953 年

（广政十六年）

三月，地数震。（《蜀梼杌校笺》391 页）

958 年

（广政二十一年）

十二月，天雨血。（《蜀梼杌校笺》407 页）

960 年

（广政二十三年）

闰六月，雅州大水，登辽山崩。（民国《雅安县志·灾祥志》）

963 年

（广政二十六年）

四月，遂州方义县（今遂宁市市中区）雨雹大如斗，五十里内飞鸟六畜皆死。（《蜀梼杌校笺》419 页）

渝州：丰稔倍常，四界安怡。（重庆渝北区长江北岸五代枯水石刻题记）

［附］**天灾不断却"民黎乐康"**：934—941 年间，蜀中天灾不断，但由于抵抗自然灾害能力有所增强（注重水利），不但没有出现唐末战争年代那种"饿殍狼藉，死者相继"的惨象；与此相反，在前蜀，出现的是"仓库充溢""五谷丰稔""民黎乐康，蜀人富而喜游"的局面。后蜀时，942—945 年连年风调雨顺，农业大丰收，粮食储备更为丰裕。北宋伐蜀时，从兴州、兴元、利元缴获后蜀军粮 150 万石，足见蜀中粮食富裕。（《四川省志·卷首》192 页）

武漳修水利：后蜀山南节度使武漳，在襃中"以营田为急务"，兴修水利，"溉田数千顷，人受其利"。（《九国志·武漳传》）

宋

965 年，宋军攻成都，后蜀后主孟昶降，宋得巴蜀 45 州、198 县、53 万多户及大批粮财。入蜀宋军大肆劫掠搜刮，并对收编的蜀兵敲诈虐杀，激怒 10 万蜀兵。蜀人推全师雄为帅反宋，全川 20 余州起兵响应，965 年年底全师雄病死，宋将刘光世、曹彬率军杀戮起事蜀兵近 10 万，平定蜀地。在宋朝廷所加的赋税徭役沉重压迫下，巴蜀农民贫困至极，993 年爆发王小波、李顺起义，拥众至数十万，攻克成都建大顺政权，翌年被宋军镇压。蜀地军民的两次大怒潮给了宋王朝严重教训，宋太宗特下罪己诏，对四川地区推行吏治大革新，使川中社会得以在此后约三百年间相对平静地发展，从而凝聚人心，增强实力。到南宋时期，巴蜀成为先抗金、后抗蒙（元）的坚强堡垒。

961 年
（太祖建隆二年）

置义仓，官所收二税，每石别输一斗贮之，以备凶歉。（嘉庆《四川通志・仓储》引《续纲目》）

962 年
（建隆三年）

忠县：火，仓库殆尽。（民国《忠县志・事纪志》）

963—967 年
（乾德元年至五年）

夹江：岁饥，民聚为盗。（清嘉庆《夹江县志・政绩》）

966 年
（乾德四年）

成都西山淫雨，平原大水：秋七月，西山积霖，岷江水腾怒，毁成都西郊糜枣堰，入城，排故道，成都北城一带受损。（宋何涉《糜枣堰刘公祠堂记》，载《宋代蜀文辑

存》）

八月，普州兔食稼。（《宋史·太祖本纪》）

特免西川夏税及诸征之半，田不得耕者，尽除之。（《宋史·食货志》）

967 年
（乾德五年）

成都知府刘熙古整修、改建縻枣堰，发挥抗洪、灌溉综合效能：縻枣堰"虽肇于唐高骈，然陋陋易圮，不足以埋洪源、折逆流。逮隆崇基以潴沉澹灾，引注灌溉，膏我梁稻，绝其泛滥决溢者，宋端明殿学士刘公熙古之力也。自开宝以迄于今，逾二百年，而沃野之利溥也。享其利而忘其功，不可也"。（《縻枣堰记》）

忠州火，仓库殆尽。（雍正《四川通志·祥异》）

968 年
（太祖开宝元年）

八月，集州（今南江县）霖雨河涨，坏民庐舍及城壁、公署。（《宋史·五行一上》）

970 年
（开宝三年）

合川：大水入城。（光绪《合川志·祥异》）

971 年
（开宝四年）

[备览] **白鹤梁双石鱼题刻——"中国千年水文站"**

宋乐史《太平寰宇记》卷一二零："开宝四年……江心有石鱼见……部民相传丰稔之兆。"此为迄今所见关于白鹤梁石鱼的最早文献记载。白鹤梁位于今重庆市涪陵区城北的长江江心，石梁中间雕刻有一双石鱼，每当水平面恰好在鱼眼睛一线时，人们发现第二年便会是丰收年。是为"双鱼兆丰年传奇"。据查，石梁上刻有自唐代广德元年（763）至1963年间，长江涪陵段1200余年间72个年份的枯水水文，被称为"长江古代水文资料宝库"。

今建有涪陵白鹤梁水下碑林博物馆。

（《华西都市报》2020年6月9日、7月28日）

白鹤梁——世界最早的水文站

作为防汛"前哨"，水文站在防汛防洪中意义重大。我国自古以来就十分重视河流水文信息的观测分析。《尚书·禹贡》有记载："禹敷土，随山刊木，奠高山大川。"也就是说，在 2000 多年前，人们已经意识到，在行政区划划定、城市选址时，应考虑地表水文情势。

春秋时期，我国已经出现了官方性质的水位观测机制，官员们运用这种机制来防范洪涝灾害。

秦国蜀郡太守在都江堰立了 3 个石人于水中观测水位，以水淹至石人身体某个部位来衡量水位高低和水量大小，为下游防洪提供预警信息。

随着社会的发展，我国历朝历代都注重在河流要处建站监测水文，加强汛情通报工作。古代观测江河水位的形式和方法，较多的是在江岸、河中的岩石上题刻标记，记录多年一遇的洪水或枯水水位，重庆的白鹤梁就是我国古代一个重要的水文站。

白鹤梁是重庆涪陵城北长江水中的一道天然石梁。由于梁脊仅比长江常年最低水位高 2 米到 3 米，几乎常年没于水中，只在每年冬春之交水位较低时才有部分露出水面，故古人常根据白鹤梁露出水面的位置高度来确定长江的枯水水位。

从唐代起，古人便在白鹤梁上以刻石记事的方式记录长江的枯水水位，并刻"石鱼"作为水文标志。白鹤梁"石鱼"记录了自公元 764 年后断断续续 72 个年份的枯水信息，共刻有 163 则题记。该遗址被联合国教科文组织称为"保存完好的世界唯一古代水文站"。

宋代，吴江上立有两座水则碑，分为左水则碑和右水则碑，前者记录历年最高水位，后者记录一年中各旬、各月的最高水位。此外，水则碑还记录了历年最高洪水水位。由此可知，宋代为统计汛期农田被淹面积，建立了水位观测制度。

（《中国应急管理报》2020 年 7 月 4 日）

涪陵石鱼——古代长江中游枯水位的石刻标志

涪陵石鱼位于四川省涪陵县北长江江心的白鹤梁上。由西向东长 1600 米以上，与长江流向平行，南北宽 10 至 15 米，常年淹没在水下，只在枯水年份冬春水位最低时才露出江心，是古代长江中游枯水位的石刻标志，在梁的倾斜面上是鱼形图案与文字题记纵横交错的石刻群。已发现的鱼图中，有三条是 1685 年（清康熙二十四年）刻的清代双鱼，以及根据宋代题记上 763 年（唐广德元年）以前所刻鱼图。这些鱼图具有相当于现代水尺的作用，是历代记录不同年代不同枯水位的具体标志。在已发现的宋、元、明、清约 160 余条题记中，除记年月外，往往记有"双鱼已见"、"水至此鱼下五尺"、"水去鱼下七尺"等字样。留下了一批长达千年以上可供分析研究的历史最低枯水位的宝贵记录。

（《巴蜀灾情实录》98—99 页）

972 年

（开宝五年）

岷江大洪水，决都江堰。堰水入新津江口。诏令增饰李冰庙，重刻"深淘滩，低作

堰"六字诀于灌口江干，加强都江堰岁修制度，以减免成都平原水旱灾害。(《成都水旱灾害志》212 页)

岷江暴涨，都江大堰遇险：开宝五年壬申，秋八月，成都大雨，岷江暴涨，永康军(今都江堰市灌口镇)大堰将坏，水入府江，知军薛舍人文宝与百姓忧惶。但见惊波怒涛，声如雷吼，高十丈。已来中流有一巨材，随骇浪而下，近而观之，乃一大蛇耳，举头横身，截于堰上。至其夜，闻堰上呼噪之声，列炬纵横，虽大风雨，火影不灭。平旦，广济王李公祠内旗帜皆濡湿，堰上唯见一面沙堤，堰水入新津江口。时嘉、眉等州漂溺至甚，唯府江不溢。(宋黄休复《茅亭客话》)

六月，忠州江水涨二百尺 (约 60 米)。(《宋史·五行一上》)

忠县：大水，七月，火。(民国《忠县志·事纪志》)

974 年
(开宝七年)

剑州江水涨，坏民居一百四十余区。八月益州西仓灾。(嘉庆《四川通志·祥异》)

八月，邛州延贵镇震，死民四人。(嘉庆《四川通志·祥异》)

976 年
(开宝九年)

八月，雅州江水涨九丈，坏民庐舍。(民国《雅安县志·灾祥志》)

九月，嘉州江水暴涨，坏官署民舍，死无算。(民国《乐山县志·祥异》)

九月，犍为江水暴涨。(民国《犍为县志·杂志·事纪》)

977 年
(太宗太平兴国二年)

六月，忠州江涨二十五丈 (合 75—80 米)；兴州 (略阳) 江涨，毁栈道四百余间。七月，蜀 (今巴中市南江县附近)、汉 (今广元市旺苍县西) 江涨，坏城及民田、庐舍。集州 (今南江) 江涨，泛嘉川县 (今广元市地)。(《宋史·五行一上》)

八月，忠州大水。(《宋史·太宗纪一》)

978 年
(太平兴国三年)

果、阆、蓬、集诸州虎为害，官遣张延钧捕之，获虎百头。(道光《蓬州志略·杂事志》)

979 年

（太平兴国四年）

八月，梓州（三台）江涨，坏阁道、营舍。（《宋史·太宗纪一》）

981 年

（太平兴国六年）

九月，高州大风雨，坏廨宇及民舍五百区。（《宋史·五行五》）

982 年

（太平兴国七年）

剑州江涨。（康熙《剑州志·灾祥》引《宋史》）
剑州江水涨，坏居民舍一百四十余区。（嘉庆《四川通志·祥异》）

983 年

（太平兴国八年）

七月，犍为江水暴涨，八月复涨。（民国《犍为县志·杂志·事纪》）
七月，江、汉皆溢，夔州江涨七尺。（《文献通考·物异》）

984 年

（太宗雍熙元年）

四川大水。（《四川省志·水利志》59 页）
七月，嘉州（南溪、乐山）江水暴涨，坏官署、民舍，溺者千余人。（《宋史·五行一上》）
八月，雅州（雅安）江水涨九丈，坏民庐舍。（《宋史·五行一上》）

986 年

（雍熙三年）

八月，剑州民饥，遣使赈之。（《宋史·太宗本纪一》）

988 年

（太宗端拱元年）

九月，泸州盐井竭，遣匠刘晚入视，忽有声如雷，火焰突出，晚被伤。（按：似为瓦斯爆炸。）（嘉庆《四川通志·祥异》）

989 年

（端拱二年）

四川水。（《宋史·五行一上》）

九月，梓州玄武县（今中江县）涪河涨二丈五尺，壅下流，入州城，坏官私庐舍万余区，溺死者甚众。（嘉庆《中江县志·祥异》）

犍为大水。（民国《犍为县志·杂志·事纪》）

嘉州（今乐山）江涨，坏庐舍。（民国《乐山县志·物异》）

991 年

（太宗淳化二年）

五月，名山县大风雨，登辽山圮，壅江（岷江支流青衣江），水逆流入民田，害稼。（《宋史·五行一上》）

七月，乐山大水。（《宋史·太宗本纪二》）

犍为七月大水入城。（民国《犍为县志·杂志·事纪》）

七月，嘉州江涨，溢入州城，毁民舍。复州蜀、汉二江水涨，坏民田庐舍。（《宋史·五行一上》）

九月，邛州（今邛崃市）、蒲江等县山水暴涨，坏民舍七十五区，死者七十九人。（《宋史·五行一上》）

[附] **诏定报灾时限**：正月丁酉，诏四川等管内州县，诉水旱（上报灾情），夏以四月三十日、秋以八月三十日为限。（《宋史·太宗本纪二》）

993 年

（淳化四年）

六月，"梓州玄武县涪河涨二丈五尺，壅下流入州城，坏官私庐舍万余区，溺死者甚众，给敛具。"（《宋史·太宗本纪二》《宋史·五行一上》）

九月，"江溢，陷涪州（今重庆市涪陵区）。"（《宋史·五行一上》）诏：溺死者给敛具……涪人铁钱三千，仍发廪以赈。（《宋史·太宗本纪二》）

994 年
（淳化五年）

二月，除剑南、东西川、峡路诸州主吏民卒今年以前逋负。（《中国历史大事年表》320 页）

三台： 江水泛溢子城。（《四川两千年洪水史料汇编》）

（按：清嘉庆《四川通志》卷 203 载：至道"六年正月，益州地震"。查宋太宗至道年号仅有"995－997"三年。谨志存疑。）

998 年
（真宗咸平元年）

八月，涪州"大风，坏城舍"。（《宋史·五行五》）

诏蠲逋一千余万，蠲放川陕逋欠官物，不得估其家奴婢以偿。（嘉庆《四川通志·蠲政》）

1000 年
（咸平三年）

全川大水。（《四川省志·水利志》59 页）

三月，梓州（今三台县）江水涨，坏民田。（《宋史·五行一上》）

果州（今南充市）、阆州（今南充市阆中市）水，诏并赈之。（《宋史·真宗本纪一》）

西川转运使马亮，出廪米减价救济饥民。（《续资治通鉴长编》）

1001 年
（咸平四年）

梓州，水，遣使赈恤。六月，丁巳，诏东川民田先为江水所害者，除其租。（《宋史·真宗本纪一》）

剑南饥。（嘉庆《四川通志·祥异》）

六月，昌、眉州并地震。（嘉庆《四川通志·祥异》）

咸平四年，朝廷从王钦若之请，减免东川水灾地区之田赋及陵州（今仁寿）逋欠之盐课三万余斤。（《续资治通鉴长编》）

1003 年

（咸平六年）

正月，益州（今成都市）地震。（《宋史·五行五》）

张咏治蜀，每年放赈米六万斛成定规：真宗咸平六年，命张咏再知益州。"民闻咏再至，皆鼓舞自庆。"张咏见"蜀地素狭，游手者众。稍遇水旱，则民必艰食。时米斗值钱三十六，乃按诸邑田税，使如其价，岁折米六万斛"。至每年春青黄不接、米价上涨之时，"籍城中细民，计口给券"，按原估之价粜之，并奏为永制。（每年春荒，发放赈饥低价米六万斛，并报告朝廷立为永制。）此后，益州虽时有饥馑，而"百姓富有者自有粮、贫者不至断炊"。故韩琦后来说："逮今七十余年，虽时有灾馑、米甚贵，而益民无馁色者，公之赐也。"（《四川通史·五代两宋》97 页）

任中正：代张咏之后知益州，在郡五载，遵张咏条教，蜀人便之。（雍正《四川通志·名宦》）

王曙——"前张后王"：王曙知益州，盗贼屏息，外户不闭。又奏复张咏预粜以济贫民。蜀人大悦，号"前张后王"。（雍正《四川通志·名宦》）

1004 年

（真宗景德元年）

二月，益、黎（今雅安市汉源县）、雅（今雅安市）三州地震。（《宋史·真宗本纪二》《宋史·五行五》）

二月，犍为地震。（民国《犍为县志·杂志·事纪》）

蚕陵地震。（《阿坝州志·大事记述》）

1006 年

（景德三年）

诏立常平仓，计户多寡，量留上供钱，岁夏秋，视市价贱贵，量减增粜；三年以上不粜，即回充粮廪，易以新粟。其后荆湖川陕悉置焉。（嘉庆《四川通志》卷72 引《续纲目》）

1007 年

（景德四年）

七月丙戌（二十二日），益州地震。（《宋史·五行五》）

七月，犍为地震。（民国《犍为县志·杂志·事纪》）

八月己酉（十六日），益州地震。出府库钱五十万贯，付三司市菽麦。（《宋史·真

宗本纪二》）

1010 年

（真宗大中祥符三年）

剑南（宋剑南成都府路含成都平原全境）饥。（《宋史·五行五》）

1011 年

（大中祥符四年）

利州路旱。（嘉庆《四川通志·祥异》）

六月，下令赈济剑、利、集、壁、巴等州饥民。（《续资治通鉴长编》）

六月，"昌（大足）、眉（眉山）州并地震"。（《宋史·五行五》）

七月，眉山、大足地震。（《宋史·真宗本纪三》）

七月，新都地震。（嘉庆《新都县志·祥异》）

七月，内江地震。（光绪《内江县志·杂事志·祥异》）

七月，龙安府地震。（道光《龙安府志·杂志·祥异》）

1013 年

（大中祥符六年）

正月，令益、利两路转运使及所属长吏，对本地灾民"倍加存抚"。（《续资治通鉴长编》）

1016 年

（大中祥符九年）

九月，"利州（今广元市）水，漂栈阁万二千八百间"。（《宋史·五行一上》）

九月，"利州水，漂栈阁"。（《宋史·真宗本纪三》）

十一月，因果州（今南充）水灾，令减当年秋税十分之三。（《续资治通鉴长编》）

1017 年

（真宗天禧元年）

利州路饥。（《宋史·五行五》）

［附］陈贯，河阳人，举进士，擢利州路转运史，岁饥，出职田粟赈饥者，又率富户令口占粟，悉发其余。（民国《广元县志稿·职官》）

1019 年
（天禧三年）

利州路饥，诏赈之。（《宋史·真宗本纪》《宋史·五行五》）

天禧三年，四川大旱。从当年九月至次年二月没下过透雨，"寺观诸神，祈祷寂无影响"。于是知州赵松亲自到龙女祠进香，"冥祷，未至郡，甘泽大澍达旦。是岁丰登"。（《成都水旱灾害志》119 页引《蜀故》）

1020 年
（天禧四年）

正月，利州路旱。（《宋史·五行志》）

二月，遣使安抚利州饥民。（《宋史·真宗本纪三》）

三月己亥，朝廷遣使赈益州、梓州民饥。

本年，始置川陕路常平仓。（《续资治通鉴·宋纪三十四》）

［附］卢鉴，知利州，会岁饥，以便宜发仓粟赈民。秩满，民请留，诏留一年。（民国《广元县志稿·职官》）

中江：民大饥。（道光《中江县新志·杂记·祥异》）

剑阁：大饥。（民国《剑阁县志·事纪》）

1021 年
（天禧五年）

秋八月，两川稔。（雍正《四川通志·祥异》）

璧山岁稔。（同治《璧山县志·大事记》）

秋八月，新都大稔。（嘉庆《新都县志·祥异》）

秋八月，内江大稔。（光绪《内江县志·杂事志·祥异》）

秋八月，龙安府大稔。（道光《龙安府志·杂志·祥异》）

1023 年
（仁宗天圣元年）

七月壬申，除戎（今宜宾）、泸州虚估税钱；诏职田遇水旱蠲租如例。（《宋史·仁宗纪一》）

1025 年

（天圣三年）

盛京上言除民害：八月，夔州路提点刑狱盛京言："忠州盐井，岁增课；奉节、巫山县田户逃绝，里胥代纳户税；万州户纳谷租钱，皆为民害。"诏悉除之。（民国《忠县志·谈故》）

1027 年

（天圣五年）

秋，四川郡县水。（同治《德阳县志·灾祥志》）

1029 年

（天圣七年）

五月二十八日，金堂县大水。（据金堂三皇峡口石壁古刻）

1031 年

（天圣九年）

韩亿防饥治旱：益州大旱，知州韩亿先期赈济，并疏九升江口，扩建都江堰成都、华阳、双流灌区以治旱。"益州岁出官粟六万石，赈粜贫民。是岁大旱，亿倍数出粟，先期予民，民坐是不饥。又疏九升江口（在今郫都区南），下溉民田数千顷。"（《宋史·韩亿传》）

1032 年

（仁宗明道元年）

西川饥。（《宋史·五行五》）

蓬溪县人李洪，在灾年捐资救活十万家人，县人建丰泽庙祭祀。（《四川通史·五代两宋》564 页）

1033 年

（明道二年）

十一月，遣使体量安抚两川饥民，免梓、遂、资、普四等以下户今秋田税之半，三等以上户十之三；果、合、渠三州四等以下户十之二。（《续资治通鉴长编》卷113）

是岁两川饥，遣使安抚，除民租。（《宋史·仁宗本纪二》）

1034 年
（仁宗景祐元年）

二月，免益州路灾伤州军夏税。（《续资治通鉴长编》卷 114）

1035 年
（景祐二年）

六月丁丑，益州火，焚民庐舍二千余区。（同治《重修成都县志·杂类·祥异》）

1038 年
（仁宗宝元元年）

绵阳：宝元年间（1038—1039），蜀旱，大饥，朝廷遣贵臣抚谕。先生（李处士）曰：民困蹙，吾忍自闭以视元元（百姓）捐瘠乎？悉倒廪输之官，无德色，在位（地方官）咸高之。（民国《绵阳县志》载文同《绵州李处士墓志铭》）

达州大水。（《宋史·仁宗本纪二》）

井研：自夏至秋不雨，大旱。（光绪《井研志·纪年》）

犍为：自夏至秋不雨。（民国《犍为县志·杂志·事纪》）

韩琦抚活流亡：韩琦知益州，岁饥，流民载道，琦给粮遣归。檄剑关，民流移欲东者，勿禁。凡抚活流亡共一百九十万。（《宋史·韩琦传》）

宝元初，益州路饥，韩琦蠲减赋税，募人入粟，招壮者为厢军，一人充军，数口全活。启剑门关，民流移者，勿禁。简州饥尤甚，发常平库籴钱六十余万，以给下户。罢冗役，馆饥民，捕彭、益之剽掠者。民德之，立生祠以崇祀。（雍正《四川通志·名宦》）

韩琦安抚剑南，时蜀大旱，成都乡间塾师何维翰募民间，得米千斛以助赈济，琦嘉之，授四门助教。（嘉庆《成都县志·人物·行谊》）

1039 年
（宝元二年）

全蜀旱饥。（《四川省志·水利志》55 页）

益、梓、利、夔四路大饥，民多亡徙。（《宋史·五行五》）

仁宗宝元、康定间，梓、阆、剑三州饥，发粟赈济。（民国《剑阁县续志·事纪》）

西川自夏至秋不雨，民大饥。八月庚辰，命韩琦为益、利体量安抚使。九月乙卯，出内库银四万两易粟，赈益、梓、利、夔路饥民。（《宋史·仁宗本纪二》）

诏以蒋堂为梓、夔路体量安抚使，以久不雨民饥故也。诏以益、梓、利、夔路饥，罢皇子降生进奉，从韩琦请也。(《续资治通鉴·宋纪四十一》)

十月甲申，诏两川饥民出剑门关者，勿禁。(《宋史·仁宗本纪二》)

十二月，益、利路有司督责赋役烦急，收市上供物，不予其值，安抚使韩琦减轻、免除之。并逐贪残不职吏、罢冗役数百，尽发仓粟以济贫民，于各地添设稠粥，活饥民一百九十余万。(《宋史·韩琦传》)

六月丁丑，益州火，焚民庐二千余区。(嘉庆《四川通志·祥异》)

1044 年

（仁宗庆历四年）

[德碑]   文彦博重修糜枣堰

1044 年，北宋名臣文彦博任成都知府时，糜枣堰已开始破败。文彦博按照百年工程的标准予以重新整修，将低凹单薄的堤身加厚加固，让河水顺势畅流，并重修堤上刘公（熙古）祠，使糜枣堰更显其效益。

(《道金牛》161 页)

庆历中（1041—1048），文彦博"以枢密直学士知益州，听事之三日，谒江渎庙，若有感焉。方经营改造中，忽江涨，大木数千章蔽流而下，尽取为材，庙成，雄壮甲天下"。"文彦博知益州，政有威严，遇事果断，会岁饥，米价腾踊（涌），乃劝富室得米二万余斛，以活饥民。"

(雍正《四川通志·名宦》)

文彦博在成都，米价腾贵，因就城门相近凡十八处，减价平粜，翌日粮价遂减。（蜀地米足，不藉客米；不减价则富民居奇，民食艰矣。）(《政训实录十二》4360 页)

遂宁：夏，学宫为江水冲圮。(乾隆《遂宁县志·学校》)

1048 年

（庆历八年）

导江县令陆广，扩建都江堰渠系：王安石《京东提点刑狱陆君墓志铭》："离堆之江，豪右擅焉。君修堰渠，始诎其专；灌田为顷，万有七千。镌约示后，后无凶年。"

(《唐宋八大家文钞》(下) 1720 页，沈阳出版社，1996 年)

1049 年

（仁宗皇祐元年）

川峡四路地方性荒政法令《皇祐甲令》中规定赈饥平粜限价："一斗止粜小钱铁钱

三百五十文，人日二升。"①（《宋会要辑稿·食货·赈贷》）

1054 年

（仁宗至和元年）

1054 年（甲午），正值王小波、李顺起义一甲子（60 年）纪念。当时四川民间盛传该年属"凶岁"，蜀必再乱。但其时四川社会内部基本稳定，"赋无横敛，刑无滥罚，政无暴，民无党，力于农则丰，工于业则财羡。惟安和是恃，惟嬉游是图，甚者以至无饥寒而竞逸乐"。（张俞《送张安道赴成都序》）从而不存在再次发生 60 年前农民起义的社会基础，终于使得当年平安无事。（《四川省志·卷首》187 页）

1056 年

（仁宗嘉祐元年）

两川水灾。"嘉祐元年六月，两川州郡，俱奏水灾。"（范镇《论水灾疏》，载《宋代蜀文辑存》）

峡州（奉节）水灾，知州姚涣筹措有方，灾不为害：姚涣"知峡州。大江涨溢，涣前戒民徙储积，迁高阜，及城没，无溺者。因相地形，筑子城、堋台，为木岸七十丈，缭以长堤，楗以薪石，厥后江涨不为害，民德之"。（《宋史·姚涣传》）

阆州大水，通判李孝基率众抢险：孝基通判阆州，江水啮城几没，郡吏多引避，孝基率其下决水归厉谷，城赖以全。（《宋史·李孝基传》）

1057 年

（嘉祐二年）

威州保、霸地震。（《阿坝州志·大事记述》）

1058 年

（嘉祐三年）

七月癸巳，以夔州路旱饥，朝廷遣使安抚。（《宋史·仁宗本纪四》）

1060 年

（嘉祐五年）

梓州路（今四川中南部）夏秋不雨。（嘉庆《四川通志·祥异》）

---

① 宋制，铜钱一当铁钱十，则铜钱三十五文即可买米一斗，此平粜价大大低于当时市价。

九月，仁宗诏："梓州路今春饥，夏秋闵雨，其人户诉灾伤者，令转运使速遣官体量，蠲其赋租，仍勿检覆。"（《宋史·五行四》）

1061 年

（嘉祐六年）

剑南西川饥。（嘉庆《四川通志·祥异》）

1062 年

（嘉祐七年）

成都利州饥。（嘉庆《四川通志·祥异》）

明镐，宋仁宗时为益州路转运使，会岁饥，民无积聚，盗贼间发。镐为平物价，募民为兵，人赖以安。（《宋史·明镐传》）

1064 年

（英宗治平元年）

渝州（今重庆）大水，遣使行视，疏治赈恤，蠲其赋租。（《宋史·英宗本纪》）

1065 年

（治平二年）

韩绛除积弊，惠贫弱：韩绛知成都府，凡再岁。始，张咏镇蜀时，春籴米、秋籴盐，官给券以惠贫弱。岁久，券皆转入富室。绛削除旧籍，召贫，岁别予券；且令三岁，视贫富辄易之，豪右不得逞。（民国《华阳县志·事纪》）

［德碑］射洪知县廖子孟，调任前整治、维修涪江堤，并利用水力冲沙护堤，当年即发挥效益。

［附］   **新堤记**
                         ［宋］文同

县（射洪）为江（涪江）所环，其源盖出于绵之龙安（安县）鹿爬山。初若二带，其深才渐车（淹没车轮），至神泉与诸谷潒水（山溪）会为一，西至于罗江，南至于阳平汇，东南复吞旁流，乃浩漾为洪波，浮于县之西郊，历坤隅势颇壮猛，南注折而东，斗且阔，遂击左岸，土毳善崩，岁岁内蚀，若刳以刃，若扫以帚。邑人惴恐，弗安厥居。

治平二年春，河内廖君子孟为之令，将解去，尚防遗弊，比即行，视（查勘），叹曰："是将祸于后者，夫吾不为地陂，而民鱼有日矣。"于是料材课工，趣（催促）之成，期补垣垫漏，填筑坚埒，以循公而推乾之。

其夏大雨，浑潦累集，至此力不胜，乃逶迤让行，复走故道，积滇累涂，隐为金堤。望之发然，直偃横断。初民来观，万首如蚁，朋行旅聚，欢噪踊跃，讽咏令德，老稚一口。……

堤凡大小五，其长共百三十七丈，高一丈，广倍其高，用人三万，计日四十五。堤既成，无有一人议之曰不可者。噫！如君者，贤令矣！

（《四川历代水利名著汇释》140—141 页）

1067 年
（治平四年）

遂宁：大水。（民国《遂宁县志·祥异》）

［备览］知县侯可变陋俗：侯可知巴州化成县。巴俗尚鬼而废医，唯巫言是用；娶妇必责财，贫人女至老不得嫁。侯可为约束，立制度，违者有罪，几变其习。（民国《巴中县志·宦绩》）

1073 年
（神宗熙宁六年）

剑南、西川饥。（《宋史·五行五》）

1074 年
（熙宁七年）

成都府、利州饥。（《宋史·五行志》）

［德碑］蜀州守臣黎希声，在天旱饥荒期间，以工代赈，组织饥民 3000 余人修蜀州新堰，"凡灌田三万九千亩"，五千余家农户享受到灌溉之利。（《四川通史·五代两宋》194 页引吕陶《蜀州新堰记》）

1074—1075 年
（熙宁七年至八年）

［善榜］邛州大饥，时任邛州火井尉张祺"恤穷民以数万"。（宋黄庭坚《张祺墓铭》，载民国《雅安县志》）

1076 年

（熙宁九年）

八月，四望溪（发源于井研，在犍为汇入岷江）大水。（民国《犍为县志·杂志·事纪》）

井研： 八月，县属大水，漂没民庐。（《文献通考·物异》、光绪《井研志·纪年》）

[附] **都江堰及各地灌溉事业的发展：** 在宋代，都江堰已形成三大流、十四支流和九个堰的灌溉水系，受灌面积及于川西平原的广阔地区；而且实行了冬季岁修工程制度，州县官亲自督修，因而能"置堰灌溉，旱则引灌，涝则疏导，故无水旱"。神宗熙宁三年至九年，成都府路有水利田 29 处，2883 顷 87 亩；梓州路有水利田 11 处，901 顷 77 亩；利州路有水利田 1 处，31 顷 30 亩；夔州路 274 处，854 顷 66 亩。（《四川省志·卷首》194 页）

1077 年

（熙宁十年）

颁义仓法于川陕。（《宋史·食货志》）

1078—1085 年

（神宗元丰年间）

四川夔州瘴病肆虐成灾，而"俗轻医药重鬼神"。夔州通判李复乃作《夔州药记》，大力提倡治病用药，并指导百姓采集当地中草药材疗瘴。移风易俗，百姓受惠。（《潏水集》）

[附] **夔州旱**

李 复

夔人耕山灰作土，散火满山龟卜雨。

春日不知秋有饥，下种计粒手中数。

七月八月旱天红，日脚散血龙似鼠。

汙邪瓯窭高下荒，草根木皮何甘苦。

蛮商奸利乘人急，缘江转米贸儿女。

己身死重别离轻。

归州州南神有灵，归人刲羊求山神。

驱风洒润应香火，飞点不到巫山村。

巫山县南也伐鼓，不告归神告神女。

江心黑气卷江流，雷车载鬼云中语。

太守身作劝农官，子粒今朝多贷汝。

春种须作三年计，上满隆原下水浒。

他时更勉后来人，老去子孙无莽卤。

（道光《夔州府志·艺文》）

1079 年

（元丰二年）

诏威、茂、黎三州罢行义仓法，以夷夏杂处岁赋不多故也。（嘉庆《四川通志·仓储》引《宋史》）

1080 年

（元丰三年）

成都路义仓，岁额二万七百斛有奇，除赈给贫丐人外，所余无几。（嘉庆《四川通志·仓储》引《朝野杂记》）

1083 年

（元丰六年）

井研饥。（光绪《井研志·纪年》）

1087 年

（哲宗元祐二年）

巴川县（今属重庆市铜梁区）严重饥荒，"大米每碗值大钱十六枚，百姓饿死甚多"。（《重庆市志·大事记》）

1094 年

（哲宗绍圣元年）

渝州大水。（雍正《四川通志·祥异》）

1094—1095 年

（绍圣初）

[德碑] 成都知府王觌疏渠排城市水患：绍圣初，王觌知成都府。江水贯城中为渠，

岁久湮塞，积苦霖潦而多水灾。觊疏之复故，民德之，号王公渠。①（《宋史·王觊传》）

1095 年
（绍圣二年）

永康军饥。（民国《灌县志·事纪》）

1096 年
（绍圣三年）

三月戊戌（初八日），剑南东川地震。（《宋史·哲宗本纪》）

1098 年
（哲宗元符元年）

荣州旱，荣梨山竖祷雨碑。（民国《荣县志·事纪》）

遂宁：遂宁府江水暴涨，濒江有堤，水啮其址。（乾隆《遂宁县志·名宦》）

1108 年
（徽宗大观二年）

七月诏曰："蜀江之利，置堰溉田，旱则引灌，涝则疏导，故无水旱。然岁计修堰之费，敷调于民，工作之人，并缘为奸，滨江之民，困于骚动。自今敢妄有奸计，大为工费，所剩坐赃论；入已，准自盗法，许人告。"（《宋史·河渠志》）

1110 年
（大观四年）

夔州江水溢。（《宋史·徽宗本纪二》）

1113 年
（徽宗政和三年）

成都府大慈寺火。（嘉庆《四川通志·祥异》）

资阳：大水。（民国《资阳县志稿·祥异》）

---

① 王公渠，成都城中金河，始建于唐白敏中。

1118 年

（徽宗重和元年）

梓州大水。（《宋史·徽宗本纪三》）

升梓州为潼川府，是岁发大水。（民国《中江县志·祥异》）

梓潼大水。（民国《三台县志·祥异》）

1127 年

（高宗建炎元年）

正月，青城大雪，天寒甚，人多冻死。四月，大风吹石折木。（《巴蜀灾情实录》367 页）

遂宁大水，民多漂死。（《宋史·五行五》）

涪江大水：（靖康）越明年，丁未（建炎元年）大水，水流巨木至岩下，遂得以为大殿。〔潼南《南禅寺记》碑，宋乾道元年（1165）刊立于潼南大佛寺右侧。〕

遂宁出郭二里有山，山有院，旧号南禅。丁未大水，水流巨木，至南山岩下。（《遂宁县志·大事记》）

1127—1130 年

（建炎中）

彭山：邑苦荒旱。（嘉庆《彭山县志·忠义》）

1131 年

（高宗绍兴元年）

（李瞻）绍兴元年守广安军，出粟济，粜米助赈，与潼川守景兴宗、果州守王鹗、汉州守王梅活饥民甚众，瞻等各转一官。（光绪《广安州新志·名宦志》）

绍兴初，唐文若"通判遂宁府，会大水，民多漂死。文若至城上，发库钱募游者，赈治甚众"。（《宋史·唐文若传》）

遂宁府大水，民多漂死。（《遂宁县志·大事记》）

1132 年

（绍兴二年）

春，涪州疫，死数千人。（《宋史·五行一下》）

五月，涪、渝二州皆旱。（《宋史·五行三》）

五月，永川大旱，民半收。（光绪《永川县志·杂异》）

五月，荣州大旱。（《宋史·五行三》）

忠州：大旱。（民国《忠县志·事纪志》）

简阳、资中、荣县：五月大旱。（民国《简阳县志·灾异篇·祥异》）

广安：兴元饥民流至军境。（民国《广安州新志·祥异志》）

重庆：渝州大旱。（道光《重庆府志·祥异》）

1133 年

（绍兴三年）

蜀中大旱大疫，下半年全省各县皆霖雨：

春，潼川路久不雨，日月星皆有赤色气。（乾隆《潼川府志·杂记》）

荣州夏大旱。（民国《荣县志·事纪》）

秋，简、资、普、荣、叙、隆、富顺监大旱。（民国《简阳县志·灾异篇·祥异》）

秋，资中、简阳、安岳大旱。（《巴蜀灾情实录》285 页）

什邡：白鱼为水灾，自杨村堰左抵汉州白鱼乡，漂没庐舍无算，冲决粮田三千余顷。（嘉庆《什邡县志·祥异》）

灌县：七月霖雨，至八月乃止。（光绪《增修灌县志·杂记志·祥异》）

七月，四川霖雨，至于明年正月。（《宋史·五行三》）

雅州：七月淫雨，至于明年。（民国《雅安县志·灾祥志》）

犍为：七月淫雨，至于越岁正月。（民国《犍为县志·杂志·事纪》）

资、荣二州大疫。（《宋史·五行一下》）

七月，四川地震。（《宋史·高宗本纪四》）

[附] **朝廷君臣论祷灾**

绍兴四年春正月，辅臣进呈张浚（绵竹人）奏："四川自三年七月以来，霖雨地震，盖名山大川久阙降香，乞制祝文付下。"上曰："霖雨地震之灾，岂非重兵久在蜀，调发供馈，椎肤剥体，民怨所致，当修德抚民以应之，又何祷乎！"

（《皇宋中兴两朝圣政》）

1134 年

（绍兴四年）

简、资、普、渠、合州、广安军，旱。（民国《简阳县志·灾异篇·祥异》）

三月，四川大雨雹伤稼。（《巴蜀灾情实录》367 页）

广安：旱。（民国《广安州新志·祥异志》）

大足："天忽亢旱，雨不应，时民食不足……集远近信心，就此石门山建观音大殿一所。"（石门山第 6 窟造像记、民国《大足县志·灾异》）

四川地震。(《宋史·五行五》)

1135 年

(绍兴五年)

四川旱水：六月，四川郡国旱甚。潼川路饥，米斗二千，人食糟糠。兴元饥民流于果、阆。(《宋史·五行四》、乾隆《潼川府志·杂记》)

灌县：六月大水。(光绪《增修灌县志·杂记志·祥异》)

内江：七月淫雨至次年正月。(《内江地区水利电力志》)

秋，西川郡县水，九月雨至于明年正月。(《宋史·五行四》)

犍为：大旱。(民国《犍为县志·杂志·事纪》)

雅州：大旱。(民国《雅安县志·灾祥志》)

绍兴五年，高平续者为提举，刷本道义仓钱及金银总为七万五千余缗，别储米于汉、蜀、彭三州以备粜济。(民国《崇庆县志》引《朝野杂记》)

1136 年

(绍兴六年)

夔(今重庆市奉节县)、潼(今绵阳市三台县)、成都郡县皆旱。三月，蠲旱伤州县民积欠钱帛租税，宽四川灾伤州县户贴钱之半。(《宋史·五行四》)

六月，"成都郡县皆大旱。夏，蜀大饥，米斗二千"。(同治《重修成都县志·杂类·祥异》)

夏，蜀亦大饥，米斗二千，利路倍之，道殣枕藉。是岁，果州守臣宇文彬献《禾粟九穗图》。吏部侍郎晏敦复言："果、遂饥民未苏，不宜导谀。"坐黜爵。(《宋史·五行五》)

灌县夏旱，大饥，大疫。(光绪《增修灌县志·杂记志·祥异》)

蜀大饥，道僵枕藉。(道光《重庆府志》)

雅州四月大饥。(民国《雅安县志·灾祥》)

南溪：大饥，知县程球救荒有善政，人心悦服，夷人感化之。(民国《南溪县志·治绩汇纪》)

四川疫。(《宋史·五行一下》)

[善榜]什邡善士李发救饥：城西人李发，少有大志，生平雅好行善，自绍兴丙辰(1136)至乾道戊子(1168)三十余年，发廪活人万数。州县上其事，授迪功郎。时民间所传劝粜歌中有句："君不见汉州长者李君发，荒年煮粥救饥渴！"(嘉庆《四川通志·人物·行谊》)

1137 年

（绍兴七年）

夏，成都暴雨成灾，江水夜泛西门，由铁窗入，与城中雨水合，汹涌成涛濑。（《四川城市水灾史》28 页）

1138 年

（绍兴八年）

灌县：六月大水。（民国《灌县志·事纪》）

犍为：四望溪大水。（民国《犍为县志·杂志·事纪》）

[附]　　　　　　　　　**淘渠记**

[宋] 席益

大观丁亥（1107）冬，益之先人镇蜀，城中积潦满道。戊子（1108）春，始讲沟洫之政，居人欣然具畚锸……污泥出渠，农圃争取以粪田，道无着留。至秋，雨连日，民不苦病，士大夫交口称叹。……后三十年（1137），益忝世官，以春末视事。夏暴雨，城中渠堙，无所钟泄；城外堤防亦久废，江水夜泛西门，由铁窗入，与城中雨水合，汹涌成涛濑。居人急趋高阜地。亟遣官犍薪土塞窗，决小东门水口而注之江，仅保庐舍。又，春夏之交大疫，居人多死，众谓污秽熏蒸之咎。嗣岁（1138）春，首修戊子之令……邦人知畴昔便利，无异词。且补筑大西门外堤，役引江水入城如其故，而作三斗门以节之。……是岁，疫疠不作，夏秋雨过，道无涂潦。

（嘉庆《成都府志》）

导水记

[宋] 吴师孟

大观丁亥（1107）冬，席益先公任成都知府，于次年春，清淘城中河渠壅塞。后三十年（1137），复淤。席益继任知府，以城中沟渠壅淤沮洳，疾疠肆疫、回禄火灾为患，乃博访得老僧宝月大师，言往时渠自西北曹波堰入城，东注于江。乃更为疏导，立闸蓄泄，经始于仲春，迄成于季秋。

（嘉庆《成都府志》）

1139 年

（绍兴九年）

己未仲秋，潼川城（今三台）江水一夕暴涨，高出堤背十有八尺，平睨城阁。（嘉庆《四川通志·祥异》）

1140 年前后

（绍兴十年左右）

[德碑] 李璆、句龙庭、魏了翁相继修复通济堰："三江有堰，可以下灌眉（州）田百万顷，久废弗修，田莱以荒。"绍兴中，四川安抚制置使李璆"率都刺史合力修复，竟受其利，眉人感之，绘像祠于堰所"。但不久又废，"陇田弥望，尽为荒野"。1145 年（绍兴十五年），眉州知州句龙庭"贷诸司钱六万"加以修复。（《宋史·李璆传》）

1212 年（嘉定五年），眉州知州魏了翁又大力维修。历元明清，都有地方官主持修缮通济堰。（《四川省志·水利志》116 页）

[德碑] 李璆修筑成都城垣防洪：成都旧城多毁圮，璆至，首命修筑，俄水大至，民赖以安。（《宋史·李璆传》）

1143 年

（绍兴十三年）

金堂大水。（嘉庆《四川通志·祥异》）

1146 年

（绍兴十六年）

潼川府东南江溢，水入城，浸民庐。（《宋史·五行一上》）

六月，潼川府东、南二江溢，决堤毁桥，浸没郪县（今三台县南）、涪城田庐无数。（民国《三台县志·祥异》）

五月乙丑，兰（南）溪县水，侵县市。丙寅（1146）中，夜水暴至，死者万余人。（《宋史·五行一上》）

南宋绍兴十六年五月，资阳大水。（按：当地一祠堂旁岩石上有洪水石刻："丙寅绍兴十六年五月大水到此。"）（《内江地区水利电力志》）

射洪：东南江溢。（光绪《射洪县志·祥异》）

1148 年

（绍兴十八年）

四川水。（《宋史·五行一下》）

奉节：绍兴戊辰五月初八，水高霆预者二十丈。（《蜀景汇览·祥异》《四川两千年洪水史料汇编》）

1151 年

（绍兴二十一年）

七月，嘉陵江暴涨。（道光《龙安府志·祥异》）

1153 年

（绍兴二十三年）

四川特大洪水：现有碑记可考的特大洪水，以宋高宗绍兴二十三年六月的一次洪水为最早。当年首先由涪江、沱江涨水，波及川江沿岸。据长江流域规划办公室《长江历史洪水论证资料》，推出此年 7 月 31 日川江忠州洪水位为 155.6 米，宜昌水位为 57.7 米，推算洪峰流量为 9.4 万立方米/秒，三日洪量为 236.8 亿立方米。这一资料曾论证川江特大洪水，平均每世纪可出现一两次。（《四川省志·水利志》59 页）

潼川：六月，金堂县大水。潼川府（今绵阳市三台县）江溢，浸城内外民庐。（《宋史·五行一上》）

六月己卯（二十一日），潼川大水。九月甲午（初八），赈潼川被水州县，仍蠲其赋。（《宋史·高宗本纪八》）

潼川大水，平地五尺，死者甚众。（光绪《潼川府志·祥异》）

遂宁：绍兴癸酉夏，大水，庙毁。（乾隆《遂宁县志·古迹》）

金堂：金堂县大水，县城被冲，毁坏庐舍数千。（嘉庆《金堂县志·卷末·琐记》）

合川：涪江决，（合）州遭巨浸。（《合州志·祥异》）

癸酉涨江之遗迹，旧有监乐堂馆宴宾客，皆于斯水至毁矣。（光绪《合州志·艺文》）

北碚：宋绍兴二十三年，大水。（民国《北碚志稿·大事记》）

1153 年洪水，是长江流域调查发现最早的一次特大洪水。四川忠县有两处宋代洪水石刻，一处为"绍兴二十三年六月二十七日水此"，另一处为"绍兴二十三年癸酉六月二十六日江水泛涨"，测得洪水位高程为 156.60 米（吴淞基面），忠县城区已经进水。该年洪水主要来自沱江、涪江及嘉陵江中下游，涪江、沱江首先涨水，洪峰从涪江中游到达合川，再下川江抵至忠县，历时约五天。（《巴蜀灾情实录》59 页）

1156 年

（绍兴二十六年）

置丰储仓，后关外、四川皆有之。（嘉庆《四川通志·仓储》）

1157 年

（绍兴二十七年）

冬十月辛酉，诏四川诸司察旱伤州县，蠲其税，赈其饥民。（《宋史·高宗纪八》）

绍兴年间，双流县有蝗食苗。知县程堂曰："吏奉天子命以养民，虫当食吏五脏，无食民苗！"乃引泉而吞之，蝗遂逾境。（光绪《双流县志·祥异》）

1158 年

（绍兴二十八年）

六月，兴、利二州（今广元市）及大安军（今陕西宁强阳平关镇）大雨水，流民庐，坏桥栈，死者甚众。（《宋史·五行一上》）

犍为：县大饥。（民国《犍为县志·杂志·事纪》）

井研：大饥，民食蕨根。（光绪《井研志·纪年》）

[德碑] 王刚中疏理万岁池①：冬，天子命龙图阁待制王刚中知成都府。成都万岁池广袤十里，溉三乡田，岁久淤澱。刚中集三乡夫共疏之，累土为防，上植榆柳，表以石柱。州人指约：王公之甘棠也。（《宋史·王刚中传》）

1159 年

（绍兴二十九年）

十二月丙子，夔州大火，燔官舍民居寺观，人有死者。（嘉庆《四川通志·祥异》）

1160 年

（绍兴三十年）

灌县：六月，大水。（光绪《灌县志·祥异》）

1163 年

（孝宗隆兴元年）

隆兴元年，四川大饥。（嘉庆《四川通志·祥异》）

蜀大饥。（嘉庆《成都县志·祥异》）

五月，成都地震三。（《宋史·孝宗纪一》）

绍兴府大饥，四川尤甚。（《宋史·五行五上》）

---

① 万岁池今名白莲池。

龙安府大饥。（道光《龙安府志·杂志·祥异》）

雅安：大饥。（民国《雅安县志·灾祥志》）

广安：大饥，民食蕨根。（民国《广安州新志·祥异志》）

灌县：三月大旱至于八月，大饥。（光绪《增修灌县志·杂记志·祥异》）

　[附]　　　　　　　　　**苍溪令祈雨祷晴**

常明，宋隆兴元年任苍溪令。夏大旱，明率父老徒步祈雨于太阴洞，尽诚拜祷。为文以祝曰："龙之为物，不可得而制，亦不可得而见，变化之神不可得而拟议。今苗槁民饥，灾害将至，非乐于高卧深蟠之时也。"须臾雷电震耀，大雨三日乃止。是秋淫雨逾月，闾阎薪粒不继，道路商旅不行。复行拜祷，少顷，天晴日丽，民意豁然。遂以一雨一晴之状上闻于朝，丞相史浩命立祠祀之，名曰嘉应祠，立有晴雨验碑。

（民国《苍溪县志·官师》）

1164 年

（隆兴二年）

潼、利、夔三州郡国皆饥。（光绪《射洪县志·祥异》）

五月，内江、资阳、资中大旱。（《巴蜀灾情实录》285 页）

1165 年

（孝宗乾道元年）

剑州旱。（康熙《剑州志·灾祥》）

1166 年

（乾道二年）

蜀州大饥，民多流徙。（民国《崇庆县志·事纪三》引《宋史》）

夏，剑州饥，道殣相望。（康熙《剑州志·灾祥》引《宋史》）

1167 年

（乾道三年）

春，四川郡县旱，至于秋七月，绵（今绵阳市）、剑（今广元市剑阁县）、汉（今广汉市）、石泉军（今绵阳市北川羌族自治县西北部）尤甚。（《宋史·五行四》）

本年，四川春夏秋连旱，重灾区包括今绵阳市、广汉市、北川及剑阁等 17 个县。（《巴蜀灾情实录》285 页）

犍为：春旱至秋七月。（民国《犍为县志·杂志·事纪》）

井研：春旱，至于秋七月。（光绪《井研志·纪年》）

雅州：四月大旱。（民国《雅安县志·灾祥志》）

秋，以四川旱，赐制置司度牒四百备赈济。（《宋史·孝宗纪二》）

[附]　　　　　　　　　　**绵州李蘩赈饥**

李蘩，进士，乾道中摄绵州。岁祲，出义仓谷贱粜之，而以钱贷下户；又听民以茅秸易米，作粥及楮衣，亲衣食之，活十万余人。明年又饥，邛、蜀、彭、汉、成都盗贼蜂起，绵独安靖。知永康军、移利州、提点成都路刑狱兼提举常平，岁又饥，发廪蠲租，赈活百七十余万人。时剑外和籴，在州者独多。知兴元，匹马访民瘼，有老妪泣曰："民所以饥者，和籴病之也。"蘩奏免之，民困大苏。临政皆有源委。著书十八种，有《桃溪集》百卷。

（民国《绵阳县志·职官》、民国《广元县志稿·政绩》）

[德碑]　**彭州太守梁介连年修堰兴利**：乾道三年"修唐昌、九陇、濛阳十余堰"；乾道四年"修复三县十一余堰，灌溉之利，及于邻邦"。（《宋史·食货志》、《都江堰志》478页）

[备览]　　　　　　　　　　**乾道丁亥喜雨刻石**

乾道丁亥岁，夏六月，大旱，二十二日戊子，有祷于飞仙泉，移晚乃雨，通夕大澍。望日纳水于岩下，邑民欢踊，请刻石以识（按：石在合川龙多山）。

知县　王有开
主簿　章芮臣
县尉　任源

（录自民国《合川县志·金石》）

1168 年

（乾道四年）

春，蜀、邛、绵、剑、汉州、石泉军大饥，邛为甚。盗延八郡。汉州饥民至九万余。（《宋史·五行五》）

夏四月癸卯，遣使抚邛、蜀二州饥民为乱者。五月乙丑，以邛州安仁县（今大邑）荒旱，失于蠲放，致饥民"扰乱"，守贰、县令降、罢、追、停有差。八月，诏颁《皇祐祀龙法》于郡县。（《宋史·孝宗纪二》）

四川郡县大雨水，嘉、眉、邛、蜀尤甚，漂田庐，决田亩。（民国《崇庆县志·事纪三》引《宋史》）

井研：春大饥。（光绪《井研志·纪年》）

诏四川诸州欠绍兴三十一年至隆兴二年赡军诸窠名钱物及漏底折欠等钱并蠲之。（民国《崇庆县志·事纪》引《宋史·食货志》）

十二月壬子（二十五日），石泉军地震三日，有声如雷，屋瓦皆落，时绵竹有冤狱云。（《宋史·五行五》）

1169 年
（乾道五年）

十二月，置成都路广惠仓。（《续资治通鉴长编》）

成都府重设广惠仓，系常设慈善机构。其储粮来源于官田官库的收入，设官监督，对经查核登记的灾户饥民，从十一月一日到次年二月，每三日发赈米一次，成人一升、孩童五合。（《三千年天灾》175 页）

1171 年
（乾道七年）

是年，长江水极枯，江津长江主航道北侧江中莲花石现出并留有"石刻数行"。（《重庆市志·大事记》）

是年，荣县旱荒，民掘蕨根捣粉以食，数十里数千人半年中倚此为命。（民国《荣县志·事纪》）

1172 年
（乾道八年）

是岁，四川水。（《宋史·孝宗纪二》）

四月起，四川阴雨七十余日。（《宋史·五行志一下》）

四月，雅州阴雨七十余日。（民国《雅安县志·灾祥志》）

六月壬寅，四川郡县大雨水，嘉（今乐山市）、眉（今眉山市）、邛（今邛崃市）、蜀州（今崇州市）、永康军（今都江堰市灌口镇）及金堂县尤甚，漂民庐、决田亩。（《宋史·五行一上》）

八月，四川郡县大雨水。（道光《重庆府志·祥异》）

犍为：四望溪大水。（民国《犍为县志·杂志·事纪》）

乐山：六月大雨水，嘉州漂民庐、决田亩。（同治《嘉定府志·艺文志·祥异》）

渠江大水。（民国《渠县志·别录》、宣统《广安州新志·祥异志》）

涪州江南水旱相继，民多流入江北寻食。（《宋史·孝宗纪二》）

井研：大水，四月阴雨连七十余日。（《文献通考·物异》）

灌县：八月大水，漂民庐，没田亩。（光绪《增修灌县志·杂记志·祥异》）

德阳：乾道八年，相里寅知德阳，其为政至要为：均水利以广灌溉，讲荒政以赈流亡。（光绪《德阳县志续编·循政》）

1173 年

（乾道九年）

四川频年水旱，帝令兴修水利。

春，成都、永康、邛三州饥。（《宋史·五行五》）

邛、蜀十四郡饥。（民国《崇庆县志·事纪》）

八月丙子，诏兴修水利。（《宋史·孝宗纪二》）

井研：春饥。（光绪《井研志·纪年》）

灌县：大饥。（光绪《增修灌县志·杂记志·祥异》）

[备览] **李蘩、黄裳与《汉中行》《罢籴行》**

总领李蘩招黄裳时边民苦籴，不得一钱，吏且督输旁午，汉中尤病。裳作《汉中行》，以讽其事。其词云："汉中沃野如关中，四五百里烟蒙蒙。黄云连天夏麦熟，水稻漠漠吹秋风。七月八月罢亚红，一家往往收千钟。行人叹息风土好，居人生计何草草。老翁扶杖泣我前，此事何堪与君道。君不见屯军十万如貔貅，椎牛酾酒不得饱，飞刍挽粟无时休。禾稼登场虽满眼，十有八九归征求。军前输米更和籴，囊括颗粒无乾糇。棱棱杀气森平原，虽食我肉不敢言。阵马如云动雷电，戈戟拟撞相腾喧。口边夺食与马啮，马饱人饥无处说。大吏明知但吁叹，百姓俯首当获窃。天高日薄炊烟冷，村落萧条往来绝。君莫问我汉中连年事，肝膈难言眼流血。似闻今年春，关外四五州，岁饥人无食，饿者颇亦稠。蕃人欲寇边，此事信有不。时涂苟如此，人生不如死。死即万事休，生则何时已。语多情极辞转哀，夜风飒飒吹黄埃。荒村相对两呜咽，收泪问我何方来。作官骑马不易得，具与天子怜婴孩。老翁已老死不惜，家有儿孙方戢戢。愿公富贵为爱惜，莫教还似翁今日。"李奏罢之。裳又作《罢籴行》，并序云："裳癸巳岁游汉中，闻民间病和籴久矣。而在位诸公，未有一语及之者。尝赋一诗，谓之《汉中行》，极言其事，末云：愿公富贵为爱惜，莫教还似翁今日。盖有所讽也。属闻总领大卿，慨然起罢籴之请，行之一年，其效遂白。裳感叹之余，因记忆旧诗所谓《汉中行》者，续赋一篇云《罢籴行》，二诗盖相为表里。汉中行杂于讽，而罢籴行专于美也。讽刺颂美，古诗之遗意，虽圣人不废，用是敢赋诸下执事。"

> 边头八月秋田熟，南村北村夜舂粟。
>
> 大平车子走双轮，载米入场声辘辘。
>
> 官置斗斛人自量，市价日与时低昂。
>
> 得钱却载车上去，出门掉臂归山乡。
>
> 老翁扶杖笑且语，大儿踏歌小儿舞。
>
> 酒酣歌罢喜复悲，却忆前年输籴苦。
>
> 田头刈禾人未归，吏已打门嗔我迟。
>
> 名为和籴实强取，使我父子长寒饥。

今年官场自籴米，卖米得钱固其理。

力排众议改旧法，闻说郎中人姓李。

小民无力酬天公，但愿谷米年年丰。

年年与官足兵食，三军饱食眠秋风。

郎中归坐天子侧，更与小民说休戚。

莫使明年复开籴，老翁还作前年泣。

（道光《保宁府志·杂类·余闻》）

[附]李蘩：（崇庆）晋原人。字清叔，第进士。孝宗时累官仓部郎中，总领四川财赋军马钱粮，所至举荒政，蠲苛赋，梁、洋间绘像祠之。擢太府少卿。（《中国人名大辞典》457 页）

蜀州通判陆游诗："癸巳（乾道九年）夏，旁郡多苦旱，唯汉、嘉数得雨，然未足也。立秋夜三鼓雨，至明日晡后未止，高下霑足，喜而有赋：画檐鸣雨早秋天，不喜新凉喜有年。眼里香秔三万顷，寄声父老共欣然。五十衰翁发半华，犹能把酒醉天涯。丝毫美政何曾有？唯把丰年赠汉、嘉。"（《陆放翁全集·剑南诗稿》）

1174 年
（孝宗淳熙元年）

潼川、夔州等路水旱相继，发廪蠲租，遣使按视。（《宋史·孝宗纪二》）

蜀关外四州旱。（《宋史·五行四》）

蜀饥。（《宋史·五行五》）

蜀关外（雅安之西）皆饥。（《宋史·五行五》）

涪、忠、万等州大旱。（《宋史·五行四》）

七月，蜀州久雨，三伏不熟，岷江洪水暴涨。（康熙《崇庆州志·祥异》）

三台：淳熙中，阴霪浃辰，江涨暴发，城垣、窝铺冲塌十之三四。（乾隆《潼川府志·城池》）

淳熙元年，蜀州通判陆游作《龙湫歌》，记述去年大旱、今年大水情状。

龙湫歌
[宋]陆游

环湫巨木老不花，渊沦千尺龙所家。

爪痕入木欲数寸，观者心掉不敢哗。

去年大旱绵千里，禾不立苗麦垂死。

林神社鬼无奈何，老龙欠伸徐一起。

隆隆之雷浩浩风，倒卷江水倾虚空。

鳞间出火作飞电，金蛇夜掣层云中。

明朝父老来赛雨，大巫吹箫小巫舞。

祠门人散月娟娟，龙归抱珠湫底眠。

（《陆放翁全集·剑南诗稿》）

1175 年

（淳熙二年）

利（广元）、阆（阆中）饥，大旱。（民国《剑阁县续志·事纪》）

泸州大火。因上报所焚民居不实，守臣张之俱贬秩。（嘉庆《四川通志·祥异》）

1175—1177 年

（淳熙二年至四年）

成都平原连年有旱，而连年丰收。

范成大《吴船录》记在职期间水旱及应对举措：宋范成大于淳熙二年（1175）到成都任四川制置使（地区军政长官），四年（1177）离任，所著《吴船录》记："石湖居士（范）以淳熙丁酉岁（1177）五月二十九日戊辰（6 月 27 日）离成都……西行秦岷山道中……新秧勃然郁茂。前两旬大旱，种几不入土。临行连日得雨，道见田翁欣然曰：'今年又熟矣'。……庚午（6 月 29 日）二十里早顿安德镇，四十里至永康军。一路江水分流入诸渠，皆雷轰雪卷，美田弥望，所谓岷山之下沃野者，正在此。……登山谒崇德庙（今二王庙，祀李冰父子）。……西川夏旱，支江水涸，即遣使致祷，增堰壅水以入支江（今内江宝瓶口），三四宿水即遍，谓之'摄水'。余在成都，连岁遣郡丞冯俌摄水祠下，皆如期而应，连得稔。既谒谢于庙。"（《成都水旱灾害志》216 页）

按：范成大守成都三年，连续三年逢夏旱，却连续三年获丰收（"连得稔"），有旱象而无旱灾，说明政府管理调度得法（"连岁遣郡丞冯俌摄水祠下，皆如期而应"），水利工程发挥了巨大的抗灾作用。

1177 年

（淳熙四年）

四月，遣使抚邛蜀饥民为乱者；六月，蠲二月夏税；七月，以经总制余剩钱二十一万缗，椿留邛、蜀二州备赈。（民国《崇庆县志·事纪》引《宋史》）

1178 年

（淳熙五年）

六月，东南二江溢，决堤、毁桥、没民庐。（光绪《射洪县志·祥异》）

六月，涪城水溢，没田庐。（《宋史·孝宗纪三》）

绵州郡国旱。（《宋史·五行四》）

1179 年

（淳熙六年）

绵阳：四月大水至，涛鼓风涌，与梁争高。（民国《绵阳县志·艺文·金石》）

1181 年

（淳熙八年）

潼川、夔州"水旱相继。发廪蠲租，遣使按视。民有流入江北者，命所在赈业之"。（《宋史·孝宗纪三》）

七月至于十一月，昌州（今重庆市大足区）旱。（《宋史·五行四》）

[**备览**] 淳熙八年，朱熹奏《社仓法》于朝，请行于仓司。（嘉庆《四川通志·仓储》引《文献通考》）

1182 年

（淳熙九年）

全蜀大旱大饥。灾情奇重，春、夏、伏、秋旱持续。灾区辽阔，几乎包括嘉陵江流域及川江中下游，120 个县受灾，饥民流徙。（《四川水旱灾害》172 页）

三月，赈忠（忠县）、万（万州）、恭（重庆）、涪（涪陵）四州。（《续资治通鉴》）

夏五月不雨至于秋七月，恭（今重庆）、合（合川）、昌（大足）、普（安岳）、资（资中）、渠（渠县）、利（广元）、阆（阆中）、忠（忠县）、涪（涪陵）、万（万州）、南平（綦江）、广安、梁山皆旱。（《宋史·五行四》）

蜀潼、利、夔三路郡国十八皆饥，流徙者数千人。（《宋史·五行五》）

十一月庚午，赈夔路饥。（《宋史·孝宗纪三》）

资州旱。（嘉庆《资州直隶州志·杂类志·祥异》）

合州、昌州旱。（道光《重庆府志·祥异》）

荣昌夏旱。（光绪《荣县志·祥异》）

九月，合州大火，燔民居几尽，官舍仅有存者。（嘉庆《四川通志·祥异》）

大足：夏五月不雨至秋七月，恭、合、昌、涪、忠诸州皆旱，遍地流殍，从米粮里到石门，设赈济所。（《大足县志·大事记》）

1183 年

（淳熙十年）

重庆、涪陵、泸州、合川、綦江旱。（《宋史·五行四》）

合、昌州荐饥，民就赈，相蹂死者三十余人。（《宋史·五行五》）

1184 年

（淳熙十一年）

四月不雨至八月，建昌军旱。（宋史·五行四）

1185 年

（淳熙十二年）

犍为：春不雨，人民虔祷于铁峰山，始大雨，转歉为丰。（民国《犍为县志·杂志·事纪》）

1186 年

（淳熙十三年）

秋，利州路霖雨，败禾稼稙稑。（《宋史·五行三》）

是岁，利州路饥。（《宋史·孝宗纪三》）

1187 年

（淳熙十四年）

五月，成都府市火燔万余家。（嘉庆《四川通志·祥异》）

1188 年

（淳熙十五年）

六月，蓬溪县大水，没田庐，溺死者甚众。（道光《蓬溪县志·祥异》）

1189 年

（淳熙十六年）

五月，四川北部霖雨。（《宋史·五行三》）

六月辛卯，潼川府东南二江溢，决堤，毁桥，浸民庐，涪城、中江、射洪、通泉、郪县没田庐。（《宋史·五行一上》、嘉庆《四川通志·祥异》）

1174—1189 年

（淳熙年间）

什邡：宋淳熙间，一夕，白鱼河霖雨洪水，横森震吼，漂荡民舍无算，自什邡及汉卫冲决粮田三千余顷。（嘉庆《什邡县志》引永乐二年《雄妣庙碑》）

1190 年

（光宗绍熙元年）

自本年始，四年连旱。（《四川水旱灾害》173 页）

重庆府旱。（《宋史·五行四》）

夏，四川霖雨伤麦。（《宋史·五行四》）

五月，崇庆府大水。（民国《崇庆县志·事纪三》引《宋史》）

荣州大旱。（《宋史·五行四》）

自绍熙元年至三年，连续干旱，"百田皆废，民大饥"。（《自贡市志·大事记》）

1191 年

（绍熙二年）

四川大水大旱。岷江、涪江、沱江、嘉陵江洪水。（《巴蜀灾情实录》59 页）

五月己巳，潼川、崇庆二府，石泉军（今绵阳市北川羌族自治县西部），利（今广元市）、果（今南充市）、合（今重庆市合川区）、绵（今绵阳市）、汉（今德阳市广汉市）等州大水。冬十月庚子，下诏抚谕被水州、军。（《宋史·光宗纪》）

五月庚午，利州东江溢，坏堤田庐舍。辛未，潼川府东、南江溢；六月戊寅又溢，再毁堤桥，水入城，没庐舍七百四十余家。郪、涪、射洪、通泉县汇田为江者千余亩。七月癸亥，嘉陵江暴溢，兴州圮城门、郡狱、官舍凡十七所，漂民居三千四百九十余。潼川、崇庆府、绵、果、合、金、龙、汉州、怀安、石泉、大安军、鱼关皆水。时上流西蕃界古松州江水暴溢，龙州败桥阁五百余区，江油县溺死者众。（《宋史·五行一上》、嘉庆《四川通志·祥异》）

五月，四川普（安岳）、隆（仁寿）、涪（涪陵）、渝（重庆）、遂（遂宁）州、富顺监（富顺）皆旱，简（简阳）、资（资中）、荣（荣县）州大旱。（《宋史·五行四》）

春，夔州路五郡饥，渝、涪为甚。五月，旱。（《宋史·五行五》）

七月，利州路（治今广元市）久雨，伤种麦。（《宋史·五行三》）

十二月，壬寅，资、简、普、荣四州及富顺监旱。（《宋史·光宗纪》）

隆州旱。（光绪《井研志·纪年》）

荣州大旱。（民国《荣县志·事纪》）

五月，资州大旱。（嘉庆《资州直隶州志·杂类志·祥异》）

宜宾，冬大旱，"气温如仲夏"。（嘉庆《宜宾县志·祥异》）

春，涪州疫，死数千人。（《宋史·五行一下》）

梓潼：夏，六月朔，大水，漂溺桥楼者凡四五，独石门桥楼屹然如故。（咸丰《梓潼县志》载《重熙桥记》）

［附］ **绍熙辛亥（1191年）九月四日雨后白龙挂西北方复雨三日作长句记之**

［宋］陆　游

长空黯暗如欲夜，白龙腾挐见云蟠，

鳞间出火光照江，尾卷风霆雨如射。

老人百岁见未曾，儿童闭门伏床下，

发毛惨凛谁复支，性命么微不禁吓。

登场已叹禾生耳，出户仍愁泥没胯。

皇天生民岂不爱，龙亦何心败吾稼！

父老相看出无策，揽涕顿颡号枌社。

移床避漏我亦忙，秉烛题诗寄悲吒。

（《陆放翁全集·剑南诗稿》）

勘灾

［宋］王梦雷

散吏驰驱踏旱邱，沙尘泥土掩双眸。

山中树木减颜色，涧畔泉源绝细流。

处处桑麻增太息，家家老幼哭无收。

下官虽有忧民泪，一担难肩万姓忧。

（嘉庆《资州直隶州志·艺文》）

1192年

（绍熙三年）

春，潼川路久旱，日、月、星皆有赤色。五月乙未，潼川府（今绵阳市三台县）东、南江溢，后六日又溢，浸城外民庐，人徙于山。（《宋史·五行一上》）

五月己亥，蠲四川水旱郡县租赋。（《宋史·光宗纪》）

五月，旱，夔州路五郡饥，涪、渝二州为甚。（《宋史·五行三》）

八月，普州（今资阳市安岳县）雨害稼。（《宋史·五行三》）

秋，简阳、资中、安岳、荣县、宜宾、仁寿、富顺大旱。（《宋史·五行四》）

资、荣州亡麦（麦无收），普、叙、简、隆州、富顺监皆大饥，亡麦，殍死者众，民流成都府至千余人。威远县弃儿且六百人。（《宋史·五行五》）

冬，潼川路不雨，气燠如仲夏，日月皆赤，荣州尤甚。（《宋史·五行二上》、嘉庆《四川通志·祥异》）

资州亡麦。(嘉庆《资州直隶州志·杂类志·祥异》)

犍为：秋，大旱。(民国《犍为县志·杂志·事纪》)

九月，四川旱，诏蠲民赋。(民国《崇庆县志·事纪》引《宋史》)

隆州复大旱，大饥，无麦。(光绪《井研志·纪年》)

资中、荣县大疫。(《宋史·五行一下》)

绍熙三年，蠲被水州县租税。(《宋史·食货志》)

1193 年

(绍熙四年)

蜀中旱。(《四川省志·水利志》55 页)

资州饥。(嘉庆《资州直隶州志·杂类志·祥异》)

普州饥。(光绪《新修潼川府志·杂志·祥异》)

荣县旱饥，数千人掘蕨根捣粉以食，得以度荒。(民国《荣县志·事纪》)

绵阳大旱，亡麦。简阳、资中、安岳、合川、渠县、广安旱饥。(《宋史·五行四》、《宋史·五行五》、嘉庆《四川通志·祥异》)

蠲成都潼川两路绍熙三年奇零绢钱引四十七万余道。(《宋史·食货志》)

八月半闻蜀中大震，墙屋往往倾摧。臣虽不曾亲见，然见者颇多。(朱熹《朱子大全集》卷 14)

剑门关山摧。(嘉庆《四川通志·祥异》)

1194 年

(绍熙五年)

秋，普、成大熟。(民国《剑阁县续志·事纪》引《集瑞堂记》)

1195 年

(宁宗庆元元年)

蜀饥。(嘉庆《四川通志·祥异》)

利州旱。(道光《保宁府志·杂类·祥异》)

1196 年

(庆元二年)

马湖夷界(今雷波等地)山崩八十里，江水不通。(康熙《四川总志·事纪》)

1197 年

（庆元三年）

川省大旱。(《四川省志·水利志》55 页)

四川"潼、利、夔路十五郡旱，自四月至于九月。蓬、普州大旱"。(《宋史·五行四》、嘉庆《四川通志·祥异》)

仪陇、安岳大旱。(《宋史·五行四》)

蜀饥。(《宋史·五行五》)

九月壬寅，以四川旱，诏蠲民赋。(《宋史·宁宗本纪》)

1198 年

（庆元四年）

春正月，诏有司宽恤四川流民。(《宋史·宁宗纪一》)

蜀、汉二州，江没城郭。(民国《崇庆县志·事纪三》引《宋史》)

资、普、昌、合州旱。(《大足县志·自然地理·灾异》)

1199 年

（庆元五年）

三台：梓襟带二江，岁病泛滥，大抵武弱而患小，涪悍而患大。……己未（1199）仲秋，一夕暴溢，高出堤背十有八尺。(光绪《潼川府志·堤堰》)

1200 年

（庆元六年）

近岁制司有广惠仓，乃邱宗卿所创，米三千余万石，制司自掌之，凶岁颇赖其用。(嘉庆《四川通志·仓储》引《朝野杂记》)

1201 年

（宁宗嘉泰元年）

五月，"蜀十五郡皆大旱，赈之"。(《宋史·五行四》)

利州路旱，赈之，仍蠲其赋。(《宋史·宁宗纪二》)

井研五月大旱。(光绪《井研志·纪年》)

犍为五月大旱。(民国《犍为县志·杂志·事纪》)

灌县大旱。(光绪《增修灌县志·杂记志·祥异》)

1202 年

（嘉泰二年）

四川饥，广安、怀安军、潼川府大亡麦（大饥）。（《宋史·五行五》）

成都饥，令帅臣出绵粟赈之。（《文献通考》）

泸州水。（《宋史·宁宗纪二》）

1203 年

（嘉泰三年）

隆庆府（今剑阁）大水。（民国《剑阁县续志·事纪》）

[**德碑**] 通判安丙白守张鼎，发常平粟赈之。寻又凿石徙溪，自是无水患。继而安丙知大安军，岁旱民艰食，丙以家财即下流籴米数万石以赈。（嘉庆《四川通志·人物》）

1204 年

（嘉泰四年）

六月辛未，东川大水。（《古今图书集成·历象汇编·庶征典》《四川两千年洪水史料汇编》）

荣昌旱。（光绪《荣昌县志·祥异》）

1205 年

（宁宗开禧元年）

夏，忠县、涪陵大旱。（《宋史·五行四》、嘉庆《四川通志·祥异》）

七月，利州路郡县（今四川省北部）霖雨害稼。（《宋史·五行三》）

1206 年

（开禧二年）

忠、涪州皆饥。（《宋史·五行五》）

利州霖雨。（民国《重修广元县志稿·杂志·天灾》）

昭化县（今属广元）水没县治。（《宋史·五行三》）

开禧中，蜀大疫，蓬州沿路贫民流离，死者弃尸满野，知州杜源于龙章山作大冢以葬之。（嘉庆《四川通志·政绩》）

1208 年
（宁宗嘉定元年）

昌州、合州旱。（道光《重庆府志·文艺志·附祥异》）

1209 年
（嘉定二年）

蜀石泉军饥，饿死殆万余人。（嘉庆《四川通志·祥异》）

五月丙子，遂宁府大水。（乾隆《遂宁县志·杂记上》）

六月，利州、阆州霖雨大水。（《宋史·五行三》）

六月，昭化县水，没县治，漂民庐。遂宁府、阆州皆水。（《宋史·五行一上》）

六月，利州、阆州、遂宁皆水。（《文献通考·物异考》）

九月辛亥，东西两川大震三日，乙卯又震，甲子大震。（民国《三台县志》）

泸州火燔千余家。（嘉庆《四川通志·祥异》）

1210 年
（嘉定三年）

灌县：江水没城郭。（嘉庆《四川通志·祥异》）

1211 年
（嘉定四年）

全蜀皆旱。（《四川省志·水利志》）

资中、安岳、大足、合川旱。（《宋史·五行四》、嘉庆《四川通志·祥异》）

普州旱。（光绪《新修潼川府志·杂志·祥异》）

资州旱。（嘉庆《资州直隶州志·杂类志·祥异》）

1212 年
（嘉定五年）

遂宁：二月大水。（民国《遂宁县志·杂记》）

合川：大水入城，涨至州署屋梁。（光绪《合州志·祥异》）

1216 年

（嘉定九年）

正月辛巳，罢四川关外科籴。（《宋史·宁宗纪三》）

三月，东川（四川东部）大水。（雍正《四川通志·祥异》）

灌县：五月大水。（嘉庆《四川通志·祥异》）

昭化：水没县治。（道光《保宁府志·祥异》）

宣汉：五月，东川大水。（嘉庆《东乡县志·祥异》）

二月，东西两川地震；三月，屡震。三月，东川大水。太白经天。（乾隆《直隶达州志·灾异》）

二月辛亥（二十八日），东西川地大震四日。（《宋史·五行五》）

宋宁宗嘉定九年，东西两川地大震，马湖夷界山崩八十里，江水不通。（乾隆《屏山县志·杂志》）

三月乙卯（初二日），东西两川又震。甲子（十一日）又震，马湖夷界山崩八十里，江水（金沙江）不通。丁卯（十四日），又震。壬申（十九日），又震。（《四川地震全记录·上卷》11 页）

六月辛卯（九日），西川地震。壬辰（十日），又震。乙未（十三日），又震，黎州山崩。（《四川地震全记录·上卷》11 页）

十月癸亥，西川地震。甲子，又震。（《宋史·宁宗纪三》）

1217 年

（嘉定十年）

六月辛未，东川大水。（《宋史·宁宗纪四》）

冬，蜀（今崇州市）、汉（今德阳市广汉市）二州江没城郭。（《宋史·五行一上》）

灌县：江水没城郭。（光绪《增修灌县志·杂记志·祥异》）

[德碑]　　　　　　　　**循吏吴昌裔倾心赈灾**

梓州中江县人吴昌裔，宋宁宗嘉定七年（1214）进士。初任阆中县尉，当年饥荒，粮价高昂。利州路转运使派昌裔查管粮交易市场，即"请发本仓所储数万石，而徐籴以偿"，饥荒得以平顺度过。后调升华阳知县，"斥羡钱二十万缗，买良田备旱"；调眉州通判，"御旱有纪律"；代理汉州刺史，"兴社仓，郡政毕举"；改知婺州，时大旱，"召邑令周行阡陌，蠲粟八万一千石、钱二十五万缗"。

（参见《宋史·吴昌裔传》）

1219 年
（嘉定十二年）

六月辛巳（十八日），西川地震。（《宋史·五行五》）
春，潼川府饥而不害。（《宋史·五行五》）

1221 年
（嘉定十四年）

利州（今广元市）水，赈之。（《宋史·宁宗纪四》）
五月丙申（十三日），西川地震。（《宋史·五行五》）

1222 年
（嘉定十五年）

中江：三月，县城火；大疫。（民国《中江县志·丛残·祥异》）

1223 年
（嘉定十六年）

五月，蜀郡县水，漂民庐，害稼，圮城郭、堤防，溺死者众。（《宋史·五行一上》）
灌县：夏五月，大水。（光绪《增修灌县志·杂记志·祥异》）
井研：水。（《文献通考·物异》）
雅安：五月，雅州大水。（民国《雅安县志·灾祥志》）

1227 年
（理宗宝庆三年）

四川水。（《四川省志·水利志》59 页）

六月，重庆发生特大洪水。据重庆市江北县梅溪镇灰楼湾长田坎一处岩石上的水位标记题刻："丁亥宝庆三年，六月初七日水长（涨），初八高至水作。"经计算测定长江寸滩水位为 194 米。（《重庆市志·大事记》）

宝庆三年，川江发生特大洪水，现存题刻多处，如邻水县鼎屏镇、江北县麻柳乡和忠县东云乡皆有。东云乡题刻洪水位比绍兴二十三年旧痕高三尺许，实测为吴淞高程 159.55 米。这一次川江及其支流的大洪水史志未载，凭民间题刻可做论断。（《四川水旱灾害》33 页）

[附] **东云乡石壁题刻全文**

宝庆三年丁亥，去癸酉七十五年水复旧痕高三尺许。六月初十日嗣孙道士史袭明书记。

1228 年

（理宗绍定元年）

合川：夏旱，合州赤水知县、主管劝农公事杨炳，祷于龙多山之龙君亭，得雨，邑士文照之为文记其事。（民国《新修合川县志·官师》）

[备览] **仙泉龙君亭记**

龙山仙泉，神龙司之，旱祷随应。粤自入夏，亢阳如焚。邑大夫杨先生（炳）洁香登山，两乞灵湫，两获甘泽。揆之它邑，独为丰年。宋绍定元年（1228）季夏吉日

（民国《新修合川县志·金石》）

1229 年

（绍定二年）

成都路大旱：绍定二年五月诏：成都、潼川路岁旱、民歉，制司、监司其亟赈恤，仍察郡县奉令勤惰以闻。（《宋史·理宗本纪》）

[附] **冉木放粮记（刻石）**

左绵郡丞合阳冉木（震甫），以赈饥行邑，遵仓使郭公命也。初议止春杪，已而复续。始二月庚戌，终五月戊辰。魏城以户计，前后一万二百三十有一；以口计，三万五千一百八十有三；散廪以斛计，六千四百一十有六。累累来赴者，各无菜色，生意复回。邑令汉嘉韩奎文（章父）、丞剑阳高尚午（润甫）、簿三嵋杨中立（定功）、尉少城范午之（定叟），新龙安簿、尉，邑人邓丹祖（伯颖），皆分局联事者。散赈隙日，相与步田畴，登石堂，访高凉洞，顶礼灵湫。愿有年，仁看林林，含哺鼓腹，吾人复来此把盏一笑，岂不乐哉！诸公曰：然。绍定己丑夏四月十三日，震甫书。

案：石堂院距魏城设县时不四里，崖石前后古刻甚夥。冉震甫通守于绵境，题咏甚多，其谨念民瘼之心，亦非俗吏所能企及矣。

（民国《绵阳县志·艺文·金石》）

1235 年

（理宗端平二年）

蒙古入蜀，大杀人。（乾隆《直隶达州志·灾异》）

1236 年
（端平三年）

井研：大旱。（光绪《井研志·纪年》）

犍为：大旱。（民国《犍为县志·杂志·事纪》）

蒙古军首陷成都，数十州县田畴荒芜：1234 年蒙古军灭金后，即首先开辟巴蜀战场（后与荆襄、江淮并称为宋元战争的三大战场），从此，四川军民展开了长达五十多年的抗蒙古（元）战争。

1236 年秋，蒙古军自汉中大举攻蜀，成都失陷，随后分兵四出，深入各地抄掠，摧残全川。据统计，这一年，蒙古军"凡破四川府州数十，残其七八"；"五十四州俱陷破，独夔州一路，及泸、果、合数州仅存"。使得四川人口大量死亡和逃散，田畴普遍荒芜，财用空前匮乏。此后一段时间，四川不得不仰仗朝廷拨给荆湖米数十万石饷军，以支持蜀中政局。嗣后，蒙古军因皇子库春死，弃成都退去，但留下一部继续抄掠。

（《四川省志·卷首》189—190 页，《中国历史大事编年》第三册）

1241 年
（理宗淳祐元年）

蒙古军再陷成都"搜杀不遗"：1241 年，蒙古军再次攻陷成都。继破汉州、嘉定、泸州、叙州等 20 城，宋军"阵亡者众"。蒙古军所到之处，"搜杀不遗，僵尸满野"。

（《四川省志·卷首》190 页）

1243 年
（淳祐三年）

余玠守蜀山城设防，以步制骑卓树战绩：1243 年春，南宋理宗任命的四川安抚制置使兼知重庆府、四川总领兼夔州路转运使余玠，在重庆设立帅府，整顿军纪，屯田耕稼；特别是采纳蜀士冉琎、冉璞兄弟的建议，遍令诸郡凭据险阻，建筑扼山郡城 30 座，"皆因山为垒，棋布星分，为诸郡治所，屯兵聚粮为必守计"。余玠创筑的山城防御体系，充分发挥了蜀险优势，扼制了蒙古骑兵迅猛驰骋之威势，为卓有成效地开展对蒙古军的以步制骑攻防战创造了条件。

1243 年，余玠军与敌"三十六战，多有劳效"；

1246 年，又取得粉碎"北兵分四道入蜀"的胜利；

1252 年秋，又调集全蜀精锐部队在嘉定（乐山）展开会战，击破了蒙古军的围攻。

（《四川省志·卷首》190—191 页，《四川州县建置沿革图说》32 页）

1250 年
（淳祐十年）

余玠治蜀，岁大稔：淳祐十年十月辛巳，诏："余玠任四蜀，安危之寄已著，八年经理之功，敌不近边，岁则大稔……可进官二等。"（《续资治通鉴》）

1252 年
（淳祐十二年）

［备览］　　　　合川龙多山《牛仙尉祈雨碑》

龙多仙泉，有请必应，其来尚矣，然不诚未有能动者。……岁壬子（1252），自春而夏，久暑不雨，生意几息。令尹有志于民，以邑佐牛仙尉真诚可使，委以请湫。而牛仙尉亦有闵雨素志，夜半即三沐其身，呼于发愿，自言牛显是兵食赵官家禄，天旱过时，民间必是饥死，我怎生安坐。越翌日之平旦，单白布袍，赤脚登山，一步一礼，叭叩空冯仙，心虔祷，誓必得雨而后退。且曰："若不获应，捐命殉山。"方祠下炷香礼拜，顷刻间而甘雨降。于是官吏带雨而下山，牛仙尉躬自背湫捧炉，令、佐相与迎接，归县安奉。连日沛然沾足，则苗勃然兴之矣。东坡有云："五日不雨可乎？曰五日不雨则无麦；十日不雨可乎？曰十日不雨则无禾。"无禾无麦，岁且荐饥，狱讼繁兴而盗贼滋炽。吁！一雨之关系如此。今吾邦时雨沛降，不但五日、十日而已也。诚一发而捷若感应，旱暵转而膏泽，愁苦转而歌吟，是知二大夫同寅叶恭之所召，亦牛仙尉一诚恳切之所感也。田父老喜来告余，诊一言以纪其实。余曰：牛仙尉何如人也，犹知重邦本而通天心，可勿记哉！淳祐十二年夏五既望谨记。

（摘录自民国《合川县志·金石》，原注"碑模糊难读"。）

1254 年
（理宗宝祐二年）

是春，蜀中旱。（侵川）蒙古诸将以嘉陵漕舟水涩，欲弃益昌去。（先锋）汪德臣……尽杀所乘马飨士。（《续资治通鉴》）

六月，蠲利、阆、隆庆、潼川、绵州赋役。（《续资治通鉴》）

秋七月，蠲四川近边州郡税赋三年。（《续资治通鉴》）

蜀雨血。地震。（嘉庆《四川通志·祥异》）

1255 年
（宝祐三年）

夏四月，蜀郡地震。（《续资治通鉴·宋纪》）

蜀地震。(《宋史·五行五》)

四月，成都地大震。(明天启《成都府志·成都纪·灾祥》)

五月，剑南地震。(《宋史·理宗纪四》)

五月辛酉(二十六日)，嘉定(今乐山市)大雨雹，与叙南(今宜宾西南部、云南东北部)同日地震。(《宋史·理宗纪四》)

1257 年
(宝祐五年)

四川水。(《宋史·理宗纪四》)

梓州(今三台)夏秋不雨。(民国《三台县志·祥异》)

1259 年
(理宗开庆元年、蒙古蒙哥汗九年)

二月，蒙哥汗围合州钓鱼城。三月，蒙古军中大疫流行。四月，合州大雷雨达二十日之久。蒙古前锋将汪德臣攻城，恰大雨，攻城梯折，汪德臣毙。(《中国历史大事编年》)

合川：四月，大雨连绵二十天，迫使蒙哥汗率领的围攻钓鱼城的蒙古大军停止攻城两旬。七月，蒙军中疾疫流行，战斗力大减；蒙哥本人也染上疫病，加之临阵身受重伤，于七月二十七日死于金剑山温汤峡(今重庆北温泉)。由此，蒙军被迫撤离合州北还。(《四川战争史》161-162 页)

[附] **蒙古大汗率百万大军攻川，染疫钓鱼城下，丧身金剑山**

1258 年，蒙古大汗蒙哥(元宪宗)亲率百万大军入川，图谋一举灭蜀亡宋，一路攻拔诸城，直抵合州钓鱼城下。该城系余玠下令建成于 1249 年，位于合川县东之山上，隔嘉陵江，四壁悬崖，环以江水。此时守将兴元都统兼知合州王坚，展布筹策，指挥兵民，不时乘夜潜入敌垒"砍营"，袭扰蒙军。

从 1259 年 2 月至 7 月，蒙古军累攻不克，其前锋将汪德臣并被王坚军击毙。至 7 月，大旱酷暑，蒙古军中暴发大疫，统帅蒙哥染疫病重，军心涣散。蒙哥在御营转移途中死于金剑山温汤峡(今重庆北温泉)，其大军被迫"舆榇退师"，除留驻一部外，大部撤至六盘山。

钓鱼城战役以蒙军主帅身亡宣告结束，震撼全局，使得其原定顺流东下、乘势以定江南的全盘作战计划受挫，使与攻蜀同时发起的两湖攻势并已占领湖南北部的另一路蒙古大军也不得不撤退，从而使宋王朝得以再延祚二十多年。

(《四川省志·卷首》191 页，《四川州县建置沿革图说》32 页)

1265 年

（度宗咸淳元年）

两川（剑南东川、西川）地震。（明正德《四川总志》）

1268 年

（咸淳四年）

蒙古军连年进攻四川，战争连绵，"民不得耕，兵不得解甲而卧"。宋合州守将张珏"以兵护耕，垦田积粟，公私兼足"，借以坚持抗元战争。（民国《合川县志·祥异》）

1271 年

（咸淳七年）

嘉定府城震者三。（《宋史·五行五》）

五月，重庆府江水泛溢者三，漂城壁，坏楼橹。（《宋史·五行一上》）

咸淳七年七月四川制置使朱禩孙上疏文：夏五以来，江水凡三泛溢，自嘉（今乐山）而渝（今重庆），漂荡城壁，楼橹圮坏；又嘉定地震者再，被灾害为甚。乞赐罢黜，上答天谴。"诏不允。（《宋史·度宗纪》）

夏五月，渠江大水，漂荡城壁，楼橹圮坏。（民国《渠县志·别录·祥异志》）

九月，"癸未，蒙古主以四川民力困敝，诏免茶、盐等课，以军民田租给军食。仍敕：'有司有言茶、盐之利者，以违制论。'"（《续资治通鉴》）

1272 年

（咸淳八年）

六月，潼川郪县雨，绵江、中江溢，水决入城。（《四川城市水灾史》342 页）

1277 年

（端宗景炎二年）

合州：北兵（元军）来攻，城围甚急，又值两秋大旱，人民易子而食。（民国《新修合川县志·名宦二》）

元①

1260 年

（元世祖中统元年）

五月，益州饥。（《元史·五行志》）

1261 年

（中统二年）

诏成都路设惠民药局。（《新元史·食货志》）

1266 年

（元世祖至元三年）

李秉彝大修都江堰：至元三年，李秉彝受元世祖命，任陕西按察副使，巡临灌州，目睹都江堰工程简陋，常被洪水冲坏，每年都要调集大量劳力修复，民众负担沉重。他决心整治，主张"宜筑之坚"，改用砌石工程，排除旁人疑虑，亲自主持大修，仅三个月即竣工。"自是大水至，冒堰上行，无壅亦无坏，民利赖之。"当年经受了洪水考验，工程未被冲坏。当时，川东仍在进行宋蒙战争，李秉彝在社会动荡中对都江堰兴工大修，并对渠首建筑架构的改进做了成功的探索，实属壮举。（《都江堰志·堰工人物》）

1269 年

（至元六年）

始立常平仓，又立义仓，社置一仓，以社长主之。歉年就给社民。（嘉庆《四川通志·仓储》）

---

① 1271 年，忽必列定国号为元。

1278 年

（至元十五年）

犍为：四望溪大水，三日始退。（民国《犍为县志·杂志·事纪》）

春，川蜀地区一再发生"岚瘴"，忽必烈弛酒禁，鼓励当地人以饮酒暖身法抗疟疾。（《中国灾害志·宋元卷》）

1279 年

（至元十六年）

宋元之际长期战乱，四川人口仅剩六十万：1276 年，元军进入临安，南宋灭亡。但四川合州守将张珏坚拒元军招降，并遣军收复泸州，解围进入重庆，就任四川制置使，并遣将四出，屡败元兵。元军更换将帅，增派兵力，于 1278 年围攻重庆。宋军势穷，部将开门投降，元军进入重庆。张珏巷战失利，乘船东下，被俘获后不屈而死。

1279 年 1 月，元军进入孤城合州，元朝统一了四川。四川抗蒙（元）战争历时 45 年（1234—1279）之久，南宋亡后还坚持了 3 年。

由于蜀人抵抗蒙古军坚决，又蒙古军屠杀蜀人残酷，到元统一四川时，四川人口已非常稀少。据元世祖至元二十七年（1290）的统计，四川仅有 98538 户、615772 人①。而在南宋宁宗嘉定十六年（1223）时，四川曾有 2590092 户、6609830 人。可见宋元之际，四川长期战乱造成人民生命受戕惨重。

元初，四川虽设各路、府、州、县，但大多徒具虚名，除吏、兵、屯户外，别无民户。后经七十余年的招垦，仍然没有任何州县超过至元三年规定的下县标准（"不及二千户者为下县"）的。所以，近百年间元代的四川，在史籍里几乎找不出记录来。（《四川省志·卷首》《地理志·上》《四川州县建置沿革图说》《中国历史大事编年·4》）

1282 年

（至元十九年）

朝廷报灾规定："今后各道按察司，如承各路官司申牒灾伤去处，正官随即检踏实损分数，明白回牒。"（《元典章·户部九》）

---

① 另一说：据《元史·世祖本纪》，至元十九年（1282），"四川民仅十二万户"。

1285 年

（至元二十二年）

六月，马湖部（今屏山）田鼠食稼殆尽。其总管祠而祝之，鼠悉赴水死。（《元史·世祖本纪》）

八月，汪维正言：巩昌军民站户并诸人奴婢，因饥岁流入四川者，彼即扩为军站。（《元史·世祖本纪》）

1287 年

（至元二十四年）

九月辛卯，威远等地大霖雨，江水溢，没民田。（《元史·世祖本纪》）

1288 年

（至元二十五年）

井研：县治西南水涨高数十丈，三日始退。（光绪《井研志·纪年》）

1291 年

（至元二十八年）

犍为：四望溪大水，三日始退。（民国《犍为县志·杂志·事纪》）

1294 年

（至元三十一年）

奉节：五月，峡州路大水。（《元史·成宗纪一》）

1295 年

（世祖元贞元年）

六月，利州螟。（《元史·成宗纪一》）

利州龙山县螟。（《元史·五行志一》）

1297 年

（成宗大德元年）

元代四川范围最广的一次洪水发生于成宗大德元年，川江上游、涪江、乌江洪水。（《巴蜀灾情实录》48 页）

七月，蓬溪县大水。（道光《蓬溪县志·祥异》）

潼南：七月大水。（民国《潼南县志·祥异》）

彭水：元大德元年，乌江水涨绿荫轩下，绿荫轩陡岩壁留有石刻："大德丁酉江涨至此。"水位石刻为 247.20 米。（《四川城市水灾史》251 页）

1297—1307 年

（大德年间）

纳溪：元大德中，因水害，移治县北七十里；至大初（1308），复还今治。（嘉庆《纳溪县志·祥异》）

1303 年

（大德七年）

八月，成都饥。（嘉庆《四川通志·祥异》）

1304 年

（大德八年）

益州、忙部、东川等路饥。（《元史·五行志一》）

六月，益州、忙部、东川等路饥、疫，并赈恤之。（《元史·成宗纪四》）

1305 年

（大德九年）

六月，潼川霖雨江溢，漂没民居，溺死者众。敕有司给粮一月，免其田租。（《元史·成宗纪四》）

六月，潼川郪县雨，绵江、中江溢，水决入城。（《元史·五行志一》）

1306 年

（大德十年）

四川旱。(《巴蜀灾情实录》8 页)

八月，成都等县饥，减值赈粜米七千余石。(《元史·成宗纪四》《元史·五行志》)

成都、广汉所属州县饥。(同治《续汉州志·祥异》)

1308 年

（武宗至大元年）

四川肃政廉访使赵世延修都江堰：赵世延（1260—1336），字子敬，其先雍古族人，从太祖征伐有功，镇蜀，因家成都。至大元年，改（任）四川肃政廉访使，修都江堰。(《元史·赵世延传》)

1309 年

（至大二年）

三月，四川等郡饥。(嘉庆《四川通志·祥异》)

三月，灌县大饥。(光绪《增修灌县志·杂记志·祥异》)

潼川路饥。(光绪《潼川府志·祥异》)

1310 年

（至大三年）

六月，峡州大雨，水溢，死者万余人。(《元史·五行志一》)

六月，威州旱。七月，威州旱、蝗。(《元史·武宗纪》)

1311 年

（至大四年）

七月，大宁等路陨霜，敕有司赈恤。(《元史·仁宗纪》)

1313 年

（仁宗皇庆二年）

四川饥，禁酒。(《元史·仁宗纪》)

1314 年

（仁宗延祐元年）

闰三月，青城诸县霜杀桑，无蚕。（《元史·五行志》）

1315 年

（延祐二年）

重庆路火，郡舍十焚八九。（嘉庆《四川通志·祥异》）

1316 年

（延祐三年）

六月，重庆大火。（雍正《四川通志·祥异》）

1317 年

（延祐四年）

重庆、顺庆（约今南充市、广安市、达州市各一部）民皆饥，发廪赈之。（《元史·仁宗纪三》）

1320 年

（延祐七年）

［备览］   踏灾行
                         ［元］袁介

有一老翁初病起，破衲遭鱿瘦如鬼；
晓来扶向官道旁，哀告行人乞钱米。
时予奉檄离江城，邂逅一见怜其贫；
倒囊赠与五升米，试问何故为穷民。
老翁答言听我语，我是东乡李福五。
我家无本为经商，只种官田三十亩。
延祐七年三月初，卖衣买得犁与锄；
朝耕暮耘受辛苦，要还私债输官租。
谁知六月至七月，雨水绝无潮又竭；
欲求一点半点水，却比农夫眼中血。
滔滔黄浦如沟渠，农家争水如争珠；

数车相接接不到，稻田一旦成沙涂。

官司八月受灾状，我恐征粮吃官棒；

相随邻里去告灾，十石官粮望全放。

当年隔岸分吉凶，高田尽荒低田丰；

县官不见高田旱，将谓亦与低田同。

文字下乡如火速，逼我将田都首伏；

只因嗔我不肯首，却把我田批作熟。

太平九月开旱仓，主首贫乏无可偿；

男名阿孙女阿惜，逼我嫁卖陪官粮。

阿孙卖与运粮户，即日不知在何处；

可怜阿惜犹未笄，嫁向湖州山里去。

我今年已七十奇，饥无口食寒无衣；

东求西乞度残喘，无因早向黄泉归。

旋言旋拭腮边泪，我忽惊惭汗沾背。

老翁老翁无复言，我是今年检田吏。

——此见踏勘之不可苟也。

（录自清金庸斋《居官必览》，见《政训实录》第10卷）

1321 年

（英宗至治元年）

长寿县汉水溢。（《元史·五行志》）

以（英宗）即位，诏普免税粮逋欠在民者。（民国《犍为县志·杂志·事纪》）

1322 年

（至治二年）

六月己巳，广元路绵谷、昭化二县饥，官市米赈之。（《元史·英宗纪》）

1324 年

（泰定帝泰定元年）

二月，集州饥，发粟赈之。（《元史·泰定帝纪》）

渠县：夏六月，渠江水溢，并漂民庐舍。（《元史·泰定帝纪》《元史·五行志一》）

六月，渠州（今渠县、广安等地）江水溢。（嘉庆《四川通志·祥异》）

1325 年

（泰定二年）

六月，潼川府绵江（涪江）、中江（凯江）水溢，入城，深丈余。（《元史·泰定帝纪》《元史·五行志一》）

富顺县"大水湍流漂悍，庙学圮坏，基址崩摧"。（乾隆《富顺县志·祥异》引《赵祖仝礼器记》）

1326 年

（泰定三年）

八月，成都等郡地同日震。（嘉庆《四川通志·祥异》）

1327 年

（泰定四年）

八月，天全道山崩，飞石毙人。（《元史·泰定帝纪二》）

八月，巩昌府通渭山（今甘肃通渭）崩。碉门（位于天全县）地震，有声如雷，昼晦。天全道（天全至康定通道）山崩，飞石毙人。凤翔（今陕西凤翔）、兴元（今陕西汉中）、成都、峡州（今湖北宜昌）、江陵（今湖北江陵）同日地震。（《元史·五行志三》）

1328 年

（文宗天历元年）

三月，四川等处饥，并赈之。五月，峡州属县饥，赈粜粮五千石。（《元史·泰定帝纪》）

九月，邛州（今邛崃）地震，金凤、茅池（今蒲江县地）二井盐水涌溢。（《元史·文宗纪五》）

1329 年

（天历二年）

三月，四川绍庆、彭水县灾。（光绪《彭水县志·祥异》）

四月，重庆路火，延二百四十余家。（嘉庆《四川通志·祥异》）

十二月，以益州路旱，免其租。（《元史·明宗纪》）

1330 年
（文宗至顺元年）

二月，土蕃等处（约今青海省及四川省西部）民饥，命有司以粮赈之。（《元史·文宗纪二》）

1331 年
（至顺二年）

五月，绍庆、彭水县及德安屯田，水。（《元史·五行志一》）

五月，绍庆、彭水县水。（嘉庆《四川通志·祥异》）

金川频年旱灾，民饥，赈之。（《元史·五行志二》）

1334 年
（元统二年）

广安：五月旱。（民国《广安州新志·祥异志》）

1335 年
（顺帝至元元年）

吉当普大修都江堰：金四川廉访司事吉当普，是年领导修筑都江堰工程，使六州十二县之民受益，是都江堰史上一大举措。在渠首鱼嘴修筑利民台；在水流最湍急处，铸重达八千公斤铁龟一个，贯以铁柱，以杀减水势，均属首创。翰林学士揭傒斯为之撰写《大元敕赐修堰碑》。（《四川省志·卷首》224 页）

> [附] **蜀堰**
>
> 有司以故事岁治堤防，凡一百三十有三所，役兵民多者万余人，少者千人，其下犹数百人……元统二年（1334），金四川肃政廉访司事吉当普巡行周视，得要害之处三十有二……以至元元年十有一月朔日，肇事于都江堰……以铁万六千斤，铸为大龟，贯以铁柱而镇其源，然后即工诸堰，皆甃以石，范铁以关其中……
>
> （《元史·河渠志三》）

1337 年

（至元三年）

三月，涪、渝旱。（道光《重庆府志》）

六月廿一日，三台县"百川沸腾"，邑东四十里之永济桥"颓圮不可言"。（《永济桥碑》，载民国《三台县志·杂志·祥异》）

1340 年

（至元六年）

三月，四川旱。（嘉庆《四川通志·祥异》）

1344 年

（顺帝至正四年）

乐至：大饥，人相食。（乾隆《潼川府志·政事部·杂记》）

1345 年

（至正五年）

[备考] 元至正五年，芦山县龙坪山火山爆发。民国《芦山县志·地理略》记载：传说爆发时的景象如"二龙争斗，喷石百里，压毙居民无数"。今"山下有一大平原曰大盆坝，附近尚有温泉，为红水溪之源，旨属火山遗迹"。（《青衣江志》156 页）

1348 年

（至正八年）

1348 年为四川全省性大旱，按其出现频次，约为百年一遇。（《巴蜀灾情实录》9 页）

五月，四川旱。（《元史·五行志二》）

五月，四川旱饥，禁酒。（《元史·顺帝纪》）

井研：西南水涨高数十丈，三日始退。（嘉庆《资州直隶州志·杂类志·祥异》）

中江：五月大旱，饥死者甚众。（嘉庆《中江县志·祥异》）

灌县：大旱。（光绪《增修灌县志·杂记志·祥异》）

扈谏议赈饥：扈谏议称，为梓州路转运使，属岁饥，道殣相望。称即先出禄米以赈民，故富家大族皆愿以米输入官，而全活者数万人。（民国《三台县志·灾异》）

1349 年
（至正九年）

蜀江大溢，民大饥。（《元史·五行志二》）

明

元末天下纷乱，明昇乘机在四川建立割据政权"大夏"。明洪武四年（1371），朱元璋遣大将汤和、傅友德分别从南北两路入川，明昇战败乞降，夏亡。明廷发现，巴蜀大地自宋元之际长久而惨烈的战争之后，川民始终不服元朝统治而陆续逃亡，"西川之人，十丧七八"，因之元气一直未得恢复。洪武五年（1372）户部报告：四川民只有八万四千户。朱元璋采取休养生息政策，令入川部队驻屯垦荒，并鼓励湖广等省移民入川。四川生产得以迅速恢复并发展。

1368 年
（太祖洪武元年）

广安：渠江大洪水，至秀屏山上。（宣统《广安州新志·祥异》）

1369 年
（洪武二年）

川江中游洪水。江津县金龙场岩洞题刻：洪武二年水涨至此。（民国《江津县志·祥异》）

1370 年
（洪武三年）

命天下府、州、县设惠民药局，拯疗贫病军民疾患。（《康济录》）

1371 年
（洪武四年）

嘉陵江大洪水。南充朝阳洞题刻：洪武四年大水。（民国《南充县志·掌故志·祥异》）

明太祖命汤和为征西将军，率荆、襄舟师，由瞿塘趋重庆，傅友德趋隆州。汤和发夔州攻瞿塘，江水暴涨。（光绪《巴县乡土志》）

［附］洪武四年，朱元璋发动攻灭割据巴蜀的明玉珍之役，遣傅友德由陆路北攻成都，派汤和、廖永忠由水路上三峡南攻重庆。傅部攻克绵阳后，汤部却因涪江、川江同时涨水进军受阻；两部皆因洪水难以联络。军情紧急，傅友德乃命制作木牌数千块，上写绵阳胜利捷报，投入涪江。木牌顺流而下至三峡，果然被汤和部发现，才得以沟通讯息，配合作战。(《四川战争史》178—179 页)

1372 年
（洪武五年）

户部奏：四川民只有 84000 户。由此开始，从湖广大量移民入川。至洪武十四年（1381），四川已有 214900 户、1464515 人。(《四川省志·卷首》223 页)

1373 年
（洪武六年）

南溪：六月己酉，大雨水涨，漂公署、民居。(《太祖实录》)

七月，嘉定府龙游县（今乐山）洋、雅二江涨，翌日南溪县江涨，俱漂公署、民居。(《明史·五行一》、嘉庆《四川通志·祥异》)

湖广麻城奉旨移民达州。(《达州市志·大事记》)

1374 年
（洪武七年）

三月戊寅（十二日），成都府安县地震。(《太祖实录》)

1375 年
（洪武八年）

正月癸亥（初三）夜，雅州荥经、名山、芦山三县地震。(《太祖实录》)

1376 年
（洪武九年）

元末战乱之后首次大修都江堰：洪武九年，修彭（灌）州都江堰。(《明史·河渠志》)

1377 年

（洪武十年）

九月乙酉（初十日），成都府地震。（《太祖实录》）

渠县：岁大饥，知县钟程多方赈济，存活甚众。（同治《渠县志·政绩》）

1378 年

（洪武十一年）

青川、平武：大旱。（道光《龙安府志·杂志·祥异》）

遂宁：大旱。（乾隆《遂宁县志·杂记》）

荣昌：大旱。（雍正《四川通志·祥异》）

内江：大旱。（光绪《内江县志·祥异》）

资中：大旱。（嘉庆《资州直隶州志·杂类志·祥异》）

资阳：大旱。（民国《资阳县志稿·祥异》）

宜宾（马湖府）：八月蝗。（嘉靖《马湖府志·杂志》）

[德碑] 陈谦洪武间（1368—1398）登进士，任泸州知州。泸地苦旱，谦行社仓法，民不告饿。九年秩满，民请留任三年，卒于官，唯布被一袭、米数升而已。（民国《泸县志·职官志》）

九月戊寅（初九日），成都、华阳二县地震。（《太祖实录》）

1380 年

（洪武十三年）

五月乙未，松州（今松潘）雨雹伤麦。（《太祖实录》）

诏免天下田租。（嘉庆《四川通志·蠲赈》）

1385 年

（洪武十八年）

铜梁：六月十九日，安居乡大水，淹至老川主庙门槛下。（光绪《铜梁县志·杂记》）

1387 年

（洪武二十年）

名山：六月，雨水伤稼。（民国《名山县新志·事纪》）

遂宁：旱。（民国《遂宁县志·杂记》）

1388 年
（洪武二十一年）

遂宁：旱。（民国《遂宁县志·杂记》）

1389 年
（洪武二十二年）

名山：饥。（民国《名山县新志·事纪》）

1390 年
（洪武二十三年）

四川永宁宣慰使上言：所辖水道有 190 个滩，江门就有 82 个大滩，皆被石塞。诏令景川侯曹震往疏之。（《中国灾害志·明代卷》）

1394 年
（洪武二十七年）

洪武二十七年，定《灾伤去处散粮则例》，大口六斗，小口三斗，五岁以下不与。（《续文献通考》）

1395 年
（洪武二十八年）

九月乙未，剑州（今广元市剑阁县）地震。（《太祖实录》）

1398 年
（洪武三十一年）

遂宁：旱。（民国《遂宁县志·杂记》）

［备览］**明代对官吏救灾行为的法律规定**：官吏对灾情隐瞒不报者，杖八十。（《大明律》）

查勘水灾，贪要赃私，不问民瘼，处以死罪。（《大诰》）

凡岁饥，则先发廪以贷民，然后奏闻。（《典故纪闻》）

1406 年

（成祖永乐四年）

免酉阳荒田租。（《酉阳县志·大事记》）

1415 年

（永乐十三年）

七月庚申，赈永川、射洪、巴县饥民粟。（《涪江志》102 页）
潼南大旱。（民国《潼南县志·祥异》）
遂宁大旱。（民国《遂宁县志·杂记》）

1416 年

（永乐十四年）

射洪又旱饥，贷仓粟。（《涪江志》102 页）
犍为：知县萧敬中筹款设立义仓。（民国《犍为县志·杂志·事纪》）

1423 年

（永乐二十一年）

五月，峨眉溪水涨，溺死者百三十人。（《明史·五行一》）

1425 年

（仁宗洪熙元年）

四川按察司使陈琏上书言五事，其一为"兴义仓"。（《中国灾害志·明代卷》）

1426 年

（宣宗宣德元年）

綦江县知县彭鉴，因永乐年间当地"遭兵疫"，民死亡过半，田土荒芜，申请调拨重庆府卫军（兵卒）骆羊奴等 380 人承种 280 户绝业民的土地。（《重庆市志·大事记》）
宜宾："江大溢。"（嘉庆《马湖府志·杂志》）
永川（今重庆市）：旱灾，民缺食者七千四百四十八户、一万一千二百八十口。（《明实录·宣宗实录》）
安岳：大旱，民多散亡。（道光《安岳县志·祥异》）

乐至：大旱，民多散亡。（道光《乐至县志·杂记》）

六月甲子，永宁（今叙永）、蓬溪饥。（《国榷》）

1427 年

（宣德二年）

正月癸卯，四川永川县奏去年旱饥，先贷米五千六百四十石。己巳，贷郫（县）、射洪饥民仓粟。（《国榷》）

五月，贷巴县民仓粟。九月，赈长寿。（《国榷》）

西昌地震，石城摇圮。（《凉山州志·自然灾害》）

1428 年

（宣德三年）

五月，永宁卫（今叙永）大水，坏城四百丈。（嘉庆《四川通志·祥异》）

九月，重庆府旱。（嘉庆《四川通志·祥异》）

是年，四川灌县阴阳术士严享奏："本县都江等四十四堰……此因江涨冲决，乞仍发民工修筑为便。"（光绪《灌记初稿·杂记》）

是年，修灌县都江等堰四十四。（《明史·河渠志》）

1430 年

（宣德五年）

遂宁大旱。（民国《遂宁县志·杂记》）

潼南旱。（民国《潼南县志·祥异》）

1431 年

（宣德六年）

正月，乙酉，赈四川万县饥。五月己丑，赈富顺县饥。七月己丑，赈犍为饥。（《国榷》）

富顺：夏大旱，知县吴善竭诚祈祷，跣足诸祠庙叩拜，未及旬日，雨大沛，是岁竟臻丰稔，邑人呼为"善霖"焉。（民国《富顺县志·官师》）

1432 年

（宣德七年）

修眉州新津通济堰。堰水出彭山，分十六渠，溉田二万五千余亩。（《明史·河渠志》）

1434 年

（宣德九年）

重庆府旱，四川告饥。（《明史·五行志三》）

宜宾：明宣德九年至成化六年（1434—1470），县"旱灾频繁。数次豁免粮税"。（嘉庆《宜宾县志·祥异》）

井研：饥。（光绪《井研志·纪年》）

涪州：夏秋民疫。（《宣宗实录》）

重庆府合川等州、綦江等县：四月以来亢旱不雨，苗稼枯槁，民多缺食，朝廷循例发廪赈济。（《宣宗实录》）

冬十月庚子，免四川被灾税粮。（《明史·宣宗纪》）

十一月，蠲四川田租。十二月，涪饥、疫。（《国榷》）

1436—1449 年

（英宗正统元年—十四年）

［德碑］**内江**：正统间岁荒，"家富好善"之喻彦斌、喻彦明兄弟，各输谷一千一百石以赈荒。有司旌义民，分匾其门曰"尚义""敦义"。（光绪《资州直隶州志·人物志·行谊》）

岐山（茂县）崩，岷江塞。（《阿坝州志·自然灾害》）

1437 年

（正统二年）

井研：自六月不雨，至于八月。（光绪《井研志·纪年》）

犍为：自六月不雨，至于八月。（民国《犍为县志·杂志·事纪》）

1440 年

（正统五年）

全蜀旱。（《四川省志·水利志》55 页）

南畿、湖广、四川府五，州、卫各一，自六月不雨至于八月。（《明史·五行志三》）

灌县：自六月不雨至八月。（光绪《增修灌县志·杂记志·祥异》）

重庆府：自六月至八月不雨，田禾枯槁。朝廷遣官覆视。（《英宗实录》）

叙州：旱，自六月至八月不雨。（光绪《兴文县志·祥异》）

万县：十二月，四川夔州府万县水、旱凶荒，人民缺食，有司发官仓并预备粮，验口赈济，各具数以闻。（《中国灾害志·明代卷》238 页）

[附]　　　　　　　　**蒲江典史以自焚吁天求雨**

安郁，字从周，临潼人。任蒲江典史。正统中，邑大旱，郁斋沐吁天，积柴于紫极观，立誓不雨则自焚。至期大雨。民谣曰："安从周，积薪楼，感天雨，民有秋。昔无衣，今有裘。"升知本县事，复擢安陆府知府。

（光绪《蒲江县志·官师》）

1442 年
（正统七年）

名山：大饥，斗米千钱，死者相望。（民国《名山县新志·事纪》）
彭山：正统七年，修彭山通济堰。（《明史·河渠志·直省水利》）

1443 年
（正统八年）

壤塘县中壤塘地区发生地震，神山瞻巴拉山崩裂滑坡，呈三足鼎立之势，裂出缝口，整座山形改观，建筑物全倒塌，大经堂正在念经的千余人死于非命。还有和尚住房及小屋 200 多间全部倒塌，另有经堂、坐经堂（有顶盖的）4 幢倒塌。（《错尔基寺院管家班真口述记录》，壤塘县档案局 1987 年抄写本，《四川地震全记录》上册）

推断震中位置在北纬 32.1°、东经 102.2°，震级 6.25 级，烈度 8 度。（《阿坝州志·自然灾害》）

奉节：峡江大水。（《夷陵州志》《四川两千年洪水史料汇编》）

1446 年
（正统十一年）

重庆府夏秋旱。（《明史·五行志三》、嘉庆《四川通志·祥异》）
[德碑] **大足**：蜀中大旱，足人夏文生、夏文启弟兄尚义，散谷赈饥，出粟二千石。明英宗颁敕旌之曰："顷者蜀中大旱，尔能出粟二千石赈济饥民，用助时荒。有司以闻，朕用嘉之。今特赐敕旌奖，谕为义门，劳以羊酒，给以冠带荣身，仍免终身杂泛差役。尚允蹈忠厚以励俗，庶不负朕褒奖之意。"（嘉庆《四川通志·人物·行谊》）

1447 年
（正统十二年）

顺庆府（今南充市）奏：春夏不雨、田禾无收。朝廷得报，帝命所司覆视存恤。
（《英宗实录》）

是年十二月，朝廷免去四川泸州、重庆等卫所旗军去年旱灾屯种籽粒九万三千余石。（《英宗实录》）

1448 年
（正统十三年）

遂宁：正统十三年大水，东西抵山麓，庐舍飘荡，男女溺死者甚多。（乾隆《遂宁县志·杂记》）

1449 年
（正统十四年）

新津：县儒学被洪水漂没仓粮四百余石。（《英宗实录》）

1450 年
（代宗景泰元年）

安岳：大饥。（道光《安岳县志·祥异》）

南部：邑人李毅，宣德、正统间储谷数千石赈贷贫民，岁连荒，取券（借据）焚之；复输谷数百斛于赈济仓。（道光《保宁府志·人物·行谊》）

1451 年
（景泰二年）

八月，越嶲卫饥荒，发仓米赈济，秋收后偿还。（《凉山州志·大事记》）

1454 年
（景泰五年）

成都：七月大雨，洪水泛滥入东城水关，决城垣三百余丈，坏驷马、万里二桥。四川都司奏报朝廷，会同布、按二司，起附近府卫军夫备料修理。（《英宗实录》）

［德碑］**罗江**（今属德阳）：景泰中，盛眡为罗江令，岁旱，教民凿池一千二百五十余所，遂为水利。（同治《罗江县志·职官》）

1457 年
（英宗天顺元年）

绵竹：大雨雹。（雍正《四川通志·祥异》）

井研：旱。（光绪《井研志·纪年》）

1457—1464 年

（天顺年间）

峨眉山仙峰寺毁于火。（《峨眉山志》）

1458 年

（天顺二年）

资中、内江：夏大水，没民田舍。（嘉庆《资州直隶州志·杂类志·祥异》）

平武：夏大水，没民田庐。（道光《龙安府志·祥异》）

内江：夏大水，没民田舍。（光绪《内江县志·杂事志·祥异》）

1459 年

（天顺三年）

四川旱。（《明史·五行志三》）

十一月，重庆、顺庆、泸州等府、州、卫各奏：五月六月不雨。（《明史·五行志三》）

井研：旱。（光绪《井研志·纪年》）

灌县：旱。（光绪《增修灌县志·杂记志·祥异》）

[附]　　　　　　　**奏请积谷备赈疏**
　　　　　　　　　　[明] 周洪谟

昔者，舜命十二州牧必以食为先，箕子为武王陈王政，亦以食为首。《王制》：三年之耕，必余一年之食；九年之耕必余三年之食。以三十年之通计，虽有凶旱水溢，民无菜色。先王之重民食如此。盖民以食为天，不可一日缺者，此诚安天下之第一策也。后世常平、义仓之设，盖亦祖述先王之遗意矣。国家诏天下有司置预备仓，与先王之重民食者，若合符节。但有司奉行未善，率为具文，猝遇年饥，无以赈给，其民不免为饿莩耳。宜立定规，通行天下，凡遇大丰年多方积谷。如十里小县，可以积万石，中丰年积三之二，下丰年积三之一，积之既久，十里小县可以积至十万石，百里大县可以积至百万石。各该巡抚都御史审其年有上中下之丰，核其谷有上中下之积，岁终移咨吏部、都察院。凡府州县官考满至京者，吏部、都察院既考以别其贤否矣，仍于贤之中核其谷石如数者，即为擢用；积谷大半而少不及数者，亦为奖励；如积谷太少而虚应故事者，则调以简方。倘遇凶年无积，不必咨报。如是，则有司无有不用心积谷者矣。丰年积既有谷，脱不幸而遇灾，验口赈给，则民岂有转于沟壑、散而之四方为盗者哉。凶年散给，若次年再凶，且不令还官，候有丰年始令悉还，中丰年还三之二，下丰年还三之一，则民自以次还足，然民所还、官所积，须使满小县十万、大县百万之数，乃信乎有备而无患矣。

（光绪《叙州府志·人士》）

1460 年

（天顺四年）

资阳、内江、富顺洪水入城。（《四川城市水灾史》342 页）

天顺四年，富顺"大水入城至万寿寺墀内，市中小舟可通行"。（乾隆《富顺县志·祥异》）

天顺四年，富顺自春迄夏不雨，田畴为之干坼，桑麻为之痿瘁，民情惶惶，莫知所措。知县李太清祷雨有应。（民国《富顺县志·庙坛》）

天顺四年，内江、资中、资阳夏大水。内江、资阳城内可通舟。（光绪《内江县志·杂事志·祥异》）

[备考] **同判簿顾太清、训导萧湍祈雨有感序**

天顺四年，自春迄夏不雨，田畴为之干坼，桑麻为之痿瘁。民情惶惶，莫知所措。时判簿李侯太清视篆方月，日不暇饮食，夜不遑寝处。四月庚午，命设坛于邑之玄妙观，率僚属与庶民耆老斋戒徒行，两谒升泽庙请祷，予等亦与焉。祝册之余，神物遄现，恍若蛇虺，长不满尺，具四足，身凝青碧，背引金丝，蜿蜒于庙宇之东壁，坠地出外而复来者再。众皆异之。太清曰："此正所谓蜥蜴也，胡为乎来哉？"乃以扇取，命左右置瓶中，用灵湫水，覆以柳枝，使童子歌云："蜥蜴蜥蜴，兴云吐雾，降雨滂沱，放尔归去。"顷刻间玄云四布，雷电交作，甘雨随至；至夜二鼓少止；及四鼓又降。人皆喜其诚所感，而侯尚不满焉。且曰："数月之旱，得一宵之雨，不过滋润而已，乌能足耕乎？"丙子，遍设坛于文昌祠，不辍祈祷。又三日庚申，疾风自西北起，迅雷从东南震，膏泽绵绵渐而不骤，经宿乃止。周视沟浍皆盈。翌日，乃领僚属送蜥蜴于升泽庙，开缄再视，但见瓶水已空，蜥蜴不知所适矣。侯之精诚、神之变化如是，宜乎缙绅士大夫绘图以颂。予忝同事，目睹斯异，因众之请，遂忘其固陋，叙次始末；复集所绘图，并纪士大夫之歌诗，刻之于石，以垂永久云。

（民国《富顺县志·庙坛》）

1463 年

（天顺七年）

名山：大饥，斗米千钱，死者相望。（民国《名山县新志·事纪》）

1465 年

（宪宗成化元年）

成化元年夏，"大足大旱，米价踊贵，道殣相望"。（万历《重庆府志·事纪》）

射洪：成化初，水坏张公堤。（光绪《射洪县志·祥异·祠庙》）

筠连：夏，鼠啮食田禾，大者几盈尺，浃旬不见。（民国《筠连县志·纪要》）

高县：夏鼠灾，蔽山盈野，啮食稼穑，草木皆尽，大者径尺如小猪，浃旬自灭，不知所往。（同治《高县志·祥异》）

1465—1487 年

（成化年间）

泸县：大水。见江边龙溪峡嘴石刻上有"明弘（成）化（中秋）年大水"等字。（民国《泸县志·杂志·祥异》）

长宁：大水漂没民庐。（嘉庆《长宁县志·祥异》）

[德碑] **江油**：成化年间，县绅姚本仁创姚济堰成功，各县相率仿办，渠道之多，密如蛛网。（同治《彰明县志·堤堰》）

1466—1467 年

（成化二至三年）

成化二年，峨眉山峰顶普光殿毁于火。（《峨眉山志》）

成化三年，黎州地大震。（民国《汉源县志·杂志·祥异》引《宋史》）

四川盐井卫所属宁夷堡至泸州屯地带地震：

震时：明宪宗成化二年十二月十四日（1467 年 1 月 19 日）。

震地：盐井卫所属沿边宁夷等堡及黑、白盐井、马剌长官司、泸州屯。

震情：成化三年四月壬寅，礼部奏："四川盐井卫所属沿边宁夷等堡及黑、白二盐井，马剌长官司，直抵泸州屯，自去年六月至今，昼夜地震不时，共计三百七十五次。而十二月十四日夜地震尤甚，坏城垣房屋甚多，沿边军民，惊疑不安。"

成化三年四月己未，六科给事中毛弘等言："近日以来或日月赤色，或阴气昏蒙，或大风激烈，或黄狸（霾）蔽天。辽东宣府地震有声；四川地震凡三百七十五次，城堡倒塌，地坼及泉。虽远在一方，实关朝廷气数。"（《宪宗实录》）

成化三年丁亥夏四月，四川前后地震，凡三百七十五次。十三道御史合奏："以风霾地震灾异屡见，请侧身修省，日御讲筵，节无益之事，惜无名之赏。"（《罪惟录·帝纪》）

1466—1487 年

（成化中）

荣县岁饥,典史樊资出俸赈之,人赖以生。群盗啸起,樊督修城池,仍单骑往谕之,群盗感其恩信,立即解散。(民国《荣县志·事纪》引《陕西通志》)

1467 年

（成化三年）

川、汉、江之间地区辽阔,附近郡邑今岁荒旱,民多流寓于此,有为饥寒所迫潜起为盗者。(《巴蜀灾情实录》286 页)

潼南旱。(民国《潼南县志·祥异》)

遂宁大旱。(乾隆《遂宁县志·杂记》)

宜宾旱。(嘉靖《马湖府志·杂志》)

1468 年

（成化四年）

铜梁等县大旱,免田租。(《涪江志》102 页)

宜宾又旱。(嘉靖《马湖府志·杂志》)

1469 年

（成化五年）

正月,免四川泸州及荣昌、大足、铜梁、荣县、江安、纳溪六县税粮共六万八千六百余石,以水、旱灾故也。(《巴蜀灾情实录》286 页)

大足:春三月不雨至五月。(万历《重庆府志·事纪》)

五月,"大水涨,坏稻及民舍"。(雍正《四川通志·祥异》)

1470 年

（成化六年）

四川府、县、卫多旱。(《明史·五行志三》、嘉庆《四川通志·祥异》)

秋七月,免四川被灾税粮。(《明史·宪宗本纪》)

七月初二日,免四川成都、重庆、顺庆(今南充市)并东川军民四府六州十四县税粮二十三万一千二百六十石有奇,以旱伤故也。(《明史·五行志三》)

灌县:旱。(光绪《增修灌县志·杂记志·祥异》)

重庆：夏秋旱。（民国《巴县志·事纪》）

渠县、邻水、大竹：初夏大旱。（《四川省近五百年旱涝史料》106 页）

南充、岳池、营山、仪陇、西充、广安、蓬安：初夏大旱。（《四川省近五百年旱涝史料》59 页）

井研：旱，免被灾秋粮。（光绪《井研志·纪年》）

1471 年
（成化七年）

荥经：夏大水。（民国《荥经县志·五行志》）

1474 年
（成化十年）

三月，四川大风雨，雷震。（《宪宗实录》）

1475 年
（成化十一年）

九月二十四日，嘉定州（今乐山）、南溪、犍为诸县及威远诸卫地震。（《四川省志·地震志》48 页）

九月二十四日，峨眉、夹江、洪雅、犍为、荣县、威远、叙州（今宜宾市）一带发生地震。（《峨眉山志》）

1476 年
（成化十二年）

荣县：岁饥。（民国《荣县志·事纪》）

1477 年
（成化十三年）

十二月辛亥（十八日），茂州（今茂县）地震。（《宪宗实录》）

1478 年
（成化十四年）

盐井卫：七月十七日地震，至二十日复震，廨宇倾覆，人畜多死。（《宪宗实录》）

威州（今阿坝藏族羌族自治州汶川县）：八月二十二日地震，翌日复震，皆有声。（《宪宗实录》）

1479 年

（成化十五年）

四川多处发生水旱灾。（《巴蜀灾情实录》300 页）

免四川被灾税粮。（嘉庆《四川通志·蠲赈》）

成都：十二月乙丑，免成都和叙州（今宜宾）灾租米三十一万六千五百石。（《明史·宪宗纪》）

井研：十二月免被灾秋粮。（光绪《井研志·纪年》）

茂州：六月二十八日地震有声。（《宪宗实录》）

［备考］**是年，**户科都给事张海等以灾异上言："四川等处水旱频仍，军民饥馑，管粮官迫于住俸，催征转急，民不堪命。乞敕该部，凡灾重地方，军卫有司，该征并拖欠粮草籽粒、诸色颜料，悉为宽免。"（《宪宗实录》）

1480 年

（成化十六年）

安岳：旱，大饥。（道光《安岳县志·祥异》）

乐至：旱，屡岁不登，无米上市，草根树皮均食尽，民半数饥死。（乾隆《乐至县志·杂记》）

宜宾：旱。五月蝗。（嘉靖《马湖府志·杂志》）

越嶲：七至八月，越嶲岭雨雪交作，寒气若冬。（《明史·五行志》）

八月初十日地震，有声如雷，日七次，自是日至十五日，连震二十余次。震亘三百里。（《四川地震全记录·上卷》20—21 页）

八月丁巳，地一日七震，越数日连震。（嘉庆《四川通志·杂类志·祥异》）

山崩，民骇荡析。（《凉山州志·自然灾害》）

威州：九月二十四日，地震有声。夜，四方流星大如盏，赤色光触地，自娄宿西北行至霹雳旁尾迹散。（《四川地震全记录·上卷》21 页，引《国朝汇典》）

新津：成化十六年，地一日七震，越数日又震。（道光《新津县志·祥异》引《明史》）

［附］　　　　　　　　**朝廷对四川灾异的检讨**

（成化十七年春正月乙未）四川守臣奏："越嶲卫及威州灾异。"礼部覆奏："考之传记，夷狄犯边，小人道长，阴盛民劳，则淫雨伤稼，寒不以时，地震有声。盖地为阴，雨雪寒气，皆阴之属，夷狄亦以阴之类。四川乃坤维之首，越嶲为羌夷边防，自成化十六年七月至八月初旬，雨雪交作，寒气若冬，苗秀不实。是时不当寒而寒。八月初十日地震七次，声响如雷，至十五日，昼夜不时，连震二十余次，是地不当动而动。况又合卫军民染患瘴疠，灾异示戒，莫此为甚。"

（《宪宗实录》）

1480年9月13日（明成化十六年八月十日），越巂卫（治今越西县）地震七次，声响如雷，山崩，民震骇荡析，至18日（十五日），昼夜不时，连震20余次，亘三百里。震前两月，雨雪交作，寒气若冬，苗秀不实，是时不当寒而寒，合卫军民又染患瘴疠。（《四川省志·地震志》49页）

1481 年
（成化十七年）

荥经：大疫。（乾隆《荥经县志·乡土志·祥异》）

绵阳：自春至夏，四月不雨，沟浍皆涸，民以为忧。（民国《绵阳县志·艺文·金石》）

[附]　　　　　　　　**绵州州牧唐平祷雨记**
　　　　　　　　　　　　　[明] 宋山（学正）

古之循良有异政，动人耳目，人或莫之喻，视以为适然。若汉刘昆之息火、宋均之去兽、鲁恭之止蝗，事本异而以适然视之，亦岂知彼三人者之所行、所操，足以孚于人、孚于物、孚于鬼神，宜获此以彰善政之报哉！予铎绵之二年，适奉天唐公平来守是邦。初，公判保宁，美绩清操声籍甚，用是闻于当道，以贤能荐莅绵。甫一载，令严不苛，事明不察，辄有治效。值成化辛丑，自春徂夏，四月不雨，沟浍皆涸。民以为忧，里中父老有复于公者，乞为设坛，延方士符咒以祈雨泽。公晓之曰：吾守斯土，凡临灾捍患，吾之责也。然而，神人之理相为流通，神之所以效灵，由人感召何如耳，焉用方士符咒之幻妄者为？乃斋沐，于四月之戊申，躬竭各神祠，焚香默祷。是夕，雨果至，夜半而止，尚未霑足。有所谓土主者，境内之主神，尤著灵异。次日，至其祠复叩之，且掷环珓以卜雨期，果得许以壬子日。至日，雨果大作，连朝乃止。千里之地俱获膏润，民得以遂耕作，而预望有秋，相与欢呼，而私谓曰：我公不设坛壝、不用方士、不费牲币，诣庙行祷，霖雨辄应，不知何以得此？予告之曰：神之所以为神，一实理耳。公善公恶，感之即通，报之甚速，所昭昭不可欺者，人非素履孚于神明，祈以一念之报，无是理也。唐公雨应，人见其甚易，而不原其所自，或以适然疑之也，岂知公之所以获于神者哉！传曰：惟德动天；又曰：至诚感神。其此之谓欤。故人见为适然，兹所以为异政也。宜记之以俟观风者采焉。

（碑存绵阳土主庙）（民国《绵阳县志·艺文·金石》）

1482 年

（成化十八年）

宜宾：蝗食粟。（嘉靖《马湖府志·杂志》）

内江：大旱。（光绪《内江县志·杂事志·祥异》）

泸州及长宁等县：十二月十一日，地震，有声如雷。（《宪宗实录》）

1483 年

（成化十九年）

以旱免四川成都等七府、汉州等六十州县，并重庆等三卫二所、酉阳等五宣抚司十九年分夏税屯粮，共五十一万五千三百余石，棉花九十余万斤。（《宪宗实录》）

酉阳：大旱，谷物歉收。（《酉阳县志·大事记》）

井研：秋大水。（光绪《井研志·纪年》）

乐山：秋，五通桥、四望溪大水。（民国《乐山县志·艺文·物异》）

犍为：秋，四望溪大水。（民国《犍为县志·杂志·事纪》）

达州：安乡县令王玫，时邻县大饥，流民入境，王玫特增开新兴、广德二村以安抚之。（乾隆《直隶达州志·乡贤》）

茂州：六月初六日地震。（《宪宗实录》）

1484 年

（成化二十年）

潼南：旱。（民国《潼南县志·祥异》）

遂宁：大旱。（乾隆《遂宁县志·杂记》）

1485 年

（成化二十一年）

十月丁亥，免四川成都等州县卫所前年被灾（旱）税粮五十一万五千三百余石。（《明史·宪宗本纪二》）

乐至：夏淫雨连旬，山水暴溢，城乡庐舍冲塌大半，濒溪尤甚，田苗壅淤，人畜死者无算。县令劝富民助赈抚恤。（乾隆《潼川府志·政事部·杂记》）

井研：十月免被灾秋粮。（光绪《井研志·纪年》）

1486 年

（成化二十二年）

九月初九日，成都府所属州县，地或五六震，或七八震，俱有声。次日复震。（《宪宗实录》、嘉庆《四川通志·祥异》）

1487 年

（成化二十三年）

江津多虎患。（雍正《四川通志·祥异》）

1488 年

（孝宗弘治元年）

弘治元年，四川诸府旱。十月，四方多水、旱灾异，民相聚为盗，湖广、四川、河南尤甚。（《明史·五行志三》）

十月乙卯，赈四川饥。（《明史·孝宗纪》）

二月甲辰，户部侍郎江汉赈成都。敕四川饬备，以多饥盗，赈四川五万金。（《国榷》）

是年地震多发：五月初三日，嘉、泸、邛、南溪、内江、洪雅等州县地震。并泸州及长宁县雨毛。（《孝宗实录》）

八月十一、十二日，汉、茂二州地震，仆黄头等六寨碉房三十七户，人口有压死者。德阳、石泉二县地震。（《孝宗实录》）推断震级为 5.5 级，烈度 7 度。（《阿坝州志·自然灾害》）

犍为地震连三日。（民国《犍为县志·杂志·事纪》）

十二月初二至初五日（1489 年 1 月 3 日至 6 日），建昌、越嶲、宁番等卫，并成都等府，潼川、遂宁等州同时地震，并雷电雨雹阴霾。（《孝宗实录》）

四川地震连三日，汉、茂二州坏碉房三十七户，人有压死者。（嘉庆《四川通志·祥异》）》

灌县、邻水：十二月辛卯，地震三日①。（道光《邻水县志·天文·祥异》）

成都、双流、郫县、温江、新都、彭县、灌县、金堂：旱饥。雨雹阴霾。（《四川省近五百年旱涝史料》1 页）

越嶲：雨雹阴霾。（《孝宗实录》）

重庆市、巴县：旱。（民国《巴县志·事纪》）

邑人郑永宽出粟千石以赈。奏授七品服。（嘉庆《四川通志·人物·行谊》）

---

① 1489 年 1 月 6 日，地震震级为 6.75 级。（《四川地震全记录·上卷》23 页）

潼南：大旱，人多流殍。（民国《潼南县志·祥异》）

富顺：旱。又连日大火，上街为甚，牌坊火者三十余座，则房屋可知矣。（乾隆《富顺县志·祥异》）

安岳：弘治元年十二月，大旱，人相食。冬地震。（乾隆《安岳县志·杂记上》）

弘治元年，邑大旱，知县程春震赈恤、安集，曲尽其策，全活甚众。（光绪《新修潼川府志·宦绩》）

邑人杨鼐出谷千石以助赈，知县程春震以事闻，旌其门。（嘉庆《四川通志·人物·行谊》）

威远：大旱。（乾隆《威远县志》）

资阳、资中：旱。（嘉庆《资州直隶州志·杂类志·祥异》）

内江：旱，岁饥。邑人徐尚贵捐粟赈济，有司请给冠带。（光绪《资州直隶州志·人物志·行谊》）

仁寿：旱。（同治《仁寿县志·志余·灾异》）

井研：旱饥。（光绪《井研志·纪年》）

遂宁：大旱，人多流殍。大荒，人相食。（乾隆《遂宁县志·杂记》）

平武、青川：旱，人多流殍。（道光《龙安府志·祥异》）

遂宁、三台：同时雨雹阴霾。（《孝宗实录》）

江油、北川：旱。（光绪《江油县志·祥异志》）

德阳：旱。（同治《德阳县志·灾祥志》）

射洪：旱。（光绪《射洪县志·祥异》）

开江：弘治元年，大旱，知县田信赈济及时，活命千余人。（同治《新宁县志·政绩》）

[德碑] 马湖府：大旱。民多饿殍流徙，知府程春震和同知王铎，赈恤、安集，曲尽其策，全活万余人。（嘉靖《马湖府志·良牧列传》）

1489 年

（弘治二年）

弘治二年，四川灾异非常：1489 年 1 月 3 日至 6 日（弘治元年十二月二日至五日），建昌（治今西昌市）、越嶲（治今越西县）等卫地方，梁山崩塌，土阜拥起，地动数里，尘沙飞扬，声响如雷，摇倒城垣、房屋，压死军民不知其数，后一月内震一二次，或间月一震，持续一年有余。非常灾异，建昌尤甚，宁番卫（治今冕宁）并成都府，所属州县亦地震不已，人畜惊骇。潼川州（治今三台县）、遂宁、射洪、邻水、安岳、营山、重庆府（治今重庆市）、简阳、资阳、井研、灌县（今都江堰市）、犍为、南溪亦震。震前四川地方及西昌等地出现雷电、雨雹、阴霾和荒旱，军民缺食、饿殍盈途。（《四川省志·地震志》49 页）

四川大旱大饥，百姓流入陕西汉中者数十万；建昌、越嶲地震。（马文升《思患豫防事》）

本年二月，朝廷"以四川旱灾，截湖广岁漕京仓米二十万石赈济"，并派户部侍郎江汉赈成都。八月，复四川流民失业者杂役。同时，"以四川旱灾，暂停本年织解生绢"。(《明史·孝宗纪》)

青川、平武：复大旱，饿殍布野。(道光《龙安府志·祥异》)

绵竹：大旱。(雍正《四川通志·祥异》)

绵阳、遂宁、绵竹：大旱。(民国《绵竹县志·杂录·祥异》)

江油、北川：旱。(光绪《江油县志·祥异志》)

井研：饥。(光绪《井研志·纪年》)

名山：大饥，民多死亡。(民国《名山县新志·事纪》)

雷波：旱。(《凉山州志·自然灾害》)

资中：大旱，饿殍布野。(嘉庆《资州直隶州志·杂类志·祥异》)

内江：大旱，饿殍布野。(光绪《内江县志·杂事志·祥异》)

潼南：大旱。(民国《潼南县志·祥异》)

西昌、冕宁：一月三日大雨。(《四川省近五百年旱涝史料》140页)

越嶲：一月三日大雨。(《凉山州志·大事记》)

成都：一月三日大雨。(同治《重修成都县志·杂类·祥异》)

宜宾：大旱。饿殍布野。(嘉庆《宜宾县志·祥异》)

珙县、隆昌、南溪、长宁、高县、兴文、筠连：大旱，大饥，饿殍布野。(《四川省近五百年旱涝史料》80页)

富顺：复大旱，大饥，饿殍布野。(民国《南溪县志·杂纪·纪异》)

本年：二月十四日(3月15日)，威州地震，有声如雷；四月二十九日(5月29日)，丹棱地震；五月初三至初五(6月1日至3日)，成都地连震，有声；十一月十九日(12月11日)，威、茂二州同日地震有声。(《孝宗实录》)

五月庚申，灌县、犍为地震三日，有声。(民国《犍为县志·杂志·事纪》、光绪《增修灌县志·杂记志·祥异》)

新津：弘治二年，地震三日。(道光《新津县志·祥异》)

1489年1月6日，西昌、越嶲、冕宁同时发生地震，连续地震三日，西昌尤甚。西昌、越嶲一带山崩，山阜拥起，摇倒城垣、房屋，压死军民不知其数。(《凉山州志·自然灾害》)

十二月辛卯，四川建昌、越嶲、宁番等卫，并成都等府，潼川、遂宁等州，同时地震，并雷电雨雹阴霾，自辛卯至是日乃止。(《巴蜀灾情实录》343页)

[附] **思患豫防事**

[明] 马文升

近该巡按四川监察御史俞俊奏，该四川行都指挥使司经历司呈称：建昌、越嶲等卫地方，梁山崩塌，土阜拥起，地动数里，尘砂(沙)飞扬，声响如雷，摇倒城垣、房屋，压死军民不知其数。成都等府所属州县亦各地震不已，人畜惊骇……臣等切维(窃惟)四川地方，僻在西隅万里之远，番汉杂处，水陆二途俱备险阻，比之他省不同。而建昌地方尤在四川西南，西连诸种番夷，南接云南丽江军民等府，昔诸葛武侯五月渡泸，深入不毛，即此之地。且四川地方，自汉唐以来，往往奸雄窃据，残元之季，为因荒旱，明氏据有其地。我朝贼首赵铎等哨聚为患，数年始克平定。况人性猛悍，易于倡乱。今本处地方荒旱，军民缺食，饿殍盈途，已为可虑，而又有此非常灾异，建昌尤甚，亦不可不为之深忧。且上天变不虚示，必有人事感召。臣等访得建昌原有银场，别无有司，止是本处卫所军余煎（兼）办，岁办银课数多，十分困苦。揭借月粮，典卖男女不敷陪补，因而逃亡数多。嗟怨之积，已非一年。灾变之示，或由于此。况本处不通舟楫，尤艰于食。及访得四川缺食之人民流入陕西汉中者，不下十数余万……其四川缺食人民，目下虽是遣官赈济，颇可度日，若种无秧苗，秋成亦无所望，将来所忧又不止此，必须随即量给种子，方可济其将来……仍乞敕户部，再差能干郎中二员，星驰前去四川，一员专在建昌赈济抚恤，一员同先差郎中分投赈济。及行令差去湖广督粮官员，务要于湖广地方籴买新鲜种子数十万石，运去四川，或就令成都府所属籴买若干，量给灾重地方无种人民，督令趁时播种，以系人心。不许权豪势要，一概妄领。仍将建昌等卫岁办银课暂且停罢，待后丰收之年，所司另行奏请定夺。庶几地方，可保无虞，而灾异得以少弭。

（魏尚纶编集《马端肃公奏议》）

1490 年

（弘治三年）

内江、自贡：旱，大饥，饥殍布野。（《巴蜀灾情实录》286 页）

绵竹：大旱。（民国《绵竹县志·祥异》）

营山、仪陇、蓬安：是岁大丰。（光绪《蓬州志·瑞异篇》）

本年：正月辛酉（初八日），汶川县地震，有声如雷。二月初六日、十九日，茂州、越嶲卫地震。三月初七日，嘉定州地震。十一月十七日，威州地震，皆有声如雷。（《四川地震全记录·上卷》25—27 页）

三月庚午，仪陇县空中有红白火焰长三丈余，自县治东北流至正东六十余里而坠，声震如雷。（嘉庆《四川通志·祥异》）

[事纪] **设水利佥事，专管都江堰**：四川巡抚都御史邱鼐深知都江堰无专人管理的弊端，他在给朝廷的奏折中说："蜀以富饶称，前代迄今，地非异地，盖人事未修焉。……其后，豪家稍规水利，堰流堤防，水失故道，蜀人始病于旱。"（《明经世文编》）而地方官员又"治事皆繁剧"，朝廷派来修堰的国子生及其他人员"其来也远，其居也暂，各部分治河流，支移脉转，往往形格势禁，不能剖析分合错综之源"。故奏设官员专门负责都江堰工程维修。（《都江堰功小传》）《二十五史河渠志注释》引《明实录》："先是巡抚都御史邱鼐言：成都府灌县旧有都江大堰，乃李冰所筑溉民田者，其利甚溥。后为居民所侵占，旧以湮塞。乞增设宪臣一员，专领其事，俾随处修筑陂塘堤堰以时蓄泄，庶旧规可复，地利不废。工部覆奏从之。"《明史·河渠志》："弘治三年，从巡抚都御史邱鼐言，设官专领灌县都江堰。"（《都江堰志》21 页）

本年：四川巡抚邱蕭奏设专官，置水利佥事一人，并以按察司副使管带水利。清移成都府同知驻灌县，称水利同知。民国政府称成都水利知事。（民国《灌县志·灌志掌故》）

1491 年

（弘治四年）

四川灾荒。（《孝宗实录》）

营山、仪陇、蓬安：六月复旱，庚辰日午夜大雨彻晓，田中水深尺余，是岁又丰。（光绪《蓬州志·瑞异篇》）

本年：正月十四日，茂州地震，有声如雷；六月二十六日，茂、眉二州地震，有声，动摇庐舍。（《四川地震全记录·上卷》27 页）

1492 年

（弘治五年）

十一月，四川累遭荒旱。（《巴蜀灾情实录》286 页）

开江：岁荒，知县萧鹏实心爱民，多方赈济，民不知饥。（同治《新宁县志·政绩》）

1493 年

（弘治六年）

五月十七日，茂州地震；闰五月十六日，邛州、嘉定州及叙南卫（今宜宾东南）地震。（《四川地震全记录·上卷》27 页）

1494 年

（弘治七年）

四川旱，十月不雨，至次年三月。瘟疫盛行。（《巴蜀灾情实录》286 页）

蓬溪：旱。（道光《蓬溪县志·祥异》）

蓬溪知县劝民储谷备荒：王良谟任蓬溪知县六年，事治民怀，创立社仓，捐资劝民籴谷近万石，六乡各有储积，春放秋收，以济贫民。（光绪《新修潼川府志·宦绩》）

威远：大旱。（乾隆《威远县志·天文志·祥异》）

德阳：旱。（同治《德阳县志·灾祥志》）

射洪：旱。（光绪《射洪县志·祥异》）

灌县：夏旱。（光绪《增修灌县志·杂记志·祥异》）

重庆市、巴县：旱。（民国《巴县志·事纪》）

潼南：旱。（民国《潼南县志·祥异》）

资阳：旱。（民国《资阳县志稿·祥异》）

简阳、井研：旱。（光绪《井研志·纪年》）

荥经：夏大水。（乾隆《荥经县志·乡土志·祥异》）

宜宾、珙县、隆昌、富顺、南溪、屏山、长宁、高县、兴文、筠连（叙州府所属）：自春以来，至于八月，民间大疫，死者三千余人。（《孝宗实录》《中国灾害志·明代卷》）

雷波：自春以来民间大疫。（光绪《雷波厅志·祥异志》）

马边：自春以来民间大疫。（嘉庆《马边厅志略·各灾》）

遂宁：除夕大风火作，城内烧数百家。（乾隆《遂宁县志·杂记》）

茂州：六月十四日地震有声。（《四川地震全记录·上卷》28 页）

四川三月以来，多处地震，有声如雷，或震倒城垣居屋，压死人口。（《巴蜀灾情实录》343 页）

1495 年

（弘治八年）

弘治八年正月，以旱灾，免成都等府州及重庆等卫所去年秋粮籽粒之半。（《国榷》）

正月十六日、五月初三日，建昌卫地震；五月初七日，灌县及威州地震（有声如雷）；六月初七日，威州、灌县、汶川县地震。（《孝宗实录》）

犍为：十二月戊戌地震。（民国《犍为县志·杂志·事纪》）

彭水：十二月大雷电雨雪雹，大木折。（光绪《彭水县志·祥异》）

1496 年

（弘治九年）

本年四川洪灾。（《四川省志·水利志》59 页）

彭水：十二月雷电雹雪。（光绪《彭水县志·祥异》）

二月初九日，大宁县（今巫溪县）地震。（《四川地震全记录·上卷》28 页）

十月，威州（今阿坝藏族羌族自治州汶川县）地震。（《四川地震全记录·上卷》29 页）

绵竹：十二月，地震自东南而西北，房屋掣动。（道光《绵竹县志·祥异》）

1497 年

（弘治十年）

弘治十年十一月，以四川成都、保宁、顺庆、叙州等处旱、涝，命所司赈之。（《明史·孝宗本纪》）

弘治十年十月，赈成都水灾；十一月，赈成都饥。（《国榷》）

邻水：大有。（道光《邻水县志·天文·祥异》）

犍为：弘治中，李端任知县九年，积谷两万石，凶年赖之。（民国《犍为县志·杂志·事纪》）

井研：大雨水。（光绪《井研志·纪年》）

二月二十日，茂州地震；二月二十九日，威州地震，有声如雷。（《四川地震全记录·上卷》29页）

荥经：秋，大水。（民国《荥经县志·五行志》）

荣昌：岁饥，邑人刘增纪出千石以赈，朝廷表其庐。（嘉庆《四川通志·人物·行谊》）

1499 年

（弘治十二年）

二月二十二日，建昌卫（今西昌市）地震；四月十三日，小河守御千户所（今绵阳市平武县西北部）地震；七月初二日、初九日、十二日，松潘东路地震。（《四川地震全记录·上卷》29—30页）

1501 年

（弘治十四年）

潼南：旱。（民国《潼南县志·祥异》）

遂宁：大旱。（乾隆《遂宁县志·杂记》）

荥经：秋大水。（民国《荥经县志·祥异》）

二月初八日、十二日，汶川县地震；六月二十三日，叠溪守御千户所（今绵阳市北川县境）地震；闰七月十六日，汶川再震；十二月十二日，小河、叠溪、茂州、威州、汶川等地再震，俱有声如雷。（《四川地震全记录》30—31页）

自闰七月二十七日至二十九日，四川乌撒军民府可渡河巡检司大雷雨不止，洪水泛滥，山崩地裂。（《中国灾害志·明代卷》）

八月癸丑，四川可渡河（北盘江上游）巡检司地裂而陷，涌泉数十派，冲坏桥梁、庄舍，压死人畜甚众。（《巴蜀灾情实录》323页）

五月二日"夜分，渝水（今嘉陵江）明耀，浮光上烛城垣，光皆有白亮"。次日，水如豆汁，人不敢饮。三天后才清澈。（《重庆市志·大事记》）

十月丙辰，马湖底涡江水白可鉴，翌日浊如泔浆，凝两岸沙石上者如土粉，十七日乃澄。丁巳，叙州东南二河白如雪、浓如浆者三日。（嘉庆《四川通志·祥异》）

1502 年

（弘治十五年）

忠县：九月雨。（民国《忠县志·事纪志》）

绵州：八月地震。（《四川地震全记录·上卷》31 页）

1504 年

（弘治十七年）

江津：复旱。郑氏兄弟越宗、泰宗、兴宗各出粟七百石赈饥。三人俱恩例冠带荣身。（嘉庆《四川通志·人物·行谊》）

广安：饥甚。顺庆府同知许世昌极力赈济，又买给牛种，荒芜尽辟。（嘉庆《四川通志·职官·政绩》）

正月十四日，威州及汶川县地震。（《四川地震全记录·上卷》31 页）

六月十八日，青神县地震。（《四川地震全记录·上卷》32 页）

1505 年

（弘治十八年）

六月，初八日茂州地震；十九日威州地震。（《四川地震全记录·上卷》32 页）

1506 年

（武宗正德元年）

南充：八月癸酉，四川顺庆府奏：五月初二日至初六日，江水泛溢，浸漫本府仓粮，坏南充县居民房舍，漂溺牛马，命行在户部遣人巡视，并宽恤之。（《武宗实录》）

荥经：夏大水。（民国《荥经县志·五行志》）

绵阳、德阳、江油：大旱。（《四川省近五百年旱涝史料》18 页）

十月十九日，威州、茂州地震；二十日，成都府地震有声；二十七日，茂州汶川县地震。（《四川地震全记录·上卷》32 页）

1506—1521 年

（正德年间）

卢翊大修都江堰：水利佥事卢翊认为用铁石法治理都江堰工程，过于浪费，又不深淘河滩，远不如传统的笼石法收效大。他在《治水记》中分析道："蜀守李公冰凿离堆以利蜀，刻'深淘滩，低作堰'六言于石，立万世治水者法。汉晋以来，率用是法，永嘉间李公嬴深莅之。唐宋相继，世享其利。元始肆力于堰，无复深淘之意，无乃公言不足法欤？假令沙石涌碛，水不得东，则虽熔金连障，高数百尺，牢不可拔，亦何取于堰哉！矧所谓铁龟、铁柱，糜费几千万缗者，曾未几何，辄震荡湮没，茫无可赖。方诸笼石廉省古今称便者，孰得？比来，民受其困，宜坐诸此。"于是，卢翊"乃檄有司，置镵、镈、钜、藁，役夫三千，从事滩碛，以导其流"。他用传统的笼石法对都江堰进行了大修，并重刻宝瓶口水则，以观测宝瓶口的水位变化。（《都江堰志》21 页）

南充：民谣："水没城南枫树颠，安汉城下著大网。相如琴台深刺船，县厅往往鼋鼍入。"（民国《新修南充县志·城市》）

1509 年

（正德四年）

七月乙亥，以旱灾免四川彰邑（明）等十七县税粮有差。（《武宗实录》）

江油：旱。（光绪《江油县志·祥异志》）

乐至：大水。（道光《乐至县志·杂记》）

保宁：明正德中，保宁府大饥馑，民多流散，知府章应奎竭力抚绥，多方赈济。（民国《阆中县志·纪异》）

惩罚怠报灾伤官员：正德四年六月，"以奏报灾伤不以期故，罚四川左布政使等官潘楷等米各一百石，保宁府知府等官崔侃等米各二百石"。（《中国灾害志·明代卷》238页）

1510 年

（正德五年）

威州旱。（雍正《四川通志·祥异》）

三月，以水旱灾，免四川等省所属州县正德三、四年逋税。（《明史·武宗本纪》）

理县：西北旱。（《阿坝州志·气象灾害》）

彭水、武隆：十一月以水灾诏免二县税粮。（《武宗实录》）

永川：蝗灾。（光绪《永川县志·祥异》）

荣昌：蝗灾。（光绪《荣昌县志·祥异》）

通江：六月，通江孤城山被水冲塌。（道光《通江县志·艺文》）

六月初十日辰时，县对面隔壁山，无故山崩石坠，声如雷震。（道光《通江县志·艺文》）

荥经：夏大水。（民国《荥经县志·五行志》）

酆都：七月二十六夜，天坠火星，随地起火，恶风大发，延烧街坊三百二十余家，并儒学公廨、泮宫牌坊、陆驿城楼、城门鼓楼等处，俱各焚毁。（林俊《灾异处置地方疏》、道光《通江县志·艺文》）

乐至：九月二十四日申酉时分，街市房屋俱动，大灶民谢得家火起，延烧房屋一千

余家。（道光《通江县志·艺文》）

三月初二日，云阳县（今属重庆）地震。七月十五日，威州、茂州地震。九月十九日，潼川、乐至州县皆震，房屋俱动。（《四川地震全记录·上卷》32—33页）

通江城西新筑城垣，城门内外地裂，土缝纵横，文如斧劈。（《巴蜀灾情实录》344页）

1511 年

（正德六年）

奉节：七月丙寅，夔州獐子溪骤雨，山崩。（嘉庆《四川通志·祥异》）

绵阳、绵竹：大旱。七月二十七日并地震。（《四川地震全记录·上卷》33页）

1512 年

（正德七年）

七月丁酉，赈四川饥。（《明史·武宗纪》）

泸州：大水，街衢通舟。（民国《泸县志·杂志·祥异》）

威远：雨泥，草木皆有泥浆。斗米千钱。（乾隆《威远县志·祥异》）

井研：七月赈饥。（光绪《井研志·纪年》）

宜宾：夷都解结寺钟自鸣，民间火。（嘉靖《马湖府志·杂志》）

五月二十九日，邛、雅、嘉定三州及资县地震。九月初七日，雅州及荥经、名山二县、嘉定州夹江县各地震有声。（《四川地震全记录·上卷》34页）

闰五月丁亥，雷震成都卫门及校场旗杆。（嘉庆《四川通志·祥异》）

1513 年

（正德八年）

巴东：大水。（嘉庆《归州志·灾异》）

乐山：大水。正德八年仲冬望日始事修城，功半，大水卒至，叫跳冲击，漫浸者三日，州人相视失色。既水落，城石无分寸移动者，民益欢呼……（民国《乐山县志》载明安磐《嘉定州修城记》）

八月十五日，会川卫（今凉山彝族自治州会理市）地震；十一月初九，马湖府（今屏山县）地震；十二月戊戌，越嶲卫，成都、重庆二府，潼川、邛二州，俱地震。（《明史·五行三》、嘉庆《四川通志·祥异》）

越嶲卫地震前一日，有火轮见空中，声如雷。（《巴蜀灾情实录》344页）

1514 年

（正德九年）

宜宾：六月，江大溢水，虫食谷。（嘉靖《马湖府志·杂志》）

三月十五日、二十日，十月二十九日，叙府"地震有声"。（嘉庆《宜宾县志·祥异》）

正德九年，兴文县地震有声，黑色如雾，逾月不止。（光绪《叙州府志·祥异》）

屏山：六月，江水溢。（嘉靖《马湖府志·杂志》）

遂宁：春大旱，冬大雪。（民国《遂宁县志·杂记》）

兴文：大雨雹，坏学宫。（光绪《兴文县志·祥异》）

三月三十日成都府、四月初一日叙州府地震；六月二十三日，叠溪千户所、威州连震；八月二十四日，茂州地震；十月初三日，叙州地震有声，黑色如雾，逾月不止；十月二十六日，茂州及汶川县地震；十一月初五日茂州、十一月十六日成都府新都、金堂、双流三县各地震。（《四川地震全记录·上卷》35—37 页）

十月壬辰，叙州府地震有声。（嘉庆《四川通志·祥异》）

十一月，什邡地震。（嘉庆《什邡县志·祥异志》）

1515 年

（正德十年）

遂宁、潼南：冬大雪。（乾隆《遂宁县志·杂记》）

五月壬辰，永宁卫地震，逾月不止，有一日二三十震者，黑气如雾，地裂水涌，坏城垣、官署、民居不可胜计，死者数千人，伤倍之。（嘉庆《四川通志·祥异》）

1516 年

（正德十一年）

犍为：冬大雪。（民国《犍为县志·杂志·事纪》）

什邡：正月初一日地大震。（嘉庆《什邡县志·祥异志》）

1517 年

（正德十二年）

永川、荣昌：蝗。（雍正《四川通志·祥异》）

十月二十三日，雅州地震。（《四川地震全记录·上卷》37 页）

1518 年

（正德十三年）

遂宁、潼南：大水，东西抵山麓，庐舍漂荡，男女溺死者甚多。（乾隆《遂宁县志·杂记》）

高县、庆符：三月甲寅，大风雹，坏学宫。（《明史·五行三》）

兴文：大雨雹，坏学宫。（《巴蜀灾情实录》367 页）

嘉定州：正月二十七地震。（《四川地震全记录·上卷》37 页）

邻水：正月己未，坠陨石一。（嘉庆《四川通志·祥异》）

1519 年

（正德十四年）

潼南：大水。城北大佛寺洪水石刻："大明正德十四年六月二八日水泛到此。"据测定，刻痕高程约为 253.03 米。（《四川城市水灾史》188 页）

安岳：大雨水。（道光《安岳县志·祥异》）

遂宁：大水，自潼至遂，民舍垫溺无算。（乾隆《遂宁县志·杂记》）

合川：秋，大水逆流入城。（万历《合川县志·灾祥》）

荥经：春地震，屋瓦有声。（乾隆《荥经县志·乡土志·祥异》）

雅州：十月十四日地震。（《四川地震全记录·上卷》38 页）

1520 年

（正德十五年）

江津大水。（雍正《四川通志·祥异》）

嘉陵江水系和川江大洪水。（《四川水旱灾害》33 页）

双流、新津：三月辛亥大雨雹，伤稼。（《四川省近百年旱涝史料》1 页）

珙县、长宁：四月大雨雹，狂风拔树，漂牲畜，损禾稼甚众。（《四川省近五百年旱涝史料》80 页）

南溪：七月十五日（7 月 29 日）大水，李庄东岳庙玉皇楼石梯皆没，上至平台。（光绪《叙州府志·祥异》）

重庆、巴县：大水。（道光《重庆府志·艺文志·附祥异》）

江津：县城水溢，街上行舟，官民露宿南门外石子山，三天后大水退。（民国《江津县志·祥异》）

犍为：天旱不雨，全境惊惶。知县程麟，勤于民事，焚香告天罪己，赤日跣行，率士民祷龙洞溪山下，霎时云潝雨注，水深三尺；越日又雨，高山田水亦足，转歉为丰。民歌颂之，名其山曰"喜雨山"以纪念焉。（民国《犍为县志·杂志·事纪》）

六月，绵、威二州，保县（今阿坝藏族羌族自治州理县东北部）、中江二县各地震。（《四川地震全记录·上卷》38页）

本年十二月，朝廷以水、旱灾免四川保宁（今南充市阆中市）、顺庆（今南充市）二府，巴州（今巴中市）、苍溪等十州县税粮有差。（《武宗实录》）

1521 年
（正德十六年）

遂宁：三月大雨雹，风雷拔木，坏庐舍禾稼，六月大水。（乾隆《遂宁县志·杂记》）

潼南：三月大雨雹，风雷拔木，坏庐舍杀禾稼。六月大水。（民国《潼南县志·祥异》）

长宁：七月大水，没城三尺。（乾隆《长宁县志·祥异》）

1506—1521
（正德年间）

都江堰灌区各县共有堰471座。（《中国水利史稿·下册》）

1522 年
（世宗嘉靖元年）

嘉靖元年至九年（1522—1530），四川持续九年大旱，连都江堰灌区成都平原亦"俱旱，赤地千里"，可见旱象灾况之惨烈。（《巴蜀灾情实录》16页）

四川旱。（《明史·五行三》）

秋七月己酉，以四川等省旱灾，诏令抚、按官讲求荒政，积谷预备，务使民各沾实惠。（《明史·世宗纪一》）

七月，四川旱。（《国榷》）

邻水：旱，民大饥。（道光《邻水县志·天文·祥异》）

大竹：大旱。（《四川省近五百年旱涝史料》106页）

灌县、金堂：连续两年大旱。（《明史·世宗本纪》）

内江、简阳、资阳：旱。（《四川省近五百年旱涝史料》69页）

内江：嘉靖壬午（1522）、戊子（1528）比岁荒歉，邑人余禄（性"笃实无伪"）施米救饥，先后贷民谷千石，不责偿。乡里重之，谓有古人风。（嘉庆《资州直隶州志·行谊》）

井研：旱饥。（光绪《井研志·纪年》）

重庆市、巴县：旱。（民国《巴县志·事纪》）

巫山：五月己未雨雹，大水冲漂坏尤甚。（《世宗实录》）

蓬安、营山、仪陇：雨雹，大如鹅子，伤人及物。(道光《蓬州志略·杂事志》)

蓬溪：五月己未大雨雹，大如鹅蛋，小如鸡子，打伤马牛，坏碎房屋禾苗无算。(《世宗实录》、嘉庆《四川通志·祥异》)

五月己未，蓬溪雨雹，大如鹅子，伤亦如之。(《明史·五行一》)

荥经：春大水。(乾隆《荥经县志·乡土志·祥异》)

大邑：河水骤涨，荡析学宫。(《明史·世宗本纪》)

[备览] 嘉靖元年七月 (7月23日—8月20日)，浙江、江西、湖南、四川俱旱。(《国榷》)

[德碑] 嘉靖中，内江知县李允简廉勤律己，节爱惠人。岁旱，步祷，令儿童歌曰："旱既太甚，治非其人。宁祸其身，勿病其民！"三日，果大雨，民以青天呼之。(光绪《资州直隶州志·官师志·政绩》)

1523 年

(嘉靖二年)

嘉靖二年，两京、山东、河南、湖广、江西及嘉兴、大同、成都俱旱，赤地千里，殍殣载道。(《明史·五行三》)

全蜀大旱无收，大饥，又兼瘟疫流行，致使积尸遍野。(《巴蜀灾情实录》286页)

成都：四月旱赤地千里，殍殣载道。(嘉庆《四川通志·祥异》)

灌县：旱，赤地千里。(光绪《增修灌县志·杂记志·祥异》)

金堂：旱。(民国《金堂县续志·事纪》)

新津：旱，赤地千里，道殣相望。(道光《新津县志·祥异》引《明史》)

犍为：旱。知县高狮跪日祈雨。(乾隆《犍为县志·职官》)

彭山：旱灾。(《世宗实录》)

德阳：旱，赤地千里，殍殣载道。(同治《德阳县志·灾祥志》)

涪陵：明嘉靖二年，洪水。县人于两江口庙石上刻"大明嘉靖二年水至此"。(《涪陵市志·大事记》)

屏山：旱，土官夷靖出谷一千石赈饥。巡抚张公、吏部赵公嘉之。(乾隆《屏山县志·人物·忠义》)

遂宁：知县卢绅"筑堤植柳，水害永消"，是为遂宁涪江修堤最早的记载。(嘉靖《四川通志·政绩》)

五月初一日，威州、茂州地震。(《四川地震全记录·上卷》38页)

1524 年

(嘉靖三年)

潼南：秋不雨，至明年春二月乃雨。(民国《潼南县志·祥异》)

遂宁：秋不雨，至明年春二月乃雨。(乾隆《遂宁县志·杂记》)

1525 年

（嘉靖四年）

全蜀大旱。（《四川省近五百年旱涝史料》1 页）

阆中：蝗旱。（民国《阆中县志·纪异》）

德阳：大旱。（同治《德阳县志·灾祥志》）

蓬溪：大水。（嘉靖《潼川志·祥异志》）

1526 年

（嘉靖五年）

七月庚寅，以旱免四川潼川、仪陇等四十三州县税粮有差。（《明史·世宗本纪一》）

成都、双流：以旱灾免田租有差。（《四川省近五百年旱涝史料》1 页）

巴中、南江、通江：旱灾，免田租。（《四川省近五百年旱涝史料》106 页）

安岳、乐至：以旱灾免税粮有差。（《四川省近五百年旱涝史料》69 页）

井研：七月免被灾秋粮。（光绪《井研志·纪年》）

绵阳、德阳、江油、三台、射洪、中江、遂宁、盐亭：以旱灾免税粮有差。（《四川省近五百年旱涝史料》19 页）

五月初一日，建昌卫地震。（《四川地震全记录·上卷》38 页）

1527 年

（嘉靖六年）

邻水：旱，民大饥。（道光《邻水县志·天文·祥异》）

1528 年

（嘉靖七年）

嘉靖七年，夏秋，全蜀大旱。（康熙《成都府志·灾祥》、雍正《四川通志·祥异》）

什邡：四月雨雹。五月初九日地震。（嘉庆《什邡县志·祥异志》）

酆都：大旱。（同治《重修酆都县志·祥异》）

重庆市、巴县：秋旱。（民国《巴县志·事纪》）

新都：夏秋大旱。（嘉庆《新都县志·祥异》）

璧山：夏秋大旱。（同治《璧山县志·杂类志·祥异》）

荣昌：秋大旱。（光绪《荣昌县志·祥异》）

潼南：旱。（民国《潼南县志·祥异》）

荣县、宜宾、合川：旱。（《四川水旱灾害》174 页）

宜宾：旱，七月泥溪山崩。（嘉靖《马湖府志·杂志》）

岁歉，知县严清设策赈济，民赖以安。祀名宦祠。（嘉庆《宜宾县志·名宦》）

富顺：夏秋大旱。（乾隆《富顺县志·祥异》）

南溪：夏秋大旱，饥者甚众。（民国《南溪县志·杂纪·纪异》）

资中：大旱。（嘉庆《资州直隶州志·杂类志·祥异》）

内江：夏秋大旱，八年春大饥大疫，殍者甚众。邑人何宗义贷邻米数十石，至期焚卷不取；又捐资掩骸甚多。（光绪《资州直隶州志·行谊》）

自贡：大旱。（《自贡市志·自然灾害》）

[德碑] 三台：大旱荒，潼川知州张厚力请当路，得发帑金赈济，全活甚众。翌年得罪监司去官，士民泣送，农人释耒耜（放下犁锄），争肩其舆（抬轿）出境。（光绪《新修潼川府志·宦绩》）

安岳：戊子元日（大年初一），雷电雨雹竟日不止。后大旱，岁无粟，斗米五钱，饥死者甚众。（光绪《潼川府志·祥异》）

邑人张公辂出谷千石以资穷民。（嘉庆《四川通志·人物·行谊》）

威远：旱。（《四川省近五百年旱涝史料》69页）

岳池、苍溪：夏秋大旱，岁无粟，饥死者甚众。（康熙《苍溪县志·灾异》）

巴中：岁荒疫，马仁德出粟济贫，掩埋流殍二千有余。御史邱道隆旌其门。（民国《巴中县志·乡贤》）

西充：春大旱，岁无粟，饥死甚众。（光绪《西充县志·祥异》）

青川、平武：夏秋大旱。（道光《龙安府志·杂志·祥异》）

遂宁：大旱。（乾隆《遂宁县志·杂记》）

绵竹、德阳、江油、北川：旱。（《四川省近五百年旱涝史料》19页）

中江：夏旱。（《四川省近五百年旱涝史料》19页）

[备览] 九月，上敕谕户部、都察院："今年各处地方多奏灾伤，朕访得四川、陕西、湖广、山东等地尤甚。被灾地方应全免者，不分起存，一体全免；原勘被灾九分者，免九分，止征一分；八分以下，俱照此例。"（《明世宗实录》）

[附] 遂宁人杨名悲叹灾沴之惨：嘉靖七年，大旱。邑人杨名云：旱沴亦天行之常，然未有如是岁之甚者。予得之亲见，自春至秋三时不雨，江河绝流，草木枯萎，百里为墟。行道之人索勺水不得，立死。日午，雉兔仆野，人可手执。至冬，斗米数金，殍尸横道。明年己丑（1529），大疫，有阖门尽毙者。良田美屋，杀价求鬻，犹不可得。乔木旧家，所存无几。户口凋耗，间阎萧条。至今凡有小歉，民已莫能全活。父老谓：自戊子以后，风景非昔，若又一遂宁也。嗟夫！有天时自有地利，有地利自有足食之民。所以修之人事，感格天时，以复遂宁之旧者，不能不厚望于循良君子焉。（《遂宁县志·杂记》）

[善榜] 嘉靖七年，瘟疫传染，秦民逃荒者数千家，染之辄途死。昭化人方大昌，为之掩骸，而别出粟以济荒民之未染者，全活甚众。（道光《重修昭化县志·行谊》）

1529 年

（嘉靖八年）

春疫，四川旱饥。（《明史·五行三》）

春疫，保（今阆中）、顺（今南充）、潼（今三台）大饥。（雍正《四川通志·祥异》）

四川饥。（嘉庆《四川通志·祥异》）

四川灾。（《国榷》）

重庆、巴县：春疫，饥。（民国《巴县志·事纪》）

璧山：春疫。（同治《璧山县志·杂类志·祥异》）

富顺：春大饥，疫，殍死者众。云南呈贡籍进士陈常道任知县，"时遇荒歉，加以疠疫，施振（赈）救疗，民赖以存活者甚众。升任主事，去之日老幼攀辕，为立去思碑"。（乾隆《富顺县志·祥异》《富顺县志·臣绩》）

南溪：春大饥，大疫，殍死者众。（民国《南溪县志·杂纪·纪异》）

资中：大饥大疫，殍者甚众。（嘉庆《资州直隶州志·杂类志·祥异》）

内江、资阳：旱，大饥大疫，殍死者众。（光绪《内江县志·杂事志·祥异》）

安岳：大疫，积尸横道。（道光《安岳县志·祥异》）

威远：旱饥。（嘉庆《威远县志·祥异》）

广安：春疫。渠江水涨至谏议坡，山腰有碑纪其异。（光绪《广安州志·拾遗志·祥异》）

井研：饥。（光绪《井研志·纪年》）

遂宁：旱后大疫，民多死亡。巡按御史戴金咬指草疏，乞内帑赈之。（嘉靖《潼川志·祥异志》）

中江：春疫。（民国《中江县志·丛残·祥异》）

德阳：饥。（同治《德阳县志·灾祥志》）

平武、江油、北川：春旱，大饥，大疫，殍者甚众。（道光《龙安府志·杂志·祥异》）

宜宾：大疫。（嘉靖《马湖府志·杂志》）

叙永（永宁）：大疫。（光绪《续修叙永、永宁厅县合志·杂类·祥异》）

灌县：大饥。（光绪《增修灌县志·杂记志·祥异》）

简阳：饥。（民国《简阳县志·灾异篇·祥异》）

［备览］嘉靖八年，令各抚按设社仓。（《明史·食货志》）

1530 年

（嘉靖九年）

荥经：夏，大水。（民国《荥经县志·五行志》）

潼南：九月朔，阴霜杀禾，树叶尽脱，大饥。（民国《潼南县志·祥异》）

射洪：九月初二日，阴霜杀禾，树叶尽脱。是年大饥。（乾隆《潼川府志·政事部·杂记》）

蓬溪：大饥。（道光《蓬溪县志·祥异》）

什邡：地震。（《四川地震全记录·上卷》39 页）

1531 年

（嘉靖十年）

西充：大有年。（光绪《西充县志·祥异》）

犍为、井研：闰六月十五日丑时，地大震，二十四日复大震。（民国《犍为县志·杂志·事纪》）

岳池、什邡：地震。（《四川地震全记录·上卷》39 页）

1532 年

（嘉靖十一年）

正月，四川地震，倾城屋。（《明史·河渠三》）

安岳：十月二十一日，大雪，竹木皆枯死。（道光《安岳县志·祥异》）

泸州：大水。（乾隆《直隶泸州志》）

重庆市：旱，免税粮有差。（民国《巴县志·事纪》）

宜宾、屏山：旱，免税粮有差。（嘉庆《宜宾县志·祥异》）

南充、阆中：旱，免税粮有差。（民国《阆中县志·杂类志》）

井研：闰六月十六日丑时，地大震；二十四日复震。（嘉庆《资州直隶州志·杂类志·祥异》）

1533 年

（嘉靖十二年）

正月，威州地震。（《四川地震全记录·上卷》39 页）

1534 年

（嘉靖十三年）

冬，峨眉山白水寺毁于火。（《峨眉山志》）

井研、犍为：三月初四日地震。（民国《犍为县志·杂志·事纪》）

1535 年

（嘉靖十四年）

涪陵、武隆、彭水：旱。（《四川省近五百年旱涝史料》129 页）
达县、万源、宣汉：旱。（民国《达县志·纪事·附灾异》）
十一月，以旱灾免四川达、涪等州存留粮有差。（《世宗实录》）

［德碑］　　　　　　　**四川布政使陆深惠政**

嘉靖十四年夏，新授四川布政使陆深赴任途中，"抵保宁，大旱。公（陆深）易服，却骑从，率属祷雨，辄应。至成都视事，悯蜀人凋瘁，政从宽简，民以安堵。著有《蜀都杂抄》《平胡录》"。翌年，"建昌行都司地震，公私庐舍殆尽，兼饥馑，死者枕藉。公力议发帑赈贷，全活甚众。台臣交章论荐，是冬擢光禄寺卿。去蜀，吏民感恋，倾城泣送"。

（明夏言《夏桂洲先生文集》卷 16）

1536 年

（嘉靖十五年）

春三月，岳池地复震，建昌宁番尤甚，有声如雷，地裂陷四五尺。（雍正《四川通志·祥异》）

西昌、越嶲 7.5 级大地震：
震时：明嘉靖十五年二月二十八日（1536 年 3 月 19 日）。
震地：建昌、宁番、越嶲卫、建昌前卫、镇西所，邛、雅、崇庆、嘉、眉等卫所州，资阳、大邑、峨眉、岳池等县。

［附］　　　　　　**嘉靖《四川总志》所载西昌地震文献**

（1）嘉靖十五年二月二十八日，建昌地震数次，死伤不计其数，间有地裂，军民惊惶无措。宁番、越嶲、镇西、邛、雅等卫所州县同日俱震。愚民倡为古泸州沉海之言，转相煽惑，几至为变。钦差巡抚都御史潘鉴、巡按御史陆林禁止讹言，补葺城郭，预支军粮，优恤被灾人户。拖欠旧粮，暂令停征。脱监囚犯悉听首官酌处，为事军职亦令听委，立功赎罪。被灾极重之家与免税粮一年。而又积诚修省，奏奉钦依祷于岳渎，逾年乃幸无事。……

（嘉靖《四川总志·经略下》）

（2）巡抚都御史潘鉴《巫处重大灾患疏》：嘉靖十五年三月十五日，据四川行都司佥事、都指挥佥事曹元呈称：本年二月二十八日丑时，建昌地震，声吼如雷数阵，本都司并建、前二卫大小衙门，官厅、宅舍、监房、仓库、内外军民房舍、墙垣门壁、城楼垛口、城门，俱各倒塌填塞。压死掌印都指挥佥事徐锐，指挥郝廷，千户翟忠、杨晟，百户陈銮，所镇抚冷裕，吏陈嘉颂、朱维鉴、喻金重，土妇师额，土舍安宇，乡官李珍，监生傅备等，并各家口及内外屯镇乡村军民客商人等近万人，死伤不计其数。自二十八日以后至二十九日时常震动有声，间有地裂涌水，陷下三、四、五尺者。卫城内外，似若浮块，山崩石裂，火烧焚压，烈风可畏，五昼夜雷声不绝，山泉河水皆黄浊，军民惊惶。又据宁番卫申称：同日地震，房屋墙垣倒塌无存。压死指挥刘英，千户刘爵、郑廉及军民男妇等因各到臣。……续据越巂卫、镇西、邛、雅、崇庆、嘉、眉、资阳、大邑、峨眉等卫、所、州、县，各申地震倒塌城垣，不等数目前来，臣又会行各议修理。本年三月十九日又据建昌卫申称：前项地震至本月初六日摇动未止，人心欠宁。及审建昌贵交百户泣称：军夷无知，祸福易惑，一见地动，死亡自危，加以古泸州沉海无稽之言，愈生惊疑等因，臣亦泣下，即写火牌开谕理数，禁止邪妄，暂补栅栏，护守城池，军粮未支，限期散给被灾人户，勘实量恤。……

（嘉靖《四川总志·经略下》）

（3）（潘鉴、陆林）《请告山川疏》：近者四川行都司、建昌、宁番等卫地震，城垣崩塌数多，房屋倾压官吏，军夷死数近万，先已据实奏闻，续又发银万余两，修葺抚恤。……天意未回，前患未殄，自今年二月二十八日至今，一月之内或至数见，一日之间或至再作，臣逐时查勘。六月二十日，据建昌兵备副使胡仲谟揭帖禀称：该地方地动尚犹未止，未可待以为安。

（嘉靖《四川总志·经略下》）

1536年3月19日，西昌、冕宁地震，公署、民居、城墙皆倒。西昌寺观倒塌，地震涌水下降3—4尺，卫城内外俱若浮块，泸山庙产段氏所施之田坍塌殆尽，化为沧海，死者数千。（《凉山州志·自然灾害》）

茂州：嘉靖丙申（1536），茂州大鱼见，冬十二月地震。（乾隆《茂州志·风土志·祥异》）

富顺：二月地震。（乾隆《富顺县志·祥异》）

马湖府：地震有声。（嘉靖《马湖府志·杂志》）

［链接］　　**时任威茂兵备副使朱纨因地震作《修省告文》**

兹者天降明威，坤维失常，若激而鸣，若撼而震。其鸣也，若有所怒；其震也，若有所恐。或日一至，或日再至，人心惶惶，天意巨测。惟此岷山盘踞千里，镇莫一方，盖不知几千年矣。今春一震，建昌陆沉，茂边流血，固知变不虚生，其应如响，乃今大作。显祸不远。惟职奉职无状，乖气致庆，虽获罪已无所逃，而祷神或在所许，敢以职所自知，为神明白之。职公实忘私，别无欺愬，惟除弊过切，疾恶过深，惟求行事，惟知自信，嫌疑不避，偏听生奸，举措因之失宜，刑罚或有不中。又才力有限，思虑不周，壅滞遗忘，起人猜议。或防闲不至，群小不绁，众目分明，一人独暗，此职之罪也。若通同匪人，侵盗财物，颠倒是非，陷害良善，偷安怠政，以私蔑公，则职所无也。日月照临，鬼神窥伺，赫赫明明，职将谁欺？若夫军卫有司，大小官属，不职不齐，贤否不一，心之不同，有如其面。自非圣人，悔过迁善，神或听之。至于一方之

139

人，有民有彝，亿万其命，蚩蚩蠢蠢，彼实无辜。今特淬励群心，洁牲诣祷，伏愿天恩大赦，特许从新，转此祸机，置之安静和平之地。若职罪大恶极，欺天罔人，职愿早承酷罚，以纾天意，以赎一方之命，以昭天道之公。若各官怙终不悛，怠政奸贪，欺公玩法，亦愿显及其身以警群工，勿滥及无辜，以伤好生之德，职不胜恐惧激切之至。

（道光《茂州志·职官志》）

1537 年
（嘉靖十六年）

岳池：旱。（光绪《岳池县志·杂识志·祥异》）

宜宾：雹。（嘉靖《马湖府志·杂志》）

十二月初九日（1月20日），威、茂二州地震。（《四川地震全记录·上卷》45页）

［参阅］水利佥事阮朝东提出水利十三策，得到川督张西野的支持，雅州知州高子登积极奉行，"靖恭不懈，循行阡陌，躬率判官姚雷，穷历泉源，凡困湮而疏者，沿旧而新者，无所袭而创者，环州境无弗利于水矣。外至属邑，亦各水利告成。是岁，农无激引（车水）之劳而毕事，高田瘠地，秋则大熟，数倍他时"。（明彭汝实《嘉州水利程功记》，见《四川历代水利名著汇释》195页）

1538 年
（嘉靖十七年）

四川大旱。（《涪江志》102页）

潼南：大雨雹，风雨交作，飞瓦折木。（民国《潼南县志·祥异》）

岳池：连续两年旱。（光绪《岳池县志·杂识志·祥异》）

遂宁：大雨雹，风雷交作，飞瓦折木。（乾隆《遂宁县志·杂记》）

二月初三，成都地震有声。（《四川地震全记录·上卷》45页）

1539 年
（嘉靖十八年）

荥经：五月淫雨大水。（民国《荥经县志·五行志》）

开江：大饥，饿殍盈途，出粟赈济，多所存活。（同治《新宁县志·人物志·大年》）

1540 年
（嘉靖十九年）

夏六月，彭县、崇宁、新繁、新都、金堂大水。（雍正《四川通志·祥异》）

成都平原区岷沱江大范围洪灾。(《四川水旱灾害》33 页)

彭县：六月大水，自彭县丹景山溢，历崇宁、新繁、新都、金堂、郫县，漂没庐舍，沉溺甚众。(康熙《成都府志·祥异》)

彭县湔江大水，南流折东南流经新繁、新都冲决新河，直达金堂沱江。(《成都水旱灾害志》219 页)

云阳：大水，南薰、朝宗二门倾圮。知县杨鸾同典史王景原悉心措处，附以子城以捍水势，增修城楼高广如制。(嘉庆《云阳县志·祥异》)

富顺：八月不雨至次年夏月。(乾隆《富顺县志·祥异》)

自贡：八月不雨至次年夏。(《自贡市志·自然灾害》)

资中：秋八月不雨至于辛丑夏四月。(嘉庆《资州直隶州志·杂类志·祥异》)

内江：八月不雨至次年四月。(民国《内江县志·祥异》)

平武、江油、北川、青川：八月不雨至次年四月。(道光《龙安府志·杂志·祥异》)

南充、营山、仪陇、蓬安：十一月旱。(民国《新修南充县志·掌故志·祥异》)

达县、万源、宣汉：十一月旱。(民国《达县志·纪事·附灾异》)

西充：以旱灾免除税粮。(《嘉陵江志》145 页)

十一月甲子，免蓬溪、南充旱灾田租。(《国榷》)

十二月十二日(1541 年 1 月 8 日)，峨眉山宋皇观(纯阳殿附近)山鸣震裂，泉水涌出，八日乃止。① (《峨眉山志》)

1541 年

(嘉靖二十年)

遂宁：春大雪。夏蝗食稼。(乾隆《遂宁县志·杂记》)

潼南：春大雪，夏蝗。(民国《潼南县志·祥异》)

开县：以旱灾免税粮有差。(咸丰《开县志·祥异》)

渠县、大竹：旱。(《四川省近五百年旱涝史料》106 页)

青川：春夏旱。(道光《龙安府志·杂志·祥异》)

内江、乐至、安岳、威远：以旱灾免税粮有差。(《四川省近五百年旱涝史料》69 页)

广安、蓬安、营山、仪陇、西充、南充：以旱灾免税粮有差。(《四川省近五百年旱涝史料》59 页)

井研：免被灾秋粮。(光绪《井研志·纪年》)

遂宁、蓬溪、中江、盐亭：旱，免税粮有差。(民国《遂宁县志·杂记》)

冬十月丙申，免四川被灾税银。(《明史·世宗本纪一》)

---

① 其震级后推定为 5.0 级。

1542 年

（嘉靖二十一年）

全省洪水。（《四川省志·水利志》59 页）

嘉靖壬寅（1542 年）夏，二江（内、外江）暴涨，金堂、简、资、内江一带水势弥漫，驾出旧痕几十余丈，浸淫四五日始渐以落。（明高韶《铁牛记》，载《都江堰志》）

宜宾、富顺、自贡：闰五月，河水大涨入城，较天顺四年（1460）高五尺，城中通舟楫。（光绪《叙州府志·祥异》）

内江：闰五月，江水大涨，较天顺四年高五尺，城中通舟楫。民舍、禾稼淹没。（光绪《内江县志·杂事志·祥异》）

资中：闰五月，大水陡发，河水浸城丈余。（嘉庆《资州直隶州志·杂类志·祥异》）

资阳：闰五月大水，资溪、雁江会合，泛滥如潮，涌入城中，署舍荡尽。知县姜沂率僚佐督船救援，教民撤材木置筏自济，官民获免于溺。（嘉庆《资州直隶州志·官师志·政绩》）

营山：闰五月天雨，溪水飞涨，入城门。（同治《营山县志·杂类志·祥异》）

平武、青川：闰五月河水大涨。（道光《龙安府志·杂志·祥异》）

十月三十日，成都府、威州地震。（《四川地震全记录·上卷》45 页）

1543 年

（嘉靖二十二年）

阆中：降水滔天，民遭陷溺。（民国《阆中县志·纪异》）

乐山：秋，五通桥四望溪大水。（民国《犍为县志·杂志·事纪》）

井研：秋大水。（光绪《井研志·纪年》）

犍为：秋，四望溪大水。（民国《犍为县志·杂志·事纪》）

遂宁：大雨，城中积水数尺，北门为甚，街有游鱼。（乾隆《遂宁县志·杂记》）

［附］　　　　　　　　　**重修大禹庙祠记**

［明］舒鹏

宁羌州嶓家山下有大禹庙，仅存茅茨一间，有嘉靖二十二年（1543）重修祠记碑。监察御史阆中舒鹏撰文，颇条畅，惜其将泐，录于左方云：

当尧之时，洚水滔天，民遭陷溺，茹毛饮血，厥食惟艰。尧有忧焉。举禹治之，俾绳鲧业。禹自冀州、梁、岐、岳阳、覃怀，至于衡漳；又自积石、龙门、壶口、雷首、砥柱、析城，至于王屋；又自嶓家、荆山、内方、大别、衡山、敷浅云梦，至于彭蠡。盖不敢陻塞汩乱以取震怒，故浩浩荡荡东注江海。禹可谓智矣。禹伤先人鲧以功不成坐诛，乃手胼足胝，居外十三年，过门不入，生启不得子（视），恶衣菲食。陆行乘车，水行乘船，泥行乘橇，山行乘辇，日孳孳排决溶淪，弗遑宁处。禹可谓孝矣。方其随山刊木，鬼神龙蛇，护惜巢穴，作为妖怪，风沙昼瞑，迷失道路，禹乃仰空咨嗟，俄见上帝，授以太上呼召万灵之书，且令其臣狂章、虞余、黄魔、大贲、庚辰、童律为之助，由是能呼吸风云，役使神物，竟得开凿之志。禹可谓神矣。四隩既宅，九州攸同，弃得以播百谷，契得以敷五教，垂得以司百工，皋陶得以明五刑，伯夷得以典三礼，后夔得以正五音，龙得以主宾客，分土作贡，劳而不伐，禹可谓功矣。是故天锡洪范，舜禅帝位，致彝伦之攸叙，会诸侯于涂山，而下民底定，万世永赖。孔子曰：禹尽力乎沟洫，吾无间然矣。刘定公曰：洪水横流，微禹，吾其鱼乎！嗟乎禹之功，史虽载之，而不知其由于孝；禹之智，人能言之，而不知其由于神，合智与神谓之圣，合功与孝谓之德。德其圣，庶几其记禹哉。复作九歌，俾士人诵之，以侑飨祀。歌曰：浑水微尧兮，泛滥国中。四岳荐禹兮，俾为司空。禹治水兮注之东。力极横流兮，为民粒食。乘四载兮，劳心焦思。克盖前愆兮，万世之利。声为律兮，身为度。其言可信兮，其仁可附。庶士交正兮，底慎财赋。不自满假兮，拜昌言。声教讫兮，莫黎元。水土平兮，生齿繁。洛出书兮，锡九畴。通九道兮，开九州。亹亹穆穆兮，六府孔修。娶涂山兮，辛壬。启呱呱兮，何心。荒度土工兮，五服弼成。膺历数兮，帝命赫。泣罪人兮，痛自责。舞干羽兮，有苗格。辑五瑞兮，建皇极。朝玉帛兮，会万国。戮防风兮，明黜陟。宅百揆兮，股肱良。敷文明兮，庶事康。于尧舜兮，大耿光。

（道光《保宁府志·杂类·陇蜀余闻》）

1544 年
（嘉靖二十三年）

蓬溪：大疫。（道光《蓬溪县志·祥异》）

射洪：秋大疫，人死者十之三。（乾隆《潼川府志·政事部·杂记》）

潼南：大疫。（民国《潼南县志·祥异》）

酉阳：九月以旱灾免秋粮。（《世宗实录》）

仁寿、井研：秋七月不雨，至于次年六月。（同治《仁寿县志》、光绪《井研志》）

1545 年
（嘉靖二十四年）

合川：大水，逆流高十余丈，坏城垣屋舍，街市沉没。（民国《合川县志·自然灾害》）

永川：七月旱至次年六月不雨，赤地千里。（光绪《永川县志·祥异》）

荣昌：七月不雨至次年夏六月，甚旱，千余里皆赤。（光绪《荣昌县志·祥异》）

富顺：七月不雨至于丙午年（1546）夏六月，旱甚，千余里皆赤地，加以病疫大作，人民流离死亡者过半。（乾隆《富顺县志·祥异》）

内江、自贡：七月不雨至次年六月，旱甚，千余里皆赤地，加以病疫大作，死亡者

143

过半。（光绪《内江县志·杂事志·祥异》）

资中、资阳：六月大疫，州属人民流亡过半。七月不雨至次年六月。（嘉庆《资州直隶州志·杂类志·祥异》）

五月二十七日，成都府地震。（《四川地震全记录·上卷》46页）

1546 年
（嘉靖二十五年）

川中大饥，川北尤甚。（《四川省近五百年旱涝史料》2页）

仁寿：旱大饥。（同治《仁寿县志·志余·灾异》）

阆中：旱。（民国《阆中县志·纪异》）

潼川府：州县旱，遂宁、安岳尤甚。（嘉靖《潼川志·祥异志》）

合川：大水。（万历《合州志·外志·灾异》）

茂州：大鱼见。冬十二月地震。（道光《茂州志·杂记》）

[附]　　　　　　　　**逃荒途中夫卖妻**

嘉靖丙午岁（1546），川中大饥，川北尤甚。有成都一承使，自北来，过保宁，道遇一夫妻，馁困殆尽者，以饼饵之，稍稍能起。其夫曰：愿鬻妇以两全其生。妇亦佯许之。承使颇悦其姿，遂解所携米肉之类给之，挈妇去，泣别其夫，行数里许，即投身岩下死。承使恼悔骇愕，策马亟去。

（民国《阆中县志·纪异》）

1547 年
（嘉靖二十六年）

金堂、内江、简阳、资阳、资中：夏，二江暴涨，"两岸田地冲决，见在民居漂洗，靡遗寸椽，盖百年所未见之灾也"。（明高韶《铁牛记》，载《都江堰志》）

全蜀诸郡邑大疫。（同治《德阳县志·灾祥志》）

以灾饬免四川成都府所属税粮有差。（《世宗实录》）

内江：夏六月大水，较嘉靖二十一年（1542）低二尺，沿江禾稼大害。（《内江地区水利电力志》）

宜宾、富顺：六月复大水，较公元1542年低二尺，城垣房屋多倾颓。（乾隆《富顺县志·祥异》）

平武：夏六月，大水。（道光《龙安府志·祥异》）

犍为：大水，冲塌正德年间所砌石城。（民国《犍为县志·杂志·事纪》）

乐山：六月旱，大饥，人相食。（嘉庆《乐山县志·祥异》）

德阳：大疫。（同治《德阳县志·灾祥志》）

嘉靖二十六年闰九月丙午，赈成都饥。（《明史·世宗纪》）

闰九月丙午，免成都租，仍赈之。（《国榷》）

［德碑］巡抚副都御史严时泰修复都江堰：严时泰巡视都江堰，对洪水灾情，"见之恻然"，察知"都江堰久失淘筑之宜"，即檄令带管水利按察使副使、成都知府、崇宁知县督理堰工。"明年夏，江涨及旧痕而止，不复为患。"（《都江堰志·大事记》）

1548 年

（嘉靖二十七年）

理县：大水冲塌霸州堡西南城垣。（同治直隶《理番厅志·建置·关隘》）

荥经：夏暴雨。（民国《荥经县志·五行志》）

井研：二月不雨至夏四月。（光绪《井研志·纪年》）

犍为、乐山：二月不雨至四月，岁大饥。谌忠由河南捐俸寄犍，以赈饥民。（乾隆《犍为县志·杂志》）

1549 年

（嘉靖二十八年）

全蜀荒旱，殍死无数。（同治《德阳县志·灾祥志》）

井研：春旱。四月雨。（光绪《井研志·纪年》）

德阳：旱，殍死无数。（同治《德阳县志·灾祥志》）

1550 年

（嘉靖二十九年）

巫山：大水，城塌。（道光《夔州府志》）

屏山：七月十四日夜，夷都大水，漂没民、官。（嘉靖《马湖府志·杂志》）

南川、黔江：十一月以旱灾免税粮。（《世宗实录》）

重庆、綦江、长寿：十一月以旱灾免税粮。（《世宗实录》）

江津、璧山、永川、荣昌、大足、铜梁：十一月以旱灾免税粮。（《世宗实录》）

十一月，以旱灾免重庆府江津等十二县税粮。（《世宗实录》）

［德碑］施千祥铸铁牛以固鱼嘴：本年，四川省提督水利按察司佥事施千祥，为使都江堰堰首坚固耐久，用铁六万七千斤，铸成铁牛二头，屹立于堰口中流，以当江水汹涌之势，复立铁桩三株于牛之下流，以固鱼嘴之石。（明高韶《都江堰铁牛记》，载《都江堰志》）

1551 年

（嘉靖三十年）

蒲江虎灾，官府雇猎户，一日杀四虎。（嘉靖）四十四年，虎复为患。（嘉庆《邛州直隶州志·祥异志》）

1552 年

（嘉靖三十一年）

屏山：五月旱。（嘉靖《马湖府志·杂志》）

铜梁：五月初大旱。（光绪《铜梁县志·杂记》）

涪州：大旱。（民国《涪陵县志》引《夏氏宗谱·年岁记》）

资阳：岁凶，赋额不登，县令被谴责，民亦困于捶楚。邑人陈伯贯捐金代为输纳。及后，民争偿之，悉还不受。抚、按表其门曰"儒义先声"。（光绪《资州直隶州志·人物志·行谊》）

1554 年

（嘉靖三十三年）

屏山：三月旱。（嘉靖《马湖府志·杂志》）

巫山：夏一夕暴雨，霹雳震惊。（光绪《巫山县志·祥异》）

武胜：旱、大饥。（民国《新修武胜县志·杂识录》）

三月二十日，马湖府民间失火，延烧府治。（嘉靖《马湖府志·杂志》）

正月初十日，夜，马湖府地震，次日又震。（《四川地震全记录·上卷》46 页）

1555 年

（嘉靖三十四年）

古蔺、叙永：五月大水，漂没三百余家。（光绪《叙永厅志·祥异志》）

重庆：六月大旱。（民国《巴县志·事纪》）

合川：大水逆流，高十余丈，坏城垣屋舍，街市淹没。（民国《新修合川县志·自然灾害》）

1556 年

（嘉靖三十五年）

荥经：旱。（乾隆《荥经县志·乡土志·祥异》）

1559 年
（嘉靖三十八年）

全蜀荒旱，死无数。（《四川省近五百年旱涝史料》2 页）

十一月二十九日，小河守御千户所地震，有声如雷。（《四川地震全记录·上卷》46页）

赵德宏以罚款储粮赈荒：嘉靖年间，赵德宏任潼川知州，凡犯法者赎罪之罚款全部用于买粮存储，共得谷万八千石。"后岁大饥，邻邑道殣相望，独潼川得免。又兴建圮城。潼人德而祀之。"（民国《三台县志·宦绩》）

内江：嘉靖中，岁饥，知县陈铨验口给粟，平价粜粮，捐俸易米给粥，全活甚多。（光绪《资州直隶州志·官师志·政绩》）

1560 年
（嘉靖三十九年）

1560 年（明嘉靖三十九年）涪江桃汛，金沙江、川江特大洪水：

明嘉靖三十九年，涪江桃汛，金沙江、川江的特大洪水是盆地中节令最早的一次洪水。据乾隆《潼川县志》记载："明嘉靖三十九年四月，遂宁大水冲圮东南城垣。"同年七月下旬，川江下段忠县下及湖北宜昌出现特大洪水，金沙江也出现特大洪水，有屏山县石刻"明嘉靖三十九年大水至此"为证，实测水位为 307.84 米，为金沙江下游历史调查最大洪水。这一年，川江洪水沿嘉陵江逆上，灾及合川县城，据民国《武胜县志》记载："明嘉靖庚申，蜀江大溢，合川、巴郡之间，一望巨浸，而邑独巍然无恙。"文中巴郡指重庆，蜀江指川江。光绪《合州志·祥异》也有记载："明嘉靖己卯，合川大水逆流高十余丈，坏城垣、屋舍，街市沉没。"①（《巴蜀灾情实录》60 页）

四川大部水灾：岷、涪、嘉陵江和川江沿线洪水为害。（《四川水旱灾害》34 页）

遂宁：四月，大水冲圮东南城垣。（乾隆《潼川府志》）

涪陵：南沱场后岩石上刻："嘉靖三十九年庚申年水安（淹）在此处。"经实测，其高程为海拔 167.82 米。（《涪陵市志·自然灾害》）

屏山：嘉靖三十九年，大水淹至文庙门，涨痕镌有字记。（乾隆《屏山县志·杂志·辑佚》）

按字记涨痕实测水位 307.84 米，推算洪峰水量 38000 立方米/秒，为金沙江下游历史调查最大洪水。（《四川水旱灾害》58 页）

巴东：秋七月，江泛，大水异常，沿江民舍、禾稼漂没。（嘉庆《归州志·灾异》）

井研：免被灾秋粮。（光绪《井研志·纪年》）

泸州、洪雅、潼川府方志均有洪水记载。（《四川水旱灾害》33 页）

---

① 此条记载纪年干支有误，嘉靖朝无己卯纪年，应为庚申。

洪雅：青衣江大水，洪雅城圮，知县索载重修，工甚坚致。（嘉靖《洪雅县志·城池》）

忠县：据东云乡北门石刻"大明庚申（1560）七月廿三日大水到此"，测得其高程155.98米，仅次于宝庆三年（1227）及同治九年（1870）洪水。（《中国灾害志·明代卷》、《四川两千年洪灾史料汇编》531页）

1561 年

（嘉靖四十年）

长宁：夏大旱。十二月北城火，延烧民居。（嘉庆《长宁县志·祥异》）

[德碑] **宋宜赈饥**：宋宜，嘉靖丙辰（1556）进士，升四川参政。岁饥，请赈，活数万人。（民国《松潘县志·宦迹》）

1562 年

（嘉靖四十一年）

三月初四日，成都府地震有声。（《四川地震全记录·上卷》46页）

长宁：九月北城又火灾。（嘉庆《长宁县志·祥异》）

1563 年

（嘉靖四十二年）

长宁：大有。（嘉庆《长宁县志·祥异》）

荥经：旱，大饥，斗米三钱，人皆饿殍。（乾隆《荥经县志·乡土志·祥异》）

1564 年

（嘉靖四十三年）

正月初七日，雅州（今雅安市）地震；二十二日，地复震。（《四川地震全记录·上卷》46页）

1565 年

（嘉靖四十四年）

四月，"有星殒于大足县东野，入地三尺，声如雷，色黑，形如狗头，火气逼人，经宿方散"。（万历《四川总志·文五》）

八月，蒲江虎复为患。（雍正《四川通志·祥异》）

1566 年

（嘉靖四十五年）

峨眉大旱，县民恳请知县熊兆祥凿通"龙门之阳地，引黑白二江水以灌溉"。熊知县顺民意，相度筹划，率众开辟，筑成"新堰"，达成县民百十年来夙愿，呼为"熊公堰"。（康熙《峨眉县志·新堰记》）

1568 年

（穆宗隆庆二年）

四川大旱。（《明史·五行三》）

三月甲寅，四川地震。（嘉庆《四川通志·祥异》）

邻水：是岁大旱。三月戊寅地震。（乾隆《邻水县志·祥异》）

井研：四月大旱。（光绪《井研志·纪年》）

简阳：四月大旱。（民国《简阳县志·灾异篇·祥异》）

德阳：四月大旱。（同治《德阳县志·灾祥志》）

汉源：大旱。（民国《汉源县志·祥异》）

隆昌：大旱。邑人唐大湖散粟赈济，全活甚众。事闻，敕建义民坊旌之。（嘉庆《四川通志·人物·行谊》）

犍为：大旱。（民国《犍为县志·杂志·事纪》）

乐山：大旱。（民国《乐山县志·祥异》）

射洪：大旱。（光绪《射洪县志·祥异》）

重庆、巴县：大旱。（民国《巴县志·事纪》）

巫溪：停征巫溪盐场井盐课之半。（《穆宗实录》）

金堂：四月沱江如浆泛滥，三日乃已。（民国《金堂县续志·事纪》）

渠县：渠江大水，淹入县治城垣，渠河亦改道，人民溺死无数，免田租一年。（民国《渠县志·别录·祥异志》）

长宁：产嘉禾九穗。（嘉庆《长宁县志·祥异》）

安岳：大熟。（道光《安岳县志·祥异》）

内江：夏六月渠江大水，较嘉靖二十一年（1542）低二尺，沿江禾稼大害。大熟。（光绪《内江县志·杂事志·祥异》）

茂县：冬十月二十八日，茂州地震有声，自北而南。（道光《茂州志·杂记》）

九月，以水灾，免渠县田租一年、云安（今重庆市云阳县东部）、大宁（今重庆市巫溪县）二场盐井盐课之半，其余灾轻州县各免税粮籽粒有差。（《穆宗实录》）

1569 年

（隆庆三年）

綦江：三月初一大雪，城市深三尺，冻死人畜，压坏葫麦甚多。（道光《綦江县志·祥异》）

荣昌：三月朔日大雪。（光绪《荣昌县志·祥异》）

茂县：夏淫雨。（道光《茂州志·杂记》）

长宁：麦再熟。（乾隆《长宁县志·祥异》）

犍为：（皇帝颁）"诏积谷备荒"。（民国《犍为县志·杂志·事纪》）

［善榜］开州知州陈霁岩放赈：隆庆己巳（1569），开州大水，无殣而有赈。知州陈霁岩定议，极贫谷一石，次贫一斗，务沾实惠。放赈时，编号执旗，鱼贯而进，虽万人无敢哗者。陈知州自坐仓门小棚，执笔点名，视其衣服容貌，于极贫者暗记之。（清金庸斋《居官必览》，载《政训实录》第一卷）

1570 年

（隆庆四年）

本年，全蜀旱灾。

隆庆四年秋，七月乙未，免四川成都被灾税粮。（《明史·穆宗本纪》）

隆庆四年七月乙未，成都、龙安（今绵阳市平武县）旱灾，免田租。（《国榷》）

成都、双流、广汉、新都、金堂：七月，以旱灾免除税粮。（同治《重修成都县志·杂类·祥异》、《四川省近五百年旱涝史料》2 页）

奉节、巫山：四月旱灾。（光绪《奉节县志》、《巫山县志》）

云阳：以旱灾免除税粮。（民国《云阳县志·祥异》）

万源、南江、开江、巴中、通江：以旱灾免除税粮。（《穆宗实录》、《四川近五百年旱涝史料》70 页）

内江、安岳：以旱灾免除税粮。（《穆宗实录》《四川近五百年旱涝史料》）

西充、蓬安、仪陇、营山、苍溪、阆中、南部、南充：以旱灾免除税粮。（《穆宗实录》）

仪陇：隆庆、万历间，岁大歉，县令冯义屡行赈济，全活甚众。（同治《仪陇县志·职官·政绩》）

乐山、井研、犍为、仁寿：以旱灾免除税粮。（《穆宗实录》《四川近五百年旱涝史料》39 页）

绵阳、三台、盐亭、梓潼、江油：以旱灾免除税粮。（《穆宗实录》《四川近五百年旱涝史料》19 页）

中江：旱，民饥。（道光《中江县新志·杂记·祥异》）

［善榜］义士许巍赈饥：隆庆庚午（1570）、万历癸未（1583）中江岁大旱，流离相

望，邑人许巍两次出粟数百石，赈活万计。台院匾其门曰"尚义可风"。（光绪《新修潼川府志·行谊》）

　　邻水：大有。（道光《邻水县志·天文·祥异》）

1571 年

（隆庆五年）

　　平武、青川：七月洪。（道光《龙安府志·祥异》）

1572 年

（隆庆六年）

　　内江：夏大水，较嘉靖二十一年（1542）低二尺，沿江禾稼大害。（光绪《内江县志·祥异》）

　　荣经：五月，虎入城。（民国《荣经县志·五行志》）

　　平武：六月大水。（道光《龙安府志·祥异》）

　　大邑：邛江大水。大邑县西南邛江虎跳河段河岸岩壁有隆庆六年大水洪痕，水位测定 603.88 米，推算洪峰流量 2140 立方米/秒。（《成都水旱灾害志》219 页）

　　富顺：六月，观音阁火灾，延烧城隍庙。是月，雷击白塔，击死五人。（乾隆《富顺县志·祥异》）

1573 年

（神宗万历元年）

　　叙州府：四月初五日地大震，十三日复震；八月，叙州府及雅州俱地震数日。（雍正《四川通志·祥异》）

　　高县、筠连、珙县：四月、八月地震。（乾隆《珙县志》、雍正《四川通志·祥异》）

　　威远：八月地震。（乾隆《威远县志·天文志·祥异》）

　　雅州：八月七、八、九、十八等日地震。（乾隆《雅州府志·灾异》）

　　八月七日、九日、十八日，叙州府及雅州"地震有声"。（嘉庆《宜宾县志·祥异》）

　　[链接] 朝廷对蜀、楚①地震的议论：万历元年十二月，礼部因地震上疏言：地道承天，以静为主；一有震动，是为失常。今楚、蜀之间，相继地震，绵亘千里，厥变匪轻。（《神宗实录》）

---

　　①　注：楚指当年八月湖广荆州地震。

1573—1619 年

（万历年间）

荣县：万历年间（1573—1619）大水：东北二溪蛟斗；城南水涨与城平；南郊庐舍多圮，溺死者众。（民国《荣县志·事纪》）

[德碑] **李世鳌筑安县护城堤**：邑人"尝于东山观蔓草中，寻得明万历年间名宦李世鳌德政碑，知当日李公曾筑堤二里，崇坚可久"。（《重修河堤记》）

长寿：县城毁于火，知县王来举重修。（《长寿县志·大事记》）

1574 年

（万历二年）

武隆、酆都：蝻虫生，禾根如刈。（雍正《四川通志·祥异》）

云阳：大水坏城。（民国《云阳县志·祥异》）

万县：大水，临江一带（城垣）崩塌。（道光《夔州府志·祥异》）

1575 年

（万历三年）

巡按御史郭庄、水利佥事杜诗大修都江堰：明陈文烛《都江堰记》："万历乙亥，江大溢，堰尽坏。成都知府徐元气、灌县知县萧熊奇列状修复……巡按御史郭公虑亦深长，增以铁柱，令寻牛趾而浚之。自堰之下，如仙女、三泊洞、宝瓶口、五陡口、虎头诸崖间植三十铁柱，每柱长丈余，共用铁三万余斤。又树柱以石，护岸以堤，水遇重则力分，而安流则堰固，大都仿古云。水利佥事杜公诗悉心区划，始万历三年十一月，越四年三月工成，费金三百，灌溉千里，民咸歌颂。"（《都江堰志》24 页）

万县：大水坏城墙。（同治《增修万县志·祥异》）

井研：秋大水，霁虹桥圮。（雍正《四川通志·水利》）

犍为：秋，四望溪大水。（民国《犍为县志·杂志·事纪》）

乐山：秋，五通桥四望溪大水。（民国《犍为县志·杂志·事纪》）

1576 年

（万历四年）

都江堰外江黑石河口淤塞，崇庆县灌区久旱。

[附] 明杨伯高《疏黑石河碑》记万历丙子（1576）岷江大水，黑石河口淤塞，崇庆县灌区久旱。后历经 40 年，至万历四十四年（1616），始由崇庆州知州杨伯高筹措经费，雇工疏淘，使黑石河灌区重获都江堰水灌溉之利。（《成都水旱灾害志》219 页）

1577 年

（万历五年）

涪陵、武隆：蝗虫，禾根如刈。（同治《重修涪州志·祥异》）

1578 年

（万历六年）

大足：春夏，邑疫复大行，民间老幼多挈家以亡。事闻于县，遍授医方，多治者。"夏四月，大雨，大雹如砖石，邑西南从顺、加胜、三溪民间苗畜俱坏。"（万历《重庆府志·事纪》）

威远：六月暴雨，河水入城，东南门街可行船，庐舍淹没大半。七月朔，复大雨，淹同前。（乾隆《威远县志·天文志·祥异》）

井研：七月初一日，城中水深数尺，西南郊房舍漂没三十余家。（明《井研志·灾异》）

乐山、犍为：七月朔，五通桥四望溪大水。（民国《犍为县志·杂志·事纪》）

四月，"减四川逋粮三十八万六千六百九十四金"。（《国榷》）

1579 年

（万历七年）

雅安、荥经、名山、天全：三月十三日，雨雹大如鸡子，屋瓦皆碎，鸟鹊尽死。（乾隆《雅州府志·灾异》）

遂宁：江水暴涨溢岸，一日始消。（民国《遂宁县志·杂记》）

黔江：思南黔江大水，文昌帝子及左右二木像浮江而来，巨浪洪涛历千里周旋不舍，帝子则端坐水上。（万历年间《黔记》）

1580 年

（万历八年）

涪陵：三月雨沙，黄云四塞，沙积如堵。（民国《涪陵县志·事纪》）

武隆：三月雨沙，黄云四塞，沙积如堵。（雍正《四川通志·祥异》）

泸州：八月大风拔木。（光绪《泸州直隶州志·祥异》）

威远：九月雪雹，雹大者如砖块，小者如鸡卵。（乾隆《威远县志·天文志·祥异》）

黔江：毕节乌平铺大水泛涨，淹没人民。五月，大水至（黔江）东门，漂没吴厢民室。（万历年间《黔记》）

1582 年

(万历十年)

内江、安岳：大旱，人民饥荒甚。（道光《安岳县志·祥异》）

乐至：大旱，禾苗枯槁，地坼井涸，民断汲饮。（乾隆《潼川府志·政事部·杂记》）

犍为：七月朔，四望溪大水。（民国《犍为县志·杂志·事纪》）

乐山：三月，州城连日大火，损失惨烈，二百余年古房悉为灰烬。（嘉庆《乐山县志·祥异》）

四月十一日，保宁府（今阆中）地震如雷。（民国《阆中县志·纪异》）

1583 年

(万历十一年)

叙永、古蔺：二月旱。（嘉庆《宜宾县志·祥异》）

宣汉：五月东乡大水。（雍正《四川通志·祥异》）

内江：旱。（民国《内江县志·祥异》）

十二月丙午，保宁府地震。（《巴蜀灾情实录》346 页）

明万历十一年（1583 年）二月綦江县城大火灾，灭而复起，连续七日，烧毁民房千余家。（《重庆市志·第一卷·大事记》）

1584 年

(万历十二年)

保县：五月朔三夜，南沟龙行，雷雨大作。（雍正《四川通志·祥异》）

松潘：闰九月，地震。（民国《松潘县志·祥异》）

1585 年

(万历十三年)

诏蠲天下被灾田租一年。（嘉庆《四川通志·蠲赈》）

井研：蠲被灾田租一年。（光绪《井研志·纪年》）

资阳：万历丁亥（1585）、甲午（1594），岁大歉，邑善士陈大辅尽发积粟赈济，赖以全活甚众。至今人颂其德。（光绪《资州直隶州志·行谊》）

正月初一日，叙州府地震。（《四川地震全记录·上卷》48 页）

闰九月，松潘地震。①（《四川地震全记录·上卷》48 页）

1586 年

（万历十四年）

彭水：（乌江）大水，淹到治事堂。（光绪《彭水县志·祥异》）

巴东：夏，巴东沥雨不止，江水泛滥，冲县庐舍数百家。（同治《巴东志》）

重庆：秋七月，重庆有虎入城。（雍正《四川通志·祥异》）

忠县：秋七月，川东虎患甚烈。（民国《忠县志·事纪志》）

遂宁：城中火灾，延烧官民舍三百余所。（乾隆《遂宁县志·杂记》）

1587 年

（万历十五年）

[**备览**]本年，四川巡抚徐元泰颁布《春秋繁露》所载"求雨法""止雨法"，令州县官"如法虔诚祈祷"，其通令中云："照得本部院抚巡川南地方，目击天时亢旱，雨泽愆期，致妨农务。已经案行司道、州牧、县令虔诚祈祷。今照本部院存有《春秋繁露》一册，向在京师行之辄验，合行发司刊发。为此票仰布政司官吏即将发去前书，令人誊写，作速刊刻书册，通发各该官司，如法虔诚祈祷，务要挽回天意，使甘霖早沛，以便各处农民播种施行。"（乾隆《直隶绵州罗江县志》卷三载有"万历十五年立石"之《城隍庙祈雨灵文碑》全文，长约 4700 字）②

1588 年

（万历十六年）

犍为：六月初九日，大雷电。（民国《犍为县志·杂志·事纪》）

重庆：大旱频仍。（道光《重庆府志·艺文志·附祥异》）

綦江：大旱，民掘草根为食。（道光《綦江县志·祥异》）

荣昌：大旱频仍。（光绪《荣昌县志·祥异》）

营山：大旱。（同治《营山县志·杂类志》）

广安：大旱。（光绪《广安州志·拾遗志·祥异》）

四川疫。（《巴蜀灾情实录》213 页）

资中：九月十七日子时地震，有声如雷。（嘉庆《资州直隶州志·杂类志·祥

---

① 民国《松潘县志》记为万历十二年。

② 按：一省封疆大吏以行政命令，推动州县官员一体遵行极为复杂琐细而且浪费资源的祈雨祈晴之法，在现代人看来，实属荒诞可笑。但在当时却是视为正经大事奉行。本书收录此事作为存史，意在提供理解古代直至民国期间川地官民热衷拜神求雨止水习俗由来的一种参考资料。

异》)

[德碑] 井研知县杜如桂实心办水利：杜如桂，钱塘人，万历十六年知井研县……明制，岁诏州县治水利，有司奉行，具文率以虚名相欺饰，文牒所列官塘凡四百五十区、堰十七道，按之，实无其地。如桂躬履县境，勘视下教，凡高仰之地，令民共掘一塘，通力合作，遇旱涝灌输，则视田亩广狭为泄水久暂，塘给一符，竖一石以为永则。今县陂塘，多如桂遗址。（光绪《井研志·官师》）

1589 年
（万历十七年）

全蜀大旱饥荒。

明万历十六、十七年（1588、1589）川东北连年大旱，万历十七年初春至秋一直无雨，田禾俱枯死，顺庆（今南充）、重庆、保宁（今阆中）、潼川（今三台县）等四十多县旱情特别严重，"百姓掘草削木为食，道殣相望"。（《重庆市志·大事记》）

川东北初春至秋旱，田禾俱枯。（《四川省近五百年旱涝史料》2页）

南充：初春至秋皆不雨，赤地千里，田禾俱枯，旱伤激烈。（《嘉陵江志》148页）

广安：初春至秋皆不雨，赤地千里，田禾俱枯。（宣统《广安州新志·祥异志》）

荥经：夏大水。（民国《荥经县志·五行志》）

綦江：大旱，民掘草根削木皮充饥，道殣相望。（道光《綦江县志·祥异》）

荣昌：大旱频仍。（光绪《荣昌县志·祥异》）

隆昌：虎入城。（咸丰《隆昌县志·祥异》）

[善榜] **宜宾**：北直举人邵炯，万历间任宜宾知县，值岁旱，民饥多死，炯设策散米给粥，活者以万计。有生祀肖像祀之。今祀名宦祠。（嘉庆《宜宾县志·政绩》）

[德碑]
安汉太守王九德赈饥
[明] 任瀚

己丑（明万历十七年，1589）夏秋果不雨，野土尽赤，剑南军大饥，人不饱糠，翲食，啖草木百卉根节，原野一空。行旅多僵仆不支，狼藉道路。居毗但呜呜相吊，执手相诀别，逃无处所出，则荷锸舆土石，作骸骨计。比至冬，会廷议以中大夫京汴王公（九德）来主郡符。……公到日，即下令所部列郡县，使尽发官庾。额税储胥未动者，其各具成案以来。公日坐尘埃中，省视穷瘠、老稚、罢馁无气力人，自为筹计儋石赢缩，各称所须。救断一切侵渔冒破，禁主委积吏豪甲社驵，亡敢作奸犯科。并割所有俸金，分赉行乞，率以为常用，补仓廪所不逮。其有山郭阻远不能移粟转饷者，公必以数骑自往，上下其岩谷，出入虎豹狻猊窟穴，走荆棘碛碍中，至供张废阙不问，所存活数十万家。自是，墟里炊烟相望，茅屋下户再复闻春杵声，川北远近父老环伺道傍，各貌公形像以归，将俎豆其室，颂声满江汉。

（摘录自任瀚《代安汉父老诸生为太守王公寿序》，载民国《新修南充县志》卷14）

[备览]

议赈四川灾旱疏

[明] 王德完（工科给事）

臣惟四川在天地西极，僻处遐陬。成都一带为川之西，地旷平衍，无高山峻岭之险。秦守李冰凿离堆引水，灌田不下百万亩，所谓沃野千里、天府之国，田间沟浍四时常盈，虽大旱不能为之灾。若川以北、川以东接界秦、楚，又大异是以，山则嵯峨而高不可陵而夷也，水则汩潏而深弗可激而止也。四时雨泽，惟待命于天，时而甘霖霈足，则岁丰丰，则民无饥；时而雨旸愆期，则岁凶凶，则民多馁。此其大较也。万历十六年（1588），川之东北旱魃为灾，然犹或有升斗之储，可给糜粥；或贷诸富人，可延旦夕。惟引领今岁丰稔，度免阽危。讵意初春至秋皆不雨，赤地千里，田禾俱枯。顺庆、重庆、保宁、潼川，其间四十余郡县，旱伤激烈，人情汹汹，朝暮不保。城市之中，扪心相望，陇亩之内，号泣相闻。昔犹有升斗之储，今则瓮罂生尘矣。昔犹望富人之贷，今并豪华空乏矣；而且催科之使日夜追呼，逋逃则有禁，盗窃则有法，沟壑之忧几难免矣。于是父老子弟翘首引领，望拯于皇上。顾四川去京师六千余里，九重高远，遐陬愁苦之状、万姓啼号之声，何自闻见。兼之州县受灾之地，俟始末粗定，然后闻于府，闻于道，犹惧其不实，必遣官诣田亩，勘视所报灾伤分数果无异同。然后具状闻之院，文移展转，几经阅月。又谓数郡数邑，与全省灾伤不同，不敢陈奏请蠲赋，故不言蠲而言赈。赈云者，放借仓廪粟谷，贷之饥民，俟年丰追偿送官之谓也。下议有司，又虑赈止利于吏胥坊郭，而不利于穷谷深山，且今日赈贷未受其利，异日追偿翻受其害，并赈而亦寝其议矣。嗟嗟，枵腹待哺、呼吸存亡，不有蠲何以苏涸辙，不有赈何以救然眉？往灾不赈犹之可也，今灾可无蠲乎？一之已误，岂容再误。第报灾肯在巡抚。西川巡抚徐元太以疾请告，奉旨准回籍调理，候代境上。新巡抚李尚思，以八月始入境受事。值兹新旧相代，兼之道里廖□，故灾报尚迟未至。臣待罪言官，凡国家利病、生民休戚，咸得极言，矧桑梓之变急于水火，岂容袖手坐视乎？臣闻王者仁被八埏，泽覃九有，如天覆地载，溥博周遍，不分远近，不择众寡。四川虽遐僻，独非皇上之赤子乎？灾伤虽止数郡，独非皇上之赤子颠连而无告者乎？夫人头、目、肩、背、腹心脏腑之病，必多方调剂，然一指之疾，痛亦足痿痹致命，矧兹四十余郡踽踽呻吟，不啻一手一足之病也，休戚何可不闻欤？恳乞皇上敕下户部咨行该省抚院，速将川北川东地方被灾轻重，勘实奏闻，应蠲应赈，断自宸衷，则普天之下咸蒙北阙之深仁遍地之恩，可苏西川之积困矣。

（乾隆《广安州志》）

1590 年

（万历十八年）

綦江：斗米三分。（雍正《四川通志·祥异》）

十二月戊寅，茂州地震。（《四川地震全记录·上卷》49 页）

1593 年
（万历二十一年）

平武、江油、北川、青川：正月大雪七日，是年旱。（道光《龙安府志·祥异》）

内江：正月大雪七日。岁旱，邑令李发仓赈贷。（光绪《内江县志·杂事志·祥异》）

九月十一日，茂州地震。（《四川地震全记录·上卷》49 页）

1594 年
（万历二十二年）

富顺：岁旱荒。先是鱼疫，遍浮于江，人可掬取。至四月，瘟疫大作，人民死者甚众。（光绪《叙州府志·祥异》）

自贡：旱荒。（《自贡市志·自然灾害》）

资阳：岁大歉，慈善世家陈大转尽发积粟赈济，赖以全活甚众。至今人颂其德。（光绪《资州直隶州志·杂类志·祥异》）

1595 年
（万历二十三年）

南充：旱。（民国《新修南充县志·掌故志·祥异》）

1596 年
（万历二十四年）

南充：大旱。（雍正《四川通志·祥异》）

十二月二十六日，石泉（今北川）、茂州地震，其声如雷，城垣倒裂，军民惊骇。二十八日又震。（《四川地震全记录·上卷》49 页）

[德碑]　　　　　　清（青）白江水道碑记①
[明] 梁圣乡（新繁知县）

（新）繁当诸江环抱之中，间亦有屹时无泉之地。如北境犹苦于旱，势得引清白江水溉之。然其道必决河分之，断塍破亩，始得至。其地所系民间沃饶之区，非一畴一岐之微，势固未易兴也。

---

① 此碑原存新都清流场奎星阁下，清同治间，碑文下四五行漶不可辨。民间称之为万工碑。所言水道，即归老虎堰。

开自邑侯李公，而李公卒未告成。及仁寿龚侯以问灾之委，而得请之院司。然后胡侯暨彭之解侯，奉以复勘，以倍价偿水道之直，工始无阻。斯时，胡侯捐金强半，以佐民力。功已垂成，徙官别郡。周侯代捐米□十石，及捕厅傅枭捐俸金，射督河工，始得成焉。

此一水道，非有筑城开池、凿龙门、决砥柱之劳也，必经五六循吏、八九余岁，而后其功始竣。亦由始也勇议事，而各捐资，逡巡于岁月，仰伺乎公帑，是以迟之久再。非此五六君子，曷以定厥功哉！余不谷，继尹兹土，胡敢不卒诸君子之立志？揣人情必至之衅，为善后未然之防；念诸堰不均，有妇姑勃谿之变；水碾不禁，虑贻争道并弛之病。因民之情，勒石以永遵守。

自焦家堰起，次□堰，次抵熊、邹、牛脑诸堰，更至孟家堰。由繁及彭，以次灌注。利兹水者，均纳水道之粮云。

（《沱江志》）

1597 年

（万历二十五年）

綦江：六月二十六日雨雹。（道光《綦江县志·祥异》）

内江：大旱。（民国《内江县志·祥异》）

安岳：旱。（光绪《续修安岳县志·祥异》）

新津：正月壬辰，地震三日。（道光《新津县志·祥异》引《明史》）

邻水：地震三日乃止。（道光《邻水县志·天文·祥异》）

正月壬辰朔，四川地震三日。石泉微动二次，初二日子时大动二次，其声如雷，房屋均动，自西北来东南去。五月十一日，茂州、保县、松潘寅时地震从东南来西北去，房屋俱动，保县堡同时地震，松潘南路亦相同。茂州地震有声，保县同日震。荣昌地震。推断震级 5.5 级，烈度 7 度。十二月二十六日，茂州地震，石泉城于十二月二十六日申时地震一次，二十八日已时大震一次，其声如雷，周围城垣倒裂，军民惊骇。（《巴蜀灾情实录》346 页）

正月初一日，石泉、茂州复地震。五月，茂州、保县、松潘南路地震。（《四川地震全记录·上卷》49—50 页）

二月丙辰，马湖屏山火灾，延燔八百余家，毙二十四人。（嘉庆《四川通志·祥异》）

1598 年

（万历二十六年）

全蜀郡邑大疫。（雍正《四川通志·祥异》）

新都：春三月，疫疠盛行。（嘉庆《新都县志·祥异》）

富顺：四月瘟疫大作，人民死者甚众。先是鱼疫，遍浮于江，人手可取。（乾隆

159

《富顺县志·祥异》)

酆都：大疫。（同治《重修酆都县志·杂异》）

龙安府：春三月，疫疠盛行，人民死者甚众。五月大水。（道光《龙安府志·祥异》）

长宁：邑大疫。（嘉庆《长宁县志·祥异》）

苍溪：大疫。（民国《苍溪县志·杂异志》）

广汉：大疫。（同治《续汉州志·祥异》）

广安：大疫。（宣统《广安州新志·祥异志》）

绵竹：大疫。五月大水。（嘉庆《绵竹县志·祥异》）

中江：大疫。（道光《中江县新志·杂记·祥异》）

井研：大疫。六月大水泛涨。（光绪《井研志·纪年》）

犍为：大疫。（民国《犍为县志·杂志·事纪》）

乐至：大水。（道光《乐至县志·杂记》）

平武、青川、江油、北川：五月大水，有硝磺气，河鱼漂泛，人手可取。（道光《龙安府志·祥异》）

内江、资中：三月大疫。五月大水泛涨，有硝磺气，河鱼浮殁，人手可取。（嘉庆《资州直隶州志·杂类志·祥异》）

内江：三月疫甚，民死者众，邑令杨捐俸施药救济。（光绪《内江县志·杂事志·祥异》）

安岳：旱，人民饥荒过甚。（道光《安岳县志·祥异》）

1599 年

（万历二十七年）

内江：大疫。（民国《内江县志·祥异》）

安岳：大疫，死者过半。（道光《安岳县志·祥异》）

1600 年

（万历二十八年）

全蜀荒旱，殍死无数。（嘉庆《中江县志·祥异》）

什邡：冬，桃杏花且实。（民国《重修什邡县志·祥异》）

［备览］　　　　　　**救荒书小引一首**

［明］李青藜（渠县人，曾任高邮县令）

考古荒政及近代循吏所，已行厥事匪一，约略其意，蠲与赈其大较也。顾荒有水有旱，水多旁入，利鲜食可，奏茭苇可，然芙蕖菱芡之属可市。旱太甚，即蝗螟助之，无高下如焚矣。余守邮六阅岁，若与冯夷、旱魃相追随，而今岁之旱与蝗，询之父老，睹未曾有，野草无青、炊烟且断、弱者皇皇、悍者蠢蠢矣。夫欲使惠覃而有济，法行而知恩，岂焦头烂额以后事耶？请蠲矣，蠲不可以必得，即得，仍属西江。亦尝为糜食饿者，而流移蚁至，与土著争集。绅衿父老谋之，佥曰：计口授餐，便也。门到户察，在城市之不克举火者，已六千余人，人日五合，自秋中望来年之麦，非八千余石岂可给哉。无米之炊，不得不归持钵，乃与绅衿父老矢诸神焉。一曰公，一曰洁，一曰断，否者有殛，如此可以劝矣。会诸上台皆有捐，余竭力措三百金，倡之，助者雀跃云来，大逾所拟数，为之十减四，存余力也。米麦各半，便输也。其在郊野，准此意行之，皆以乡三老董其出纳，无漏无冒，无鼠雀耗，盖费绅与衿四旬之心力，余乃观厥成焉。贫获果，然富帖席矣，此不两利俱存耶。编次付剞劂，名曰救荒书，危词也。嗟乎，水旱之灾所时有，素封者亦渐化为窭人矣。他年饥口将什佰倍于今日，而八千余石之米决不可以复得，司牧其穷矣。咽喉重地为忧，方大谋国者念之。

（民国《渠县志·文征志》）

1601 年

（万历二十九年）

秋，水漂昭化民居，漂没禾稼，涨入南城，船行市。（康熙《四川总志·祥异》）

苍溪：秋，水涨入县城。（民国《苍溪县志·杂异志》）

广元：秋，大水。（民国《重修广元县志稿·杂志·天灾》）

金堂：十一月朔，大雷雨。（雍正《四川通志·祥异》）

1602 年

（万历三十年）

雅安：大疫。（民国《雅安县志·灾祥志》）

綦江：五月十六、十九两日大水，漂流民居大半。（道光《綦江县志·祥异》）

内江、资阳：六月淫雨连月，江水入城。（咸丰《资阳县志·祥异考》）

平武、青川：六月淫雨。大旱大荒。（道光《龙安府志·杂志·祥异》）

金堂：五月大雨雹。（雍正《四川通志·祥异》）

五月二十三日、六月初一日，茂州坝底（今北川县坝底乡）等处地震，大鸣如雷。（《四川地震全记录·上卷》50 页）

1603 年

（万历三十一年）

蜀旱。（《四川省近五百年旱涝史料》2 页）

荥经：春淫雨，大水。水涨与城垛平。（民国《荥经县志·五行志》）

乐山：五通桥大水，冲坍城垣二次。（民国《犍为县志·杂志·事纪》）

犍为：大水冲毁城墙。（民国《犍为县志·杂志·事纪》）

富顺：七月大水入城，较1547年更甚。（乾隆《富顺县志·祥异》）

自贡：八月淫雨大水，较1547年更甚。（《自贡市志·自然灾害》）

綦江：冬月初五日暴雨，望鱼坎岩崩，压死夫妇二人。（道光《綦江县志·祥异》）

1604 年

（万历三十二年）

成都：正月大风，城北阁为颠陨，北门夜开。（雍正《四川通志·祥异》）

金堂：五月大雨雹。（民国《金堂县续志·事纪》）

六月，石泉县地震。（雍正《四川通志·祥异》）

闰九月，成都、龙安、保宁、松、茂地震。（雍正《四川通志·祥异》）

九月二十三日，成都诸郡邑天鼓鸣，白雾迷天，有火下流，至地始没。（雍正《四川通志·祥异》）

九月，苍溪地震。（民国《苍溪县志·杂异志》）

十月，华阳天鼓大鸣，似雷非雷。（《巴蜀灾情实录》346页）

1605 年

（万历三十三年）

松潘：五月天火坠。（雍正《四川通志·祥异》）

綦江：五月大旱。八月后淫雨灌禾，远乡无收，民有食草根树皮者。（道光《綦江县志·祥异》）

十一月初一日，兴文县地震。（嘉庆《兴文县志·祥异》）

1606 年

（万历三十四年）

綦江：岁大熟。（道光《綦江县志·祥异》）

合川：大水。（万历《合川志》、《嘉陵江志》121页）

古蔺、叙永：六月永宁大水，漂没三百余家。（光绪《叙永县志·祥异》）

1607 年

（万历三十五年）

七月二十五日，松潘、茂州、汶川地震数日。（嘉庆《四川通志·祥异》）

闰六月十三日，合江县民程日清、胡志安等家房地大动，顷之，房屋茔墓俱翻没，

疆界尽无，损田粮二石六斗。巡抚乔璧星于六月十三日题准豁免、赈恤。(《四川地震全记录·上卷》51页)

1608 年
(万历三十六年)

雅安：大疫。(乾隆《雅州府志·灾异》)

名山：大疫。(光绪《名山县志·祥异》)

天全：大疫。(咸丰《天全州志·祥异》)

营山：又旱。(同治《营山县志·杂类志》)

正月初八，四川地震，有声如雷。(《神宗实录》)

十一月初一日，建武所(今兴文县西南)地震有声。(雍正《四川通志·祥异》)

1609 年
(万历三十七年)

万历三十七年蜀旱。(《明史·五行三》)

夏四月辛丑，赈四川饥。(《明史·神宗纪二》)

是年秋，四川旱。(《明史·神宗纪二》)

射洪：正月旱。(光绪《射洪县志·祥异》)

灌县：大旱民饥。(光绪《增修灌县志·杂记志·祥异》)

遂宁：大饥，是岁粮食半收，米价腾贵，道有饿殍。(乾隆《遂宁县志·杂记》)

平武、青川、江油、北川：大旱，民饥。六月淫雨。(道光《龙安府志·杂志·祥异》)

内江：大旱，民荒。(光绪《内江县志·杂事志·祥异》)

自贡：大旱。(《自贡市志·自然灾害》)

西充：夏秋旱。饥。(《嘉陵江志》145页)

[**善榜**]邑人杨思义出粟千余石入官赈济，有司立坊以旌。(康熙《顺庆府志·人物》)

资阳：旱。(民国《资阳县志稿·祥异》)

巴县：旱。(民国《巴县志·事纪》)

荣昌：自三十七年至三十八年大旱频仍，田无收获，赤地千里。(光绪《荣昌县志·祥异》)

富顺：大旱。(乾隆《富顺县志·祥异》)

南溪：旱。(民国《南溪县志·杂纪·纪异》)

营山：春夏旱，秋蝗。(同治《营山县志·杂类志》)

井研、乐山、犍为：秋大旱。(光绪《井研志·纪年》)

泸州：大水。(乾隆《泸州县志·杂类》)

成都：五月壬戌，蜀府火灾，门殿俱烬。（嘉庆《四川通志·祥异》）

乐山：正月二十二日，定波门起火，毁城楼，延烧居民数百家。（民国《乐山县志·祥异》）

[备览] 万历三十七年，楚、蜀、河南、山东、山西、陕西皆旱。（《明史·五行三》）

1610 年

（万历三十八年）

全蜀荒旱，殍死无数。（民国《绵竹县志·祥异》）

四月，赈四川饥。（《明史·神宗纪二》）

四月，"留四川今年税，赈其旱饥"。（《国榷》）

全蜀荒旱，粮作收成甚少，出现大饥荒。（民国《绵竹县志·祥异》）

射洪：正月旱。（光绪《射洪县志·祥异》）

荣昌：复大旱，田无收获，赤地千里。（光绪《荣昌县志·祥异》）

富顺：复大旱，赤地千里，饿殍载道，民多离散，城野半空。（乾隆《富顺县志·祥异》）

武隆：五月初三日，水涨，冲没隆市河等街军民房屋，西堤决，城崩廨溺，文卷漂流，人、畜死者千余，至初七日方消。（康熙《四川总志·祥异》）

合江：自客岁十月至今久旱不雨。（民国《合江县志·杂纪篇·纪异》）

自贡：夏大旱，赤地千里，饿殍载途，民多离散，城野半空。（《自贡市志·自然灾害》）

内江：复大旱，全邑无收，赤地千里，民饥死流离，城野半空。（光绪《内江县志·杂事志·祥异》）

中江：全蜀荒旱，殍死无数。（嘉庆《中江县志·祥异》）

苍溪：大荒旱，大饥。（民国《苍溪县志·杂异志》）

广安：荒旱，殍死无数。（宣统《广安州新志·祥异志》）

绵竹：旱，大饥。（民国《绵竹县志·祥异》）

井研：饥。（光绪《井研志·纪年》）

雅安、芦山、荥经、名山：荒旱，殍死无数。（乾隆《雅州府志·灾异》）

平武、江油、北川：复大旱，道殣相望。发帑银三百两赈恤，又发仓煮粥施济。（道光《龙安府志·杂志·祥异》）

资中：两日间大火大水继发。闰三月十四日，资阳县东城、西城两处，忽有火星飞起，因风发火，狂焰延烧一千二百八十三户。明日，居人出徙城外，不料其日复遇江水暴涨，人畜器物悉皆漂没。城中民免于焦土者，又半为鱼矣！《蜀故·神异》）

荥经：春淫雨，伤麦。（民国《荥经县志·五行志》）

黔江：万历庚戌年四月……黔江一县为雷雨涨江，冲城、坏岸、荡芦（庐），潴野沦陷者不知几百里也。（同治《酉阳直隶州总志》）四月蛟出。（《巴蜀灾情实录》323

页）大雷雨，江水涨，冲坏城岸庐荡潴野无算。（光绪《续黔江县志·祥异》）

越嶲：四月大雨雹，大如鸡子，荍麦入土成泥。（光绪《越嶲厅全志·祥异》）

泸县、合江、纳溪、江安：雨雹交下，泸州诸卫损田麦数千余顷。（《蜀故》）

泸州：四月二十八日大风，屋瓦皆飞，桅折树拔。（嘉庆《直隶泸州志·杂类志·祥异》）

潼南：大疫。（民国《潼南县志·祥异》）

遂宁：大疫。（乾隆《遂宁县志·杂记》）

资阳：三月十四日，火灾。（雍正《四川通志·祥异》）

正月初一日，马湖（屏山）、叙州、沐川、建武、庆符寅时地震，声如雷鸣，房屋掣动，庆符县城（今高县庆符镇）垣崩毁十数丈。正月，筠连、高县地震。二月十五日，安绵道石城、永平、五城诸镇，五鼓后城（地）大震数声，诸将公廨中屋瓦梁木拉然有声，门扉不掩而阖，四境之内，十室九倾，如是竟日乃止。二月，黔江地大震，诸将公廨崩颓，四境民舍倾，呼声鼎沸，竟日乃止。三月十九日酉时，石泉、坝底等处地震，门扉自阖。四月，松潘地震。六月十七日，松番、漳腊、小河、平番巳时地震，声大如鼓。兴文、珙县地震。（《四川地震全记录·上卷》52—53 页）

正月十日，庆符、马湖、叙州、沐川、建武地震。（《四川地震全记录·上卷》52 页）

二月十九日，安绵道石城（龙安栈阁之一）、永平（今北川开坪乡）、古城（今平武东）诸镇所地大震数声，四境之内，十室九倾，号呼沸天，竟日乃止。（《四川地震全记录·上卷》53 页）

石泉（今北川）县：三月十九日入夜地震有声，门扉自阖。（万历《四川总志·文五》）

六月十七日，松潘、漳腊、小河、平番地震，声大如鼓。（《四川地震全记录·上卷》53 页）

1611 年
（万历三十九年）

遂宁：四月大水，冲圮东南城垣。（乾隆《遂宁县志·杂记》）

潼南：四月大水。（民国《潼南县志·祥异》）

彭水：大水，淹没城垣庐舍。（光绪《彭水县志·祥异》）

泸州：大水。（《四川两千年洪水史料汇编》）

万历三十九年秋九月，蜀世子府火灾，宫室俱毁。（雍正《四川通志·祥异》）

1612 年
（万历四十年）

彭水：大水淹没城垣、庐舍，水至治事之堂。（同治《酉阳直隶州志·祥异》）

巴东：夏，淫雨不止，会川水泛涨，三峡之涛涌立起百寻，冲巴市庐舍数百家，其资金禾畜，沿江漂没，难以计数。（同治《巴东县志·祥异》）

1613 年

（万历四十一年）

四川水灾。（《四川省志·水利志》59 页）

金堂：北河大水暴涨，坏庐舍千余家。（《成都水旱灾害志》220 页引《清代文献揆编》）

泸州：大水入城。（乾隆《泸州直隶州志·杂类》）

名山：地震。（光绪《名山县志·祥异》）

成都：五月壬戌，蜀府火灾，门殿俱烬。（嘉庆《四川通志·祥异》）

1614 年

（万历四十二年）

潼南：六月初一大水，辰涨酉消。（民国《潼南县志·祥异》）

遂宁：六月初一大水，东、西均淹至山麓，辰涨酉消。（乾隆《遂宁县志·杂记》）

武胜：秋旱至来年三月无雨，祈至老龙洞，大雨滂沱。（《嘉陵江志》151 页）

1615 年

（万历四十三年）

荥经：秋大水。（民国《荥经县志·五行志》）

1616 年

（万历四十四年）

云阳：大水，漂七十余村。（《中国历代天灾人祸表》）

荥经：春，淫雨，无麦，斗米三钱五分。（乾隆《荥经县志·乡土志·祥异》）

都江堰黑石河年久失修成灾，知州杨伯高本年疏通："黑石一河凿自离堆。昔日洪水肆害，今则旱魃为灾。江涨漂沙，填塞故道，年复一年，竟成高亢，东阡西陌，尽属荒芜……溯自秦人李公疏凿之后，嗣是岁一小修，至万历丙子（1576）间，洪水大至，石龙阻水，沙砾填淤……今岁时方盛旱，滴水不通。三农失望，闾阎骚动，骇目酸心。本州措处工费，雇募石匠水手，亲往理料，于是厖役丁夫计二千许，偕手竞作，比及月余，磜砾尽淘，水窗鹄立，蛇笼猥彻，故道复通……"（《疏黑石河碑》）

崇庆州知州杨伯高修黑石河，民请铸像以祀，许之。（民国《崇庆县志·事纪》）

明

［德碑］　　　　　　　　　　　　杨伯高

　　杨伯高，黄州人，万历末知州。先是州东黑石河灌溉民田无算。万历丙子（1576）江涨，淤塞故道。州人合力疏浚，灌县黠民群出阻挠，功不竟。农业几废。伯高集夫役二千人，亲诣河干，经画淘沙、筑堤，阅月工竣。生员谢茂德、周之弼四百余人讼大府，勒石纪功。是役也，一劳永逸，民德之，铸铁像祀焉。

（民国《崇庆县志·秩官》）

［链接］　　　　　　　　　　题杨伯高铁像
　　　　　　　　　　　［清］李象晁（崇州知州）

　　圣人语为政，先之复劳之。贤牧杨伯高，疏河事足师。万历岁丙子（1576），洪水势莫支；沙飞兼石走，海立并山移。河水失故道，涓滴竟无资。三农皆失望，四顾相嗟咨。疏凿令屡下，灌豪苦相持。贤牧恻然动，捐廉为工资。亲身诣河干，畚锸乃齐施。役夫逾二千，阅月忘险巇。水窗皆鹄立，清波复沦猗，蛇笼偕蜩砌，故道仍坦夷。一劳而永逸，此语信不疑。州民为铸像，饮食祝且尸。历年三百余，报赛恐后时。承乏来斯土，芳型系我思。展谒寺西廊，瓣香熏丹墀。为移佛龛后，题曰遗爱祠。

（民国《崇庆县志·江原文征》）

1617 年
（万历四十五年）

金堂：7 月 7 日大霖雨。（民国《金堂县续志·事纪》）
成都：十月初一日戌时地震。（万历《四川总志·文五》）

1618 年
（万历四十六年）

本年，是金沙江、岷江、川江大洪水年。（《四川水旱灾害》34 页）
广元：三月，风仆棂星门。（乾隆《昭化县志·政事·祥异》）
苍溪：三月内，忽寒冷如冬，禾苗尽死。（乾隆《苍溪县志·杂类》）
荥经：六月淫雨数日，荥、经二河水忽涨十余丈，田庐多被漂没。（民国《荥经县志·五行志》）
宜宾等地：万历戊午，马湖、青羊二江合涌，逆上岷江，水立十丈。（乾隆《蜀故·神异》）
泸县：大水，舟从墙垛入城，田宅皆毁。（乾隆《泸州直隶州志·杂类》）
内江：三月十六日，小十字街民家失火，延烧数百家，县堂及衙左右舍俱毁。（光绪《内江县志·杂事志·祥异》）
成都、苍溪、荣昌、资阳、内江、龙安地震：
震时：明万历四十六年九月十七、十八、十九、二十、二十一、二十八日（1618

167

年 11 月 3 日至 7 日及 11 月 14 日）。

震情：万历四十六年正月初一日，汉昭烈帝惠陵树火自焚。初，树抄（杪）有光如灯球，久之，光芒射，枝干无余，自辰至午乃灭。三月，昭化（县）学棂星门为大风所仆，时候寒若严冬，苗尽死。八月初九日寅时，有星陨于东南，光如火炬，斜飞慢行，入浊有尾迹，白如匹练，声响逾数刻方止。九月十八日子时，成都地震，有声如雷，屋宇荡摇，林鸦皆鸣。十九日巳时至子时，二十日寅时，二十一日子时，二十八日卯时，连数日皆震如前。十一月初一日白气见于东方，形如匹布，弯曲如刀，其长亘天，余月乃殁。（万历《四川总志·文五》）

九月，荣昌地震，房屋皆摇。（光绪《荣昌县志·祥异》）十八日至二十八日，苍溪地震不已。（乾隆《苍溪县志·杂类》）十七日子时，资县、资阳地震，有声如雷。（嘉庆《资州直隶州志·杂志类·祥异》）十七日夜，内江地大震，声如雷，房屋动摇，一连三日如其震。（嘉庆《内江县志·公署志》）十七日夜子时，龙安府地震如雷。（道光《龙安府志·杂志》）

1619 年

（万历四十七年）

本年三月，屡有地震之异。（雍正《四川通志·祥异》）

成都：三月大雨，江涨堤毁。（同治《成都县志·祥异》）

荣县：水涨与城垛平，南郊外一带民房俱圮于水，溺死者无算。（《巴蜀灾情实录》301 页）

江津：二月，群虎为害。（万历《四川总志·文五》）

三月五日，川东地震。六月二十六日，未初地震。（《四川地震全记录·上卷》55 页）

三月五日，成都日午地震。川东、威远地震。（《四川地震全记录·上卷》55 页）

1620 年

（光宗泰昌元年）

荥经：六月初三日，地连震五日，屋瓦声赫，鸡犬皆惊。（乾隆《荥经县志·乡土志·祥异》）

嘉定州：十月二十六日地震。（《熹宗实录》）

茂州：十一月二十八日地震。（《熹宗实录》）

1621 年

（熹宗天启元年）

营山：又旱。（嘉庆《营山县志·杂类志》）

二月十八日，广元地震；闰二月十四日、十九日，平武地震。（《熹宗实录》）

1622 年
（天启二年）

松潘：春三月，西山林木自焚，几三十里，冰雪皆化。（民国《松潘县志·祥异》）

1623 年
（天启三年）

天启三年，夏五月大雪，深尺许。（雍正《四川通志·祥异》）

成都：夏大雪。天启三年夏五月（5 月 29 日—6 月 27 日）天降大雪，积深尺许，树枝禾茎尽折。（康熙《成都府志·杂志》）

广元：夏五月大雪。（乾隆《昭化县志·政事·祥异》）

松潘：大雪深三尺许。（民国《松潘县志·祥异》）

金堂：三月淫雨不止。（民国《金堂县续志·事纪》）

五月二十六日，松潘镇平堡、小河所地震。房屋摇动，墙壁倾倒，椽屋大脱，人民惊怖。（《四川地震全记录·上卷》56 页）推断震级 5.5 级，烈度 7 度。（《阿坝州志·自然灾害》）

九月初八日，松潘南路地震。（《四川地震全记录·上卷》57 页）

闰十月乙卯（二十九日），仁寿长山一带，忽声震如雷，山谷迸裂，长约七里，宽约三尺，深不可测。（同治《仁寿县志·志余·灾异》、嘉庆《四川通志·祥异》）

荥经县江边，大石方广数丈，忽飞去不知所之。（雍正《四川通志·祥异》）

1624 年
（天启四年）

彭水：春，学宫灾。（光绪《彭水县志·祥异》）

峨眉：天启四年甲子仲秋朔（八月初一日）夜，县北铁桥河大水声甚厉。救苦庵僧惊起，见水上流处如二火炬并行，光烛两岸。僧惧，亟伐钟鼓，光亿片时，水涌数丈，漂没两岸数百家。古教场街圮，塌及治北城根，崩决自此始。（嘉庆《峨眉县志·祥异》）

1627 年
（天启七年）

四川大旱。（《明史·五行三》）

四月以来至九月，重庆、岳池、资阳、南充、保宁、顺庆等府州县久旱，禾苗尽

枯。(《崇祯长编》)

灌县：六月大旱。(光绪《增修灌县志·杂记志·祥异》)

巴县：旱。(民国《巴县志·事纪》)

邻水：六月大旱。(道光《邻水县志·天文·祥异》)

永川：夏大旱。(光绪《永川县志·祥异》)

荣昌：六月大旱。(光绪《荣昌县志·祥异》)

资阳：六月大旱。(民国《资阳县志稿·祥异》)

汉源：六月大旱。(民国《汉源县志·祥异》)

会理：岁大饥，升米百钱。贡生吴绍伯性友爱、广周恤，出谷五百石赈饥，以致自处空乏，寄食于其兄。(嘉庆《四川通志·人物·行谊》)

[德碑] 东乡(达州)赵县令赈灾安民：大旱，草枯木槁，遍地流离。县令赵德遴虔诚斋祷，倾囊赈济，民有逃亡者，开诚劝谕，俾其宁家仍安耕耨。是以邑人虽值奇灾，不至委于沟壑。(乾隆《直隶达州志·乡贤》)

井研：大旱。(光绪《井研志·纪年》)

德阳：六月大旱。(同治《德阳县志·灾祥志》)

射洪：六月旱。(光绪《射洪县志·祥异》)

[善榜] 杨师尹赈饥负债：射洪频年水旱，邑人杨师尹性好施与，有田产数十庄，因赈饥售卖略尽而负债，没齿无怨。(光绪《新修潼川府志·行谊》)

五月，邛、眉诸州县大水，坏城垣、田舍、人畜无算。(《四川城市水灾史》342页)

遂宁：六月江水暴涨溢岸，一日始消。(乾隆《遂宁县志·杂记》)

潼南：江水暴涨溢岸，一日始消。(民国《潼南县志·祥异》)

六月，茂州等处地震。(《四川地震全记录·上卷》57页)

[备考] 天启年间(1621—1627)，都江堰灌区各县共有堰608座，比100多年前的正德时期增加了100多座，标志着都江堰灌溉面积的扩大。(《中国水利史稿·下册》)

1628 年

(思宗崇祯元年)

营山：又旱。(同治《营山县志·杂类志》)

犍为：八至九月大旱。(民国《犍为县志·杂志·事纪》)

石泉县(今绵阳市北川羌族自治县)于正月、三月先后三次地震。(《四川地震全记录·上卷》57页)

井研地震。(《四川地震全记录·上卷》57页)

1628—1643 年
（崇祯年间）

达县：岁屡荒歉。（嘉庆《达县志·祥异志》）

1629 年
（崇祯二年）

崇祯二年十二月甲寅，（全蜀）地大震。（雍正《四川通志·祥异》）

武胜：五月初五旱至夏末，祈雨于此，沛然下雨。（《龙洞祈雨碑文记》、《嘉陵江志》151 页）

綦江：五月至八月不雨，大饥。（道光《綦江县志·祥异》）

宜宾：旱，民饥。贡生王应蛟捐谷于大觉寺赈饥，乡人德之。（嘉庆《宜宾县志·祥异》）

苍溪：八月二十八日大水没城之半。（民国《苍溪县志·杂异志》）

西充：大有年。（光绪《西充县志·祥异》）

十二月初四日（1630 年 1 月 16 日），松潘小河营 6.5 级地震，声如雷，一日十二次，山崩城塌一百二十丈，压死军民数人；次日复震三十余次，城垣又塌三十余丈。（民国《松潘县志·祥异》、《四川地震全记录·上卷》57—58 页）

成都、威远、乐山、珙县、广安、雅州、璧山、重庆、苍溪等地方志书分别记为"地大震"或"地震"。（《四川地震全记录·上卷》57—59 页）

1630 年
（崇祯三年）

雅安：岁大旱。（民国《雅安县志·灾祥志》）

[附]　　　　　　　　**苍溪祈雨活动**

明崇祯三年，岁在庚午（公元 1630 年），一至四月，百多天无雨，小春无收，大春又种不下去，人心惶恐不安。苍、南（江）边区高坡等地的一些里正士绅乘机以抬狗、耍龙、行香祈雨等活动敛财。双石巫觋杨栩亦趁机在高坡东南五里之水龙洞的龙王庙装神惑众，说："天不下雨，是干龙洞（距水龙洞约四里）旱魃作怪，宜速集火药、柴草，燎其洞而杀之，迟则危害深矣。"人依其言，举火而焚之，爆炸之声，山岳皆震，火烟冲天，鸟兽群逃，使干龙洞顿成焦土，而旱情仍然如故。

（张子波《民国时苍溪的祈雨习俗》，载《四川文史资料集粹（6）》）

1631 年

（崇祯四年）

潼南：旱，三月不雨。（民国《潼南县志·祥异》）

遂宁：大旱，三月不雨，家有储备，民不为饥。（乾隆《遂宁县志·杂记》）

三台：旱，三月不雨。（民国《三台县志·杂志·祥异》）

宜宾：岁复大旱，饥。（嘉庆《宜宾县志·艺文》）

内江：旱大荒，人相食。（民国《内江县志·祥异》）

雅安：旱，岁大歉，野菜树皮俱尽，人多相食。（民国《雅安县志·灾祥志》）

南溪：大水，民登州堂及高阜者得免。（民国《南溪县志·杂纪》）

简阳：桂林桥毁于水。（《巴蜀灾情实录》301 页）

闰十一月二十九日，资阳地大震；内江辰刻地震，有声如雷，连动三日。（《四川地震全记录·上卷》59 页）

1632 年

（崇祯五年）

四月三十日，四川地震。八月，峡江大水。（《明史·五行一》）

崇祯四年、五年，遂宁南坝高粱不成实。（道光《潼川府志·祥异》）

乐至：崇祯中，田舜年来任知县，宽厚得民，捐资率义民籴谷近万石，仿常平遗意，春放秋收，以济贫民。（光绪《新修潼川府志·宦绩》）

1633 年

（崇祯六年）

长寿：岁旱，自春徂夏，芽甲不畅。（民国《长寿县志·灾异》）

忠县：思宗崇祯六年（1633），流寇张献忠由陕入川，沿途杀戮甚惨，瘟疫流行。（民国《忠县志·事纪志》）

是年，流寇张献忠自陕西战败遁入川，部院洪承畴、总兵左良玉等率师追之，径入楚。是时官兵尚盛，贼不敢驻足，自此而西而东下，沿途居民被其杀戮者不可胜计，幸城邑均未失守。惟贼过后，凡附近所经道旁数里内，皆瘟疫大行，互相传染，家亡人绝。（民国《忠县志》据《欧阳遗书》）

1634 年

（崇祯七年）

五月，邛（今邛崃市）、眉（今眉山市）诸州县大水，坏城垣、田舍、人畜无算。

（《明史·五行一》）

崇祯七年六月乙卯（1634年7月6日），邛州、蒲江等县旱，是日大雨，至庚午（7月9日）水溢，坏城垣、房舍、人畜无算。七月庚戌（8月19日）新津大雨水。（《国榷》、《成都水旱灾害志》220页）

六月，邛、眉、茂、峨眉、丹棱、蒲江、芦山、犍为、青神、大邑、夹江等县，旱。（《巴蜀灾情实录》287页）

六月，邛、眉、茂、峨眉、丹棱、蒲江等县大雨，水溢，坏城垣、田舍，人畜死伤无算。（《巴蜀灾情实录》301页）

川南：大范围水灾。（嘉庆《宜宾县志·祥异》）

涪水泛滥成灾。（《绵阳市志·自然灾害》）

苍溪：八月二十八日大水淹没半城，人有淹死者。（民国《苍溪县志·杂异志》）

綦江：春旱。（道光《綦江县志·祥异》）

荣县：旱。（民国《荣县志·事纪》）

雅州：四月二十四日，雅州地震。（《四川地震全记录·上卷》59—60页）

嘉定州：地鸣，州西北隅九龙滩一夜阴雨晦黑，如千人腾踏声，迟明，滩徙去城一里。（《荒书》）

1635 年

（崇祯八年）

大邑、邛崃、蒲江：（旱）大饥。（《成都水旱灾害志》220页）

綦江：秋旱。（道光《綦江县志·祥异》）

内江：旱，大荒，人相食。瘟疫大作。（民国《内江县志·祥异》）

1636 年

（崇祯九年）

西充：五月十五日大雨，大水入城，"溪溢，潴学宫者五尺，城圮，民舍漂没百余户"。死二十余人，两岸农作物冲刷、淹没，损失甚巨。（民国《西充县志·祥异》）

内江：旱大荒，人相食。瘟疫大作。（民国《内江县志·祥异》）

1637 年

（崇祯十年）

四川八月大水。（《四川省近五百年旱涝史料》2页）

剑阁：五月大水，漂没甚众。（《荒书》、民国《剑阁县续志·事纪》）

蜀剑州大水。先来水一日，沿滩巨石数百皆反而复。水至，民登州堂以避者免，余皆漂没，两岸居民没者千余家。（民国《剑阁县续志·事纪》引《蜀破镜》）

大邑：邛江大水：邛江洪水调查，虎跳河段佛子岩有洪水石刻"崇祯十年七月二十四日（1637 年 9 月 12 日）"十字。（《成都水旱灾害志》220 页）

宜宾、隆昌、富顺、南溪、长宁、高县、兴文：叙州八月大水，民登州堂及高阜者得免，余尽没。两岸居民漂没者千余家。（《明史·五行一》、光绪《叙州府志·祥异》）

梓潼：大水。（《绵阳市志·自然灾害》）

遂宁、三台：六月二十日大风折木，北关为甚。（民国《遂宁县志·杂记》）

潼南：六月二十日大风折木。（民国《潼南县志·祥异》）

四月，马湖土司地震二次。（《四川地震全记录·上卷》60 页）闰四月初四，雅州地震。六日，马湖、叙州、泸州、越嶲皆震。（费密《荒书》）

闰四月十四日、十六日，马湖四土司（今屏山县）发生 5.0 级地震，新镇、叙州府建武所、泸州、越嶲卫皆同日震。（《四川地震全记录·上卷》60 页）九月，荣县黄时太家地鸣，声闻半里。（民国《荣县志·事纪》）

六月，龙安府（今平武）地震。（《四川地震全记录·上卷》61 页）

犍为：地震。（民国《犍为县志·杂志·事纪》）

十月二十一日，四川地震。（《明史·五行志》卷 30）

十月乙卯，邻水地震。（道光《邻水县志·天文·祥异》）

宁远卫井鸣沸，三日乃止。（嘉庆《四川通志·杂类志·祥异》）

1638 年
（崇祯十一年）

名山：旱饥。（民国《名山县新志·事纪》）

[德碑] **眉州通判韩宾治水殉职**：蟆颐堰引岷江水入口，灌眉山、青神田共五万二千余亩，明季淤塞，眉州通判韩宾为修复，积劳暴卒，州人就其地建庙祀之，因成市，令以韩宾名店，志不忘也。（民国《眉山县志·堰渠》）

1639 年
（崇祯十二年）

铜梁：大水复涨至安居乡，老川主庙前洪武十八年大水痕刻记处，水涨至此则江城过半矣。（光绪《铜梁县志·杂记》）

二月，昭化（今广元地）地震。（《四川地震全记录·上卷》52 页）

有大陨石坠落于长寿县城小市街，打坏房屋数十间，死数十人。（《长寿县志·大事记》）

1640 年

（崇祯十三年）

春，全川地鸣，人畜皆惊不获安处者数日。（同治《德阳县志·灾祥志》）

开江：荒旱频仍。（咸丰《开县志·祥异》）

营山、仪陇、蓬安：大水入城，漂没两河居民、牛只、禾苗无数。（康熙《顺庆府志·祥异》）

剑阁：夏大水。城东武侯桥、荆头铺、惠政桥、武连驿、试功桥、柳沟桥同日崩溃。（康熙《剑州志·灾祥》）

1641 年

（崇祯十四年）

九月甲午，四川地震。（嘉庆《四川通志·祥异》）

邻水：十月大雪，山林、城市间草木皆冰结其上。（道光《邻水县志·天文·祥异》）

罗江陈知县赈荒教民水利：荒旱。新任知县陈君宠，设法赈济，民赖以活。时"罗江民不知水利，旱则坐待天雨。（陈）先生至，教民为堤堰蓄水，又教以龙骨车、筒车、转水诸法，民获其利，呼'陈公车'"。（民国《三台县志·政绩》）

九月二十一日，龙安府地震。（《四川地震全记录·上卷》62 页）

九月甲午，犍为地震。（民国《犍为县志·杂志·事纪》）

1642 年

（崇祯十五年）

彭水：夏大旱，八月乃雨。（光绪《彭水县志·祥异》）

安岳、乐至：旱，连年岁荒，人多流离。（道光《安岳县志·祥异》）

名山：旱，大饥，土匪蜂起。蒙山茶萎黄，频年不发新叶。（民国《名山县新志·事纪》）

丹棱：岁大旱。（民国《丹棱县志·杂事志·灾祥》）

金堂：夏，沱江涨。（民国《金堂县续志·事纪》）

永川、荣昌：七月大风。（光绪《永川县志·灾异》、光绪《荣昌县志·祥异》）

大足：七月初七夜至三更，"龙水镇飓风拔木、瓦屋皆飞。须臾火自东起，延焚南北。火星飞河又烧西岸，烧毁三百余户，焚死百七十余口，伤三十余人"。（乾隆《大足县志·物产》）

达州：城中井鸣，城濠水赤如血。（嘉庆《四川通志·祥异》、《荒书》）

洪雅：华溪水飞行四五十步，路过人衣帽皆湿。又，人家米跳，以盘盛之，如蚱蜢

乱跳不止。(《荒书》)

忠县：崇祯十五年壬午，川中土贼蜂起，州人屯寨自固。(民国《忠县志·事纪志》)

时各处土贼蜂起，州人屯寨自固，无事则出寨耕种，有事则趋寨隐藏。壬申至壬午，匪去兵来，循环滋扰，川北、川东迄无宁日。贼虽不取琐细，而酷于杀戮、焚劫；兵虽不多杀，而其劫掠、吊拷无异于贼，且破衣细物莫不席卷，而民不聊生矣。(《欧阳遗书》、民国《忠县志·事纪志》)

1643 年

(崇祯十六年)

綦江：旱，五月不雨至八月，大饥。(道光《綦江县志·祥异》)

达县：岁屡荒歉。(民国《达县志·祥异》)

安岳、乐至：旱，连年岁荒，人多流离。(道光《安岳县志·祥异》)

丹棱：连岁大旱。(民国《丹棱县志·杂事志·灾祥》)

大足：六月二十三日夜二更至次日辰时，大雨如注，平地成河，路孔河岸上三村人家只剩二屋，千余家宅倒塌，漂流百余人，禾稻十伤七八。诚乃百姓之奇祸。知县李开源申报路孔河水灾文称，未敢奢望"议蠲"，只求示优"议缓"，意即不敢求免赋税，只求赋税缓征。(道光《大足县志·祥异》)

[链接]　　　　　　　**路孔河水灾申报文**
[明] 李开源（大足知县）

看得路孔河一带，连年饥荒，又撄不测，掀天怒浪，满空铁骑横来，动地轰雷，一夜银河倒泻，美哉轮，美哉奂，尽付冯夷；宁尔干，宁尔居，苦遭河伯。抱桴泛泛，奔邱阜以忽颠；裸体皇皇，携妻孥而乱窜。或梦寐乘波而不觉，或昏迷失足以自沉。雏随巢堕，哀鸦飞绕于空林；人逐屋流，丧犬悲嗥于剩址。黄熊复出，襄陵不减渎宗；白马未投，溃决何殊瓠子。既愁家破，又痛禾伤，浸千百峡所不到之田，涌数千年曾未闻之水。田无坦衍，傍溪壑者，悉惟沙石平铺。民利沃饶，依江滨者，俱被波涛酷啮。暂栖箴篁，千家无举火之厨；乍变桑田，四野失操蹄之望。崩崖鬼哭，空怜夜月之魂；残畛蛙鸣，尽洒秋原之泪。吁天不应，扣关何由？某灾异，适逢险危可惧，断桥阻路，且同山水之游。要碛摧残，几葬江渔之腹；时艰目击，惟希郑侠绘图。民事心酸，那得汲黯矫诏？宁惟私室，无聊以自足之策，兼以公家，有必不可已之征。堪怜垂成，宁忍待毙，议蠲以省敛，未敢侈望于庙堂；议缓以示优，是所急求于父母。有灾必记，垂史笔者，托意于春秋；遇事直陈，抱杞忧者，献愚于工瞽。倘职言可采，民瘼用舒，堪恫拯溺之仁，大慰解悬之想，地方幸甚。

时（崇祯）十六年六月也，大吏感其诚，为据奏请赈，得赐抚恤，民以澹灾。

(民国《新修合川县志·外官》)

合川：六月，路孔河一带大水灾，连年饥荒，民生危殆。大足知县李开源急书呈报，痛述灾情，"掀天怒浪，动地轰雷，人逐屋流，崩崖鬼哭，既遭家破，又痛禾伤，千家无举火之厨，是所急求于父母"，"大吏感其诚，为据奏请赈，得赐抚恤，民以渡灾"。（民国《新修合川县志·名宦》）

彭县：白鹿山裂。（嘉庆《彭县志·祥异》）

保宁：三秋霖雨。（《荒书》）

[善榜]　　　　　**李西成、李良玉父子乐善**

明末蜀中荒旱。郫县人李西成煮粥以济；又劝富户共勷厥事，全活甚众。其子良玉，继承父德，时值清初荒歉，出资济人，全活甚多。且复怪症流行，如大头瘟、马眼睛之类，良玉密访奇方调治，多得不死。

（同治《郫县志·宦迹》）

大修都江堰碑记①

［明］陈演

今金气为沴，垒多兵觊，外备内备，寇膏席卷。于巡方使者，各加以监军之号。巡方使者精神干理，大半注意吾蜀。迩者剑阁弛险，流氛阑入，继以民哗，杜鹃之有无几不可问。屡天子西南顾，特简刘公（之渤）持绣斧按部，乃公之精神干理有异焉，独注意民。谓"民穷，是以军兴；弭军，宜先奠民"。凡一切可为民堤害而幅利者，靡弗殚虑而毕营之。下车即禁金根子弟虎而翼者，乘传胥役狐而假者，高隅奥窟，每为破柱；蔀屋荒间，咸蒙光烛。而于激扬特慎，誉知阿，毁知即墨，无暗抑焉，无假易焉。而其绪，乃毕见于都江堰一役。

夫水，天下之大利大害也。都江实为岷源，禹浚涠崖，疏其湍壅之害，是以朝宗于海；秦守李冰凿离堆，藉为灌溉之利，是以沃野千里，称陆海焉。冰之功不在禹下，蜀人尸而祝之，有以也。其有堰也，自冰昉也，嗣是陵夷，或修或湮；至于今，湮久矣。灌、郫等七州县之民，每春初，具畚臿，刍茭渝排，无何即涨决矣。未享其泽，旋受其啮，嗷嗷兼苦旱涝焉。公廉知其苦，慨然聚监司守令而谋。或曰："费不资。"惟守西陈公，毅然任焉，遂谋定。以壬午年［崇祯十五年（1642）］良月之望鸠傭，迄癸未孟陬之杪（崇祯十六年正月初），即已事而竣。课能授粲，役无厉诅，楷程功器无癕，费不赀，公皆括捐。语云：愚公移山，精卫填海，诚一所致。仅四阅月耳，亟襄久湮之坠绪，岂有神灵呵护耶，抑公诚一所致也？计惟时流输七州县，万畎千浍，汪汪焉不舍昼夜，缘南亩者不抱瓮，不祝乌龙，坐受介我黍稷之赐，赐者谁也？谢安石以履屐得所识阿玄，是役也，不啻履屐矣。

夫水，天下之大利大害也。堤其害斯幅其利，惠及七州县者，公之绪也。民，亦天

---

① 此文记载明朝灭亡前一年，四川巡按御史刘之渤仍致力于大修都江堰的史实；并提出"水，天下之大利大害也；民，天下之大利大害也""愚公移山，精卫填海，诚一所致""民穷，是以军兴；弭军，宜先奠民"等观点，启人深思。

下之大利大害也，苟善堤之而善幅之，即梗者谲者，且俯首归功于我，谁敢肆螫焉？凡惠及全蜀，惠及天下，亦若是则已矣。……

不佞受釐武阳，虽距七州县而遥，然食堤害幅利之赐，一也。舍人邮其事于揆郇恍悟公，焉可无一言以记？其辞曰：资其润，险者可祛；藉以断，废者可苴，都江堰，郑白渠。

赐进士出身、太子太保、武英殿大学士、兼吏部尚书，纂修实录总裁、前经筵日讲、詹事府正詹、掌翰林院事、国子监祭酒陈演撰。

（光绪《增修灌县志·记》）

1644 年
（明崇祯十七年、清顺治元年）

成都：雷震藩殿，大雨雹。（同治《重修成都县志·祥异》）

宜宾：崇祯十七年，金沙江、岷江涨大水，淹至今宜宾市大什字，柏溪镇东北天池乡母猪岩曾有石刻（已毁）记载，民间又有"崇祯十七年水淹薛华田"的传言。（《宜宾县志·自然灾害》）

忠县：地震，大水进城。（民国《忠县志·事纪志》）

彭县：正月，白鹿山裂。（《蜀碧》）

万县：明崇祯十七年正月，农民起义军领袖张献忠率精兵 10 万，由夔州沿江而上，水陆并进。到达万县后，因涪滩水枯，停留 3 个月。四月离万，西攻重庆。（《万县志·大事记》）

甲申十七年三月丙午，京师陷，明亡。（民国《犍为县志·杂志·事纪》）

富顺：七月，献贼入川，杀戮邑民殆尽。（乾隆《富顺县志·祥异》）

清

明末清初，四川处于长期大规模的战乱中。在 1644 年（清顺治元年）至 1680 年（康熙十九年）的 37 年中，川境有 25 年陷于大战，其余 12 年也时有战祸。最先是张献忠入川建大西政权，随即入川清军、乡绅武装与张献忠大西军之间展开了攻防战；继而是南明（张献忠、李自成余部也打"反清复明"旗号）与清军的战争，以及南明诸将争权夺利的自相厮杀；后又有吴三桂反清叛军与清军的拉锯战。成都、重庆及大宁（今巫溪）、大昌（今巫山大昌镇）、内江、南充、西充等地区，是大西军与清军、清军与南明军、清军与吴三桂叛军拉锯激战地区。以清军为例，从 1646 年至 1659 年，清军六进成都；从 1647 至 1658 年，清军六进重庆。整个川境汉族所居地区，除川西南所受战祸较轻外，绝大部分均处于战火兵祸之中。加以连年天灾，四川几无遗民。

1644 年

（世祖顺治元年）

成都： 六月大雨雹，雷震藩殿。（同治《重修成都县志·祥异》）

天全： 蜀都经张献忠之变，杀戮者十之五，饥死者十之三。（咸丰《天全州志·祥异》）

忠县： 地震。六月大水进城。（民国《忠县志·事纪志》）

璧山： 六月淫雨，来凤驿、马坊桥居民被水冲去者甚众。（同治《璧山县志·杂类志·祥异》）

万县： 水涨。（光绪《奉节县志·记事门》）

宜宾： 大水淹至城内四大街中心点——大什字口，柏溪母猪岩上有旧刻："崇祯十七年水淹薛华田。"（王圣民《宜宾三次大水记》，载《四川文史资料集粹（6）》）

荣县： 旱。（民国《荣县志·事纪》）

丹棱： 连岁大旱。（民国《丹棱县志·杂事志·灾祥》）

保宁： 春夏大疫。（《荒书》）

是年，峨眉山伏虎寺、大峨楼、西坡寺、灵岩寺、仙峰寺、华严寺、中峰寺先后毁于兵火。（《峨眉山志》）

十一月十二日，盐亭山崩。（《清史稿·灾异志五》）

[附一]　张献忠成都称帝，国号大西

1644年正月，张献忠率农民起义军号称60万人，弃长沙，进军四川。克重庆，破成都，于十一月十六日在成都称帝，国号大西，建元大顺。设中央机构，争取少数民族支持（曾颁发两千号土官印信），曾颁布禁约，不准军队扰害地方。

1646年，清军逼近四川，张献忠集中部队往川北抗清，其部下川北朝天关守将刘进忠叛变，引清兵突袭暂驻西充凤凰山的张献忠，张献忠中箭牺牲。

大西政权存在两年，打击面过宽，镇压过头，树敌太多，在政治上陷于孤立；厉行酷法；献忠焚杀至惨，川民几尽。

[附二]　安岳自荒乱至太平八十余年略述
[清] 周于仁

国朝顺治元年（1644）八月初九日，逆贼张献忠破成都，僭称大顺，分遣贼目剿全川，积尸横野。割耳鼻、断手足，被刑者饮水立死。越二岁，我（清）朝大兵至，歼献忠于西充金山铺。巨贼虽除，两县尚为流寇所据，荒乱愈甚。迨戊子（1648）、己丑（1649），五谷无遗种，斗米三十金，民皆采掇草子、树皮、野果为食，绝盐味，无定居。强豪者聚啸山林，私结堡砦，号曰土豹子，以人肉为家常饭。又有流贼姚、黄二姓，大肆掠杀，所至村落一空。复有虎害，能破壁升屋，上树伤人，樵、汲、采食者，百十为群，横枪张梃以行，犹多不免。故孑遗之民尽逃于四方，两县绝人迹少烟火者，二十余年。康熙三（1664）、四年间，始有土著数家回籍，然户不盈十，丁不满百，难以设官，归并遂宁，复归蓬溪，由丙午（1666）至癸丑（1673）凡八年，陆续归里者渐多。康熙十三年（1674）甲寅，吴三桂叛于滇，窃并黔、蜀，设伪令于县，赋役烦苦，剥肤脂于疮痍之余，土著又多避虐而去。此两县之荒凉所以独甚于他邑也。康熙十九年（1680）庚申，滇、黔奏捷，恢复川疆，始奉旨以安岳归并乐至而设官，借道林寺为公署。历徐、郑诸令，康熙三十一年（1692）壬申，知县郑酉锡始开城结茅为肆，甫有屠沽，招徕开垦，略增丁赋。然两县之元气十未复一也。又历三十余年，迭经循良抚绥，元气渐复。故余特就见闻所及，自荒乱至太平八十余年，略载之简末云。时康熙六十一年（1722），周于仁谨识。

（光绪《安岳县乡土志·历史》）

1645 年
（顺治二年）

彭水：大水。（光绪《彭水县志·祥异》）

广安：旱，大饥。（宣统《广安州新志·祥异志》）

雅安：时献寇为虐，杀戮盈城野，米如珠贵，人相食，道路荆棘成林。（乾隆《雅州府志·灾异》）

天全：岁大饥，斗米千金。献寇为虐。（咸丰《天全州志·祥异》）

汉源：岁大饥，斗米十金。（民国《汉源县志·祥异》）

丹棱：连岁大旱。（民国《丹棱县志·杂事志·灾祥》）

绵阳：瘟痢大作，病者十不生一二。名医"何三爷"避张献忠追踪，居石泉坝坻堡，与父采药施救，全活甚众。（民国《绵阳县志·杂异》）

〔备览〕顺治二年，贼（张献忠军）屠崇庆州。贼所置伪官恣苛虐，遗民竞斩木揭竿，执伪官投之水火，或生磔之。献忿，命将分剿，兵到处望有烟即斩其将，偏裨不忍尽杀，多自经。（《蜀龟鉴》、民国《崇庆县志·事纪》）

1646 年
（顺治三年）

四川大饥。（《四川省近五百年旱涝史料》3 页）

涪陵：顺治三至六年，连续四年大旱，畜无遗种，百里无烟，虎豹入城。（《涪陵市志·自然灾害·干旱》）

内江：正月不雨至四月。（光绪《内江县志·杂事志·祥异》）

荣县：夏旱。（民国《荣县志·事纪》）

丹棱：顺治三、四年，连岁大旱，斗米三十金；人不得耕，从而相食，骸骨满野；其存者又被瘟疫，几无孑遗，如所谓摸脸魔、梦魂魔、大头瘟、马蹄瘟诸类，盖劫杀之余也。（光绪《丹棱县志·杂事·灾祥》）

夏，连岁大旱，斗米卅金，人相食，骸骨满野，其存者又被瘟疫。（民国《丹棱县志·杂事志·灾祥》）

彭水：夏旱，秋潦，禾生蟓，民食蕨根，人相食。大疫。（光绪《彭水县志·祥异》）

重庆：大饥。大旱大疫，"斗米值银四五十两"，"几无遗民"，复有虎患。（《重庆市志·大事记》）

忠县：顺治三年，四川大饥，忠州斗米值银四十五两。（《荒书》、民国《忠县志·事纪志》）

巴县：大疫，大旱。大饥，重庆斗米值银四五十两。（民国《巴县志·事纪》）

綦江：大旱。（道光《綦江县志·祥异》）十二月二十七日，张献忠余部孙可望、白文选等攻占綦江，驻约一月，于翌年正月转赴遵义，自此綦江县城荒废，六年无人管辖。（《重庆市志·大事记》）

西充：顺治三年至五年，连旱三年，"赤地千里，米一斗价二十金，麦一斗价七八金，久之亦无卖者，蒿芹木布，取食殆尽"。（《西充县志·气候·灾害性天气》）

名山：大饥。献逆为虐，杀戮盈野，人民相食，道路荆棘成林。（光绪《名山县志·祥异》引《李蕃纪事》）

江津：大疫，有全村皆死者。（嘉庆《江津县志·兵防》）

荣昌：大旱，大疫，人相残杀，几无遗民。（光绪《荣昌县志·祥异》）

广安：旱，大饥，食人肉，贼连营渠江之东采粮，草根树皮皆掘尽。（宣统《广安州新志·祥异志》）

井研：岁大饥，人相食。斗米银三两。（光绪《井研志·纪年》）

犍为：岁大饥。（民国《犍为县志·杂志·事纪》）

清溪（汉源）：岁大饥，斗米十金。（嘉庆《清溪县志·政事类·附祥异》）

通江：大水，沿江居民，多被漂没。（道光《通江县志·祥异》）

苍溪：流寇袁韬、马呼难，扰苍（溪）、昭（化）、剑（阁）各境，屠戮几尽。（民国《苍溪县志·杂异志·灾异祸乱》）

广元（昭化）：顺治三年，高培元来任县令，与旗户李天年，赈救逃民，存活以数千计。（乾隆《昭化县志·县令》）

［德榜］**昭化善人李天年**：李天年，龙潭驿旗户也。顺治三年，全蜀大饥，升米卖银三钱，人民相食。自顺庆、潼川、嘉定等处，男女携负而来者日以数千计，或饥病欲毙，行走不前辄死。东关、桔柏渡之间，积骸如丘。天年为之赍棺，瘗于义冢；并出黄豆百石、粟米百石，亲煮粥以赈未死之民，所全活以千百计。邑令高培元推奖之。（乾隆《昭化县志·人物·行谊》）

［备览］顺治三年正月廿一日，清廷命肃亲王豪格为靖远大将军，统兵入川。（《中国历史大事编年》第5卷12页）

1647年

（顺治四年）

全蜀旱饥。民大逃亡，百里无烟，都江堰淤废。城乡虎患。（《成都水旱灾害志》220页）

顺治四年，蜀大饥，五年再饥，人相食，虎豹入城厢食人。（《蜀龟鉴》）

綦江：五月大旱，斗米十二金，难民无所得食，兼瘟疫盛行，死者无人掩葬。五月雨雹，民居损坏。（道光《綦江县志·祥异》）

叙永：五月大旱。饥。（光绪《叙州府志·祥异》）

灌县：蜀大饥。（民国《灌县志·摭余记》）

崇庆：大饥。（民国《崇庆县志·事纪》）

犍为：又大荒。（民国《犍为县志·杂志·事纪》）

丹棱：大旱，人不得耕，从而相食，骸骨满野，其存者又被瘟疫。（民国《丹棱县志·杂事志·灾祥》）

邛崃：大饥，斗米万钱，瘟疫时行，继以猛虎群起，穿屋食人。（嘉庆《邛州直隶州志·祥异志》）

内江：四川疫，燕巢木，虎入城，饥，斗米万钱。大疫，有大头瘟、马眼瘟、马蹄瘟，又有抹脸魔、梦魂魔，害人至死。（光绪《内江县志·杂事志·祥异》）

彭水：大饥，人相食。是岁畜无遗种，城野无居民。（光绪《彭水县志·祥异》）

简阳：岁大饥。人相食。谷石值银四十两，糙米斗值银七两。（民国《简阳县志·编年篇·纪事》）清兵被南明军队打败，过简州时"将地方不分昼夜搜寻要粮，将人吊烧，有粮即放，无粮烧死"。（《巴蜀灾情录》282页）

苍溪：大饥，大疫。（民国《苍溪县志·杂异志》）

富顺：大饥。（乾隆《富顺县志·祥异》）

广安：饥。大疫，有大头瘟、马眼瘟、马蹄瘟等病。（宣统《广安州新志·祥异志》）

雅安、芦山：岁大歉，斗米值银十两，野菜树皮俱尽，人多相食。（乾隆《雅州府志·灾异》）

峨眉：顺治四年，峨眉大饥，人相食。米贵至石（银子）三百两，小麦豆石一百五十两，谷石一百二十两。荞一升一两二钱，盐一斤一两六钱。次年大疫，俗名马蹄瘟，一人传染，举室立死。是年，虎噬人，阅三岁始止。（康熙《峨眉县志》）寺僧多采野菜及黄泥嚼食，十死八九。山虎入峨眉县城食人。（《峨眉山志》）

汉源：岁大歉。（嘉庆《清溪县志·政事类·附祥异》）

天全：岁大饥，斗米银十两，野菜树皮俱尽，人多相食。（咸丰《天全州志·祥异》）

荥经：岁大歉，斗米十金（白镪十两），野菜树皮俱尽，人多相食。（民国《荥经县志·五行志》）

忠县：顺治四年（1647），忠、梁、云、万一带荒乱，斗米二金至四金。（《冯氏避难记》、民国《忠县志·事纪志》）

名山：岁大饥，斗米银十两，牛一头百两，山川愁惨。人相食，疠疫大作。（民国《名山县新志·事纪》）

剑阁：大疫。大饥。（同治《剑州志·事纪》）

营山：严霜杀麦。（同治《营山县志·杂类志》）

［附］清·费密《荒书》关于四川大饥及杨展军屯田状况的记述：丁亥（顺治四年，1647）正月，四川大饥，民互相食。盖自甲申（1644）为乱以来已三年矣，州县民皆杀戮，一二子遗亦皆逃窜，而兵专务战，田失耕种，粮又废弃，故凶饥至此。时米皆出土司，雅州尚有大渡河所、越嶲卫接济，米一斗银十余两；嘉定州三十两，成都、重庆四五十两。保宁赖大清运陕西之粮，亦十余两。成都残民多逃雅州，采野菜而食；亦有流入土司者。死亡满路。尸才出，臂股之肉少顷已为人割去，虽斩之不可止。……成都空，残民无主，强者为盗，聚众掠男女，屠为脯。继以大疫，人又死。是后虎出为害，渡水登楼，州县皆虎，凡五六年乃定。

八月，杨展屯嘉定军亦乏粮，大兴耕屯于六县。又，杨展屯田成上南，军民足食。展遣裨将杨荣芳、李一进、陈应宗、黄国美往成都招抚残民，给以谷种。民始见稻，以为奇物，用梡分稻，锄地而种，乐生之心初生。

南充虎患：蜀保（宁）、顺（庆）二府多山，遭献贼乱后，烟火萧条，自春徂夏，忽群虎自山中出，约以千计，相率至郭，居人移避，被噬者甚众。县治、学官俱为虎窟，数百里无人踪，南充县尤甚。（民国《新修南充县志·外纪》）

［备览］入川清军因染疫退驻保宁：顺治四年，清朝肃王大军追剿张献忠余部至合州、大足、铜梁，时方疫疠大作，肃王周围文官武将亦有染病不起。肃王无奈，率满汉大兵暂退，而疫病一路随之，最后退驻保宁。（《泷涒囊》）

1648 年

（顺治五年）

顺治五年冬，全蜀饥；六年，全蜀仍饥。（《清史稿·灾异五》）

残民复被（乱军）杀戮，存者人又相食。民不聊生，食草根蓬子，憔悴偷活，无复人理。（《荒书》）

三台：全蜀大饥，人相食。（民国《三台县志·杂志·祥异》）

潼南：六月大饥，人相食。（民国《潼南县志·祥异》）

遂宁：六月大饥，人相食。（乾隆《遂宁县志·杂记》）

绵阳：大饥，人相食。（民国《绵阳县志·杂异》）

成都：大饥，人相食。（同治《重修成都县志·祥异》）

灌县：再饥，赤地千里。（民国《灌县志·事纪》）

崇庆：大荒，再饥，赤地千里，邑中避难者人相食。是年疫大作，人皆徙散，百里无烟。（民国《崇庆县志·事纪》）

简阳：岁大荒，米升值银三两，河东倍之。摇黄贼入简州，以人为粮。（民国《简阳县志·编年篇·纪事》）

内江：旱大饥，大荒，人相食。瘟疫大作，人皆徙散，百里无烟。……大饥，斗米二十金，斗荞麦八金，久之，珠二升易面一斤不可得，盐一斤数金。邑中人相食，百里无烟。（光绪《内江县志·杂事志·祥异》）

彭水：大饥疫，斗米八金，人相食，畜皆死，城野无居民，死掠之余栖岩穴，食草木根。（光绪《彭水县志·祥异》）

重庆：大旱。人相食。地方民间武装姚黄余党以人为粮；斗米三十金，无售者；群虎白日出游。江津大饥，县城成为虎狼猛兽巢穴，十年左右人烟断绝。（《重庆事志·大事记》）

荣昌：旱。（光绪《荣昌县志·祥异》）

隆昌：旱。（同治《隆昌县志·祥异》）

富顺：旱，大荒，邑中避难者人相食。是年疫大作，人皆徙散，百里无烟。（乾隆《富顺县志·祥异》）

战乱之时，孑遗之民避居山砦。

战乱之时，乡绅善士倡建山中砦寨。如张祚麒倡筑普安砦；富顺颜昌英修筑三多砦捍卫井厂；于威远之吕仙岩筑集生砦，"保全凡万余人"。（民国《富顺县志·人物下》）

南溪：大荒，邑中避难者人相食，是年瘟疫大作，人皆徙散，百里无烟。（民国《南溪县志·杂纪·纪异》）

珙县：大饥，人相食，逃亡几尽。（光绪《珙县志·祥异》）

苍溪：夏大饥，疫。（民国《苍溪县志·杂异志·灾异祸乱》）

广安：岁旱，大饥，人相食。（宣统《广安州新志·祥异志》）

夹江：大饥，人相食，逃亡几尽。（民国《夹江县志·外纪志·祥异》）

中江、绵竹：大饥，人相食，逃亡几尽。（民国《中江县志·祥异》、民国《绵竹县志》）

广元：大饥。（民国《重修广元县志稿·杂志·天灾》）

顺治五年戊子（1648），肃王奉命讨贼，广元平定。知县高培元任广元。时苦岁荒。先是赵荣贵、武大定、姚天动流贼数千，不时往来骚扰百姓，农业尽废。至是，每市米一斗价五两，百姓易子折骸，弱肉强食，且疫疠流行，死亡遍野。苟全性命者仅存十一于千百。百姓屡遭流寇，耕牛杀绝。耕者以人代牛，数人牵挽于前，一人秉耒于后。（乾隆《四川保宁府广元县志·兵事》）

乐山：丙戌（1646），嘉定府连年兵燹，牛种尽绝。丁亥（1647）大荒，饿死者日无数。戊子（1648）春，始有至洪雅竹箐关外购得谷种者，然唯有力者能之。（同治《嘉定府志·杂著》）

忠县：顺治五年（1648），蜀大饥，人相食。（民国《忠县志·事纪志》引《蜀碧》）

剑阁：赤地千里，大饥，人相食。（同治《剑州志·事纪》）

北川：旱，大饥，民多转徙。（民国《绵阳县志·杂异·祥异》）

盐亭：大荒，斗米十金，人多饥死。（乾隆《盐亭县志·灾异》）

五年戊子、六年己丑，盐亭县大荒，斗米十金。（光绪《潼川府志·祥异》）

德阳：赤地千里，大饥，人相食。（同治《德阳县志·灾祥志》）

荥经：自张献忠陷成都，蜀人遍遭屠戮，荥经尤甚，城市荒废，寂无人烟，相传石、黄、王三姓，以避匿深山得免，余则靡有孑遗。史册所载，未有若斯之惨也。（民国《荥经县志·祥异》）

《蜀碧》载大饥瘟疫惨象：顺治五年（1648），大旱。蜀大饥，人相食。先是丙戌（1646）、丁亥（1647）连岁洊饥，至是弥甚，赤地千里。粝米一斗，价二十金，荞麦一斗，价七八金，久之亦无卖者，蒿芹木叶取食殆尽。时有裹珍珠二升易一面不得而毙，有持数百金买一饱不得而死，于是人皆相食，道路饿殍，尸才卧地，即遭脔割；无所得，则父子兄弟夫妇转相贼（残）杀；强者夺人为食，若屠羊豕然。其时瘟疫流行：有大头瘟，头发肿赤，大几如斗；有马眼睛，双眸黄大，森然挺露；有马蹄瘟，自膝至胫青肿如一，状似马蹄。三病中者不救。（《蜀碧》）

［备览］ 凶荒时期"饥疲余民"生态

（顺治五年）其时，土寇各据一方，每以强凌弱，互相贼害。寇盗未息，豹虎纵横，三五成群，不分昼夜，或飞腾升屋，或浮水入船，觅人而食。更有恶犬，攫人如虎，总由劫抢后尸骸遍野，远近之犬百十成群，夜或值之，一犬声吠，众犬皆起，曳踣行人，须臾毙命。食人恶犬，身挟风毒，中其毒者必死。是以逃荒之人，非多结伴莫敢往来。然道无人烟，虎豹肆出，父子兄弟俱不相保。更可异者，足胫生疮，瘟名"马蹄"，传染流传，百药不效。后遇道人，令患疮者盛小便于木桶，泡之数次即愈，民赖以生全者颇众。是时，农废耕稼，民用乏食，或以劫夺为活命计，甚且同室之人亦暗相谋害。荆棘满途，人迹稀罕。往往自引子女于无人之地，谋死密埋，以为轻身无累，便于逃窜。岁愈凶荒，贼掠野无获，捕民而食。最堪怜者，饥疲余民，孤踪潜匿，剐树皮、觅野菜、采蕨根，期延残喘，而黠贼深夜登高，遥望烟火起处，潜往劫戮，屠以充饥。于时二三遗黎，自计必死，何敢与贼斗？力农必携兵器，无贼乃耕，遇贼即战，出作入息，负薪汲水，既防盗贼又畏虎狼，无时不有死亡之患。至于耕种之际，以人代牛，种麦种豆，艰苦倍常；禾稼将登，饥民窃获以去。又有束手待毙者。米斗万钱，五谷翔踊，以人易粮，不过数升。夫以杀戮频仍，荒疲连岁，昔之城郭宫室，今惟蓬蒿荆棘；昔之衣冠人物，今为虎狼狐兔。所称沃野千里者，满目荒烟蔓草而已。稍强有力者，又各据一方。

（《滟滪囊》）

[善榜]乱世善人张维胜：张维胜，广安白市人。生明万历时，孝友勤学，家有余赀，或劝置产，不听。国朝顺治乱后戊子（1648）岁，大旱，乃出所藏，粜谷赈给。时有攫其邻人子将烹食者，胜以儋石粟给之，邀免。乱定，里人多失偶，代为择配，并给牛种，令其归耕于乡。又村设义塾，以教贫苦子弟。著有家训八则。（光绪《广安州新志·卓行志》）

1649 年

（顺治六年）

全蜀大饥，人相食。大旱赤地千里，逃亡殆尽。（《四川省近五百年旱涝史料》3页）

广元：大饥，市无米，人相食。（《巴蜀灾情录》287页）

彭水：戊子（1648）、己丑（1649）大饥疫。人相食，斗米银八两，六畜皆死，虎昼攫人。（光绪《彭水县志·祥异》）

綦江：大旱，赤地千里。（道光《綦江县志·祥异》）

盐亭、绵竹、中江、珙县：大旱，赤地千里，大饥，人相食，逃亡殆尽。（民国《绵阳县志·杂异·祥异》）

北川：大饥，市无米，多持金饿死，人相食。（民国《北川县志·杂异》）

苍溪：饥馑频仍，人食草子树皮，斗米银十余两，野兽游城市，民尽走秦地，其存者万中之一。（民国《苍溪县志·杂异志·灾异祸乱》）

井研、犍为、乐山：大旱，赤地千里。（民国《犍为县志·事纪》）

南充：饥甚，斗米银十二两，肉一斤银一两六钱，皆自北来者。时虎豹入市食人，秋大有年。（民国《新修南充县志·掌故志·祥异》）

雅州：1649年，残明官军曹勋部入雅州大掠，将豆、麦、高粱搜刮得一粒不剩，老百姓连草根、木皮都吃光了，"僵尸满路，城乡至显设卖人肉汤锅"。残明官军还四处抢劫，"每得一人，榜刺炮烙，必得财物而后已"。（《巴蜀灾情实录》282页）

南充县大丰。蓬州疫。（康熙《顺庆府志·祥异》）

1650 年

（顺治七年）

射洪：四月，射洪大雨三昼夜，城内水深丈许，人畜淹没殆尽。（《清史稿·灾异志三》）

四月二十三日至二十六日，大雨，山溪及江水暴涨，雉城内水深一丈，人口、财物、牲畜淹没殆尽。（乾隆《潼川府志·杂记》）

西充：大有年。（光绪《西充县志·祥异》）

彭水：自二年至七年，因缺食，城野无居民。死掠之余，栖岩穴，食草木根。（光绪《彭水县志·祥异》）

南充：城内豺狼当道，猛兽食人，出入城市，莫之敢撄，诚有夫死于虎、子死于虎而不去者矣。自甲（申）乙（酉）以来，民之死于兵者半，死于荒者半，死于虎者半，民命几何，而堪此数年之摧折也。（民国《新修南充县志·掌故志·祥异》）

遂宁：虎食人。（乾隆《遂宁县志·杂记》）

广元（昭化）：顺治七年，刘见龙来任知县。时兵燹之后，土地荒芜，见龙安抚遗民，给耕牛、种子，招民垦之。（乾隆《昭化县志·县令》）

采买牛种兵民屯垦，官亦自耕以资自养：蜀土之乱，至甲申而极。国初虽诛献逆，全川未尽底定。顺治七年，巡抚李国英驻节保宁，控川东北，曾以蜀疆屯政肇举、兵民少济奇荒题请，蒙恩允拨济川牛种银五万两，委员赴秦采买牛种，计兵民领牛九百三十七头，司道以下各官领牛六十一头。时因兵燹后，蜀中无从征税，俸薪莫措，皆权令自耕以资养廉。百姓可知矣！（民国《大邑县志·轶事》）

1651 年

（顺治八年）

南充：辛卯（1651），皇上轸念川民疾苦，给牛给种以贷之，然后子遗卖刀卖剑，渐有起色。（民国《南充县志·祥异》）

遍地皆虎，大为民害：

清《欧阳直遗书》虎患记载：献贼乱后，四川遍地皆虎，或七八或一二十，升楼上屋，浮水登船，此古所未闻，闻亦不信。予自内江奔出，月下见四虎，予狂奔匿草间以免。叙南舟行，见沙际大虎成群。过泸州，岸上虎数十鱼贯而行，前一白虎面长，毛颡披发径尺。

清沈荀蔚《蜀难叙略》亦云："八年辛卯（1651）春，川南虎豹大为民害，殆无虚日，乃闻川东、下南尤甚，自戊子（1648）已然。民数十家聚于高楼，外列大木栅，极其坚厚，而虎亦入之；或自屋巅穿重楼而下。啮人以尽为度，亦不食。若取水，则悉众持兵仗、多火鼓而出，然亦终有死者。如某州县'民已食尽'之报，往往见之。遗民之得免于刀兵、饥馑、疫疠者，又尽于虎矣。虽营阵中，亦不能免其一二。迨甲午

（1654）、乙未（1655），前后七八年，其势始少衰云。"①

1652 年

（顺治九年）

綦江：孙可望遣白文选率军经綦江县出重庆抗清，并委任县令张师素领耕牛、种子到綦江县，招回逃往贵州的綦江县民数十户，綦江县城开始恢复。（《重庆市志·第一卷·大事记》）

彭水：大旱。（光绪《彭水县志·祥异》）

忠县：顺治九年（1652），忠州岁荒。是春，忠民苦力开凿，下种亦多，自期秋成可丰。谁料四月至九月一连旱雪，寸草无根，加以贼众劫寨甚惨，民不聊生。适梁山难民再到忠州，曾于题壁有"去年跋涉为兵灾，今岁凶荒去复来"之句，足征忠州当时之荒乱也。（民国《忠县志·事纪志》据《冯氏避乱记》）

峨眉山：冬，大乘寺毁于火。（《峨眉山志》）

1653 年

（顺治十年）

彭水：大水淹及县署檐。（光绪《彭水县志·祥异》）

隆昌：大熟。（同治《隆昌县志·祥异》）

西充：大有年。（光绪《西充县志·祥异》）

《蜀难叙略》关于顺治十年前后四川残荒暨垦复、重建情形的记述：自逆贼尽屠川西而北也，各州县野无民、城无令，千里无烟者已七八年。至是，西南接壤之所，始有开垦者。然田皆膏腴，芜久益肥沃，用力少而成功多，且无赋税，力之所及即为永业。由是川南之民皆健羡之，非安土重迁者，往往相率去；久之渡江，渐达西北。而诸州县始仍设正佐官，然城郭不可入，但得其界内有民之所，官就而居之，月食其供亿。得民数百家者为上，数十家者次之，数家者为下，亦有传食而课其子弟者，忘上下之分，而宾主之情始洽，不则无所得食。亦有无民而寓于邻邑以需岁月者。后又令查报民数，视其损益而殿最之，官日益抚摩之不暇矣。（《蜀难叙略》18—19 页）

1654 年

（顺治十一年）

遂宁：七月大水。（民国《遂宁县志·杂记》）

营山：八月大旱。（同治《营山县志·杂类志》）

六月初八日（7 月 21 日），通江地震。（《滟滪囊》）

---

① 民国《巴县志·十一下》将此二条引语置于"明神宗万历十四年"下，误。

［附］顺治十一年皇帝诏修水利："东南财赋之地，素称沃壤，近年水旱为灾，民生重困，皆因水利失修，致误农工。该督抚责成地方官悉心讲求，疏通水道，修筑堤防，以时蓄泄，俾水旱无虞，民安乐利。"（《清史稿·河渠志》）

1655 年
（顺治十二年）

正月初七日（2 月 12 日），营山地震。（同治《营山县志·杂类志》）

［备览］清初士人对明末清初四川祸乱之所由的反思：刘尧草（承莆）曰："祸乱之作，人事感于下，天道应于上。明季阉宦当权，君子在野，小人在位。一时豪绅大户，怙侈灭义、强凌弱、众暴寡，贫者不能自立，罔恤饥寒，罔念疾苦，贱者无以自容。以故摇天动、黄龙等以闾巷小人揭竿而起，其祸滋蔓，揆厥所由，饥寒驰之者半。虽曰天降丧乱，其实借寇兵、赍盗粮者，豪绅大户也。"（《滟滪囊》）

1656 年
（顺治十三年）

綦江：春旱。（道光《綦江县志·祥异》）

汶川：夏大水。（《阿坝州志·自然灾害》）

灌县：自顺治二年献贼屠蜀，至十三年，野无民、城无令者十年。至是邛、雅始开垦，渐及下南道，州县始设正佐官，然无城郭。（民国《灌县志·摭余记》）

春，宜宾、富顺、南溪等六县地震，"立地之人，多倾跌不支"。（嘉庆《宜宾县志·祥异》）

五月辛卯，免大宁荒赋。（《清史稿·世祖本纪二》）

1657 年
（顺治十四年）

顺治"十四年三月朔，成都、威州、汶川地震。二十五日，西充地震，次日复震"。（《清史稿·灾异志五》）

四月癸未，四川保宁、威、茂等处自三月十六日至四月初九日地大震。（《大清历朝实录·顺治朝》）

汶川 6.5 级地震：三月初八日（4 月 21 日）。"威、茂、汶川等处，自三月初三日地震有声，昼夜不间，至初八日山崩石裂，江水皆沸，房屋城垣多倾，压死男妇无数。并成都西南地方俱动。"（康熙《四川总志·祥异》、《清史稿·灾异志五》）

春三月朔，威州汶川地震有声，山倾水沸，并成都西南方皆动。（嘉庆《四川通志·祥异》）

推断震级 6.5 级，烈度 8 度。（《阿坝州志·自然灾害》）

苍溪、龙安府、内江地震。(《巴蜀灾情实录》348 页)

宜宾、富顺、南溪等六县地震,凡立地上者多倾跌不支。兴文、叙南六邑地震。(《巴蜀灾情实录》348 页)

綦江:春大雨雹,民居损坏。(道光《綦江县志·祥异》)

1658 年
(顺治十五年)

奉节等地:"峡江①大水。"(《中国历代天灾人祸表》)

綦江:五月大水入城,斗米二两。(道光《綦江县志·祥异》)

雅安:大疫。(民国《雅安县志·灾祥志》)

彭水:夏旱秋潦,民食蕨根。(光绪《彭水县志·祥异》)

1659 年
(顺治十六年)

四月朔,万州昼晦。(《清史稿·灾异志五》)

四川秋久雨。(《四川省近五百年旱涝史料》3 页)

阆中:秋淫雨不绝,保宁城圮,锦屏山亦倾陷,截去一面成赤壁。(雍正《四川通志·祥异》)

成都:秋,成都淫雨,城圮。(《清史稿·灾异志三》)

[附一]**清朝平定四川**:顺治十六年,经 13 年(1646—1659)战争,击败坚持抗清的大西军余部和残明武装后,清巡抚高明瞻率军占领成都。康熙四年(1665),多年设于保宁(今阆中市)的四川军政机构全部迁入成都,这才开始清王朝对四川的正常统治。(《四川省志·卷首》220 页)

顺治十六年,成都诸州县始设官。(民国《崇庆县志·职官》)

顺治十六年,秋八月,清兵克叙州府,川南入清手,全川旋平。九月,清人第一任知县薛起凤至筠连。(民国《筠连县志·职官》)

[附二]**四川巡抚高民瞻率军开辟草莱,复建成都**:顺治十六年八月,清朝巡抚高民瞻,提兵由保宁恢复成都,监军道程翔凤亦自威茂至。时成都城中绝人迹者十五六年,惟见草木充塞,麇鹿纵横,凡市廛闾巷、官民居址,皆不可复识。诸大吏分处城楼,盖前四镇所葺者也。而川北及秦陇人,俱相率随大军开辟。士农工贾、技术胥役之类,惟力是视,俱伐树白之以为界,强有力者得地数十丈不止,先施棚帐于骷髅瓦砾间,然后因树为柱,诛茅覆之。远近趋利者日辐辏,然故民则千百中不能一二也。城中豺虎熊猱,时猎得之。而故蜀府内二三年后犹然。又闻城中井,昔二万余,后不盈三百,其余皆或人或金实其中,与平地等矣。(沈荀蔚《蜀难叙略》24 页)

---

① 峡江:长江自四川奉节县瞿塘峡以下称峡江。

[附三] **高民瞻等捐资修治都江堰**：康熙《成都府志》："都江堰开凿于秦守李冰，灌溉十一州县。清初战乱，都江堰淤废，所余人民止就隅曲之水，以溉偏僻之田。顺治十六年，四川巡抚都御史高民瞻，监军程翔凤合文武官员捐银二千两，雇募番傈修筑开浚，暂资灌溉。然每岁当春或恒旸，水仍苦不足。"（《成都水旱灾害志》220页）

1660 年
（顺治十七年）

大朗和尚募化建成大朗堰：清乾隆《双流县志》：清顺治年间，驻锡双流三圣寺大朗和尚，因见所在金马河左岸双流、新津一带旱地水利不兴，乃托钵募化，自上流温江开渠引水百余里，自流灌溉温江、双流、新津田土六万八千余亩。堰成于清顺治十七年①，至今仍为金马河左岸分水一大干渠，名大朗堰，或称大朗河。（《成都水旱灾害志》221页）

[善榜] **大朗和尚**：顺治间卓锡三圣寺，持律甚坚，能感人。先是邑境杨柳河西沙紫堰水易竭，大朗察水脉在温江留稼濠宋、杜二姓林陌间，势不可以利购。乃积岁月，乞募于其主，既得请，刻日施畚锸，导渠三里许，浃昼夜堰工成，疑有神助。迄今邑西田数万顷，上自温江、下达新津，资灌溉之利，虽旱不竭，大朗功也。光绪初，三邑绅民重建祠堂，并请大府入奏，敕封静惠禅师；其裔含澈，刻碑记诗文置于祠堂。（民国《双流县志·方外》）

[链接] **大朗堰记**
刘 沅

明季不纲，忠良解体，迄于流寇纷作，贤人君子往往遁迹于荒，至国初而隐居方外，四海之遥，盖不胜屈指矣。大朗和尚者，不知何许人，字金玺，初祝发于什邡慧剑堂，继主大邑兴化寺及成都圆通寺，晚乃移锡于双流之三圣祠。金马江者，岷江之正流也，古人析为二渠杨柳江、清水江，皆经邑境而分派以溉。惟柳江之南、金马之东，犹多隙地，盖岸高而水低，无由挹注也。大朗德行，夙为当道所钦，若元戎陈相亭、新津令袁景先、成都令袁卜昌辈，皆与之游，欲导渠以利民而虑其弗应也。乃托钵为行乞僧，度其地势所必经，则乞于其主者之门，与之金不受，与之食不受，惟求署名乐施于册，否则坐卧其门，数日而弗去也。主者不得已，从之。已而以开渠之说请于温新之宰，初为忻然，既则愕然。大朗曰："诸君勿忧，予已语民，而民从矣。"出册以示宰。鸠公而从之，有靳以其地为渠者，宰呵之不服，则出其自署之名以质，咸俯首无辞。于是导川自温达新津，上下百余里，溉田数万余顷。后人德之，因名其津曰大朗堰。大朗之为此役也，当顺治庚子（1660），其时并双归新，新津宰袁公尤与之善，故得竟成厥功。然大朗所学非止此也，尝与袁公诗云："治国安民事，空空执两端。不作违心举，休求冤债钱。眼前皆赤子，头上是青天。他日思旧好，何愧得何惭。"又于兴化寺云：

---

① 另据《光绪双流县志·敕封静惠大朗禅师行录》，大朗堰建成于康熙元年（1662）。

"兴化一片清凉地,安居不上钓鱼台。坐观偶得风雷至,队队金鳞踔跃来。"盖其托迹于风尘之表,而未尝忘济世安民,有由来矣。江水长存,大朗其或朽乎哉。

(民国《双流县志·艺文》)

[德碑] **巡抚佟凤彩主持整修都江堰**:顺治时期四川巡抚佟凤彩发现都江堰"疏浚之水道,易为砂石滞塞,欲为永久计",在清初首先提出"行令用水州、县,照粮派夫,每岁掏凿"的主张,并亲自主持整修都江堰,取得很好的效果。(《巴蜀灾情实录》99页)

四川巡抚奏请移民入川:顺治十七年,四川巡抚奏请,移两湖、两广、闽、黔之民,以实东西川。(《清圣祖实录》)

1661 年
(顺治十八年)

西昌:水灾。康熙二年(1663),免建昌等卫顺治十八年份水灾赋额。(《清圣祖实录》)(按:西昌原名建昌卫)

[附]　　　　　　**清初"湖广填四川"**

明末清初,四川历经长期战争,至顺治十八年,清代四川布政司首次清理户籍,全省仅有丁16096(《皇朝文献通考》),如按1丁5口计,总人口只有80480人,仅相当于明万历六年(1578年)的2.59%(是年四川有262694户,3102073人)。

那时四川盆地中部已是人烟绝迹,仅盆地边缘山区,存有少数"孑遗之民",许多州县都空有其名。

重庆城"为督臣驻节之地,哀鸿稍集,然不过数百家";合州(今合川)"领三县,兵火后合计遗黎才百余人";"永川、璧山、铜梁、定远、安居等县,或无民无赋,城邑并湮;或哀鸿新集,百堵未就";"大足县止逃存一二姓,余无孑遗"。(《重庆市志·大事记》)(时四川总督李国英驻重庆)

为了恢复经济,增加赋税收入,清廷采取应急措施,从1661年至1727年(雍正五年),提倡、支持、组织开展长达60余年的"湖广填四川"大移民活动。至雍正二年(1724年),四川人口已达2046555人,占全国人口的8%。

自顺治十年(1653年)起,为鼓励外逃川民返回原籍和湖广、江西、福建农民入川,清政府规定抛荒土地开垦后可永占为业,五年后才纳田赋;各省贫民携带妻儿入川垦荒的,可以入籍。康熙二十四年(1685年),四川省在籍人口仅18090户,约9万余人;至康熙六十一年,重庆府人口已达111854户,约56万人。(《重庆市志·大事记》)

1662 年

（圣祖康熙元年）

康熙元年，蜀地庆云现，麦秀两歧，牛产二犊，虎豹相食。识者知为升平之兆也。

免四川邛州、名山、黎州（今汉源）等七州县及黎州卫一所去年（1661）被水灾额赋。（《圣祖实录》）

綦江：岁大有。（道光《綦江县志·祥异》）

西充：大有年。（光绪《西充县志·祥异》）

泸州：春、夏大水。（《四川两千年洪水史料汇编》）

夹江：七月江水暴涨，城野俱淹，近岸田舍漂没过半。生民幸无所伤。（民国《夹江县志·外纪志·祥异》）

威远：七月河水涨，损民居，伤稼。（《沱江志》126 页）

西昌：洪水。（《四川省近五百年旱涝史料》140 页）

会理：三元桥为巨水冲塌。（《巴蜀灾情实录》301 页）

乐山：康熙元年（1662），嘉州（乐山）凭江水大涨，横流冲决，积沙石齐岸，牛特三堰遂废，三十里之内，凡食其利者，或失所天（失去天然衣食之源），虽清丈后改为下田，其如赋税何？民渐鸟兽散去。嘉人束手叹曰：今有若文翁、李冰出而治之乎？恐未易也！（清彭钦《张公修堰记》，见《四川历代水利名著汇释》387 页）

雅安：大饥，秋大雨伤稻。（民国《雅安县志·灾祥志》）

汉源：黎州山颠数日陷，溪水不流。（嘉庆《清溪县志·政事类·附祥异》）

[**德碑**] 康熙元年，赵蕙茅知眉州，创修黄莲、白家、董家三堰以灌田。（嘉庆《四川通志·职官·眉州》）

1663 年

（康熙二年）

夏四月，名山县天目寺前，一山入地成渊。（雍正《四川通志·祥异》）

名山：六月，免去年被水灾额赋。（民国《名山县新志·事纪》）

建昌：十一月，因建昌等处遭水灾，免当年赋税。（《凉山州志·大事记》）

[**德榜**] **黄飞龙修堰**：康熙初年，九姓长官司（属泸州）吏目黄飞龙，督工开修土地崖大堰，至今旱涝无忧。（乾隆《九姓司志·职官》）

1664 年

（康熙三年）

夏，华阳旱。（《清史稿·灾异志四》）

成都：大有年。（同治《成都县志·祥异》）

夹江：城楼为江水所溃，崩塌数处。（嘉庆《夹江县志·城池》）

双流：夏旱。（民国《双流县志·祥异》）

汉源：冬，彗星见，长丈余，自翼轸经东井，历五十夜乃没。（民国《汉源县志·杂志·祥异》）

康熙三年，"蠲免顺治十五年以前欠粮"。（《圣祖实录》）

［**德碑**］康熙三年，上南道参议张能麟，主持修复乐山牛特三堰，单骑走川原，审度形势，周详查勘规划，并自捐米百石，嘉州知州亦乐捐输，工程两月告成。当地百姓请改堰名为"张公堰"。（清彭钦《张公修堰记》，载《四川历代水利名著汇释》）

1665 年

（康熙四年）

成都：大有年。（同治《重修成都县志》）

康熙四年，蠲免顺治十六、十七、十八等年欠粮。（《清会典》、民国《犍为县志·杂志·事纪》）

1666 年

（康熙五年）

松潘：八月地震。（《巴蜀灾情实录》348 页）

南充：大水，城隍庙内像圮。（民国《新修南充县志·掌故志·祥异》）

［**备览**］四川总督李国英"以勤劳王事殁于官邸"：今上御极之五年岁次丙午（康熙五年，1666 年）九月九日，总督四川少保大司马中丞李公国英，以勤劳王事殁于官邸……少保李公入蜀以来，西服羌番于威、茂，所谓以劳定国也。且也大兵之后，凶年饥殣瘟疫频仍，少保公捐资普济，施药饵、米粥，所全活者亿万人。先是威茂地震，压死军民，公特疏请蠲，地方赖以宁辑。（雍正《四川通志·碑记》、《四川地震全记录·上卷》64 页）

九月九日，太保（李国英）卒于重庆，蜀人巷哭，为之罢市，扶枢归里。（《滟滪囊》）

1667 年

（康熙六年）

康熙"六年丁未，蜀中时和年丰"。（《滟滪囊》）

西充：大有年。（光绪《西充县志·祥异》）

江安：五月初八大风，屋瓦飞飏。（《巴蜀灾情实录》368 页）

资中：明末遭献贼之乱，孑遗无几。清顺治间，县令刘振基竭力招徕。康熙六年清查实在户口，仅七十四户、五百二十口。（民国《资中县续修资州志·户口》）

德阳：县人阚昌言于康熙初年，始创冬水关田法。（同治《德阳县志·灾祥志》）

1668年
（康熙七年）

万源：四月大雨如注，五月积雨旬余，六月大风拔木。（光绪《太平县志·杂类·祥异》）

德阳：岁大熟。（同治《德阳县志·灾祥志》）

内江：大有年。（光绪《内江县志·杂事志·祥异》）

［附］ **康熙七年达州太平县（今万源市太平镇）知县王舟诗**

太平八无

无民
何须司牧到三巴？白骨青磷入望赊。
环邑无过数十户，问民且在两侯家。

无赋
争道石田不可屯，荒榛断梗满郊原。
桃花一洞皆安堵，那有催科吏到门？

无城
玉漏都消万劫中，丽樵无复向西东。
洞门直达官街上，锁钥何劳寄寇公。

无讼
不须犴狴惊无良，两造全虚于芴堂。
狱吏虽尊何所用，直教刑措比成康。

无学
属车来谒日方瞳，环佩趋蹡瓦石中。
当日泽宫悲茂草，于今有草却无宫。

无署
数椽能蔽风雨无？斗室原堪置此躯。
复古还从巴蜀始，土阶茅舍是唐虞。

无士
但听猿声挂薜萝，荒城那得有弦歌。
可怜硕果曾无几，破帽相看鬓已皤。

无钱
鼓铸开停数十年，青蚨何日复飞还？
便教两袖如刘宠，临去无从拣大钱。

（载《乾隆直隶达州志·诗集》）

195

1669 年

（康熙八年）

[德碑] 成都：民多疾疫，知县戴宏烈制药剂疗之；招流亡，给牛种；亲督夫役修都江堰以通水利。（嘉庆《四川通志·职官志·国朝政绩》）

广安：荆棘遍地，虎踪满野。（宣统《广安州新志·祥异志》）

西充：十月大雷雨，是冬桃李梅杏皆花。（光绪《西充县志·祥异》）

本年，"诏免康熙元、二、三年欠粮"。（《圣祖实录》、民国《犍为县志·杂志·事纪》）

1670 年

（康熙九年）

西充：五月十六夜雨，水暴涨溢城，淹学宫三尺，城门楼圮，及沿溪城堞塌崩百十余丈。沿河农作物损失不少。（嘉庆《四川通志·祥异》、光绪《西充县志·祥异》）

苍溪：六月十八日雷雨大作，玉水河蛟行水发，山崩，两岸田禾淹没。（《巴蜀灾情实录》331 页）

邛崃：岁饥。驻邛守道张元凯捐金赈济，买牛给种，详免康熙十年钱粮。（民国《邛崃县志·官绅》）

安县：四月初六日，地震。六月，大风拔木，三昼夜乃息。（《清史稿·灾异志五》）

1671 年

（康熙十年）

湖广、江西等省大批移民入达州垦殖。（《达州市志·大事记》）

成都：大有年。（同治《成都县志·祥异》）

涪陵：大旱。（民国《涪陵县志》引《夏氏宗谱·年岁记》）

巴县：大水入城。（《清史稿·灾异志三》）

酆都：大水。（同治《重修酆都县志·杂异》）

忠县：大水入城。（民国《忠县志·事纪志》）

大竹：大水。（民国《续修大竹县志·祥异志》）

綦江：五月大雨雹，禾尽偃。（嘉庆《四川通志·祥异》）

川湖总督蔡毓荣奏："蜀有可耕之田，而无耕田之民。"敕部议定招民开垦之例：各省贫民携带妻子入蜀开垦者，准其入籍。（民国《新修合川县志》）

辛亥十年，总督蔡毓荣以川省地广人稀，奏准招徕客民开垦，给予执照，五年后计亩升科。（民国《犍为县志·杂志·事纪》）

1672 年

（康熙十一年）

巴县、忠州：大水入城；**酆都、遂宁**：大水。（《清史稿·灾异志一》）

广元：五月大水，舟入城垣，民房皆漂没。城中士民俱栖于学宫、县署、高阜。（乾隆《昭化县志·政事·祥异》）

潼南：七月大水，各坝尽淹。（民国《潼南县志·祥异》）

遂宁：七月大水，四坝尽淹。（乾隆《遂宁县志·杂记》）

蓬安：蓬州大水入城。（嘉庆《顺庆府志·灾异》）

垫江、酆都：大水。（光绪《垫江县志·志余》）

重庆：秋七月巴东大水，漂没民居。（民国《巴县志·事纪》）

巴县：大水入城。（民国《巴县志·事纪》）

忠县：夏，大水入城。（民国《忠县志·事纪志》）

梁平：大水入城。（《梁平县志·自然灾害》）

1673 年

（康熙十二年）

苍溪：八月二十四日大水，城内行舟。（民国《苍溪县志·杂异志·灾异祸乱》）

九月初九日，德阳地震。（《清史稿·灾异志五》）

康熙十二年十二月，吴三桂反，全蜀俱失，贼官刘学瀚为遂宁县令。（乾隆《遂宁县志·杂记》）

1674 年

（康熙十三年）

苍溪：康熙甲寅年，吴三桂据滇、黔、蜀，保宁为蜀北咽喉，苍溪当利、阆水陆之冲，贼兵蹂躏，民不聊生，俱逃避深山穷谷中，贼兵诛求刍秩，毁屋掠畜，人民破家失业，不可胜计。当时编定丁粮，全县仅六百余户。（民国《苍溪县志·杂异志·灾异祸乱》）

平武：河水泛滥，损民居，伤禾稼。（民国《绵阳县志·杂异·祥异》）

1675 年

（康熙十四年）

渠江大水。（宣统《广安州新志·祥异》）

荥经、苍溪：五月大水淹没田禾，漂荡民舍。士民俱栖于学宫、县署高阜之地。

（民国《苍溪县志·杂异志·灾异祸乱》）

1676 年
（康熙十五年）

酆都：康熙十五年，"蜀中暴风时至，古树尽拔。五月五日，酆都县雷电风雨骤至，堕一石于酆都庙后，入地三尺，其色黄黑"。（《滟滪囊》）

南充、西充：五月十二日暴风大雨，瓦飞树折，毁民居数十余家。（康熙《顺庆府志·祥异》）

南充：夏（七月十一日）大水。大水入城，舟楫游于市，城垣崩塌，漂房舍，官行于屋，民奔于山，城隍像亦与波俱逝。郡守致祭于江干，而洪波已溅袍绶矣。（康熙《顺庆府志·祥异》）

广安：秋，渠江大水，淹入城中。（光绪《广安州新志·祥异》）

忠县：夏，大水入城，没民居。（民国《忠县志·事纪志》）

阆中：大水。东滩坝水位为 356.4 米（吴淞高程）。（《嘉陵江阆中河段洪灾综合考察报告》，见《嘉陵江志》110 页）

仁寿：旱极，民不聊生。（同治《仁寿县志·志余》）

雅安：大疫。伪周吴三桂遣伪将何德成驻雅安，征调烦苛，愁怨之气酿成瘟疫，上南之人死亡甚众。（民国《雅安县志·灾祥志》）

1677 年
（康熙十六年）

长宁：春三月十九日，甘露降，味如饴；夏四月初六日甘露又降；九月初二日，甘露又降。（嘉庆《四川通志·祥异》）

1678 年
（康熙十七年）

四川蓬州夏大水。（雍正《四川通志·祥异》）

蓬州大水入城。（康熙《顺庆府志·祥异》）

綦江：五月暴雨，水淹至县署头门，南北关外民居漂没，城墙崩坏。（道光《綦江县志·祥异》）

泸州、合江：六月大水泛南关城阙，前人刻"戊午大水涨至此"七字于石。（嘉庆《直隶泸州志·杂类志·祥异》、民国《合江县志·杂纪篇·纪异》）

万源：七月淫雨，民舍倾圮。（光绪《太平县志·杂类·祥异》）

营山、仪陇、蓬安：夏大水。（嘉庆《四川通志·祥异》）

德阳：疫。（同治《德阳县志·灾祥志》）

1679 年

（康熙十八年）

南充：大有年。六月火毁府治。（康熙《顺庆府志·祥异》）

长寿：五月旱。（民国《长寿县志·灾异》）

涪陵：五月大旱。（民国《涪陵县志·杂编》引《夏氏宗谱》）

彭水：大旱，告籴于涪州、长寿。（同治《酉阳州志·祥异》）

泸州：洪水。当地民谣："洪化元年（1679）八月秋，大水滔滔淹泸州。忠山顶上渔翁现，白塔顶上系孤舟。"（《四川城市水灾史》276 页）

万源：八月淫雨。（光绪《太平县志·杂类·祥异》）

旺苍：雨 40 余日，汶水袁家山滑坡，冲毁农田房舍。滑体高 1500 余米、宽 500 余米，淹埋几户袁姓人家，形成汶水坝。（《旺苍县志·自然灾害》）

［备览］户部题准乡村立社仓："康熙十八年，户部题准乡村立社仓、市镇立义仓，公举本乡之人出陈易新，春日借贷，秋收偿还，每石取息一斗。岁底，州县将数目呈详上司报部。"（《清史稿·食货二·仓库》）

1680 年

（康熙十九年）

川省岁大熟。（雍正《四川通志·祥异》）

四川大熟。（光绪《内江县志·杂事志·祥异》）

新都：岁大熟。（嘉庆《新都县志·祥异》）

雅安：大稔。（乾隆《雅州府志·灾异》）

荥经：岁大稔。（乾隆《荥经县志·乡土志·祥异》）

汉源：岁大熟。（嘉庆《清溪县志·政事类·附祥异》）

长宁：岁大熟，斗米百钱。（嘉庆《长宁县志·祥异》）

永川：岁大熟。（光绪《永川县志·祥异》）

天全：岁大熟。（民国《芦山县志·祥异志》）

名山：岁大熟。（光绪《名山县志·祥异》）

璧山：岁大熟。（同治《璧山县志·杂类志·祥异》）

荣昌：岁大熟。（光绪《荣昌县志·祥异》）

内江：岁大熟。（民国《内江县志·祥异》）

蓬溪：岁大熟。（道光《蓬溪县志·祥异》）

德阳：岁大熟。（同治《德阳县志·灾祥志》）

双流：岁大熟。（嘉庆《双流县志·祥异》）

新津：岁大熟。（道光《新津县志·祥异》）

平武、青川、北川、江油：岁大熟。（道光《龙安府志·杂志·祥异》）

资州：自康熙十九年到二十六年，岁均大熟，斗米百钱，州无乞丐。（嘉庆《资州直隶州志·杂类志·祥异》）

奉节：七月，峡江大水。（《清史稿·灾异志一》）

会理：三元桥为巨水冲塌。（光绪《会理州志·祥异》）

三台：康熙十九年以前，虎常入城，为民患；本年夏后，虎遂绝迹。（民国《三台县志·杂志·祥异》）

遂宁：本年，正月，清将王进宝破吴三桂叛军于保宁，传檄定川北，委周永祚令遂宁。（乾隆《遂宁县志·杂记》）

[德碑] 王鹗筑都江堰堤：康熙十九年，蜀中甫定，山东进士王鹗来任分巡松茂道，广为招徕，羌汉悦服，筑都江堰堤，以溥水利，士民颂之，通蜀皆祀。（乾隆《茂州志·官师志》）

[德碑] 屏山知县何源浚政绩：康熙十九年四月，淮安何源浚莅任屏山。时战乱初平，源浚招集流亡复业，问民疾苦，失耕牛、种子者，每家给银三两以为耕具，贫不能婚者给银完娶，坟墓被贼掘者募僧封闭。又值天旱、大疫，饥者赈之，疾者疗之。后《一统志》列为名宦。（光绪《叙州府志·宦迹》）

1681 年
（康熙二十年）

川省岁大熟。（雍正《四川通志·祥异》）

内江：岁大熟。（光绪《内江县志·杂事志·祥异》）

永川：庚申（1680）辛酉（1681）连年岁大熟。（光绪《永川县志·祥异》）

璧山：又熟。（同治《璧山县志·杂类志·祥异》）

荣昌：岁大熟。（光绪《荣昌县志·祥异》）

潼南：岁大熟。（民国《潼南县志·祥异》）

珙县：岁大熟。（光绪《珙县志·祥异》）

蓬溪：岁大熟。（道光《蓬溪县志·祥异》）

平武、青川、北川、江油：岁大熟，斗米百钱。（道光《龙安府志·杂志·祥异》）

德阳：岁大熟。（同治《德阳县志·灾祥志》）

新津：岁大熟。（道光《新津县志·祥异》）

双流：岁大熟。（嘉庆《双流县志·祥异》）

泸州：辛酉四月，淫雨弥月，大水暴发，山崩，沙拥田地。（乾隆《泸州县志·灾异》）

巴东：秋七月，巴东大水，浸没民庐。（《清史稿·灾异志一》）

綦江：夏六月暴雨，望鱼坎岩颓，压民居。（雍正《四川通志·祥异》）

巴东：五月，鼠食麦，色赤，尾大。（《清史稿·灾异志三》）

广元：县东百里，恶虎伤人。（民国《重修广元县志稿·杂志·天灾》）

[附] 平定吴三桂叛乱：康熙十二年（1673 年），吴三桂公开叛清，遣将进攻四川，

一时"全川悉陷"。此后，1680 年一度为清军收复，但 1681 年吴军全力犯川，又重被占据。康熙帝即调整战略部署实施反攻，相继在荥经、黎州一线大败吴军主力，并乘胜追击，围攻昆明，彻底平定叛乱。吴三桂叛乱，波及四川全境，持续 8 年之久。平叛胜利，为四川社会安定、经济发展创造了条件。（《四川省志·卷首》220—221 页）

[链接]　　　　　　　　　　　　**详请禁兵害文**①
　　　　　　　　　　　　　　　钱绍隆（富顺知县）

（康熙十九年）十一月十一日，捧接宪台发来告示一道。职盥手捧读，知宪台于荒邑惨苦之形，悍兵毒害之状，咸洞鉴于清衷，职不禁踊跃欢忭，为残黎庆也。随即装裱，张示通衢，复缮写百张，遍示溪谷，俾山泽之民，咸喻宪台抚绥恫瘝至意。民遂转相告语，如去汤火而登衽席，非宪台实有是真实忧民之心，何能使载道欢呼感激之情如此其切也。然未尽之形、难言之状，职几欲上闻，缘军需孔迫，未及具详，今请得为宪台备陈之。

职自闰八月赴任，路无行人，道惟荆棘，空城不闭，爨火无烟。里甲胥役俱潜逃不知去向。职随出示招抚，无如一路逃兵来牵宰耕牛，攫取鸡豕，稻米豆谷悉皆抛散。捉夫背负，鞭挞交加，即至极幽极深之地，无处不到。如相近内江一路，为白土坪、京家沟、林角塘、王家冲地方，兵丁经过，沿村扰害，人民尽逃。近泸州一路，为长滩坝、怀德镇，兵丁驾船抢掠，有母子三人逼赶投河而死者，有父被兵苦挞幼子往救俱被伤而死者，有追赶古老溪边溺水而死者，有年老抱疾登山涉险兵追坠崖而死者，有逼取财物吊挞拷掠而死、火燔而死者。青竹埔地名，有背粮往解叙府，为回兵所捉，二人坠水而死者。因此一路之人，望见此辈带刀来前无不心折骨惊、魂胆俱丧。又泸州、富顺交界之地，一山最深，其民扶老携幼逃避其间，庶几可恃无恐，无如兵之所过，遍山搜寻，其妇女望见惊走，媳弃其姑，母弃其子，童稚不能相随者弃置山谷，越日走视，悉为虎所伤啮而死。又有一妇，逃躲山箐，被兵搜寻，恐儿啼有声，囊其子之口竟死者。又有步履不前，被兵追及，遭其淫污而死，尸在草间，经月不收，路人矜悯，刈草而覆者。此皆历有地方、姓名可考，倘蒙行查，职方敢历历具上，以听处分，惩戒将来。

至泸州、江安接壤，南溪一路石桥铺，至富顺土地坎、乱石滩、兜子山、虎啸铺，至高洞，一二百里之内，民间耕牛悉皆拽去装运行李。重以鸡豕既尽，即宰耕牛，或一二十人过而杀一牛，或七八人、五六人过而亦杀一牛，剥割露烧，余剩抛掷中野，臭秽触人，行者掩鼻。前职至乡招集有老羸数十人，遮拥马首，向职泣诉，以耕牛尽失、米谷无有，今冬之残岁难支，来岁之春耕无具，召买军糈无从办纳，痛哭哀号。职莫可如何，慰劳再四而去。凡所过之地，炊薪蓺火，拆毁庐舍，又有室在人逃，过兵往囊，纵火焚烧。至自流井一带地方，兵马往来，日于此焉托处，其灶民，皆遁至威远、荣县数

---

①　清初入川的八旗兵、绿营兵，军纪很坏，残害百姓。康熙十九年冬，清军与吴三桂叛军之间的战争仍在激烈进行，但叛军败局已定。此时，约束军队，禁兵残民，成为安定人心、稳定政局、恢复发展生产的关键一环。此文为富顺知县钱绍隆，上呈四川总督杨茂勋、巡抚杭爱，请求禁止清兵害民的报告。

十里之外，床几悉为火薪，稻谷罄于马料，灶民停煎，盖五月余矣。种种毒害，惨目伤心，莫可名状。职竭力招徕，而惊魂未定，逃匿山箐，莫肯复业，庶冀回兵过尽，稍有宁息之时，旋归复族。乃一月以来，有泸州一带兵装肆害，无从稽考，散布乡间，买籴稻谷，遇有烟村，即坐门勒逼，其有者当即搜括而去，无者又复向远地转买，价值不敢问，挑送不敢辞，少逆其意，捆缚随之，刀背不已，继以靴尖，被苦受冤，莫可告诉。职严为查访，令里民拘缉一二，申解宪台，奈乡里之民散处山陬，为户稀少，势孤力弱，莫敢向前。卑县召买军饷，共计数千余石。夫此数千石之饷，近者四五十里，远者八九十里，必肩挑背负，然后得至。今复有此种假兵陆续骚扰，嗟此茕黎，避兵之害而不暇，又何能担负而输将乎？窃思大军，绥靖地方，为民除害也。今若此，则无以自延，必有万里叩阍之人。职任地方之责，岂敢缄默？目今大师驻泸，一切军输，羽檄严催，刻不容缓，而兵之扰害，靡有宁时，此职之所以日夜彷徨，莫知所措，不敢不痛切敷陈也。夫宪示既颁之后，其逞凶肆暴之徒，当亦渐知畏惧。但地方为害，不止一端，伏冀宪台再为申饬，其过往兵丁，令其俱行一定大道，不得私由小路肆横害民。其拽去耕牛，令给还民，间倘有兵丁，再行牵宰，及私自下乡，恃强勒买豆料，扰害地方者，统望申饬各营，严为禁止。其有抗顽不遵者，尤望痛惩一二，以警其余。如此则民病稍苏，渐可复业，军饷亦得以次而上纳。是宪恩所被，大有造于斯民也。不揣冒昧，上渎尊严，临禀不胜战栗惶悚之至。

（民国《富顺县志·官师》）

清杭爱《复浚离堆碑记》："往岁修筑（都江堰），仅草率应事，故有历三春而水不至田，农人悬耒太息者。遂于是岁孟春（康熙二十年正月），发帑金四万，往求离堆古迹而疏浚之。……仲春之初，水泽盈畦，决裂无闻，民得耕稼。以有秋，官吏相与庆于庭，士农相与歌于野"，以庆丰收。（《成都水旱灾害志》221页）

1682 年

（康熙二十一年）

西充：大有年。（光绪《西充县志·祥异》）

綦江：六月暴雨，望鱼坎岩崩，压民居二十三户。（雍正《四川通志·祥异》）

灌县：七月大水，嘉、眉、灌、新津河水陡涨，损民居，伤稼。（民国《灌县志·摭余记》）

犍为：秋大水。（民国《犍为县志·杂志·事纪》）

乐山：秋，河水泛涨，伤损民居禾稼。（嘉庆《乐山县志·祥异》）

叙永：冬疫。（光绪《续修叙永、永宁厅县合志·杂类·祥异》）

四川各州县始设常平仓，积谷备荒，由官府控制。（《巴蜀灾情实录》97页）

[链接] "三仓"储粮，吞吐调剂，平稳粮价：常平法。清承古制，规定州县设常平仓，市镇设义仓，乡村设社仓。谷贱时，增其价而籴，以利农；谷贵时，减其价而粜，以便民。通过吞吐调剂，防止粮价过分波动。（《四川省志·粮食志》142页）

1683 年

（康熙二十二年）

綦江：六月初十，烈风雷雨。（道光《綦江县志·祥异》）

万源：七月旱。（光绪《太平县志·杂类·祥异》）

叙永：旱。（光绪《续修叙永、永宁厅县合志·杂类·祥异》）

隆昌：旱，人食薇蕨。（同治《隆昌县志·祥异》）

［善榜］　　　　　　　**彭大贵尽发家藏赈饥**

唐德一

彭大贵者，明季贡生。倜傥疏豁，富于资，乐与人共缓急。适县饥，官仓储不给，纷纷者且四出。大贵蹶然起曰：拥厚实而令阖邑流离，非仁也。且其关系亦不在此。于是发家藏数十囷，设粥于各庵观，以拯之。三阅月而四境宁帖无恙。时川抚杭某闻之，亲检得实，欲以其事入告。大贵曰：吾自急桑梓耳，岂以是沽名耶？坚不肯。抚军叹息，给匾对各一而去。匾曰：出粟救荒；对云：三千储粟流恩远，四境生灵活命多。祠堂内昭然如昨日事。夫轻数千石之粟，视若一芥，活数万口之命，敛无德容。岂太史公所谓笃于仁义奉公上者乎？昔卜式出粟助边，武帝酬以官不受，汉史称为长者。然式无特意，始终好名耳。大贵深识洞远，早为世道人心计，向使隆、万、天、崇间，大家巨族能落一毛以赡，各邑安得流民累世，致闯、献起而相资，令斯民屠戮为一空哉？而若辈所为坐拥者何在，子孙且不能保矣。大贵后嗣领乡荐、明经，累代不绝。

（咸丰《隆昌志·传》）

南部：旱。（道光《南部县志·杂类·祥异》）

巫山：十一月，大雪，树多冻死。（《清史稿·灾异志一》）

1684 年

（康熙二十三年）

六月，蓬州、邻水旱。秋，酆都、遂宁、巫山旱。彭水、璧山，自五月至八月不雨。（《清史稿·灾异志》）

川江水涸，重庆江底的"丰年碑"露出；盆地中部、东部、南部普遍受旱。（《巴蜀灾情实录》8 页）

保宁府旱。（雍正《四川通志·祥异》）

营山、仪陇、蓬安：蓬州大旱，民采食葛。（康熙《顺庆府志·祥异》）

阆中、苍溪、南部：大旱。（民国《阆中县志·杂类志》）

彭水：大旱，自五月不雨八月乃雨，岁饥，居民逃散。（道光《邻水县志·天文·祥异》）

　　永川、荣昌：五月至八月不雨，大旱。（光绪《永川县志·灾异》、光绪《荣昌县志·祥异》）

　　璧山：五月至八月不雨，大旱，岁歉。七月十五日雨雹，大者如碗。（同治《璧山县志·杂类志·祥异》）

　　平昌：八月大旱，树枯井涸，逃荒乞讨者甚多。（《平昌县志·自然地理·特殊天气》）

　　巴县：大旱，五月至八月不雨。大饥。（民国《巴县志·事纪》）

　　綦江：秋旱，八月内树木尽枯，大饥。（道光《綦江县志·祥异》）

　　涪陵：大旱。（《涪陵市志·自然灾害》）

　　酆都：大旱。秋旱井涸。（同治《重修酆都县志·杂异》）

　　巫山：旱，井涸。（光绪《巫山县志·祥异》）

　　巴中、通江、南江：旱。（民国《巴中县志·第四编·志余·述异》）

　　安岳：自康熙甲子（1684）至辛未（1691）屡旱，深井尽涸。（光绪《续修安岳县志·祥异》）

　　邻水：大旱，居民逃散。（道光《邻水县志·天文·祥异》）

　　潼南：旱，深井尽涸。（民国《潼南县志·祥异》）

　　叙永：大旱。（光绪《续修叙永、永宁厅县合志·杂类·祥异》）

　　古蔺：旱。（光绪《续修叙永、永宁厅县合志·杂类·祥异》）

　　广元、旺苍、剑阁、梓潼：旱。（民国《绵阳县志·杂异·祥异》）

　　遂宁：秋旱，地屡陷，深井涸。（民国《遂宁县志·杂记》）

　　泸州：五月，大雨旬日，水淹城，舟行入市，屋宇垣倾倒。（乾隆《泸州县志·灾异》）

　　万源：八月淫雨四十余日。（光绪《太平县志·杂类·祥异》）

　　江安：八月大水入城，浃旬始消。是岁大饥，继以瘟疫。（嘉庆《江安县志·杂志·志异》）

　　雅安、名山、芦山：七月大风。（乾隆《雅州府志·灾异》）

　　汉源、天全：十月大风。（嘉庆《清溪县志·政事类·附祥异》）

　　渠县：五月，有虫数万斛，似蝗，黑色，头锐，有翅，嗅之甚臭。（《清史稿·灾异志五》）

　　天全：七月大风。（咸丰《天全州志·祥异》）

　　邛崃：七月夜大风雷电，合抱大木俱拔置里许。六月有飞蚁，团聚如长虹，约二里许。（嘉庆《邛州直隶州志·祥异志》）

　　忠县：冬，石宝寨大火，烧民居殆尽。（民国《忠县志·事纪志》）

　　冬，忠县石宝寨火灾。（《清史稿·灾异志二》）

　　[德碑]**达州太平县（今万源市）**：岁饥馑，流亡载道。知县程溥（江南举人，康熙二十二年来任）悉心安辑，民赖以生。（乾隆《直隶达州志·灾异》）

　　[德碑]**巴中**：康熙二十四年（1685）后，巴中连年旱魃为虐，知州周元勋以智而济其仁，巴民无流移者。（《巴中县志·大事记》）

[德碑] 循吏胡之鸿复建什邡：胡之鸿，浙江山阴人。康熙二十三年由福建富沙升令什邡。时兵燹后土地荒芜，人民稀少，官居草莱之间。公悉心抚育，多方招徕，辟污莱，兴水利，渐次建立学校，创修衙署。凡一切仪制规模略为完备，通邑荆榛焕然改色，官民之间，无异家长之处家事焉。后擢福建汀州府同知，去之日什民蚁送数十里，高声出涕泣数行下者，不一而足。去后数月，民间砧杵悉不闻声。至今耄耋之老，言之犹不能忘。惟公真能以父母之道处邡民，故邡民亦能以子弟之分讴思之不辍，谓之循良之吏，庶不少愧也。（民国《重修什邡县志·官政·政绩》）

1685 年
（康熙二十四年）

彭水：春，麦稔。六月，大雨不止。（光绪《彭水县志·祥异》）

綦江：大有年。（道光《綦江县志·祥异》）

璧山：大熟。（同治《璧山县志·杂类志·祥异》）

巫山：五月十八日暴风雨雹，拔树伤禾，居民房屋十废其三。（光绪《巫山县志·祥异》）

云阳：五月十八日，暴雨，洪灾。（民国《云阳县志·祥异》）

潼南：旱，深井尽涸。（民国《潼南县志·祥异》）

遂宁：旱，深井尽涸。（乾隆《遂宁县志·杂记》）

忠县：春，石宝寨又大火。（民国《忠县志·事纪志》）

[附] 康熙二十四年，四川"计通省户口，仍不过一万八千余丁，不及他省一县之众"。（《清史稿·王骘传》）

由于三十多年战乱，到1685年（清康熙二十四年），四川全省仅存9万多人，一些州县原有人口只剩下10％或20％，以致千里无人烟，"空如大漠"，茂草丛生，虎狼出没。由于四川腹心地带人口死亡太多，成都"举城尽为瓦砾，藩司公署久已鞠为茂草"，无法驻守清廷官员，只得将督抚藩臬各级衙门移驻保宁（今阆中市）。（《巴蜀灾情实录》280页）

1686 年
（康熙二十五年）

綦江：秋旱。（道光《綦江县志·祥异》）

潼南：旱，深井尽涸。（民国《潼南县志·祥异》）

遂宁：旱，深井尽涸。（民国《遂宁县志·杂记》）

西充、南充：五月初十日，大风拔木，毁瓦屋。（《清史稿·灾异志》）

五月十二日，暴风大雨，瓦飞，树折，毁民居数十家。（康熙《顺庆府志·祥异》）

五月十六日大风拔树毁民居，雹杀田禾长百十余里、广四十余里。（光绪《西充县志·祥异》）

通江：五月三十日，至六月二十九日，复现两次大水（与顺治三年大水相当），沿江居民半皆漂没。（道光《通江县志·祥异》）

渠县：六月出虫，似蝗，黑色，头锐，有翼，臭不可闻。（同治《渠县志·祥异》）

荣县：免明年租赋，负勿收。（民国《荣县志·事纪》）

免四川明年额赋及本年未收之赋税。（《中国救荒史》307 页）

[附] **四川始种玉米红薯**：玉米自本年开始传入四川。乾隆初年，红薯传入。种植杂粮有助于川民度荒。

玉米、红薯入川

玉米原产墨西哥，15 世纪末，经菲律宾传入中国东南福建，或经印度、缅甸传到中国西南地区。据金陵大学教授万国鼎《五谷史话》载：1686 年，玉米传入四川。番薯（红苕）原产中美洲墨西哥与委内瑞拉交界地区。引入四川的最早记载见于雍正《四川通志》："雍正十一年（1733），甘薯已传入四川。"又据《江津县志》载：乾隆三十年（1765），广东人曾受一任江津县令，从广东带来苕种，教民种植。由于红苕适应性强，繁殖快，产量高，营养丰富，嘉庆、道光间即普及全省。1786 年，清政府把红苕列为"救荒作物"。光绪《奉节县志》："包谷、洋芋、红薯三种，古书不载，乾嘉以来渐有此物，今则栽种遍野。"民国以来，旱地多的地方，玉米、红薯已成农民主要口粮，丘陵山区的"半年粮"。

（《四川省志·农业志·上册》141 页、152 页）

[附] 清代朝廷对四川的蠲政（共 20 次）

蠲政历代有之，各旧志纪自清始，康熙二十五年（1686）上谕四川、贵州两省所有二十六年应征地丁钱粮俱着蠲免，二十五年未完钱粮亦悉与豁除。康熙三十二年，上谕：广西、四川、贵州、云南四省所有三十三年应征地丁钱粮米通行豁免。康熙四十二年恩诏：云南、贵州、四川、广西四省地丁钱粮通行蠲免。康熙四十九年恩诏：免征直隶及四川九省五十年地丁旧欠（在绵州均与蠲免之数）。康熙五十年，特旨征收钱粮，但据康熙五十一年丁册定为常额，续生人丁永不加赋。雍正七年上谕：以西藏平定，将甘肃、四川、云南、贵州、广西五省庚戌年应征地丁银两悉行蠲免。乾隆五年特旨：零星地土听民开垦，永免升科。（以上参见《江津志》）乾隆十年，奉恩旨，普免天下钱粮一次。乾隆十三年，以平定金川，蒙恩将绵州、德阳、梓潼、罗江应征地丁钱粮全行蠲免。乾隆三十五年，奉旨免征天下钱粮一次。乾隆三十七年，进剿小金川，凡办米、办夫又当孔道、差务最繁州县，列在一等者，蒙恩将绵州、德阳、梓潼已缓三十八年钱粮，全行蠲免，其三十九年钱粮酌免十分之五，蠲剩之项仍缓至四十年带征。至三十九年，蒙恩将绵州、德阳、梓潼四十年分额征钱粮，全行缓至四十一年带征。至四十一年，两金川荡平，奉旨将缓征钱粮全行蠲免。乾隆四十二年，恩旨普免天下钱粮一次。乾隆五十五年八旬万寿，恩旨普免天下钱粮一次。乾隆六十年，嘉庆登极归政，恩旨普免天下钱粮一次。嘉庆元年，蒙恩分别蠲免地丁钱粮。嘉庆五年，以教匪经扰，蒙恩将绵州、梓潼钱粮全行豁除。嘉庆七年，蠲免钱粮十分之五。道光七年，平定逆裔张格尔，蠲免兵差过境地方上年及本年钱粮十分之四（绵州遵奉蠲免）。道光十五年，皇太后六旬万寿，豁免天下道光十年以前民间积欠钱粮仓谷（绵州遵奉豁免）。同治元年，因咸丰十一年贼匪扰绵，将未征津贴捐银全行豁免。民国元年，中央令将清末民间积欠钱粮仓谷全行豁免。湛恩汪濊，民困屡苏，诚哉盛世之旷典也。

（《绵阳县志·食货·蠲政》）

1687 年

（康熙二十六年）

朝廷蠲免四川地丁钱粮。后于康熙三十三年、四十三年、五十年三次蠲免。（民国《崇庆县志·蠲政》）

潼南：旱，深井尽涸。（民国《潼南县志·祥异》）

遂宁：旱，深井尽涸。（民国《遂宁县志·杂记》）

平武：大水，伤民禾稼。（民国《绵阳县志·杂异·祥异》）

忠县：夏，石宝寨大火。（民国《忠县志·事纪志》）

1688 年

（康熙二十七年）

綦江：六月大旱。（道光《綦江县志·祥异》）

潼南：康熙二十二年至二十七年屡旱，深井尽涸。（民国《潼南县志·祥异》）

遂宁：连旱四年，深井尽涸。地屡陷。（《涪江志》10 页）

泸州：五月十二日，大水，城内居民避水山后。（乾隆《直隶泸州县志·灾异》）

平武：复大水，较去年低二尺。（民国《绵阳县志·杂异·祥异》）

蒲江：岁荒，民多四散。（光绪《蒲江县志·官师》）

1689 年

（康熙二十八年）

六月，普州旱。（《清史稿·灾异志四》）

1690 年

（康熙二十九年）

资阳：康熙二十九年至三十六年，连岁大熟，斗米百钱，民无乞丐。（嘉庆《资州直隶州志·杂类志·祥异》）

1691 年

（康熙三十年）

安岳：屡旱，深井尽涸。（光绪《续修安岳县志·祥异》）

西充：清康熙三十和三十一年，相继大旱。（光绪《西充县志·祥异》）

雅安、芦山、荥经、天全：大旱，九月至次年六月。（民国《雅安县志·灾祥志》）

屏山：夏旱，秋大水。（乾隆《屏山县志·杂志·辑佚》）

乐山：大旱，九月至次年六年。（民国《乐山县志·祥异》）

汉源：大有年。（嘉庆《清溪县志·政事类·附祥异》）

兴文：岁大有，斗米值钱三分。（光绪《兴文县志·祥异》）

资阳：大熟。（嘉庆《资州直隶州志·杂类志·祥异》）

1692 年

（康熙三十一年）

全省洪水。（《四川省志·水利志》59 页）

嘉定、眉州、绵州、灌县、新津、威远：七月，河水泛涨，损民舍，伤稼。（《清史稿·灾异志一》、嘉庆《四川通志·祥异》）

新津、灌县、内江、威远、荣县、德阳、江油：七月河水泛涨，损民居，伤禾稼。（《四川省近五百年旱涝史料》3、21、71 页）

峨眉、夹江、洪雅、眉山、丹棱、彭山、青神：七月河水涨，损民舍，伤稼。（《四川省近五百年旱涝史料》39 页）

犍为、乐山：七月岷江大水。（《四川省近五百年旱涝史料》40 页）

绵阳：七月，平武、江油、北川、绵州（本州）等河水暴涨。绵州大水，城圮，涪水冲城而过，东北二门荡为水国，堤亦乌有，城垣大半削为河道，涪江川流直下，公廨、仓库胥付波臣，旧城之西南仅存半隅，后因徙治罗江。（民国《绵阳县志·杂异·祥异》）

平武、青川：河水泛涨，损民居，伤禾稼。（道光《龙安府志·杂志·祥异》）

乐至：山溪水发，坏城乡民舍。（道光《乐至县志·杂记》）

涪陵：数月不雨。（《涪陵市志·自然灾害》引《刘氏宗谱》）

名山：七月大旱，缓征粮，限翌年补纳。（民国《名山县新志·事纪》）

西充：相继大旱。（光绪《西充县志·祥异》）

营山：六月十四夜大风从东北起，大树连根拔起，风过一路草木如焚。相继大旱，居民数十里汲水。（同治《营山县志·杂类志》）

资阳：大熟。（嘉庆《资州直隶州志·杂类志·祥异》）

是岁，免四川少数州县灾赋有差。（《清史稿·圣祖纪二》）

1693 年

（康熙三十二年）

资阳：岁大熟。（嘉庆《资州直隶州志·杂类志·祥异》）

营山：六月，大风拔木，风过，草木如焚。（《清史稿·灾异五》）

乐至：大水。坏城乡民舍，禾苗尽淹，民多菜色。（乾隆《潼川府志·政事部·杂记》）

荣县：免明年租赋，负勿收。（民国《荣县志·事纪》）

犍为：蠲免三十三年丁粮。（民国《犍为县志·杂志·事纪》）

[附]　　　　　　　　　　**督堰工**

任绍燨（康熙癸酉绵竹县令）

我闻昔人烧石凿渠引江水，三村农亩资利美。故道陵谷另辟渠，蛇笼猪圈民劳止。见说今春工更难，长吏督工星驰此。畚锸如林鼙鼓严，沙壁渠高石齿齿。努力浚修莫少休，布谷催耕已聒耳。渠成新水满春田，禾黍油油乐妇子。仓廪丰盈庆有年，含哺鼓腹今兹始。

（嘉庆《绵竹县志·艺文》）

1694 年

（康熙三十三年）

彭水：五月至八月不雨。（光绪《彭水县志·祥异》）

邻水：六月旱。（道光《邻水县志·天文·祥异》）

营山、仪陇、蓬安：六月旱。（同治《营山县志·杂类志》）

名山：歉收，粮豁免。（民国《名山县新志·事纪》）

西充：大有年。（雍正《四川通志·祥异》）

雅安：大有年。（乾隆《雅州府志·灾异》）

资阳：岁大熟。（嘉庆《资州直隶州志·杂类志·祥异》）

1695 年

（康熙三十四年）

蜀中郡邑大有年。（雍正《四川通志·祥异》）

灌县：大有年。（光绪《增修灌县志·杂记志·祥异》）

涪陵：大有年。（民国《涪陵县志·杂编》）

彭水、武隆：大有年。（同治《重修涪州志·祥异》）

璧山、潼南：大有年。（同治《璧山县志》、《民国潼南县志》）

新津：大有年。（道光《新津县志·祥异》）

珙县：大有年。（光绪《珙县志·祥异》）

南溪：大有年。（民国《南溪县志·杂纪·纪异》）

长宁：岁大熟。（嘉庆《长宁县志·祥异》）

资阳：岁大熟。（嘉庆《资州直隶州志·杂类志·祥异》）

内江：大有年。（民国《内江县志·祥异》）

西充：大有年。（光绪《西充县志·祥异》）

井研：大有年。（光绪《井研志·纪年》）

蓬溪：大有年。（道光《蓬溪县志·祥异》）

德阳：大有年。（同治《德阳县志·灾祥志》）

龙安府：大有年。（道光《龙安府志·杂志·祥异》）

雅安：芒种雨雹。（民国《雅安县志·灾祥志》）

1696 年

（康熙三十五年）

忠县：夏，大水将及进城，没城外居民。（民国《忠县志·事纪志》）

芦山：时人民苦旱，水利不兴。新任知县罗之熊乃教民修堰筑堤之法，复劝民广种桑麻。不数年间民衣食丰赡，礼义兴焉。（民国《芦山县志·政略》）

绵阳：州城又为涪水冲啮。（民国《绵阳县志·杂异·祥异》）

资阳：岁大熟。（嘉庆《资州直隶州志·杂类志·祥异》）

1697 年

（康熙三十六年）

隆昌：大熟。（同治《隆昌县志·祥异》）

资阳：岁大熟。（嘉庆《资州直隶州志·杂类志·祥异》）

屏山：荒歉，民采蕨根以食，知县戴佩购米设粥以拯民饥。（嘉庆《四川通志·职官·政绩》）

［备览］**王谦言整修堰渠**：康熙三十六年至四十年（1701），绵竹知县王谦言主持县内堰渠系统全面整修工程，并在"深淘滩，浅作堰"六字后增六字："宽砌底，斜结面。""自是夏秋之际，水虽汛而堤不害。"（清罗锦《火烧堰记》，载嘉庆《绵竹县志》）

1698 年

（康熙三十七年）

达县：五、六、七月，大旱，民饥，多盗。（乾隆《直隶达州志·灾异》）

荣县：大水。（民国《荣县志·事纪》）

天全：大有年。（咸丰《天全州志·祥异》）

隆昌：大熟。（同治《隆昌县志·祥异》）

资阳：岁大熟。（嘉庆《资州直隶州志·杂类志·祥异》）

苍溪：猛虎两河食人。（民国《苍溪县志·杂异志·灾异祸乱》）

［备览］　**阅绵江堰工（康熙三十七年春，戊寅）**

王谦言（绵竹县令）

悬崖对峙自天开，急束绵江喷薄催。

洞伏孝泉双鲤跃（山侧有孝泉洞），

庙传东汉六龙回（堰口有汉王庙）。

按行普润今非昔，考记分流旱可栽。

董尔成堤力尔穑，无将嘉谷委汙莱。

（嘉庆《绵竹县志·艺文》）

1699 年

（康熙三十八年）

彭水：六月，县城大水，淹没治事堂之檐，民舍官衙皆漂没。（光绪《彭水县志·祥异》）

雅安：雅州淫雨，七月至十月。（民国《雅安县志·灾祥志》）

彭县：夏洪。（光绪《重修彭县志·史记门·祥异志》）

1700 年

（康熙三十九年）

巴中：大水。（民国《巴中县志·第四编·志余·述异》）

井研：旱极，民不聊生。（光绪《井研志·纪年》）

打箭炉（康定）地震。（《西藏地震史料汇编》）

1702 年

（康熙四十一年）

彭水：五月不雨至八月乃雨，是年秋歉，民采蕨为食。（光绪《彭水县志·祥异》）

1703 年

（康熙四十二年）

隆昌：大旱。米价至三两一石。（同治《隆昌县志·祥异》）

昭化：有虫如蚕，色黑，食禾。（乾隆《昭化县志·政事·祥异》）

广元：西南虫害。（民国《重修广元县志稿·杂志·天灾》）

西充：大有年。（光绪《西充县志·祥异》）

荣县：免明年租赋。（民国《荣县志·事纪》）

犍为：蠲免四十三年丁粮。诏于常平仓外设立社仓。（民国《犍为县志·杂志·事纪》）

［德碑］**大邑**：康熙四十二年，黄藜来任知县。"邑旧有堤三十六座，导水灌田，常资修浚。藜于春作方兴，即捐俸亲督堰长，预期修筑。终藜之任，秋成无歉"。（《大明一统志·名宦》）

1704 年
（康熙四十三年）

营山：秋旱，次年荒，民多食草根树皮。（同治《营山县志·杂类志》）

郫县：西北大水。（民国《郫县志·祥异》）

崇宁：大水将万工堰冲刷。（民国《崇庆县志·事纪》）

安县：县境蝗起，知县谢加恩"手疏自责，步祷于野，蝗不为灾"。（嘉庆《安县志·职官》）

八月十三日巳时，苍溪地大震。（民国《苍溪县志·杂异志》）

规定常平仓储谷量：朝廷"覆准四川大州、县贮谷六千石；中州、县四千石；小州、县二千石"。（嘉庆《四川通志·食货·仓储》）

1705 年
（康熙四十四年）

营山：大有年。（同治《营山县志·杂类志》）

西充：大有年。（光绪《西充县志·祥异》）

隆昌：丰收。（同治《隆昌县志·祥异》）

1706 年
（康熙四十五年）

彭水：六月不雨，七月虫，八月潦，秋收歉甚，农家采蕨为食。（光绪《彭水县志·祥异》）

温江：邑苦旱涝不时。晴雨失调，旱涝灾害严重。（民国《温江县志·事纪》）

巴县：知县孔毓忠始建常平仓。（民国《巴县志·事纪》）

灌县：康熙丙戌夏五月，淫雨弥旬，山水泛滥，人字堤、三泊洞、府河口尽被冲决，诸邑沿河之城郭、庐舍、田亩漂没者，灾伤见告矣。大中丞能公恻然深念，立捐俸

资、委员详验、多方抚恤，无使失所。（据清朱载震《修建太平堤碑》，载民国《灌县志》）

苍溪：六月十八日大水，雷雨大作，玉水河水发山崩，两岸田禾淹没。（民国《苍溪县志·杂异志》）

什邡：六月二十夜，大风自东北来，飞瓦拔木。（《清史稿·灾异志》）

隆昌：丰收。（同治《隆昌县志·祥异》）

重庆：六月二十一日大火。（民国《巴县志·事纪》）

[附] **都江堰被洪水冲决，总督能泰主持修复工程**："康熙丙戌（1706）夏五月，淫雨弥旬，山水泛滥，人字堤（分水鱼嘴）、三泊洞、府河口（内江走马河口）尽被冲决，诸邑沿河之城廓、房舍、田亩漂没者，灾伤见告。"是年冬，四川总督能泰率同藩、臬两司"首捐清俸"，并"不惮劳瘁"主持修复工程，"凡三阅月"竣工，"水得复寻故道，灌溉无遗"。（据清朱载震《修建太平堤碑》，载民国《灌县志·碑志》）

1706 年（清康熙四十五年），岷江大水，冲毁人字堤、三泊洞、府河口，灾情严重。时任四川巡抚能泰认为被毁堤堰的修复"不可不为一劳永逸计"，并捐款修筑人字堤三十八丈，三泊洞府河新堤八十三丈，修建工程质量好。1708 年（清康熙四十七年）岷江上游孟董沟坝决口，洪水直冲都江堰，但堰区安然无恙，被时人称为"太平堤"。（《巴蜀灾情实录》99 页）

1707 年

（康熙四十六年）

西充：大有年。（光绪《西充县志·祥异》）

峨眉：米贵，大饥，人相食。（宣统《峨眉县新志·祥异志》）

彭水：秋，伏牛山鹁鸠井前苦溪水冲淤者，至是忽大水，冲山下巨石塞溪口，淡水不复入井；又，盐水涌溢，比前加咸。（光绪《彭水县志·祥异》）

重庆：太平门大火。（民国《巴县志·事纪》）

1708 年

（康熙四十七年）

秋七月，嘉、眉、绵、灌、新津河水泛涨，损民居，伤稼。（嘉庆《四川通志·祥异》）

三台：六月大雨连绵，山泉水发，涪江暴涨。（民国《三台县志·祥异》）

灌县：清康熙丙戌（1706）秋，孟董沟（杂谷脑河支流）有二物如牛相斗，山为之崩，横截谷口，水不得流者三载，弥漫浸淹，逆上数十里，官民时惊恐。戊子（1708），淤决水发，水高八九十丈，威、保城廓皆没。水至灌口，尚涌起三四十丈。洪涛巨浪中，所漂木石，拥塞离堆堰口，水逆趋外江东南下，不复北流，成都诸堰得以无害。（民国《灌县志》转引《灌记》）

1708年岷江水发，城南草坝场被毁。灾后重建，以"善人"李玉堂之名称场（今玉堂镇）。（民国《灌县志·事纪》）

汶川：大水城坏。上游理县熊耳山崩，堵塞岷江支流孟董沟水冲决壅石；决水在保子关下逆江流而上，使威州城被淹没，城墙坍塌。（民国《汶川县志·祥异》）

理县："熊耳山奔（崩），孟董水会沱水，向南冲击，城垣悉毁，水平旧城基，隔在江北，官民傍南岸平头、马鞍两山以居。"（同治《理番厅志·祥异》）

[**链接**] 康熙四十七年，旧保之南熊耳山崩，孟董水塞。逾年，水冲石决，淹没旧保城郭衙舍，水顺流下，复淹通化、古城、桑坪各里近水田庐，遂壅保子关下，逆江流而上，威州城郭衙舍亦被淹没。（乾隆《保县志·灾祥》，见《阿坝州旧志集成》）

黑水：水没城郭衙舍及近水田庐。（《巴蜀灾情实录》302页）

保县（今阿坝藏族羌族自治州理县）：熊耳山崩。（《清史稿·灾异五》）保县城（理县薛城）西北面之熊耳山崩，堵塞孟董沟成灾，使威州城被淹没。（《阿坝州志·自然灾害》）

南川：大旱。（民国《南川县志·大事记》）

1709 年
（康熙四十八年）

彭水：大有年。（光绪《彭水县志·祥异》）

灌县：六月二十一日夜，雷雨交作。山水泛滥，冲决人字堤、三泊洞、府河口，城郭田庐漂没尤甚。（民国《灌县志·事纪》）

1710 年
（康熙四十九年）

荣县：免明年租赋，宿负悉除。（民国《荣县志·事纪》）

犍为：诏免历年欠粮并五十年丁粮。（民国《犍为县志·杂志·事纪》）

彭水：大有年。（光绪《彭水县志·祥异》）

1711 年
（康熙五十年）

乐至：岁大熟。（乾隆《乐至县志·杂记》）

1712 年
（康熙五十一年）

江油：夏、伏、秋、冬旱。（民国《绵阳县志·杂异·祥异》）

九月十二日巳时，广元地震。（民国《重修广元县志稿·杂志·天灾》）

诏自五十一年起，续增人丁永不加赋。（民国《犍为县志·杂志·事纪》）

1713 年
（康熙五十二年）

四月十三日广汉、什邡地震。七月地大震。（嘉庆《什邡县志·祥异志》）

七月，全蜀地震。（《清史稿·灾异志五》）

叠溪 7.0 级大地震：

震时： 清康熙五十二年七月庚申（1713 年 9 月 4 日）。

震地： 茂州叠溪、广元等地。

震情：△康熙五十二年癸巳七月庚申，四川茂州及平番营地震。（《大清历朝实录·康熙朝》24 页）

△康熙五十二年秋七月，茂州地震，叠溪平番城圮。（雍正《四川通志·祥异》）

△康熙五十二年 9 月 4 日，叠溪大地震（7.5 级），附近村寨屋塌墙倒，人畜伤亡，难以计数；岷江东岸岐山，崩塌下滑、阻断岷江正流，凉亭索桥被埋。越半年，茂州知州主持疏通岷江正流，叠溪恢复旧观。（《阿坝州志·大事记述》）

△七月十五日（庚申），以茂州叠溪为震中的 7.0 级大地震，全蜀同时地震。《大清历朝实录·康熙朝》、雍正《四川通志》及全省各府、州、县志皆有记载。文字多为"全蜀地震，州境亦然"，"全蜀地震，本邑亦然"，"毙伤人民甚多"。（《四川地震全记录·上卷》66 页）

△康熙五十二年癸巳秋七月庚申，全蜀地大震，茂州震甚，倾塌城屋，压杀人民。（民国《绵竹县志·杂录》）

△康熙五十二年癸巳七月庚申，全蜀地震，茂州震甚，压杀人民。（民国《中江县志·祥异》）

△康熙五十二年癸巳七月，全蜀地震，乐邑亦然，毙人民甚多。（乾隆《乐至县志·杂记上》）

△康熙五十二年七月十五日子时（广元）地震。（民国《重修广元县志稿·杂志》）

△康熙五十二年癸巳七月，全蜀地震，州境亦然，伤毙人民甚多。（民国《三台县志·杂志》）

△康熙五十二年七月，全蜀地震，潼川亦然，毙人民甚多。（光绪《新修潼川府志·祥异》）

△康熙五十二年癸巳七月庚申，全蜀地震，射邑亦然，毙人民甚多。（乾隆《射洪县志·杂记上》）

△康熙五十二年九月丙辰（10 月 30 日）赈济四川茂州及平番等营堡地震被灾饥民。《大清历朝实录·康熙朝》7 页）

[附]   《地震行》

朱樟（江油县令）

匏瓜星孤夜欲明，地维坟裂天为惊。

千岩万壑送奇响，远听直似雷铿訇。

少焉掀翻墙壁动，石鼓砰磅振八纮。

丁铛环佩若见解，窸窣窗纸号秋声。

譬如浮舟乍离岸，沧海无蒂流青萍。

凿破混沌果如此，顷刻欲使西南倾。

男呻女吟泣覆釜，神呼鬼救忙支撑。

小儿闻声不敢哭，梦呼起起空街行。

仓皇不知何所诣，两膝踡蹋心怦怦。

大恐天时频荡漾，斋粉何止长平阬（坑）。

（《观树堂诗集合刊·古厅集》22页、《四川地震全记录·上卷》66—67页）

1714 年

（康熙五十三年）

安岳：屡旱。（光绪《续修安岳县志·祥异》）

泸州：大雨，水入城。（乾隆《泸州县志·灾异》）

忠县：大水，将进城。（民国《忠县志·事纪志》）

德阳：秋，绵江大水啮城脚。（同治《德阳县志·灾祥志》）

中江：七月霖雨，江水涨溢入邑东北门。（民国《中江县志·丛残·祥异》）

天全：五月初七午时地大震。（咸丰《天全州志·祥异》）

1715 年

（康熙五十四年）

新都：大有年。（嘉庆《新都县志·祥异》）

1716 年

（康熙五十五年）

八月，松潘、金堂地震。（《四川地震全记录·上卷》68页）

八月，松潘卫地震。（雍正《四川通志·祥异》）

1717 年

（康熙五十六年）

绵竹：夏雨弥月不止，秋霖继之，河水泛涨，决龚家堰而入，历中心场直走罗江而下。油油禾黍之区都成巨浸。居民屋宇，拉杂崩摧。不唯绵邑，安、彰之民，咸蒙其害。此七月十五夜事也。（民国《绵竹县志·祥异》）

丹棱：五月三日，城中起火。延烧百十余家。（光绪《丹棱县志·杂事·灾祥》）

[德碑] 施士岳修复广利渠：康熙五十六年（1717），遂宁知县施士岳修复广利渠。"昔之田维草宅者，今且田畴满绿矣。小民之家，有种数斗而获数十石者，有种二三石而获数百石者。于是共相语曰：'是皆我施公之赐也，乌可无报？'乃谋即其地作生祠，塑像以昭公德，以垂永久。"（清彭镕《施明府修堰记》，见《四川历代水利名著汇释》）

[备览]

绵江水决

[清] 陆箕永（绵竹知县）

水宰荒唐轶地中，鲸澜一怒太匆匆。
田禾已逐高低浪，民力空歌大小东。
沉铁有心方玉册，化牛无术剚蛟宫。
真成转眼沧桑改，不待经时始不同。
曾闻父老语前踪，丁酉年时记决冲。
百里昏余人欲尽，一周甲后见来重。
沙将骇浪移千陇，雷挟惊涛走四封。
从道下方尘劫在，可怜蔀屋尚鸠容。
凤驾言循绵水傍，临时筹画若为长。
一缄止浪才疏浅，万弩回潮事渺茫。
浩浩尽他傅逸马，与与无复见登场。
那堪更益翻盆雨，兼日山头少夕阳。
宰官否德召天灾，眼见洪河就地开。
人事休嗟难作计，天心敢道易潜回。
待教川泽秋无恙，重遣园林绣作堆。
从此安流千万载，年年行乐莫忘哀。

（嘉庆《绵竹县志·艺文》）

修绵江决口记

[清] 陆箕永（绵竹知县）

蜀中田土，俱筑小堰分大河之流，以为灌溉。迨雨泽时降，山中渐发，而后来耜并兴，而耕而种而耘，皆取给焉，利甚溥也。然或商羊屡舞，霖澍为灾，众山之流猝然奔涌，水势既猛，即平壤犹且漫溢而不可御，何况有堰沟以引之，卑污以受之，修筑稍或不坚，河得乘势而入，崩冲荡决，凡诸沙石之地，修竹千株、大树盈百者，如摧败叶，匀匀原湿，指顾成河，其害亦非浅也。绵邑之北，绵阳河由茂州而来出绵，堰口横亘数十里，绵之人饮于斯、耕于斯、汲灌恒于斯，盖无不资之者。丁酉岁，夏雨既弥月不止，秋霖继之，河水泛涨，决龚家堰而入，历中兴场，直走罗江，达于石亭江。油油禾黍之区都成巨浸，居民屋宇拉杂崩摧。不唯绵邑，即德安之民咸蒙其害。此七月望夜事也。居人之善泅者，奔诉于余，余即欲往，而水且没顶，不可渡，因飞票谕东北二里，令于波涛稍息时，齐集为壅遏计。二十七日，众舁余过河，观中兴场则水势森弥，湍急如箭，穿墙入室，挟新河而走，如万马奔趋，民用荡析离居，罔有宁宇，哭而罗拜请命。余心恻焉，计惟暂塞其源，则下流自涸，庶禾稼之陷于鲸波者，犹得什存一二。因俾众编竹为笼，以石贮焉，两岸相望于高水者五尺；初二三日大雨复冲去；初四日再作之；初五日复于水中立木马，又以竹累长缚之、中间以草，数十人曳以入水，如龙蜿蜒奔而赴木，如是者百数，而水渐涸。外水如墙而立，余犹恐水勇而木且仆也，命众急运石填木马下，千人夹道而立，转输如环，不逾时而矼如山矣。又虑决口受洪流之冲势必不能久支，更于上流斜筑一堤，约紧溜使南，俄顷亦成。众始而畏厥工之难竣，颇有异议，至是乃欢声雷动，咸顿首感泣，谓使君活我。余亦喜众之用命，市酒肉劳之，且慰之曰：洪水为灾，历代都有。今兹之役，虽遇使不行，不过姑缓目前，非久安之策。今与尔等约，明年二月与尔再行修筑，尔等须共相努力，俾永无波臣之害，以毋废前劳，此余之所望于尔者。众皆唯唯惟命，是役也，自朔日壬午，迄丙戌，不过五日；又二三两日为雨阻，缕指工程才三日事耳。虽曰人事，或亦有天幸焉。因援笔而记之。

（道光《绵竹县志·艺文》）

大邑：是年（1717），大邑县治东郭二里山下，有稻田已获刈，忽夜有声，稻田涌耸，高起丈余，四面迸裂有痕最深。（嘉庆《邛州直隶州志·祥异志》）

1718 年
（康熙五十七年）

巴县：六月十九日雨雹。（民国《巴县志·事纪》）
雅安、名山、天全、清溪、广元：五月初七日地大震。（《四川地震全记录·上卷》68 页）
汉源：五月七日地震。（民国《汉源县志·祥异》）
乐至：大水。（《内江地区水利电力志》）
奉节：大水。（《中国历代天灾人祸表》《四川两千年洪水史料汇编》）

1719 年
（康熙五十八年）

洪雅：大饥。（嘉庆《洪雅县志·祥异》）

1720 年
（康熙五十九年）

宜宾：崇圣祠殿庑，享祭器有记："五十九年大水。"（嘉庆《四川通志·祥异》）

1721 年

（康熙六十年）

江安：五月初八大风，屋瓦飞飏。（嘉庆《江安县志·杂志·志异》）

安岳：屡旱，深井尽涸。（光绪《续修安岳县志·祥异》）

井研：城内大火，毁民庐机尽。（光绪《井研志·纪年》）

名山：闰六月二十二日，大雨水发，县城青云桥圮，民庐倒塌，居人浮数十里，幸登大树者得不死。（光绪《名山县志·祥异》）

雅安：五月二十五日，雅州及名山百站同时火灾，焚数百家。（乾隆《雅州府志·灾异》）

1722 年

（康熙六十一年）

彭水：大稔。（光绪《彭水县志·祥异》）

潼南：大有年。（民国《潼南县志·祥异》）夏六月，天公作怒，波涛巨浪，由石坳冲入镇市，居民荡折过半。（民国《潼南县志·艺文》）

安岳：大有年。（光绪《续修安岳县志·祥异》）

遂宁：大有年。（乾隆《遂宁县志·杂记》）

中江：风不烈，雨不淫，雷无疾声，三秋绝鸣，高山可田，五谷倍熟，称大有年。（嘉庆《中江县志·祥异》）

八月初四日，江安地震。（《四川地震全记录·上卷》）

本年，巴塘等处地震，四川巡抚蔡珽按规制给灾民发放赈恤金。（据《四川地震全记录·上卷》69 页《岳钟琪奏折》）

1723 年

（世宗雍正元年）

全蜀大稔。（雍正《四川通志·祥异》）

资州：大稔。（嘉庆《资州直隶州志·杂类志·祥异》）

乐至：岁大熟。（乾隆《乐至县志·杂记》）

松潘：大有年。（民国《松潘县志·祥异》）

涪陵：大有年。（民国《涪陵县志·杂编》）

彭水：秋大稔。（光绪《彭水县志·祥异》）

武隆：大有年。（同治《重修涪州志·祥异》）

綦江：大有年。（道光《綦江县志·祥异》）

潼南、永川、荣昌：岁大稔。（《四川省近五百年旱涝史料》97 页）

璧山：岁稔。（同治《璧山县志·杂类志·祥异》）

珙县：大稔。（光绪《珙县志·祥异》）

长宁：岁大熟。（嘉庆《长宁县志·祥异》）

新都：岁大稔。（嘉庆《新都县志·祥异》）

雅安：大稔。（乾隆《雅州府志·灾异》）

荥经：岁大稔。（乾隆《荥经县志·乡土志·祥异》）

汉源：岁大稔。（民国《汉源县志·杂志·祥异》）

天全：岁大熟。（咸丰《天全州志·祥异》）

青神：禾稻丰收。（光绪《青神县志·祥异志》）

蓬溪：大稔。（道光《蓬溪县志·祥异》）

隆昌：旱，半收。（同治《隆昌县志·祥异》）

灌县：大旱。（光绪《增修灌县志·杂记志·祥异》）

邻水：大旱。（道光《邻水县志·天文·祥异》）

仪陇：岁大稔。（光绪《仪陇县志·杂类·祥异》）

威远：大稔。（乾隆《威远县志·祥异》）

江安：八月初四日地震有声，次日复震。（嘉庆《江安县志·杂志·志异》）

1724 年

（雍正二年）

渠县：五月渠江大水没城垣，两岸数十里如巨浸，越数日水退，禾苗仍无损。（同治《渠县志·祥异》）

绵阳：大水。（同治《直隶绵州志·祥异》）

苍溪：秋，田中鼠多，尽食禾苗，收成受损，岁大饥。（民国《苍溪县志·杂异志·灾异祸乱》）

西充：大有年。（光绪《西充县志·祥异》）

汉源：三月七日地震。（嘉庆《清溪县志·政事类·附祥异》）

三月初七日丑时，雅安、名山、清溪地震。（《四川地震全记录·上卷》69 页）

四川行"丈田法"：（何氏）祖曰新宇者，始渡江徙兴文。雍正初行丈田法，以边地计，广袤三十丈为一亩，所垦凡四百亩。（骆成骧《何公宝珊墓志铭》，载民国《兴文县志·人士》）

1725 年

（雍正三年）

夏六月，西炉地震。（嘉庆《四川通志·祥异》）

打箭炉 7 级地震：六月二十三日（8 月 1 日），打箭炉（康定）发生 7.0 级地震。七月十三日，署川陕总督岳钟琪奏报："六月二十三日申时，打箭炉地忽然大震，将喇嘛、官员住居衙门、买卖人等并蛮人住居房屋、楼房俱行摇塌，一间无存。被房楼压死买卖人并蛮人，十分压死七八分。宣慰司桑结、驿丞俞殿宣、料理钱粮事务效力之南部县典史徐翀霄，俱被所塌房楼压死。"九月二十日，岳钟琪又奏报：据四川巡抚复称，"经本院差委成都府会同化林协，将压死遗骸，有主者认领，无主者掩埋，每蛮一名赏给青稞五斗、茶一斛，每民一名赏米三斗。有欲回家而无盘费者，或给一两，或给五钱。俱自本院捐备"。（《四川地震全记录·上卷》70页）

雅安：六月，西炉地震，番夷碉房，压死夷人无数。（乾隆《雅州府志·灾异》）

[备览] 地震赈济恤银标准：今遵旨复查（康熙）六十一年巴塘等处地震之时，前抚蔡珽赏恤赈济，每压死一人赏银一两，坍塌碉房一座赏银一两；各处办事头人每名赏缎一匹、绫二匹、布四匹、茶二甑、烟八包。俱系前院捐备在案。（雍正三年九月二十日《川陕总督岳钟琪奏折》，载《四川地震全记录·上卷》69页《清档·军机处录副奏折》1—2号）

汉源：六月地震，西炉口外最甚，崩塌碉房毙夷民甚多。（民国《汉源县志·杂志·祥异》）

泸州：六月大水进城。（乾隆《泸州县志·灾异》）

长宁：夏雨雹，大如鸡卵，伤鸟兽甚多。（《清史稿·灾异志》）

汉源：大有年。斗米值银一钱七八分，斗麦值银一钱五六分。（民国《汉源县志·杂志·祥异》）

1726 年
（雍正四年）

井研：城内大火，延烧几尽。（光绪《井研志·纪年》）

1727 年
（雍正五年）

都江堰人字堤冲决，奉令由用水九县摊征壅塞费。华阳县为摊征壅塞费，丈量灌区面积为二万三千零四十二亩，至1930年代已扩灌至四万亩左右。（民国《华阳县志·事纪》）

巫山：雍正五年，楚省饥民入川觅食者，日以千计至巫山。大吏檄使力阻，巫山知县崔邑俊独持不可，且请驰禁已至者；捐俸赈粥，病者给以药饵，毙者施以棺木，一时歌颂载道。升陕西同知。（嘉庆《四川通志·职官·夔州府三》）

1728 年
（雍正六年）

都江大堰决，成都平原大旱。

[附]　　　　　　　　　　　**堰决行·并序**①
　　　　　　　　　　　　　　　[清] 许如龙

　　（雍正六年）戊申五月初九（1728 年 6 月 15 日）夜，都江大堰决，声震十余里，水尽南去，东北支流（注）涸。时方立苗，忽为敛手，农人涕泣而已，冀即修复，赋此志之。

灌口之堰民所天，疏流叠石惟古贤。
离堆南峙江北走，一涯回遏成奔川。
石犀矗立厌水怪，鲛鳄稳卧喷长烟。
摩崖勒字示治法，堰宜低作深淘滩。
（崖上古刻：深淘滩，低作堰）
事经奇创利永赖，蜀人俎豆矜神仙。
后来理水悉遵此，妄意改作谁敢专。
宋末驰废古意失，元明修复相后先。
月啮岁蚀每潜败，屡兴屡踣无恒坚。
忽谋冶铁成二丑，峥嵘左右人争看。
高浪不惊礔坷石，澎流下溉膏腴田。
自兹修浚责岁赋，征取巨木逾丘山。
占星验候督兴举，刳竹络石沿江边。
饮食日费帑金百，邪许雷动役夫千。
众力既勤江势杀，一水东注民心安。
胡为今夏太横溢，疾驱鼋石填深渊。
大声砰訇四野震，平畴浻洞层波翻。
触抵盘涡非故道，横斜沙阜遭中穿。
（江涨涌沙，填滩欲平，水无所潴，别穿一道以去，堰故大崩。）
兼闻两岸损户口，路人传说言辛酸。
我居地迩忧荡折，侧闻灾异愁思牵。
黄沙漠漠众渠竭，骄阳酷烈青禾干。
郡邑十二皆比比，秋成粒食当苦艰。
府中操柄有召杜，决去私意谁能干。
程工董役抶不勉，刻期急就乌容宽。
况乃神功在千载，英烈之号非秦官。
忧劳黔首为请命，九霄阴骘神当欢。
天人交尽今固难，先民遗法思为殚。

---

　　① 雍正六年夏，都江堰决，成都平原大旱，各县志书皆失记；唯嘉庆《郫县志》载许如龙《堰决行·并序》，记其事。

铁牛不朽碑字在，长教蜀土多丰年。

（清嘉庆《郫县志·艺文》）

屏山：六月大水。（嘉庆《四川通志·祥异》）

本年，免四川省部分州县灾赋有差。（《清史稿·世宗纪》）

1729 年

（雍正七年）

忠县：麦刈后再苗秀并实。（民国《忠县志·事纪志》）

荣县：免明年租赋。（民国《荣县志·事纪》）

崇庆：雍正七年，蠲崇庆州一州钱粮。先是，办西藏、乌蒙等处军糈，以附近州县仓谷碾运；秋，领官银购填；州民先以私米千五百石饷军，力辞领谷。——故有是命。（民国《崇庆县志》引旧志）

[**德碑**] **井研**：雍正七年（1729），黄光灿任井研知县。县中水利，自明知县萧溥、杜如桂筑塘堰已逾百年，多就壅淤。光灿督民夫掘塘千余区，自后不虞旱涝。（《光绪井研志·官师二》）

二月八日，理塘地震。（《四川地震全记录·上卷》72 页）

1730 年

（雍正八年）

灌县：人字堤冲决壅塞。（《灌记初稿·杂记》）

朝廷蠲四川地丁银三十一万六千三百两有奇。（民国《崇庆县志·事纪》）

重庆府知府张光粼详请建丰裕仓。（民国《巴县志·事纪》）

道孚噶达地震。（《四川地震全记录·上卷》73 页）

1731 年

（雍正九年）

全蜀大稔。

南溪：大稔。（民国《南溪县志·杂纪·纪异》）

峨眉：春旱。县城水西门临河数十丈屡被蛟患，冲去外环官道，基地坍塌，内逼民居。（宣统《峨眉县新志·建置》）

[**备览**] 全省常平仓储谷总量，雍正九年前为四十二万石，此后"部议为一百三万三千八百余石为准"。（《巴蜀灾情实录》97 页）

1732 年

（雍正十年）

四川五月大水。（《四川省近五百年旱涝史料》4 页）

五月，峨眉大水，冲塌房七十九间，淹毙人口九十五口；荥经、雅安大水。（《清史稿·灾异志一》）

雍正十年正月初三日，宁远府西昌县会理州德昌、河西（今西昌市南部）、迷易（今攀枝花市米易县）三所等处地震。两院具奏，奉旨发帑赈恤。先是分巡建南道副使马维翰奉委，预行查勘。巡抚宪德，亲至宁远府属西昌等处被灾地方，督率各属吏，逐户查赈，军民之家莫不欢忭，共戴圣恩高厚云。是年夏，五月，峨眉、荥经、雅安、眉州被水，峨眉为甚。建昌道副使马维翰，请发帑金赈恤峨邑，其荥经等处亦各发常平仓谷以给灾民。又请豁免本年地粮银两。（雍正《四川通志·祥异》）

峨眉：夏五月，荥经、雅安、眉州、峨眉被水，峨眉尤甚，淹死大小男妇几百。五月初，连日大雨，山水陡涨，两河水涨数丈，漂没民居甚多。免本年粮银。（嘉庆《四川通志·祥异》、嘉庆《峨眉县志》）

雅安、天全、宝兴：五月洪水，水涨数丈，淹没民房，溺毙男女数百。免本年粮银。常平仓谷济之，并免地丁。（嘉庆《四川通志·祥异》）

荥经：五月大水，诏发常平仓谷赈济；续水退，田禾茂盛，勘不成灾。（乾隆《荥经县志·乡土志·祥异》）

南川：夏六月，大雨淋漓，城南塌七十丈九尺，城北塌五丈四尺。（光绪《南川县志·祥异》）

洪雅：五月大水。（嘉庆《洪雅县志·祥异》）

眉山、彭山、丹棱、青神：大水。（《四川省近五百年旱涝史料》40 页）

高县：产嘉禾，米价每仓斗三分。（同治《高县志·祥异志》）

汉源：夏大疫。（民国《汉源县志·祥异》）

西昌 6.75 级地震：

震时：清雍正十年正月初三日（1732 年 1 月 29 日）。

震地：西昌县、盐中左所、德昌所、迷易所、河西一带，会理州、冕山（西昌、宁南间）。

正月初三日，西昌县、会理州，德昌、河西、迷易三所地震。发帑赈恤。（《清史稿·灾异志五》）

1732 年 1 月 29 日，西昌地震，衙署大门、二门及厅堂户房屋摇倒过半，余尽歪斜。波及会理、德昌、迷易等地。（《凉山州志·自然灾害》）

[附一]　　　　**四川总督黄廷桂关于西昌地震的奏折**

为奏闻事。雍正十年正月十八日，据建昌镇臣赵儒具禀内称：本年正月初三日，建城忽然地震，自申至酉，城关内外官署、兵民房屋多有倒塌及压伤毙命之人。初四、初五等日昼夜仍摇动数次，揆此则所动不止一处，现在专差逐一踏查，俟查明具文另报等情。臣等即谕令布政司刘应鼎、建昌道马维翰饬委吏目施廷文，星速前往建昌会同确查地震情形，并先将被压伤死人民，不拘何项钱粮酌动赈恤去后。嗣于正月二十二日，据镇臣赵儒专差咨呈：建昌、永定、会川、会盐四处所属地方震动甚重，一切城垣、官署各有损坏，其城乡兵民房舍塌损颇多，人民打伤身体及被压毙命者，亦多寡不一。惟冕山、靖远二处地止微震，兵民并无损伤等情到臣等。臣等更面询来差，据禀：自初三日震后，于初四、初五仍有小动，民间多系搭盖草棚，权且露栖，其房屋虽有倒塌，而米粮向多露积，故不至乏食等语。随一面公同酌议，即日会委建昌道星即带领州同王锌、吏目马慎馀等驰赴建昌，率同各该地方有司分头逐处查勘，即将奉上谕事一案，分贮宁远府银四万两内动支赈恤，每压死男妇大口给棺木银二两，小口给银一两；被压伤重未死者，大口给银一两，小口给银五钱；伤略轻者，大口给银三钱，小口给银二钱，资其调洽。至于兵民房屋，除歪斜未倒者，听各自行葺整，毋庸议恤外，其倒塌者，分别每瓦房一间给银二两，板草房一间给银一两，以资补葺，并令该道逐处宣布皇仁加意抚绥，务使人民均沾圣惠，不致失所。更思建属四面环彝，当兹民人露居，诚恐野蛮盗匪乘机偷窃，均未可定，更飞檄建昌镇酌量地方衡僻，派拨官兵，分头昼夜巡防，务令弹压安静，不致滋生事端。再查震损之新旧城垣、官署，似应一面确估，一面兴修。但建属地处偏僻，匠役颇少，值此大震之后，民房倒塌者，自必各欲修葺，若此时即将震损之城垣、官署全行建造，则一切物料、匠役价值昂贵，殊于民间不便。臣等并属令马维翰酌量紧要地方先行估修，其余可缓处所暂缓补葺，庶物价不致过昂，似于官民均便。其赈恤及估修用过银两，俟马维翰造报至日，臣等核实分案题销。所有据报建属地震情形，臣等酌委建昌道马维翰驰赴查勘赈恤，及行镇赵儒分拨官兵防范各缘由，理合一并恭折奏闻。

（录自《四川地震全记录・上卷》73-74页）

［附二］　四川巡抚宪德关于亲赴震区查灾赈灾情况的奏报

为奏明查赈情形及臣回署日期事。窃照本年正月初三日，建昌各属地震，人民被灾，臣来往建地勘赈各缘由，均经奏明。自臣于二月二十日起程，赴建沿途即留心确察，查自建属之雅州府起，以至建城，正月初三、四、五等日，地虽俱有微动，然城垣、官署、兵民房屋皆无倒坏，人民亦无损伤。自建城西昌县迤南之盐中左所、德昌所、迷易所、会理州等处各所动轻重不等，兵民房舍各有倒塌，男女亦有压毙打伤者。臣分饬各委员查报去后，节据录办各员具报，各属被压身死男妇大小共一百二十四名口，打伤轻重不等男妇大小共二百六十八名口，全倒瓦房及板草房共一千九百五十五间，坍塌墙壁共一千八百二十九户，以上各项通共赈给赏过银四千四百余两，均系各员逐户按名亲身散给，并无吏胥中饱等弊。臣复亲行查察，民情安堵如故，从前之惶惑讹传亦皆止息。并据建属兵民士庶呈称，凡地震被压身亡者，俱得棺木之资；被打受伤者，概沾汤药之费；房屋全倒者，俱各安家乐业；房存墙倒者，亦得修补苫盖。皆沐皇恩，培养恩赐，代为奏谢等情前来。除赈恤细数，俟建昌道副使马维翰造报至日，同兵民士庶谢赈情由另疏题报外，臣因勘赈事毕，随即自建起程，于四月十三日回省，所有微臣查赈情形及回署日期相应奏闻。又查建属各处修建城工，凡附沿途大路在数十里中者，臣俱已亲临查视，惟永定一处系因地震摇动，德靖一处系被风吹，然皆不致大损，不过动落盖瓦，业俱修葺完固，其余新筑已未完工程并无损坏，至旧时城垣倾颓处所与目今地震无涉。臣随饬催各城工委员上紧修筑，并行建昌道副使马维翰，将各偏僻处所臣未经阅历之城工，有无因地震损坏查实具报，统俟查复至日题达。再查建昌各属汉番杂处，臣经过沿途，凡附近土司俱各来见，及至建城，即远在大小凉山等处土司，亦皆前来进见，臣皆宣布皇上恩威，谕以安静住牧，并量加赏赍，察其情形，各彝帖然。合并奏闻。伏祈睿鉴，谨奏。雍正十年四月十六日四川巡抚臣宪德。

(录自《四川地震全记录·上卷》73—74 页)

1733 年
（雍正十一年）

双流：夏雷风。（民国《双流县志·祥异》）

六月二十三日，云南东川紫牛坡一带发生强烈地震，波及距震中三百公里的四川屏山、马边一带，亦震动强烈。（《四川地震全记录·上卷》79—80 页）

1734 年
（雍正十二年）

綦江：六月发蛟水，坏田地，冲塌瓦房无数。（道光《綦江县志·祥异》）

南川：夏六月，大雨淋漓，城南塌七十丈九尺，城北塌五丈四尺。（民国《南川县志·大事记》）

二月，蒲江地震。（《清史稿·灾异志五》）岱庙碑坊崩折。震级 5.0 级。（《四川地震全记录·上卷》80 页）

1735 年
（雍正十三年）

蜀大旱，五月不雨。（嘉庆《锦里新编·异闻》）

五月，璧山旱，湖水涸。（《清史稿·灾异四》）

十月，免四川巴县等旱灾额赋。（《清史稿·高宗纪一》）

叙永：旱，民大饥。（光绪《续修叙永、永宁厅县合志·杂类·祥异》）

綦江：大旱，知县杜兰赈济有方。（嘉庆《四川通志·职官·政绩》）

江津：旱，民饥。（民国《江津县志·祥异》）

古宋：民大饥。（民国《古宋县志·蠲赈》）

璧山：夏秋大旱，湖水涸。人乏食，蒙恩赦免本年未完钱粮。（同治《璧山县志·杂类志·祥异》）

涪陵：旱，米斗价二百文。（民国《涪陵县志》引《夏氏宗谱》）

隆昌：五月大水入城。（咸丰《隆昌县志·祥异》）

永川：五月大雨。（光绪《永川县志·祥异》）

[善榜] 岁大旱，邑人刘泰玉出所储谷三百余石、银三百两以赈；次年春宿储告竭，又称贷以终其事。（嘉庆《四川通志·人物·行谊》）

荣昌：五月大水。（光绪《荣昌县志·祥异》）

綦江：被洪水，免今年租。（道光《綦江县志·祥异》）

合江：洪。免今年租。（嘉庆《四川通志·祥异》）

犍为：蠲免十二年以前欠粮。（民国《犍为县志·杂志·事纪》）

雅安、天全、名山、荥经、芦山：夏大疫。（乾隆《雅州府志·灾异》）

金堂：在乾隆以前，金堂水灾前后共十九次。（嘉庆《金堂县志·外编·琐记》）

九姓司：大旱，奉赈恤。内江令宋祐、仁寿典史余景文奉文督运金堂食米一千硕、银一千两协赈，司民赖以遂生。（乾隆《九姓司志·祥异》）

1736 年

（高宗乾隆元年）

正月，赈四川忠州等州县旱灾。（《清史稿·高宗纪一》）

四川大水。（《四川省志·水利志》59 页）

成都：成都地区除灌县、大邑、蒲江等地外，普遍涝。（《成都市志·地理志》128 页）

青神：江水大涨数十丈，顺江民舍淹没。（光绪《青神县志·祥异志》）

荥经：正月雨雹。（乾隆《雅州府志·灾异》）

水，三月雨雹。是岁大稔。（乾隆《荥经县志·乡土志·祥异》）

三月，荥经冰。（《清史稿·灾异一》）

荣昌、隆昌：六月大雨。（光绪《荣昌县志·祥异》、同治《隆昌县志·祥异》）

灌县：七月大水，冲没田庐甚多。（光绪《增修灌县志·杂记志·祥异》）

崇宁：永兴场被冲。（民国《崇宁县志·祥异》）

金堂：七月沱江暴水涨溢，溺毙居民六百余人。（《四川省近五百年旱涝史料》4 页）

荣县：洪。（民国《荣县志·事纪》）

长寿：海棠乡降暴雨，山洪暴发，洪水经龙王沱、缘映滩，霎时淹没大片田土。大屋林房屋全被冲走，只剩下 48 条基石。（民国《长寿县志·灾异》）

泸县：三月初六日大风冰雹，田禾屋舍多被损伤。知州徐遵义报闻，诏蠲泸州并属本年钱粮。（民国《泸县志·杂志·祥异》）

纳溪：三月初六，有异物夜出州南方山，大风冰雹随之，泸州并属田禾屋舍多被损伤。（嘉庆《直隶泸州志·杂类志·祥异》）

泸州、合江、叙永、纳溪：三月初六夜大风雹，免额赋有差。（《清高宗实录》）

南溪：三月初六风雹，禾屋舍多伤毁。是年大旱，次年米价高昂。（民国《南溪县志·杂纪·纪异》）

五月甲寅，免四川南溪等州县被风雹额赋。（《清史稿·高宗纪一》）

江安：三月初六日大风雹成灾，田禾屋舍多被损伤。事闻，诏蠲免钱粮。（嘉庆《江安县志·杂志·志异》）

犍为：乾隆元年三月初旬，有大风一路从西南来，吼声如雷，横过县南直冲去，凡经过山林，大树皆和根拔起，屋宇吹倒无算。不逾旬，东街失火，祝融助威，上及新开街，下及小十字，铺户皆灰烬，延及县署东案房，火光烛天，署前古柏一炬焦枯。（民国《犍为县志·杂志·丛谈》）

合江：七月，大水。（《清史稿·灾异一》）

筠连：八月至次年五月不雨，共计约 270 天。（民国《筠连县志·纪要》）

高县、庆符：大旱。（光绪《庆符县志·祥异志》）

彰明：大水。"涪江转泛，崩圮南隅，江水霪溢，汹吞北郭。"（同治《彰明县志·艺文》）

叙永：大旱。翌年谷价高昂。（光绪《续修叙永、永宁厅县合志·杂类·祥异》）

汉源：秋大稔。（嘉庆《清溪县志·政事类·附祥异》）

綦江：岁大熟。（道光《綦江县志·祥异》）

雅安、天全：大稔。牛疫，死殆尽。（乾隆《雅州府志·灾异》）

长宁：大熟。（乾隆《长宁县志·祥异》）

江油：岁饥。（光绪《江油县志·祥异志》）

璧山：岁饥。委官煮赈，自二月至四月止；又借谷平粜，民赖以济。（同治《璧山县志·杂类志·祥异》）

巴县：知县王裕疆始建监仓（其谷系俊秀捐监者）。同年，巡检邵贤始建社仓。（民国《巴县志·事纪》）

[链接] 乾隆帝上谕：办社仓"必有司善于举行，方为有益"。据右通政李世倬奏称：社仓一法，固以济民间之缺乏，而救荒之法，即于是而可通。臣在湖北布政使任内，查社仓之春借秋还，立有社长主其出入。盖一乡一堡之中，其人之贫富、业之有无，皆社长所深知。诚使为有司者于春借之时、社长具报之日，即备询其家业名口而自注之于册。或虑家业之消长不时、人口之添退无定，则再于秋成之候，复询改注，此不过有司举笔之劳，不必假手胥吏。一旦遇有水旱赈济之事，举前所自注之册，计其男妇大小名口，按其多寡而赈济之，视贫富之等而酌量之，自无舛错、遗漏、浮冒之弊。第恐有司未能留心于平日，一朝奉命，势必责令社长另造户口册籍，责令百姓开报花名，彼此相传，惊疑易起。请饬督抚转饬有司，于社长册报之时，专心查记，善为奉行等语。所奏似属有理，但必有司善于举行，方为有益，否则纷扰闾阎，未见其益，先受其累矣。著传谕各该督抚酌量地方情形，密饬有司留心酌办，该地方有难行处，亦不必勉强。钦此。（同治《仁寿县志·食货志·仓储》）

[附] 乾隆元年（1736），四川始设社仓，积谷防饥，由民间管理，官府查核。（《巴蜀灾情实录》98 页）

"乾隆年间，邛州牧段以信奉文劝捐谷石，积至四万一千有余，分贮四乡庵观寺院，共一百八十六处；亦名社谷，设立社长，春借秋收。日久生弊，无一存者。""案查卷载：龙王庙社仓截至前清宣统三年积储仓斗谷三万六千二百八十余石；福德祠济仓截至前清宣统三年积储仓斗谷四千九百六十余石。现今社、济两仓合计仅有存者。虽然，仓储者，重农贵粟、备荒办赈济急之要需也，乾隆时四乡之积储耗于民，民国时城内之积储耗于兵，物未有积而不散也。"（民国《邛崃县志·仓储》）

华阳：三月，大慈寺侧失火，延烧东南街市民舍千家。（嘉庆《华阳县志·祥异》）

1737 年
（乾隆二年）

大邑：大雨水，水冲石压田地，并年久旱地，免征额赋有差。（《清高宗实录》）

万县、梁平、开县、忠县：旱灾。（《清史稿·灾异志》）

高县、庆符：谷价高昂。（光绪《庆符县志·祥异志》）

崇庆：开设社仓，至乾隆末年，储谷凡四万七千二百四十七石有奇。（民国《崇庆县志·事纪》）

［德碑］**新繁**：新任知县王霖接印，即劝民积社谷以济匮乏，历三载共积一千七百余石，贮于四村庵观，每岁青黄不接以赡贫民，民咸赖之。（嘉庆《新繁县志·政绩》）

［链接］**乾隆帝上谕：歉年贫民借领仓粮，还贷不加息**。朕闻各省出借仓谷，于秋后还项时，有每石加息谷一斗之例。朕思借谷各有不同，本非歉岁，只因春月青黄不接，民间循例借领，出陈易新，则应照例加息。若值歉收之年，其乏食贫民，国家方赈恤抚绥之不遑，所有借领仓粮之人，非平时贷谷者可比。至秋后还仓时，止应完纳正谷，不应令其加息，将此永著为例，各省一体遵行。该督抚仍当严饬有司，体恤民隐，平斛收量，毋得多取颗粒。如有浮加斛面额外多收及胥吏苛索等弊，著该督抚严参治罪。钦此。（同治《仁寿县志·食货志·仓储》）

［德碑］**双流知县黄锷劝民开塘**：乾隆二年，知县黄锷劝民就田开塘。数年间新旧山塘增至三百有奇，灌田二万亩零。（光绪《双流县志》）

1738 年
（乾隆三年）

全省大范围水灾。（《四川省志·水利志》59 页）

四川"六月水灾。十一月，赈恤峨眉、夹江、雅安、洪雅四县及打箭炉被水灾民"。（《清高宗实录》）

七月，遂宁、合江大水。（《清史稿·灾异一》）

十一月，赈四川忠州等州县旱灾。（《清史稿·高宗纪一》）

十二月，"庚辰，赈四川射洪等六县水灾"。（《清史稿·高宗纪一》）

峨眉：五月初大雨，淹死七十二口，冲走瓦草房二十四间。（《历史洪水资料汇编·

军仓奏折》)

乾隆戊午五月，朔二日，烈汛雷雨自昼至夜，山水大发，沿山树木随水而来，横塞桥下，桥遂崩平。明视之，亭梁石礅，一无存者。（嘉庆《峨眉县志·事纪》）

洪雅：五月大水三日，漂没民舍无算。（光绪《洪雅续志·祥异》）

雅安：五月大水坏田宅。罗绳山崩，陷二人，冲没田亩，知县申请赈济。是年大熟。（《青衣江志》132页）

合江：七月大水入城。涨至康熙十七年（1678）水位。（嘉庆《直隶泸州志·杂类志·祥异》）

遂宁：七月大水入城，"冲塌瓦草房屋五百余间，冲崩坝地三千九百八十亩零"。（乾隆《遂宁县志·杂记》）

大邑：大水冲坏胜会寺。（民国《大邑县志·祥异》）

康定：水灾，冲坏城墙桥梁。（《甘孜州志·自然灾害》）

绵竹：大水灾。（《清高宗实录》）久旱。（嘉庆《绵竹县志·祥异》）

潼南：大水。（民国《潼南县志·祥异》）

夹江：水灾。（民国《夹江县志·祥异》）

天全：大水。（咸丰《天全州志·祥异》）

宝兴：水。（咸丰《天全州志·祥异》）

泸县：大水，如康熙戊午（1678）水位。（光绪《泸州直隶州志·祥异》）

新津、彭县、广汉、铜梁：水灾，免征额赋有差。（《清高宗实录》）

叙永：免征水冲地赋。（光绪《续修叙永、永宁厅县合志·杂类·祥异》）

汉源：免征水冲地赋。（同治《续汉州志·祥异》）

遂宁、蓬溪、三台、中江、射洪：缓征水灾额赋有差。（《清高宗实录》）

荥经：雨雹。（民国《荥经县志·祥异》）

秀山：大有年。（光绪《秀山县志·祥异》）

井研：大有年。（光绪《井研志·纪年》）

隆昌：丰收。（同治《隆昌县志·祥异》）

重庆、巴县：是年，虎入城。（民国《巴县志·事纪》）

［链接］乾隆谕旨：歉收岁贫民借常平、社仓谷一概免息。乾隆元年六月，朕曾降旨，各省出借仓谷与民者，旧有加息还仓之例，此在春月青黄不接之时，民间循例借领，则应如是办理；若值歉收之年，岂平时贷谷可比？至秋收后，只应照数还仓，不应令其加息，此乃兼常平社仓而言也。今闻外省奉行不一，凡借社仓谷石者照此办理，而借常平仓谷者，遇歉收之年仍循加息之例。似此，则非朕降旨之本意矣。嗣后，毋论常平、社仓谷石，若值歉收之岁，贫民借领者，秋收还仓一概免其加息，俾蔀屋均沾恩泽。将此永著为例。钦此。（同治《仁寿县志·食货志·仓储》）

［德碑］江吴鉴修复风洞岬堰：乾隆三年（1738），乐山知县江吴鉴修复已湮塞百年的风洞岬废堰。"至是，水由江入洞入防（干渠），由防入沟，支分派注，而一乡皆田矣。"邑人感公之德，尊名"江公堰"，勒石志不朽。（清王治《江公堰碑记》，载嘉庆《乐山县志》）

［链接］乾隆三年上谕：四川社仓准照常平仓例，每谷四百石建仓一间。（《东华录》）

1739 年
（乾隆四年）

绵竹、安县：三月水灾。（《绵阳市志·自然灾害》）

新津、彭县、叙永：三月水冲，减地赋。（《清高宗实录》）

秀山：大有年。（光绪《秀山县志·祥异》）

隆昌：丰收。（同治《隆昌县志·祥异》）

汉源：冬月二十四日，万工场火灾，延烧客民房屋二十二间、塘房一。（民国《汉源县志》）

［链接］**《清高宗实录》**：乾隆四年：大邑大水冲坏胜会寺，彭县、新津水灾。诏免四川彭县、新津等县水冲地赋。

《清史稿·高宗本纪》：乾隆四年四月甲午，免四川忠州等三州县旱灾额赋。

［备览］**庆符平虎患**：乾隆四年，虎食人至一百余，奉文捕虎。县令杨元理、县尉钱兆熊，约进士李华松，于县南般家坪逐虎，虎跃出，不能制。华松请出示，令民间预备火枪、柴弓、木橹以制之，不三月，得虎数十余，患遂息。（光绪《庆符县志·祥异》）

1740 年
（乾隆五年）

乾隆五年，"新津、新都被水"。（《清高宗实录》）

十月，赈四川绵竹等三县水灾。（《清史稿·高宗本纪》）

德阳水灾。江油水灾。盐亭大水，河溢入城。遂宁秋雨泣途，大雨如注。（《涪江志》75 页）

四川水。（《四川省志·水利志》59 页）

新繁：七月锦水河大涨，县治西通澳桥、义和桥同毁于水。（嘉庆《新繁县志·祥异》）

越嶲：被水冲坍。（《清高宗实录》）

理县、黑水：夏，大雨，旧堡（今理县薛城）南沟水发，横流至新堡关（汶川县城），毁堡北城垣数丈，淹泯江、沱江沿岸田庐场桥道。（同治《直隶理番厅志·祥异》）

冕宁：水灾。（《清高宗实录》）

宜宾、叙永：水灾。（嘉庆《宜宾县志·祥异》）

简阳、威远：水灾。（《清高宗实录》）

仁寿：水灾。（《清高宗实录》）

盐亭：大水，河溢入城。（光绪《潼川府志·祥异志》）

遂宁：秋雨泣穷途，大雨如注。（民国《遂宁县志·杂记》）

江油、德阳：水灾。（《清高宗实录》）

江油：大旱。（民国《绵阳县志·杂异》）

重庆：正月长江水枯。据朝天门灵石题刻记载："乾隆五年正月，（长江）中澥，水涸极，下碑石尺余。"灵石题刻中最早的一次刻于东汉光武帝年间（25—57），最晚的一次刻于清乾隆五年（1740），前后记载了汉、晋、唐、宋、清各代计17个枯水年份的水文。（《重庆市志·大事记》）

乾隆五年，"谕民间开垦土地，永免升科"。（民国《犍为县志·杂志·事纪》）

1741 年
（乾隆六年）

江津：岁旱。（民国《江津县志·祥异》）

泸定：泸定桥四月间被风吹折。（《清高宗实录》）

［善榜］合州：监生陈槐与弟陈相尚义好施，每当春夏之交民食维艰之际，自辛酉（1741）至壬申（1752）前后共施米九百五十石有奇。（嘉庆《四川通志·人物·行谊》）

1742 年
（乾隆七年）

川省连岁丰稔。（《清高宗实录》）

射洪：武东山崩。九月大水，溺死居民，没田庐。（光绪《射洪县志·祥异》）

盐亭：大水，河溢入城。（乾隆《盐亭县志·灾异》）

苍溪：秋，田中鼠多，尽食禾苗，收成受损，大饥。（民国《苍溪县志·杂异志》）

盐源：旱岁。（《四川省近五百年旱涝史料》140 页）

乐至：乾隆七年，江苏举人尤秉元来任知县。实心实政，劝民开沟筑堰，并著《劝民作堰诗》；又捐建社仓，亲订社仓条约。民乐其利，至今犹循守之。（乾隆《乐至县志·职官》）

［附一］　　　　　　　　　劝民筑堰篇
　　　　　　　　　［清］尤秉元（乐至县令）

水土昌百谷，地利任人取。山邑农颇勤，垦辟到高阜。旱田日虽多，暵干每束手。今年雨泽时，禾生遍陇首。感兹大造仁，为尔计长久。天时那可恃，旱涝多常有。田功资水利，泉流须蓄受。同心齐筑堰，遍告十千耦。相度顺阴阳，爬疏及童叟。引彼高下泉，灌我东南亩。瘠土变膏腴，穷民富升斗。蓄洩维其时，培补共相守。堤畔待巡行，更插青青柳。

（嘉庆《乐至县志·水利》）

［附二］**四川积谷丰厚**：乾隆七年，四川各类仓库存谷达二百余万石。次年，仅社仓存谷已达十三万余石，乾隆得奏后批谕："社仓之谷，多多益善，但不可强民耳。"终乾隆朝，四川一百三十余州、厅、县各仓所储保持在二百万石以上。（《四川省志·粮食志》1页引《清高宗实录》）

［备览］ **皇帝谕旨：谕常平仓谷变通**

乾隆七年（1742）六月二十四日

上谕：各省常平仓谷，原以备民间缓急之需。旧例存七粜三者，乃出陈易新，以防霉变，指寻常无事之时而言也。若遇地方米少价昂之时，则当多粜以济民食，毋得拘泥成例，从前已屡经降旨。本年二月间，又复申谕各督抚矣。今许容奏称：今青黄不接，粮价增长，各州县内详报市米稀少，平粜仓谷已符额数等语。此言实属不经，是湖南有司并未领会朕旨也。国家储蓄仓粮，专为接济百姓而设，若民间米谷充裕，即三七之数亦可不需；如粟少价昂，则安得以存七粜三目为额数？今许容所辖一省如此错误，或他省有似此者亦未可定，可即通行传谕知之。钦此。

（光绪《盐源县志·卷首·纶音》）

1743 年

（乾隆八年）

七月，奏川省岁丰稔，粮价平贱。（《清高宗实录》）

西昌：五、六月被水，冲坏民田。八月，赈恤西昌水灾，修河道、城垣。（《凉山州志·大事记》）

七月甲戌，赈四川西昌水灾。（《清史稿·高宗本纪》）

西昌、冕宁、德昌、盐源：九月，赈恤水灾，缓征本年钱粮。（《凉山州志·大事记》）

安县：大水，西城堤岸崩毁。（民国《绵阳县志·杂异·祥异》）

忠县：大有年。（民国《忠县志·事纪志》）

十一月，大有，斗米百钱。（《绵阳市志·自然灾害》）

犍为：拨监谷（监生所捐之谷）八千石，碾运楚省（湖北）接济。（民国《犍为县志·杂志·事纪》）

各地社仓储粮充裕。达州、内江等三十余州县，共贮粮十三万八千二百余石。（《巴蜀灾情实录》98页）

朝廷赈恤被水灾民：乾隆八年，赈恤四川宁远府属冕宁县等处被水民夷，并缓征本年额赋。（《清高宗实录》）

1744 年

（乾隆九年）

四川六月特大洪水，岷江、沱江、嘉陵江三大河猛涨。（《巴蜀灾情实录》60页）

六月，汉州、遂宁、简州、崇庆、绵州、眉州、邛州、成都、华阳、金堂、新都、郫县、崇宁、温江、新繁、彭水、什邡、罗江、彭山、青神、乐山、仁寿、资阳、射洪大水，溺死居民六百六十四人，冲没田庐甚多。赈恤。（《清史稿·灾异志一》）

六月，资阳、仁寿、射洪暴雨如注，坏民房。（《清史稿·灾异志一》）常平仓发挥作用，"动项抚恤，开仓平粜"。（《巴蜀灾情实录》97—98页）

天全：四月，大水淹至大悲寺侧水井。（咸丰《天全州志·祥异》）

成都：六月十八日大雨，江水大涨，城墙东北角倾塌，安顺桥圮。缓征本年额赋。（《清高宗实录》）

八月癸丑，赈四川成都等州县水灾。九月辛亥，赈成都等三十州县水灾。（《清史稿·高宗本纪》）

华阳：六月十八、十九日大雨，东郭内水深三尺许，安顺桥圮。（嘉庆《华阳县志·祥异》）

双流：六月大水，县境洼下者水深四五尺，溺死居民，冲毁田庐。三日始退。（嘉庆《双流县志·祥异》）

新繁：郑知县率民抗洪：夏六月大水，锦水河溢，直突城西门，大雨挟流势孔急。知县郑方城立水中亲荷锸，民皆感动，争负土塞门，城赖以不没。乡人避水来，渡以舟楫，缒而入，安置寺观，捐资设赈。顾水不减，乃历四村相地形疏凿，水即旋涸。是秋大熟，水不为害。（民国《新繁县志·事纪》）

什邡：六月十八、十九日大雨如注，大水突发，沿河漂去庐舍田园人口甚多。知县史进爵逐一查实详报上宪，题奏赈恤，并许开除水溃田粮。（嘉庆《什邡县志·祥异志》）

温江：六月十九日、二十七日，大雨连绵，河水泛滥，洼地积水三至五尺。（民国《温江县志·事纪》）

大水，邑东双溪桥塌，碑仆，迄水落，碑石亦亡。（民国《温江县志·事纪》、《四川两千年洪灾史料汇编》210—212页）

新津：六月大水，城内水深二三尺，三日乃消。（道光《新津县志·祥异》）

邛崃：六月大水，淹毙居民，冲坏田舍甚多。（民国《邛崃县志·祥异》）

金堂：六月二十日大霖雨，三江泛涨，赵家渡地势洼下被淹至五六丈，三皇峡口凡淹三十余丈。[①]邑人周恺、王明诚于蟠龙山摩崖纪异，以为后警。（嘉庆《金堂县志·卷末·外编·琐记》）

金堂知县王裕疆悉心赈恤，民赖以安。（嘉庆《四川通志·职官·政绩》）

崇庆、大邑、蒲江、新都：六月大水溺死居民。（《四川省近五百年旱涝史料》4页）

郫县、彭县：六月水灾。（民国《郫县志》、光绪《重修彭县志》）

广汉：六月十八、十九大水，近河田亩多被漂没。（嘉庆《汉州志·祥异》）

---

① 据汪永杰《金堂峡洪水崖刻考证》，1744年沱江洪水在金堂峡的水位达不到"三十余丈"，应为21米左右。其年洪水位比"81·7"（1981年7月）洪水位高3.02米。（《成都水旱灾害志》27页）

西昌：六月暴雨如注，坏民房。（《巴蜀灾情实录》302页）

彭水：六月大水，溺死居民。（《清史稿·灾异志》）

潼南：六月二十一日大水。（民国《潼南县志·祥异》）

内江：六月大水，河水入城，溺死居民，冲毁田舍。（光绪《内江县志·杂事志·祥异》）

简阳：六月大水，成都附近各县溺死居民六百六十四人，冲没田舍甚多。（民国《简阳县志·灾异篇·祥异》）

资阳：六月暴雨如注，坏民房。（《清史稿·灾异志》）

资中：秋七月大水。（嘉庆《资州直隶州志·杂类志·祥异》、民国《资阳县志稿·祥异》）

眉山、彭山：六月水灾，街房尽漂没，冲毁田庐甚多。（民国《眉山县志》、民国《重修彭山县志》）

乐山：沫水大涨，街房尽漂没。（民国《乐山县志·艺文志·物异》）

仁寿：六月暴雨如注，坏民房。（同治《仁寿县志·志余·灾异》）

青神：六月江水大涨数十丈。邑中沿江民舍淹没至脊，民迁四山避之，无损。（嘉庆《青神县志·祥异志》）

［善榜］中江：乾隆九年，凯水泛溢，邑庠生吕秦学倾资雇船，以身率众，救活居民无算。（光绪《新修潼川府志·行谊》）

丹棱：六月大水，溺死居民，冲没田庐。（民国《丹棱县志·杂事志·灾祥》）

遂宁、绵阳、射洪：六月大水，溺死居民，坏民房。（《清史稿·灾异志》）

遂宁：六月二十一日，大水冲塌瓦草房三百余间，冲崩坝地八百七十亩。（乾隆《遂宁县志·杂记》）

绵竹、江油：六月大水，溺死居民，冲没田庐。（民国《绵竹县志》、民国《绵阳县志》）

天全、宝兴：四月大水。淹至天全大悲寺侧水井。（咸丰《天全县志·祥异》）

罗江：七月大水。（同治《罗江县志·杂记》）

德阳：七月大水，县南姚家林悉被冲刷。（同治《德阳县志·灾祥志》）

珙县：大熟。（光绪《珙县志·祥异》）

［附］巡抚、布政使奏报成都等地六月洪灾：

六月二十五日巡抚纪山奏："本年四川地方，前称雨水调匀。……不意六月十八日戌刻（7月27日19—21时），急降大雨，至十九日，时下时止，迨至夜半，复下大雨，直至二十日午时止，雨势如注，积水渐盈，兼之山水陡发，上游之都江堰泛涨，都城之南、北二大河（指府河、南河）不能容纳，众流汇集，遂灌入都城玉河，泛滥地上，以至都城内外居民附近河干者，多有水浸入屋内，其中间有冲塌房屋、溺毙人口并城墙倾倒数处，贡院坍塌墙垣、号舍等，以及种植秋禾亦有被淹之区。""所幸二十日午后风起雨止，二十一日起天气大晴，水势随即退下。"七月初六日（8月13日）又奏："成都府属之十四州县及绵州并所属之罗江、绵竹、德阳三县，眉州并所属之彭山、青神二县，邛州并所属之大邑县，潼川府属之射洪、三台、遂宁三县，嘉定府属之乐山县，叙州府属之富顺县，陆续奏称。各有被水轻重不等之处。缘六月十八、十九、二十（7月27—29日）等日雨势广阔，各河漫涨甚捷，是以近河居民走避不及者，顿遭水厄，合计成（都）、华（阳）、崇庆等十三州县报到被溺大小男妇共二百五十余口。其余尚有未报确数。"（《四川两千年洪灾史料汇编》210—212页）

十月十二日，四川布政使李如星上奏称：成都等地三十余州县共冲刷田地一百九十六顷零，淤塞土地一百九顷零。（《四川两千年洪灾史料汇编》210—212页）

［德碑］田朝鼎筑涪江引水堰：乾隆九年，遂宁知县田朝鼎不畏"工大费繁"，劝导百姓"工程虽大，众擎易举"，举办涪江引水堰，并依靠民间智慧解决了地形断面的测量难题，测得地势高低的数据，绘图施工，工程顺利落成，可溉田八千亩左右。（清田朝鼎《射洪嘴筑堰述》，载嘉庆《遂宁县志》）

［备览］　　　　　　龙王塘祈雨记
　　　　　　　　　　［清］李棪（龙安知府）

地生百谷，天资其始，而雨旸时若，不能不借手于神庇。如圣人乘乾御六，覆育群生，非龙飞九五之大人，膏泽不能遍及也。故社为土神，稷为谷神，而云行雨施，则专寄之龙神。古人有言曰：山不在高，有仙则名；水不在深，有龙则灵。又曰：云从龙，以类相从也。甲子（1744）夏四月，雨泽愆期，群生失望，余自省归适在道，黄童白叟蜥蜴频呼，不见商羊起舞，心窃悯之。因自咎曰：卿士惟月，师尹惟日，旱魃为虐，其司牧之责乎？时父老告余曰：维城迤北三十里龙王塘，祷雨其应如响，我小民不足以动之，但羊肠鸟道，险巉峭拔，殊难骤登耳。余矢志一念之诚，更衣步祷，汗流浃背，弗恤也。既竭力已登其巅矣，询之，则犹有待，踞道旁石少憩，因鼓力前驱，抵其所。时薄暮，星月满天，焚香默祷，遥见青峰插汉，北斗横空，一似无可望者。然至诚恳挚，隐几假寐，不遑处也。未几，微风萧萧，草木动摇，俄而浓云密布，星月藏辉矣。俄而，大雨如注，沟浍皆盈矣。父老欢呼，儿童欣跃，佥曰：至诚格天，太守之力。余曰：时雨润物，惟神之赐。因歌曰：窈而深兮，惟神之宫，幽而明兮，惟神之聪。无感不应兮，泽沛年丰。粒我蒸民兮，惟神之功。扶我社稷兮，极无极备之不逢。

（光绪《江油县志·艺文》）

1745 年
（乾隆十年）

大足：冬月初十大雪二日，积深六七寸许。又十二月十六日雪花六出，"俱罕靓之瑞"。（乾隆《大足县志·风土·杂记》）

隆昌：大熟。（同治《隆昌县志·祥异》）

荣县：免明年租赋。（民国《荣县志·事纪》）

内江：七月连日大雨，江水淹入城内。（光绪《内江县志·杂事志·祥异》）

犍为：报部增垦田地1344顷62亩9分。（民国《犍为县志·杂志·事纪》）

［德榜］鲁知县兴水利席不暇暖：芦山知县鲁符升，"重修三乡堰堤十余处，砌以厚

石，凝以油灰。仆仆道途，席不暇暖。芦山水利因以大兴，德惠广敷，名宜不朽!"（民国《芦山县志·政略》）

1746 年
（乾隆十一年）

朝廷蠲天下钱粮。后于三十六年、四十三年、五十八年、五十九年四次蠲。（民国《崇庆县志·事纪》）

永川： 三月大风，古树斯拔。（光绪《永川县志·祥异》）

松潘： 四月二十四日，五月初七、八、九、十、十一等日，连降大雨，山水泛滥。松潘城外水势陡涨，冲去护城、猪圈、桥梁并东南城角。（《四川城市水灾史》51 页）

什邡： 六月风灾。（民国《重修什邡县志·杂纪》）

内江、资阳、资中： 水灾淹浸仓谷。（《清高宗实录》）

仁寿、井研： 猝被水灾。（《清高宗实录》）

安县： 受水灾，蠲免粮赋。（民国《绵阳县志·杂异·祥异》）

荣昌： 岁大熟。（光绪《荣昌县志·祥异》）

隆昌： 大熟。（同治《隆昌县志·祥异》）

秀山： 十二月大雪，压坏官民庐舍数十所。（光绪《秀山县志·祥异》）

犍为： 蠲免本年丁粮。报部增户 8625 户。（民国《犍为县志·杂志·事纪》）

1747 年
（乾隆十二年）

重庆、巴县： 三月大风。重庆府署青荫堂古榕树内出蛟，由千厮门入江，所过屋瓦皆飞，江中破舟无算。（民国《巴县志·事纪》）

大邑： 乾隆十二年六月十八日夜，大雨如注，山水陡发，漂流泛溢。邑令宋载彻夜对天叩祷，黎明复盥洗执香、冒雨冲泥，虔诚步祷至城隍庙，甫至庙门，雨势渐微。叩毕即单骑亲历乡间，遍行查勘。……滨河居民间有漂泊米粟及庐舍圮倾者，咸加抚恤，各令修葺，俾得安居。（嘉庆《邛州直隶州志·祥异志》）

什邡： 六月十九日大水，杨场镇被灾颇重。（嘉庆《什邡县志·祥异志》）

二月，霍耳、章谷各土司，大小金川地震。（《四川地震全记录·上卷》82 页）

[德碑] **知县张南瑛建溥利堰**

乾隆十二年金堂知县张南瑛"尤究心水利，堰有壅塞，皆为疏浚。大河弯有地十里许，平衍无灌溉，居民仅种菽麦，南瑛相其地宜，度其高下，遂绕冠紫山南凿渠接绣川河水，名溥利堰。开粮田数千亩，上乡余水，尽汇于此，源长派远，至今无荒年"。后人曾在灌区内的关王庙、普光寺内供奉邑侯张南瑛之神位，四时祭祀。

（嘉庆《四川通志·职官·政绩》）

1748 年
（乾隆十三年）

四川打箭炉等地地震，压死五人，倒塌房屋，抚恤。（《清高宗实录》）

乾隆十三年，四川省地震频发。（《四川地震全记录·上卷》83—90 页）

清乾隆十三年，"据武绳谟奏称：川省地方，正月二十五日（1748 年 2 月 23 日）卯、辰二时地震，内地微动无恙，惟灌县交茂州等处，山石摇动，茶关、松潘、漳腊地方，将城垣震倒数丈……灌县之青云营（麻溪乡境内）兵房间有摇塌瓦脊者，并未倒坏……随据四川布政司仓德详报：……惟茂州汶川县属之沙坪关、银杏坪一带道路偏桥多被滚石打坏，灌县属之青云营衙署兵房摇塌瓦片，并桥梁道路间有倾圮者。又被山石滚下打毙运粮背夫三名，打伤背夫三十名"。（乾隆十三年闰七月初五日大学士讷亲等奏折，《清档·军机处录副奏折》）

合江：正月大雪，积地厚四五尺。大水。（民国《合江县志·杂纪篇·纪异》）

忠县：二月初七日夜，大雷电雨雹，其大如盂，毁民舍无算。（民国《忠县志·事纪志》）十二月，忠州西乡大雨雹，伤禾。（《清史稿·灾异志一》）

广元：三月朔，大风，禾苗折。（乾隆《昭化县志·政事·祥异》）

泸县：五月大水进城，六月水又入城。（乾隆《泸州县志·灾异》）

泸州、合江：大旱，五月至七月不雨。民乏食，殍死甚众。西乡九支大雨雹，禾尽伤。（嘉庆《直隶泸州志·杂类志·祥异》）

秀山：夏大旱。（光绪《秀山县志·祥异》）

大邑：水涝，米腾贵，乡人贫者乏食。邑人陶琪华出所积谷百斛济之。邑东苏家场火灾，陶又倾谷米照口恤助，并给老幼棉衣有差。（民国《大邑县志·乡贤》）

汉源：夏大雨，冲塌飞越岭一带桥路。知县于仕采详报修理，领款开支。（民国《汉源县志·祥异》）

犍为：蠲免本年丁粮。（民国《犍为县志·杂志·事纪》）

盐源：县署毁于火。（光绪《盐源县志·人物志·异事》）

乾隆十三年（1748）**四川地震综述：**

正月二十五日，汶川、保县、灌县等处地震。桥梁道路损坏，打死背夫二名，伤六人。（《阿坝州志·自然灾害》）

二月八日，康定阜和营辖明正司属之八刹（今板桑）地震，摇倒碉房十四座，压死男女十五名口，压伤者三十四名口，压死牛马二十四头、猪羊三十七头。（乾隆十三年

闰七月初五日大学士讷亲等奏折，《清档·军机处录副奏折》）

正月二十五日，附近会城（成都）之州县并简州、汉州、崇庆、温江、郫县、什邡、彭县、崇宁、金堂、德阳、罗江、梓潼、盐亭、中江、乐至、蒲江、峨嵋、汶川、保县、灌县、打箭炉等处，俱于卯刻、戌刻地微震两次。闰七月，打箭炉城内于初七日至次日止共动7次，震塌碉房4间，墙壁倒塌者6户。明正土司上八义地方，碉房摇倒72座，压死喇嘛1名，男妇4名口，俱经抚恤。汉州、什邡、雅安、荣经、名山、天全、芦山、长宁、屏山、德阳、眉州、彭山两日地微动一、二、三次不等，并无损伤。八月十七日，炉城地微动一次，二十日（10月12日）省城、成华两县及新都、崇宁、新繁、双流、简州、崇庆、彭县、郫县、温江、德阳、眉州、彭山、丹棱、邛州、绵竹、罗江等县地微动。九月初七日，新繁、成都地震即止，十四日（11月4日）省城地微动。（《巴蜀灾情实录》349页）

三月壬寅，成都等二十三州县厅地震。（《清史稿·高宗本纪二》）

四月初六日，松潘、漳腊、黄胜关（三地皆为今松潘境内）、踏藏（今九寨沟地）一带发生6.5级地震。据报，仅少数城垛房屋"摇损歪斜"。（《四川地震全记录·上卷》85页）

五月初一、二日，彭县、崇宁"地动"。（《四川地震全记录·上卷》86页）

六月初五日，松潘地"微动"。（《四川地震全记录·上卷》86页）

六月初六、七日（8月29、30日），道孚乾宁东南发生6.5级地震。"打箭炉、明正土司上八义地方，百姓六十二家被摇倒碉房七十二座，压死喇嘛一名、男妇四名口、牛马猪羊共二百七十一只。"其他"地动各处，据报俱各轻微，人民房屋无伤损"。（九月十五日署四川巡抚班第奏折，载《四川地震全记录·上卷》86-87页）

乾隆十三年八月十七日、二十日（1748年10月9日、12日），大小金川地震。"据灌县禀报：该县同日地震，因青云营火药局围墙年久剥落，倒塌三丈有零。"（《清代地震档案史料》、民国《灌县志·事纪》）

八月十七、二十日，大小金川（小金崇德）等地发生5.5级地震。（《四川地震全记录·上卷》89-90页）

九月初七、十四日，新繁、成都"地微动"。（《四川地震全记录·上卷》90-91页）

十一月十三、二十日，清溪、新繁地震，"地中有声如雷。人畜房屋，皆无倾损"。（《四川地震全记录·上卷》91页）

[德碑] 大邑：陶贡生出资开支流。邑东二甲有田数百亩，地势高凸，灌溉匪易，乡人苦之。乾隆十三年，廪贡生陶成钧出资，傍山口堰小河别开支流，架筒车十二取水。至今赖之。（民国《大邑县志·乡贤》）

[善榜] 昭化：王贡生尽力救饥。乾隆十三年岁饥，贡生王允升取亲友故券（旧欠条）焚之，曰：俾其尽力以谋家也。念周赈无力，日磨面数百斤，减价市之，来者日益众，益不倦。明年麦熟，赠各流民金，使归。（道光《重修昭化县志·行谊》）

1749 年

（乾隆十四年）

二月初七日，忠县雨雹。四日，太平（今达州市万源市太平镇）雨雹。（《清史稿·灾异志一》）

忠县：十二月初七日，大雷电雨雹，多毁民舍。（民国《忠州志·祥异》）

秀山：四月大风拔木。（光绪《秀山县志·祥异》）

合江：西乡九支大雨雹，田禾被伤。（民国《合江县志·杂纪篇·纪异》）

安县：奉旨因水灾蠲免粮赋十分之七。（民国《安县志·蠲政》）

荣县：租赋缓征。（民国《荣县志·事纪》）

十一月二十日，雅州府属清溪县于辰时地震，自西转东，地中有声如雷，人畜房舍，皆无倾损。（《巴蜀灾情实录》349 页）

1750 年

（乾隆十五年）

筠连：大有。（民国《筠连县志·纪要》）

青神：六月江水大涨，淹没民舍，较乾隆九年（1744）浅一二尺。（光绪《青神县志·祥异志》）

遂宁：雨水暴涨。（民国《遂宁县志·杂记》）

广安：渠江水涨坏城门楼。（光绪《广安州志·拾遗志·祥异》）

崇庆：设常平仓，至乾隆五十六年储谷凡三万八千石。（民国《崇庆县志·仓储》）

三台：五月，城北琴泉寺，雷击塔圮，声如山崩。治西距塔五六里有古井，是日塔圮时，井中出青烟如云雾，有香气，经两日夜始息。崩塔内现出唐人王锴（鳢祥）所书《法华经》，为稀世墨宝，"寺僧检得十余卷，不知珍护，遂散逸"。（民国《三台县志·杂志·祥异》）

1751 年

（乾隆十六年）

忠县：三月十五日夜大雨泥浆，其色深黄，毁民舍无算，越七日大淫雨，濯净如初。（民国《忠县志·事纪志》）

天全、宝兴：四月初一雨雹，田山禾稼尽伤。（咸丰《天全州志·祥异》）

永川：七月雷雨风雹交作。（光绪《永川县志·祥异》）

秀山：大雨水，坏田庐。秋大熟。（光绪《秀山县志·祥异》）

安岳：七月，不雨，禾苗尽槁。（光绪《续修安岳县志·祥异》）

[德榜] **秀才熊绣垫资修堰**：乾隆十六年（1751），官府主持兴修绵阳、三台交界处

之惠泽堰，"工巨费繁，历久迄无成就"。绵阳秀才熊绣"乃毅然以垫修为己任，起癸未（1763），迄戊子（1768），罄其产，费万金，工垂成而熊生老矣；其子秀才升龙，承父命而继其事者，又有年，工始固。计灌二县田一万六千五百余亩。公议受水田户，按亩抽田，以归其资"。（清林俊《惠泽堰记》，录自嘉庆《绵阳县志》）

1752 年

（乾隆十七年）

泸州、合江：三月大雪。（嘉庆《直隶泸州志·杂类志·祥异》）

隆昌：春旱，秋得水半收。（同治《隆昌县志·祥异》）

岳池：久旱不雨。（光绪《岳池县志·杂识志·祥异》）

1753 年

（乾隆十八年）

隆昌：大熟。（同治《隆昌县志·祥异》）

荥经：河溢，堰口倾圮。（民国《荥经县志·祥异》）

［链接］荥经马槽头泥石流：在六合乡宝积村石碑岗处，发自马槽头的洪水及泥石流，经石碑岗、杨家槽、万家沟、红庙沟，于青神观入涯板滩大河。在这次灾害中，万家四合院大瓦房及白鹤庙宇毁无遗迹，除一长工幸存外，其余人畜均遭劫难。沿沟残留的石窖、石坝至今犹存。（《青衣江志》151 页）

荥县：民饶于食，凡公建百废百举。官无事，巡田垅间，与农人插秧为乐。（民国《荥县志·事纪》）

犍为：奉文劝捐全县社仓谷仓斗五千余石。（民国《犍为县志·杂志·事纪》）

［德碑］黄廷桂号召兴修水利：乾隆十八年，黄廷桂复任四川总督，发文号召兴修水利，强调"欲与吾民谋生养安全、可大可久之计，则善政莫大于水利"（《四川历代水利名著汇释》351 页）。蜀唯成都府有都江大堰资灌溉，其余山田悉苦旱。廷桂奏饬通省勘修塘堰，引灌山田。于是，新都、芦山等十州县，青神县之莲花坝，乐山县之平江乡，三台县之南明镇，悉成腴壤。（嘉庆《四川通志·卷 115·职官·政绩》）

［备览］川省转粟二十万石赈淮扬：四川总督黄廷桂奏蜀省岁丰谷贱，（乾隆帝）因命转粟二十万石赈淮扬被水州县，并赋诗纪之：全蜀幸逢年，教开移粟船。不因读汉诏，拯溺自应然。（嘉庆《四川通志》15 页）

［链接］　　　　　　　　　　**重修通济堰碑记**

　　　　　　　　　　　　　［清］黄廷桂（四川总督）

余承天子德意，子惠元元，常期阴阳和、万物遂，匹夫匹妇无一不被皇王之泽，以成熙皥之俗。顾立愿虽奢，而措施无补，中尝歉焉，敢曰美利自我作古乎？夫蜀为蚕丛之国，厥田高亢，自李氏父子凿离堆导江入灌口，沃野千里，民用富饶。其地不近川泽之区，旱干时告，石田用嗟，官斯土者，能无望前人之泽而勃然兴起者乎！癸酉（乾隆十八年，1753），余奉命复制全蜀，蜀之民，皆余昔时煦妪而噢咻之者也。其疴痒与余为最切，值此边隅绥辑之余，时和年丰，欲与吾民谋生养安全可大可久之计，则善政莫大乎水利。蜀地溪泽陂沱以及滨江枕河之区，所在多有，高者可潴而蓄，下者可引而注，诚因其势而利导之，则以时树艺，亢旱无虞，何在不可借人力以补天功者耶！蜀南通济堰，唐制置使章仇兼琼所浚也。按古志，引武阳南河之水入彭、眉，灌溉民田数万顷。自明季兵燹，民无孑遗，堰水尽废。昔之岸然为堤者沦于水，嗟巨浸焉；昔之泓然为渠者堙于土，嗟石田焉。眉、彭之人不知此堰水利者百余年。余前制蜀时，旷览洪波，夷考古制，盖尝欲取而尽复之，筑堤浚沟，由新而彭，得水利者万余亩。功未竣，余旋奉召入都，不果。复因奏准给官钱五十缗以作岁修，斯堰之仅存而不至泯灭者赖以此，是深望后之人睹斯堰之仅存，因其势而利导之，尽复其沃衍之旧，以利济吾民。乃二十年来水利未加广也，田畴未尽辟也，其忍听吾民负向隅之泣，而不一动念耶！因檄下所司，复图兴举，令集吾民而咨曰：南河之水发源于邛，其来也缓而疾，缓则春水不足恃，而耕作后时；疾则大雨时行，一冲而后，田间无涓滴之惠。曷若引西河之水合南河而入堰，以时蓄洩之，则源远而流长，且亦二王之余泽也。乃吾民果能踊跃赴功，以时趋事，父子负锄，兄弟裹粮，骁骁而来，鱼鱼而赴，汙莱辟，鱼龙游，不数月而大功成。彭之民，实开复古渠二十八，绵延八十里，直抵于眉。呜呼，厥功懋哉！维时，父老走相告曰：彭眉之苦旱也久矣！我民之白发苍颜者，曾不知有春水到田之事，百余年来，今始见之，实灌溉我彭田三万亩，眉之田亦不下万亩焉。今日者，我黍与与矣，我稷翼翼矣，何莫非仁人之赐，其能昧天良以忘所自，敢乞明训以垂不朽。猗欤盛哉！夫乃知造物之恩有缺也，人补之；王政之美有尽也，人永之；古今治化之成，孰不赖有人哉？继自令牧斯土者，其无废前人之业，同寅协恭，和衷共济，我耆老百姓，其无忘今日之功，率作兴事，历久弥勤，毋游侠以失时，毋纷争以偾事，厥利其永赖哉！是为记。

（道光《新津县志·艺文》）

1754 年

（乾隆十九年）

高县：五月大水，淹至县署仪门，仓廒亦浸。（同治《高县志·祥异志》）

汉源：六月大雨，富庄官店被山水冲隈。（民国《汉源县志·祥异》）

邛崃：六月中大雨倾盆，电光如火，雷震屋瓦皆摇，南河大水。（嘉庆《邛州直隶州志·祥异》）

荣县：六月大水，县城桥皆圮。（民国《荣县志·事纪》）

新津：七月初六日夜，大水，城内水深一二尺，冲毁南城，崩坏百数十丈。（民国《新津县志·祥异》）

隆昌：大熟。（同治《隆昌县志·祥异》）

乐山：大旱。茫溪河干涸，河底留有石刻："乾隆十九年大干，茫溪河水断流。"

（《四川省志·农业志·上册》30—31页）

1755 年
（乾隆二十年）

通济堰修复扩建工程竣工：乾隆二十年，在总督黄廷桂直接关注下，建南道道台张钧和新津知县徐莪、彭山知县张凤翥主持重修通济堰，开复古渠 28 条，绵延 80 里，新开渠 5955 丈，疏淘支渠 2789 丈，彭山增灌田 25935 亩，其中旱田变水田 19326 亩，旱地改田 2748 亩，眉山田亦不下万亩。"父老走相告曰：彭、眉之苦旱也久矣！我民之白发苍颜者，曾不知有春水到田之事；百余年来，今始见之。"（据黄廷桂《重修通济堰碑记》，载民国《眉山县志》）

［链接］　　　　　　　　　　**复修通济堰记**

［清］张之浚

乾隆二十年（1755）春，新津令徐守斋、彭山县令张梧岗，复修唐通济堰。会禀于丹崖督宪黄公（廷桂），以竟公前志。公与冷研藩垣，酌委浚相度。适建昌兄禺则，偕署眉州牧张东园以彭建属，亦来津议此，逾月，竣工。岁暮，善后毕，黄公枚卜去蜀，贻以碑。里人感督宪爱民之心，往复二十余年，始报命天子。邑宰守斋、梧岗，疏久湮润泽，惠彼疆畎四万余亩犹未已，用心瘅瘁，洵哉圣朝良吏，更乞志其详。余与禺则不能辞，东园亦不嫌作楷之烦，因书于石。

昉余之至堰也，丹崖公面嘱曰："此水发源何处？是否不竭？尾间何处？宣泄不致漫溢？水性靡常，经久防维之道若何？越境人民，共此一脉，岁修抢修费必均平；迟早凹凸之间，如何不致争讼？此吾三十年前宿愿。今复来兹，敢不告厥成功，以滋被襫（此处指农户），以慰圣朝。惟汝是赖罔咎！"余不敏，商之建昌署、眉州牧，进邑令守斋、梧岗熟计之，登舟放乎中流，聆其言曰："新津金马、洋马、西河，并发源灌县，而此堰向所收者，止南河水。南河系邛州、大邑、蒲江山水下流，无源易涸，大雨滂沱，又虞冲决，一冲而后，田无涓滴。今于旧堤增加，束南河水分流田间，又于其建筑新堤，截西河分支入南，是无源者而有源矣，当必不竭。自堰口绵亘二百余里，迤逦萦洄，延间以湃，汇于彭之江鱼堤、朽木河、毛家河，眉曰松江口者，接之宣泄，各沟总汇于大河，尾间层迭，无虞漫溢。歉时，南河旧堤增加竹笆；西河新堤增加后篓，以逼于田。旺时，去篓笆，俾分于河，各堰长住矣。"

此冬，乃去先期备物，临时集工，罔妨农务。旧堤令高一丈四尺余，长一百二十八丈，宽二丈四尺。新堤高五尺，长二十八丈，宽一丈。进水入田大沟，令宽一丈二尺，深一丈八尺，水势充裕，永可为例。沟口沙岸四十余丈，应用石砌，以免冲塞。向蔡二筒、枣儿、白鹤等处，土性松浮，溪流汇集，山水陡发，冲啮堤埂，淤塞沟道，堰水必致横逸，应请下流加淘，以预攘之。彭邑翻水口引灌西支彭溪等处，上下次列筒口，要扼之区，土性亦浮，应筑石堤五十余丈，以免颓落。江鱼堤为眉州青岗等十四堰接水之汇，大堰诸水，由此湃入朽木河，眉属遂无涓滴之惠，亦改石堤四十余丈，经久防维之道，约当如是，敢质以请。岁修抢修，费有不敷，三地农民均出。入田小沟，咸深六尺，俾无凸凹，各小沟筒，照都江堰规：千亩一，宽三寸，深五寸，俾无迟早之嫌。州县巡行阡陌，时为经理，俾无讼以害时。

建昌曰："善！是能仰体率育者也"。

询之堰长、农民，曰："父母言匝心（顺心），曷敢稍违？"禀复速成。冷研公亦许其议。

十月，丹崖公就道（上调京都）。诸务（下属吏民）毕（同）扶杖、担壶，捧米以献者，不可数计。曰："此新田数万亩中所产也。撷其累粒为公寿！"涕泣攀辕，弗忍别。

丹崖公洒泪而告之曰："此吾二十年前宿愿也，复来得遂。缘不可假，能不快然！第恐此利犹未久焉。天地自然之泽，朝廷因之以育蒸黎，永锡莫倦，则恃乎人心不敝之良。通济堰创之大唐，迄今越几何年，兴修废坠，倏忽如环！至前季而休焉。兹之苍颜白发，阅历父母官岂伊一人，有能如是尽心者，此利当夙享矣。余不敏，周流往复，始拜手成功，汝等或可忘之。九重恩渥，能不铭刻？新来制宪开公，时以风俗人心为念，勉之哉！其率子弟子孙绳而敬受焉，以保此生理乎？行者争路，俱不得行；耕者争畔，强不得耕。何如水之止以平耶？……余老矣，不敢再期来此，遍语乡间，愿毋怼（无动于衷）吾言。"父老潸然鸣咽。翌日，书应其请，而为之词曰：

> 水兮水兮，天生之一，人道狂澜，地道满溢。
>
> 人心不古，地道以窒。
>
> 堰兮堰兮，银汉遥通，皇王之泽，相臣之功。
>
> 召父杜母，乳哺咸同。
>
> 百年之泽，一日癫之，久矣涸辙，孰涌源泉？
>
> 既疏既截，既宣既泄。
>
> 永植乎心苗，毋忘乎君切！

（原载民国《眉山县志》卷1）

1756 年

（乾隆二十一年）

资阳：四月大旱。（民国《资阳县志稿·祥异》）

盐亭：夏旱。（乾隆《盐亭县志·灾异》）

酆都、垫江：夏大旱。（同治《重修酆都县志·杂异》）

綦江：秋大旱。（道光《綦江县志·祥异》）

忠县、梁平：夏大旱。秋大风毁民舍。（民国《忠县志·事纪志》）

高县：大旱，米价腾贵，每仓斗二钱。（同治《高县志·祥异志》）

筠连：大有。（民国《筠连县志·纪要》）

犍为：奉文桀谷二千石，接济江浙水灾。（民国《犍为县志·杂志·事纪》）

三台：七月初五日，大成殿前千余年古杉遭雷击，肌理分裂。（民国《三台县志·杂志·祥异》）

1757 年
（乾隆二十二年）

井研：增储社仓谷石。（光绪《井研志·纪年》）

遂宁：春，溪水骤涨，永济堰崩坏。（乾隆《遂宁县志·杂记》）

新津：九月十三日，大雷电、雨雹。（民国《新津县志·祥异》）

崇庆：大饥。

崇庆贡生黄河清与弟元鹏，输觉皇寺社谷六十石、天竺寺社谷三十石。（民国《崇庆县志·士女八之二》）

[**善榜**] 邑人羊琦珍输谷百石赈饥。知州王犹龙表其闾。（民国《崇庆县志·士女八之二》）

[**附**]　　　　　　　　　**劝捐社谷约**
　　　　　　　　　　[清] 陈觐光（邻水知县）

为劝捐社谷以裕积储事。查社仓之设，朱子、真德秀行于有宋，民颇赖之。盖以当社之人，食当社之报，藏之公所，不异私室，官为籍之，以杜弊窦，而愿与不愿，仍问之民，在官不异于在民，意莫美焉，法莫良焉。我国家于积贮荒政，至周至备，偶遇凶歉，捐赈不下数千百十万，且复以川省地处边陲，诸郡邑常、监积谷尤宜多备，举古今善政，靡不兼总统摄。至社仓一事，亦复上厪宸衷，劝谕维殷，自给顶戴以及给匾额，罔不勤睿虑焉。士民躬遇郅隆，能勿鼓舞振兴、仰答高厚于万一欤？况时逢大有，余一、余三之盛，可弗为先事计，俾蓄积豫而备先具欤？邻邑俗尚勤朴，民安耕凿，所纳社谷亦既盈千，惟是积谷备荒多多益善。今上天降康，户有盖藏，我知沐五风十雨之赐，享太平无事之福，必愈踊跃争先恐后，以永承天眷于无既焉矣。

（道光《邻水县志》）

1758 年
（乾隆二十三年）

荣县：六月二十一日夜半大水，城南桥柱倾圮。（民国《荣县志·事纪》）

荣昌：七月洪。（光绪《荣昌县志·祥异》）

三月初一日，重庆太平门外大火。（《清史稿·灾异志二》）

[**德碑**]　　　　　**国学生陈藻巡查建白，开塞畅流**

陈藻，国学生，长于才。乾隆中，北条堰水淤塞，栽插常不及时。藻思此患不平，终为岁害。是年荒旱愈甚，迟至五十日堰水不至，人心汹汹。藻乃率同人之有胆识者，沿渠巡视。至灌县，知为北条堰口狭隘，当冲狭隘，则灌注少，当冲则淤塞易力。白水利同知，求为调剂，言词剀切。条陈明晰，竟得倍阔堰口，永为定例。金堂田居水尾，自是遂无不足之忧。今俗有"三日放水，五日栽秧"之语，为陈藻言之也。

（嘉庆《金堂县志·卷末·外编》）

1759 年
（乾隆二十四年）

内江：大水。三元井灶户李晋舟、王月友，西乡连滩井灶户甘之受等开淘的盐井、被水淹灌，难以修复，请求免除税课。（《内江市洪灾志》）

江安：闰六月大旱至次年春夏，斗米千钱。民饥。（嘉庆《直隶泸州志·杂类志·祥异》）

高县：雨黄沙，蚕桑不蕃。十月雨雪，群山皆白。（同治《高县志·祥异志》）

〔**德碑**〕乾隆二十四年，潼川刘知府、射洪何知县创修广寒堰，凿通广寒寺山石洞，以隧洞引水灌溉。（清李溍《创修射洪广寒堰碑记》）

〔**附**〕　**创修射洪广寒堰碑记**
〔清〕李溍

水利之兴，由来尚矣。第兴于平原旷野之间则易，兴于逾山越岭之地则难。虽有贤司牧实心兴举，欲为民依计，苟上无与主持之者，则掣肘却步，而事弗集，亦安能独创亘古未有之绩、克享万世之利乎？射邑距郡六十里，山多田少，初无巨浸大塘足资灌溉至数百千亩者。乾隆己卯（1759）冬，恭逢制府总督黄廷桂奏兴川省水利檄下，府县因时相度办理。郡伯刘公行部至射，洽谋询访，邑侯何公乃举广寒寺山石洞可凿以对，随集绅耆亲临勘视，慨然谓此工之可成也。擘画料估，筹费计工，自初迄终，屡次税驾，详晰指示；士民中踊跃捐输者，咸与奖励，以为众劝。夫凿山开洞，无神工鬼斧，断难望其奏效，况在山过颡，其势非顺。今试观堰水所从出，有奔涛喷雪之状，固畅如也。由堰水所灌注，有禾稼芃芃之盛，则旷如也。道满篝车，仓盈稌黍，社鼓之声四起，间阎之气一新。猗与休哉！用以奠室家而丰衣食，歌乐利而庆盈宁，群游浩荡之天，永享升平之福，皆贤郡伯与邑侯赐也。粤稽古昔叔敖赴芍陂而民受其惠；文翁穿湔溲，则蜀以富饶；欧阳公治滁，与民同乐；苏子守扶风，以雨名其亭。后世传为盛事，史策称之。况我侪亲沐恩膏，饮享鸿名，当与涪水、金华同其久永，使千百载后知斯邑得有召父杜母，而民永被其泽也。是为记。

（乾隆二十九年岁次甲申三月，邑人李溍撰，录自《涪江志》）

1760 年
（乾隆二十五年）

本年夏、秋，营山、渠县、岳池、广元、苍溪、盐源大雨连绵，山区骤涨，沿河居民田地间被冲塌。（《清高宗实录》）

本年秋，屏山县百溪水暴涨。（《清史稿·灾异志》）

平昌：六月十六，巴河洪水泛涨，水位上升八丈八尺。（《平昌县志·自然地理·特殊天气》）

涪陵、武隆：七月十二日涪陵江（乌江）汛，水及武隆司署，仓廒尽没。（民国《涪陵县志·杂编》）

彭水：七月十二日黔水泛涨，入彭水城内，淹没市肆，水及衙署之屋檐。（光绪《彭水县志·祥异》）

屏山：秋，石溪水暴涨，成滩险，阻碍舟行。（乾隆《屏山县志·杂志·辑佚》）

营山：大雷雨，县北洪水泛涝，淹没数百人。（同治《营山县志·杂类志》）

广安：渠江水涨，门楼俱圮。（光绪《广安州新志·祥异志》）

高县：大有年。（同治《高县志·祥异志》）

筠连：大有。（民国《筠连县志·纪要》）

［链接］四川总督奏报当年洪水灾情：清乾隆二十五年，四川总督开泰奏：川省民居田地，类皆傍水依山，遇山水涨发，溪河窄狭，宣泄不及。本年自夏徂秋，据营山、渠县、岳池、广安、广元、苍溪、盐源等七州县陆续具报，大雨连绵、山洪骤涨，沿河居民、田地、房被冲坍，淹毙人口。各地方官，照例分别抚恤。清溪县一带桥道，以及营山、广安等州县城，亦间被水冲坏，俱经该州县修补。（《渠江志》56页）

［德碑］彭山县令张凤翥筹开八十里长堰："乾隆二十五年，彭山县令张凤翥访察古佛洞前，锦江（府河）水势稍高，可筑堰、引水，灌华阳、仁寿、彭山三邑田。因会勘详准，自洞之野桂坝开凿，遂于二十八年（1763）十月兴工，次年二月竣工。犹以水低堰高为病，乃改修洞之上流二里许，自罗家林堰口起，至彭山县之江口，袤八十余里，灌三县之田一万零四百亩。"工程对防御干旱起到了积极的作用。（民国《华阳县志·政绩》）

［德碑］德阳知县夏诏新兴修绵远河堤：雍正十三年（1735），德阳知县夏诏新，兴修绵远河堤防，并整理河道。（夏诏新《修筑河堤碑记》，载同治《德阳县志》）

1761 年

（乾隆二十六年）

六月，峡江大水。（《清史稿·灾异志》）

高县：七月大雨，城内外街道水深数尺。（同治《高县志·祥异志》）十月，雨雪厚逾二寸。十二月，雪厚积五寸。（《巴蜀灾情实录》368页）

阆中：七月初五日大水。东滩水位为356.4米（吴淞基石）。（《嘉陵江志》111页）

乐山："乾隆辛巳，嘉州水涨而浊，满河皆鱼。盖铜、雅二河所谓'万山堆里雅河来，非江水也'……""夏秋之交，雅、沫水至，浸入民居。辛巳岁尤甚，行路成河。""乾隆辛巳夏，嘉大水，水入南门，左右街皆被溺。"（民国《乐山县志·杂记》）

峨眉、夹江、洪雅、犍为：水涨。（《四川省近五百年旱涝史料》40页）

丹棱：暴雨，濛水涨漫，城楼坍塌二十丈余。（民国《丹棱县志·杂事志·灾祥》）

綦江：大水。（道光《綦江县志·祥异》）

合江、高县：十月雪厚二寸，十二月雪厚积五寸。(光绪《叙州府志·祥异》)

巴县：兴修水利，引渠水灌溉，历来修有大堰 182 处，开凿新旧池塘 2306 个。(《重庆市志·大事记》)

[德碑] **德阳知县周际虞整治绵远河**：乾隆二十六年，德阳知县周际虞用简易工程整治绵远河完毕，并告后人，须定维修制度并长期坚持以防患："思患而预防之，费不必多，工不必久，而民田可保、城垣无虞。"(周际虞《修理北河略记》，载同治《德阳县志》)

1762 年
(乾隆二十七年)

[善榜] **北川**：岁饥，柳溪人沈燕桂捐米数十石以赈乡人。(道光《石泉县志·人物志》)

彰明：夏霖大作，河水横溢高地三尺，而县西五里回澜桥屹然无损。(同治《彰明县志·津梁》)

[附] **筒车歌寄新津明府徐守斋**
[清] 张凤翥 (彭山县令)

时维五月天亢阳，赤乌当空火伞张。老农插秧过芒种，仰观银汉空茫茫。里人抱牒向余诉，坐看膏泽流彼方。昔年使君沛大泽，徐侯 (注：新津知县徐蒐，字守斋) 不分界与疆。西河筑堤三十丈，湔江入口源流长。章仇神迹渐复古，长虹堰波犀奔忙。字青石赤颂九土，刑牲瓘玉酬二王。今年何为吝神泽？为是筒车千轮百架阻武阳，遏流屈曲注高阜，编竹为堑悬金汤。人谋洵可夺天巧，辘轳万转神功藏。雪浪拍天云水立，银河注地鱼龙翔。细珠乱落逗秋雨，素练裂破拖霓裳。翻水吒咤转钧轴，迎风呕哑流徵商。遂使东流向西注，苍龙倒挂回扶桑。嗟乎！翻车始自马钧手，后来作者徒争强。搏跃过颡岂天性，激行在山非经常。徐侯解泽自公溥，披星戴月求民康。水绾百万出泉亩，岂使向隅含悲伤。惩奸察弊走魑魅，宣幽达滞含混茫。天池一泻三峡拖，渤澥半倒九河襄。菰蒲没水凫雁立，动影窈窕空林塘。回首筒车声婉转，荥滢激荡风浪浪。江鱼跳波白鹤舞 (江鱼、白鹤皆堰名)，金竹夏夏摇青冈 (金竹、青冈，彭眉堰名)。农夫归路发清讴，田头放水补插秧，手提桔槔明月下，坐看水满浮星光。绿苗飕飕吹浪起，一犁烟雨迎清凉。晚来醉卧茆檐下，不愁红日升东墙。

(民国《新津县志·艺文上·诗》)

1763 年
(乾隆二十八年)

四川水灾。(《四川省志·水利志》59 页)

高县：四月河水暴涨。(同治《高县志·祥异志》)

资阳：五月大水。(《清史稿·灾异志》)六月大水没城。(咸丰《资阳县志·祥异考》)

綦江：八月初二日大水。(道光《綦江县志·祥异》)

犍为：大水，县门关迁至黄旗坝。奉文劝捐义仓谷3397石9斗(民国《犍为县志·杂志·事纪》)

乐山：五通桥大水。(民国《乐山县志·杂记》)

忠县：冬，江水大落，秤杆石出，石长至得胜台，上有"宋政和二年"五字。(民国《忠县志·事纪志》)

灌县：正月初六、初八日，灌县地震。(光绪《增修灌县志·杂记志·祥异》)

[德碑] 王承燨改建两堰：乾隆二十八年，青神知县王承燨改修鸿化、普兴两堰，分别灌田7640亩、6000亩。(《四川历代水利名著汇释》404页)

1764 年

(乾隆二十九年)

邛崃：三月二十七日夜，雷雨震屋坠瓦。桃花潭银杏自顶至根劈去一片，掷庙门外。(民国《邛崃县志·灵怪》)

达州：五月大水。(《清史稿·灾异一》)

内江：五月旱，饥，民食白泥。(民国《内江县志·祥异》)

威远：旱，田泥坼裂。(嘉庆《威远县志·祥异》)

[善榜] 什邡：岁歉，邑庠生张振鹏捐米二百余石以济饥民，全活甚众；又捐金数百，置义冢四处。(民国《重修什邡县志·贤良》)

[德碑] 姜炳璋导民兴利：浙江进士姜炳璋，乾隆二十九年任石泉(今属北川)知县，作"六勤九戒"教导百姓。当地历来多山地，唯种荞麦充粮，出产低，姜教以"注水作堰法"，民遵行之，始知有水田利。又谕民修筑县坝，躬亲督导，堰成，开田数千亩，民因号为姜公堰。(道光《龙安府志·职官·政绩》)

1765 年

(乾隆三十年)

是年冬，威远饥。(《清史稿·灾异五》)

泸州纳溪：夏旱。(嘉庆《直隶泸州志·杂类志·祥异》)

隆昌：夏大旱，斗米五百文，风丫口有白泥，饥民取食。(同治《隆昌县志·祥异》)

永川：夏旱。(光绪《永川县志·祥异》)

新都：饥。(嘉庆《新都县志·祥异》)

荣昌：大饥。(光绪《荣昌县志·祥异》)

江津：旱，岁荒民饥。知县曾受一召邑人作"救命会"，以有余贷不足。明年秋熟，

捐谷千石，劝民立义仓。（民国《新修合川县志·曾受一传》）

富顺：旱饥，知县叶体仁倡捐施粥，民赖以全活者甚众。（民国《富顺县志·杂异》）

内江：旱饥，民食白泥。（光绪《内江县志·杂事志·祥异》）

西充：夏大旱。（光绪《西充县志·祥异》）

威远：饥。是年，雨旸愆期，田泥坼裂，民荐饥。去城西三十余里小老君山麓出白泥，俗名观音土，饥民采食之，竟不饥。乡之富民其悭者，亦往采食之，食已，则腹膨膨然胀矣。（乾隆《威远县志·天文志·祥异》）

［德碑］三县联修古佛堰：乾隆三十年，彭山、仁寿、华阳三县联合兴修古佛堰，下分支渠32条，计灌三县田12000亩。（清姚思廉《古佛堰碑记》，载《四川历代水利名著汇释》）

1766 年
（乾隆三十一年）

威远：大有年，自是年至三十七年（1772）皆大熟。三十八年（1773）歉，次年又复大熟。（乾隆《威远县志·天文志·祥异》）

内江：大有年，至三十七年皆大熟。（光绪《内江县志·杂事志·祥异》）

资中：乾隆三十一年至三十七年，岁皆大熟。（嘉庆《资州直隶州志·杂类志·祥异》）

新都：大有年，至三十七年，岁皆大熟。（嘉庆《新都县志·祥异》）

隆昌：大旱，人民死亡枕藉。（同治《隆昌县志·祥异》）

涪陵：五至七月，雨未湿寸土，收成十之五六。斗米价700至1000文。（《涪陵市志》引《夏氏宗谱》）

阆中：八月初四日大水，东滩水位为357.14米（吴淞基石）。（《嘉陵江志》111页）

富顺：五月初六日大震。（民国《富顺县志·杂异·祥异》）

犍为：蠲免本年丁粮。（民国《犍为县志·杂志·事纪》）

1767 年
（乾隆三十二年）

奉节：四月十六、十七、十八等日密雨连绵，十八日雷雨交作，城北山水陡发，将沿沟城基悉行冲陷，其后另建城郭。（《清高宗实录》）

安岳：六、七月，大雨时行，淋塌内外城垣三百七十二丈。（道光《安岳县志·祥异》）

忠县：大雨暴涌，将沿溪居民冲淹，漂浮而下。（民国《忠县志·事纪志》）

峨眉：旱，大饥，人相食。（宣统《峨眉县新志·祥异志》）

绵阳：涪水复溢，城垣倾塌，绵州城存者三分之一。四川总督阿桂奏准，裁罗江县，移绵州衙署驻罗江。至嘉庆七年（1802），总督勒保复奏，获准州衙回移绵阳，恢复罗江旧治。（嘉庆《罗江县志》）

[附] **总督阿尔泰履勘水利设施，引导大兴水利**

乾隆年间，时任四川总督阿尔泰多次亲往各地勘察水利设施，提出了许多水利建设的意见，引导各地大兴水利。位于成都东北的金堂县赵家堰，上承成都内江分泄之水，下达简阳等数州、县，处于十分重要的位置。他亲往金堂县查勘赵家堰，并在中江、保宁、绵州等地对如何疏通河道、加固城堤等事作安排。1767 年（清乾隆三十二年）夏、秋，江水猛涨，阿尔泰即饬令该县又将赵家堰大坝拆卸，使上游余水得以顺畅下泄，避免了农田、房舍被淹的灾害。后来赵家堰专门制定了贮水、泄水水则和疏筑章程，以保证适时疏、蓄，以收利农避害之实效。川北首府保宁，地理位置十分重要，但西面城身逼近大江，每发洪水直逼城根，十分危险。阿尔泰总督视察后决定在上游修筑排水坝，使大溜趋江，在对岸开挖引渠，以水刷沙，在下游河道石嘴逼仄处开凿数丈，使江水去路宽敞，不致水淹城区。乾隆皇帝得知这种防水患的有效治理情况后，在一道谕旨中称赞道："诸凡留心，经理妥协，嘉悦览之。"

（《巴蜀灾情实录》99—100 页）

1768 年
（乾隆三十三年）

马边：六月初九日夜雨，荞坝乡刘秀溪、三溪口等地溪水陡涨，冲去禾苗，淹毙人口。（嘉庆《马边厅志略·灾异》）

渠县：七月十四日大雷雨，漂没人家甚多。（《巴蜀灾情实录》302 页）

灌县：七月十四日大雷雨，山中溪涧涨溢，淹没人家甚多。（光绪《增修灌县志·杂记志·祥异》）

绵阳：涪水大溢，绵阳、德阳北、江油城坏。（民国《绵阳县志·杂异》）

内江：旱。（民国《内江县志·祥异》）

永川：大旱。九月二十一日戌时地震。（《四川地震全记录·上卷》92 页）

1769 年
（乾隆三十四年）

綦江：正月二十七日大水。（道光《綦江县志·祥异》）

越嶲：旱荒。（光绪《越嶲厅志·祥异》）

1770 年

（乾隆三十五年）

夏，珙县旱。（《清史稿·灾异四》）

渠县：闰五月十八日雨水，渠江大水灌城至中十字街，城垣、民居无损。（同治《渠县志·祥异》）

平昌：七月十一日暴雨。（《平昌县志·自然地理·特殊天气》）

秀山：西乡大水坏田。（光绪《秀山县志·祥异》）

巴中：大水，夜见中流如双烛而行。（民国《巴中县志·祥异》）

广安：渠江水溢，入城至州坡，城垣大圮。（光绪《广安州志·拾遗志·祥异》）

绵阳：涪水异涨，城垣倾圮。（民国《绵阳县志·杂异》）

荣县：免明年租赋。（民国《荣县志·事纪》）

珙县：秋有年。（光绪《珙县志·祥异》）

酉阳：岁大祲，州同张国维捐资赈济，民立碑颂之。（嘉庆《四川通志·职官》）

忠县：城内大火，毁民舍五百余家。（民国《忠县志·事纪志》）

什邡：西山八步坎山忽中裂，宽五尺，长数里，月余复合，只存断裂痕迹。（《锦里新编·异闻》）

[**德碑**] **双流知县关基圣履勘觅水抗旱**：夏旱，知县关基圣履勘至邑东北，得水源曰鲢鱼洞，堰口窄，接枧注水不能多，乃倡捐凿石作枧，辟两洞引水，水骤注，不旬日双（流）、华（阳）二界田数万顷引灌皆遍。邑东至今享其功，后以事去职，士民攀送及成都，四十里不绝。（乾隆《双流县志·政绩》）

1771 年

（乾隆三十六年）

绵阳：绵城被水冲刷。（民国《绵阳县志·杂异》）

珙县：春旱，秋有。（光绪《珙县志·祥异》）

武胜：灾损全数蠲免。（光绪《定远县志·蠲政》）

安县：水灾，奉文粮赋全行蠲免。（民国《安县志·祥异》）

荣昌：大熟。（光绪《荣昌县志·祥异》）

犍为：金川之役，奉文资助金川之役军需，动碾义仓谷石全完。蠲免本年丁粮。（乾隆《犍为县志·蠲政》）

1772 年

（乾隆三十七年）

荣昌：大熟。（光绪《荣昌县志·祥异》）

内江：岁皆大熟。（民国《内江县志·祥异》）

武胜：免七征三，并展限缓征。（光绪《定远县志·蠲政》）

龙安府：岁大熟。（道光《龙安府志·杂志·祥异》）

1773 年

（乾隆三十八年）

崇宁：夏大旱。（嘉庆《崇宁县志·流寓》）

马边：五月二十一日夜遭暴雨，回龙、上溪二乡溪水陡发，淹毙人口六十五，毁草房四十五间。（嘉庆《马边厅志略·灾异》）

汶川：水雨，七月涝，县南一百二十里尤溪口之庆升桥为大水所逼，渺无孑遗。（嘉庆《汶志记略·关隘》）

綦江：七月大水。（道光《綦江县志·祥异》）

忠县：五月二十五日大雨雹。（民国《忠县志·事纪志》）

郫县：夏大旱。（民国《郫县志·祥异》）

兴文：乾隆三十八年，县属禾已吐秀，叶红焰，田水尽赤，气腥膻，秋仅收十分之一，春米食之，多腹泻。（《兴文县志·祥异》）

［备览］朱帘、曾玉山、唐英续修宏仁堰：乾隆三十八年至四十年（1773—1775），梓潼知县朱帘命监生曾玉山、唐英等捐资续修宏仁堰；朱知县亲诣查勘，相度形势，移堰口于上游老鸦洞，截流为堤，开渠引水，溉田种稻，计二千二百五十亩，尽成沃壤。各户欣然照原议，按亩抽一之五，拨作玉山等工费。（清士民《兴修宏仁堰碑记》，载《四川历代水利名著汇释》）

1774 年

（乾隆三十九年）

秀山：夏旱。（光绪《秀山县志·官师志》）

罗江：六月，绵、雒大水，县城与姚家林悉被冲刷。（民国《绵阳县志·杂异》）

蒲江：八月二十八夜雨雹如弹。（乾隆《蒲江县志·方外·附祥异》）

1775 年

（乾隆四十年）

綦江：岁大熟。（道光《綦江县志·祥异》）

屏山：三月十七日大雨雹。（乾隆《屏山县志·杂志·辑佚》）

马边：三月十七日大雨雹。（嘉庆《马边厅志略·各灾》）

沐川：三月十七日大雨雹。（民国《乐山县志·杂记》）

武胜：去岁八月干旱至今（四月十八日），求雨于此，大雨时行。（《龙洞祈雨碑

文》，载光绪《定远县志·杂异》)

秀山：春雨雹。（光绪《秀山县志·祥异》)

彭水：秋大水，城内淹没市肆，水及县署屋檐。郁山镇太平桥被水冲走。（光绪《彭水县志·祥异》)

崇庆：蠲钱粮十分之五。（民国《崇庆县志·事纪》)

荣县：缓租赋十分之七。（民国《荣县志·事纪》)

犍为：蠲免本年丁粮。（民国《犍为县志·杂志·事纪》)

十二月二十八日，屏山、隆昌、马边地震。（《四川地震全记录·上卷》92 页)

华阳：南台寺火，大佛三尊岿然独存。（嘉庆《华阳县志·祥异》)

1776 年
（乾隆四十一年）

四川六月水雨。（《四川省近五百年旱涝史料》4 页)

綦江：五月、七月两次大水。岁大熟。（道光《綦江县志·祥异》)

康定：六月二十六日亥刻，跑马山沟冰湖溃决，泥石流淤埋康定古城；打箭炉明正司地方，跑马山沟冰湖溃决成泥石流，致海子山水骤发，浪高丈余，冲毁泸定桥，坏城垣官舍民庐；溺死外委把总一员、额外外委一员，兵民伤者甚众；清溪、荥经等县冲没田亩。（嘉庆《四川通志·祥异》)

六月，（康定）海子山水骤发，浪高丈许，坏城垣庐舍，人多溺死。（《清史稿·灾异一》)

汉源：六月二十六日夜大雨，冲隈田亩甚多。（民国《汉源县志·杂志·祥异》)

灌县：六月二十七日大雨，冲田亩甚多。（民国《灌县志·事纪》)

巫溪：大水。（光绪《大宁县志·灾异》)

宜宾：大水。（嘉庆《宜宾县志·祥异》)

洪雅：旱，大饥。（光绪《洪雅续志·祥异》)

永川：大有。（光绪《永川县志·祥异》)

雅安：大稔。（民国《雅安县志·灾祥志》)

犍为：奉谕酌免丁粮。（民国《犍为县志·杂志·事纪》)

渠县：岁饥，邑人阎树熹赈济，前后共施米谷百十石。凡值贫乞道殍，给寒衣，予棺木。（同治《渠县志·人物》)

1777 年
（乾隆四十二年）

梁平：夏，石龙滩桥与桥上亭均为水移去。（民国《忠县志·事纪志》)

巫溪：大水。（光绪《大宁县志·灾异》)

巫山：洪。（光绪《巫山县志·祥异》)

长宁：夏旱。（嘉庆《长宁县志·祥异》）

江安：闰六月大旱，至次年春夏，斗米千钱，民饥。（嘉庆《江安县志·杂志·志异》）

井研、犍为、乐山：夏大旱，赈饥民。（民国《犍为县志·杂志·事纪》、《四川省近五百年旱涝史料》41页）

昭化（今属广元）：正月，大火，城隍庙东廊房山门、乐楼并居民三十余家均被焚。（道光《重修昭化县志·杂类·祥异》）

荣县：免明年租赋。（民国《荣县志·蠲政》）

［善榜］唐尚秀，犍为罗城场人。乐善好施，生平善举，不胜缕述。其特别一事：乾隆四十二年，岁歉，有佃户九家欠租计四百余石，尚秀曰："凶歉之灾，人人当受，岂我独幸免乎！尔等但凑完粮数可耳。"次年丰收，九佃约期缴租，尚秀曰："尔等去年亏折，今年能补填乎？仍凑完粮数可也。"九佃德之，刊碑纪事，不忘其德，碑列九佃姓名及欠租数目。尚秀见曰："不可，将来我子孙有不肖，不免为尔等子孙之累，亟凿之！"（民国《犍为县志·杂志·事纪》）

1778 年

（乾隆四十三年）

"全蜀大饥，立人市，鬻子女。"（《清史稿·灾异志五》）

蜀大旱大饥，此岁（戊戌）凶荒，遍郡立人市鬻子女，饥殍盈途，为百余年仅见之事。（乾隆《遂宁县志·杂记》、乾隆《盐亭县志·灾异》、民国《中江县志·丛残·祥异》）

綦江：六月起大旱，赤地千里，颗粒无收。（道光《綦江县志·祥异》）

江津：六月大旱至次年春夏。赤地千里，饿殍盈途，遍郡邑立人市，卖子女。（民国《江津县志·祥异》）

西充、广安：大旱。（光绪《西充县志·祥异》、光绪《广安州新志》）

南充：夏大旱，实为百年所未有。（民国《新修南充县志·掌故志·祥异》）

武胜：大旱，粮全数蠲免。（光绪《定远县志·蠲政》）

营山：秋旱，次年己亥，荒民多食树皮草根。（同治《营山县志·杂类志》）

仪陇：夏大旱，夏饥。（光绪《仪陇县志·杂类·祥异》）

垫江：大旱，斗米二千钱，贫民采野蒿、掘白泥为丸以食。（光绪《垫江县志·灾异》）

酆都：大旱。（同治《重修酆都县志·杂异》）

万县：春夏大旱，赤地千里，农作物严重受损，民众以草根、树皮、观音土（白鳝泥）充饥，灾民上万。（《万县志·大事记》）

梁山：大旱，斗米千钱，民多饿殍。（光绪《梁山县志·官师》）

涪陵：夏，大旱，斗米银二两四钱，民食白泥，道殣相望。（《涪陵市志·大事记》）

重庆：全川大旱，赤地千里。（民国《巴县志·事纪》、道光《重庆府志·祥异》）

忠县：大旱。（民国《忠县志·事纪志》）

邻水、大竹：六月大水。后大旱，次年道殣相望，饿毙者多。（民国《续修大竹县志·祥异志》）

邻水：饥。李永庆出积谷以济邻人，知县江有本赠匾"仁厚发祥"。（道光《邻水县志·人物志·耆硕》）

古宋、庆符：大旱。（《历代四川各地灾异提要索引》147页）

荣昌：大旱。（光绪《荣昌县志·祥异》）

潼南：旱，岁饥。（民国《潼南县志·祥异》）

长宁、纳溪、叙永：大旱。（《四川省近五百年旱涝史料》84页）

兴文：大旱，次年春夏间斗米千钱。（光绪《叙州府志·祥异》）

富顺：春夏大旱。（民国《富顺县志·杂异·祥异》）

泸州、合江：旱。（民国《泸县志·杂志·祥异》、民国《合江县志·杂纪篇·纪异》）

[善榜]乾隆中年，泸州饥。乡间塾师汤佑光[乾隆五十四年（1789）中举]首捐脩金倡募行平粜，众皆乐从。时贫家多弃子者，佑光按月给米助之，俾各归养，母子不至相离。善举不胜书。（民国《泸县志·人物志·乡贤》）

南溪：旱，谷价高昂，饿死者十之二三。（民国《南溪县志·杂纪·纪异》）

广安：大旱。盗蔬菜者法置死。斗米需钱数千。邑人蒋德，轻财好义，思欲赈济，而家无余蓄，乃以田数顷并青苗典当，得钱三百余串，籴米作周给，后家资耗尽。又有文永若，悉出所有惠乡间；不继，复出券（田契）于富商，借贷救饥，全活甚众。又有张开荣，出家藏谷周给，旋饥民众，于路给以粉，如是者累月。张开桂则出存谷周给，且日煮粥饷饿者。（光绪《广安州志·行谊》）

江安：大旱。（民国《江安县志·灾异》）

石砫：大旱。（光绪《石砫厅志·祥异》）

高县：旱。（光绪《庆符县志·祥异志》）

遂宁：大旱，斗米至二千缗，遍郡邑立人市，鬻子女。（乾隆《潼川府志·政事部·杂记》）

江油：岁饥。为百余年仅见之大旱灾。（同治《彰明县志·祥异》）

盐亭：蜀中大饥，斗米千缗，饿殍载道。（乾隆《盐亭县志·灾异》）

蓬溪：岁饥。（道光《蓬溪县志·祥异》）

中江：蜀中大饥，斗米千缗，郡邑立粥厂济贫民。蜀素称沃土，此岁凶荒为百余年仅见之事。（嘉庆《中江县志·祥异》）

安岳：蜀中大饥，次年斗米千余钱。川东郡邑立人市鬻子女。（道光《安岳县志·祥异》）

安县：旱，粮赋全行蠲免。（民国《安县志·详异》）

射洪：旱，大饥。（光绪《射洪县志·祥异》）

乐至：蜀大饥，斗米千缗，立人市鬻子女，凶荒为百余年所仅见。（乾隆《乐至县志·杂记》）邑人张仕贤出米40余石，监生张洪伦出米13石，同在禹王宫造粥以饲饥

人，所活甚众，族邻德之。（乾隆《乐至县志·人物》）

三台：蜀大饥，斗米千缗，遍郡邑立人市鬻子女，邻省避荒来蜀者，饿殍盈途，三台城外亦多有之。虽司牧开仓赈救，弗胜也。百余年所仅见之大旱灾。（民国《三台县志·祥异》）

长寿：五月九日，云集地区雷声大作，击死 1 人。（民国《长寿县志·灾异》）

犍为：蠲免本年正闰丁粮。（民国《犍为县志·杂志·事纪》）

[善榜] 合川：黄远谟救荒义举。岁大饥，民多饿死，流亡载道。石龙场善人黄远谟喟然曰："人皆饿，我独饱，奈何？盍贩诸以赒穷乏。"乃率族亲出外地籴米泛舟而归，减价四分之一上市平粜；又设粥厂赈饥；另，老弱孤寡待以举火者数十人，所全活者甚众。黄远谟以朴野之姿而素明大义，家无中人之产而乐善好施。（民国《新修合川县志·乡贤·黄远谟传》）

[善榜] 合川：黄道中"尽出所有"救饥。岁大饥，道殣相望。"家无恒产"之丁忧知县黄道中恻然伤之，"尽出所有"籴谷他邑，转运不绝，于宗族亲友、老弱孤寡则周济之，余人则减价给之，其所全活者甚众。（民国《新修合川县志·乡贤》）

[善榜] 贾从龙自甘食粥而勉力拯饥：岁饥，南充塾师贾从龙（贡生）家仅自供，乃自甘啜粥而以升斗赡困乏；更劝乡间有积粟者各出所余以相赈，由是全活甚众。（嘉庆《四川通志·人物·行谊》）

[善榜] 潘光美行平粜倡社仓：岁大饥，流亡载道。合川官渡场人潘光美行粜法，全活甚众；复倡修社仓于金鱼寺中，集谷三百余石。（民国《新修合川县志·潘光美传》）

[善榜] 冯国槐施粥救贫民：乾隆戊戌、嘉庆丁卯（1807）两岁，合川大饥，米价腾贵，道殣相望。邑善人冯国槐出粟若干石，设粥厂于所居之远近，潦糜以济，数月，所活贫民甚众。（民国《合川县志·冯国槐传》引《晴云山房文集》）

[善榜] 巴县：大旱。善士张宗蔚、宗元兄弟"倾资以济贫乏，全活者众"。（民国《巴县志·卷十下之上》）

[善榜] 平武县令徐炎：徐炎浙江拔贡。乾隆四十二年署县篆，留心民事。查常平仓，民多尾欠，即捐廉买补，取民久册焚之。岁大旱，立坛祈雨，引咎自责，赤足露顶，拜祷烈日中，果大雨。每夜，出听民舍有书声者，即入与以纸笔，自是力学者众。今士民犹称之。（道光《龙安府志·职官·政绩》）

[附] 乾隆四十二年正月二十四日上谕，（为缅怀已故圣母）"再溥恩施一次"，"现在部库帑项又积至七千余万，著再加恩，自戊戌年为始，普蠲天下钱粮，仍分三年轮免"。部议："四川省地丁钱粮，于戊戌年（1778）全行蠲免，共银六十九万二千三百余两；各营米豆杂料马匹，各土司纳贡，均奉普免。"（嘉庆《四川通志·蠲政》）

1779 年

（乾隆四十四年）

全川因上年大旱无收，今春又仍旱，大饥，饿殍盈途；入夏后雨水调匀，秋大熟。

（《四川省近五百年旱涝史料》5页）

酆都、垫江：春旱大饥，道殣相望，人相食。（《四川省近五百年旱涝史料》131页）

忠县：春旱，斗米一千六百钱，大饥，道殣相望，人相食。（民国《忠县志·事纪志》）

涪陵：大旱，死者无数，斗米价银二两四钱二分。（乾隆《涪州志·祥异》）

綦江：五月内民多饥。六月初三夜大水。岁大熟。（道光《綦江县志·祥异》）

兴文：春夏饥，秋收大熟。（光绪《兴文县志·祥异》）

洪雅：大饥，斗米千钱。（嘉庆《洪雅县志·祥异》）

仪陇：夏饥，斗米二千。（民国《仪陇县志·灾异》）

安岳：春夏饥，知县徐观海捐廉赈济，全活颇众。（光绪《安岳县乡土志·政绩录》）

开县：大饥。（咸丰《开县志·祥异》）

荣昌：春大饥，饿殍盈途。秋大熟。（光绪《荣昌县志·祥异》）

南充：夏大饥，秋大熟。（民国《新修南充县志·掌故志·祥异》）

南川：岁饥。邑人冯鲁山捐粥米四百余石。（嘉庆《四川通志·人物·行谊》）

高县：旱，谷价高昂，饿死者十之二三。（光绪《庆符县志·祥异志》）

犍为：夏秋米贵。详请粜常平、监仓谷4210石。奉文将盐商缴息散发贫民，每月每石钱600文，此举至清末始灭。（民国《犍为县志·杂志·事纪》）

资中、资阳：五月大水，伤民稼。（嘉庆《资州直隶州志·杂类志·祥异》）

大竹：六月大水。（民国《续修大竹县志·祥异志》）

内江：大水伤禾稼。（光绪《内江县志·杂事志·祥异》）

大足：六月大水。（民国《大足县志·杂记》）

北川、平武：大水，伤民稼。（道光《龙安府志·杂志·祥异》）

新都：大水。（民国《新都县志·外纪》）

西充：大有年。（光绪《西充县志·祥异》）

广安：大熟。（光绪《广安州志·拾遗志·祥异》）

隆昌：知县朱云骏详请平粜以济民食，动用常平谷3911石5斗，当年买补。（咸丰《隆昌县志·蠲赈》）

[善榜] **知州杨潮观赈饥**：泸州大饥。新任知州杨潮观上任，即碾谷赈济，并检校一切闲款，分设粥厂三处，经费短缺，自身捐廉以弥补。恰有吏以陋规二百金进，潮观不受，曰："尔既云有成例，可捐付粥厂。"其厂男妇各随地坐，给筹以起，换票以出。不满百日，凡活五十九万七千余人。（嘉庆《直隶泸州志·官师·政绩》）

[德碑] **李启贵创建红岩堰**：清李启贵，雅安鲤鱼池人，家富饶，多义举，虽破产不惜也。乾河三坝有田数千亩，岁旱则歉收。启贵谋凿一堰灌之，乃由溃水循源而上，相视堰道，至对崖水高可引处，轩然曰：此可为堰头矣！但路工甚巨，仅靠捐助，恐一钱一粟积之甚难，乃尽售其产……督工修之。期年堰成，禀之县，赐名红岩堰，就入水处名之也。邑人感其义，每岁开堰日，具牲牢祀焉，至今不衰。（民国《雅安县志·人物·行谊》）

1780 年

（乾隆四十五年）

本年蜀中大水。(《四川省近五百年旱涝史料》5 页)

青神：六月江水大涨，淹没民舍，民自楼上驾舟筏避之，无损。耆老云：较乾隆九年（1744）减一二尺。(嘉庆《青神县志·祥异志》)

金堂：六月大霖雨，三江泛滥。城区受淹，被淹情况如乾隆九年甲子。(民国《金堂县志·卷末·外编·琐记》)

资阳、资中、内江：复大水，伤禾稼。(嘉庆《资州直隶州志·杂类志·祥异》)

中江：大水，邑城不没者数尺。(嘉庆《中江县志·祥异》)

乾隆四十五至四十八年，"洪流泛滥，西江之水反灌东溪，城南时被水灾"。(民国《中江县志·丛残·祥异》)

洪雅：大水。岁有秋。(嘉庆《洪雅县志·祥异》)

平武、青川：大水，比上年低二尺，伤禾稼。(道光《龙安府志·杂志·祥异》)

江油：大水淹城墙数尺。(同治《彰明县志·祥异》)

彭县：夏大水入城。(嘉庆《彭县志·祥异》)

郫县：杨家桥被水冲刷。(民国《郫县志·祥异》)

新繁：夏大水，治北十二里青白江上新彭桥圮，治东锦水河上永清桥、兴隆桥亦圮。(嘉庆《新繁县志·祥异》)

崇宁：杨家桥被水冲刷。(嘉庆《崇宁县志·津梁》)

忠县：六月，州城大火，毁民舍七百余家。(民国《忠县志·事纪志》)

1781 年

（乾隆四十六年）

川省洪水。(《四川省志·水利志》59 页)

合川：六月，大水至州署前，坏城垣庐舍。(光绪《广安州新志·祥异志》)

内江：水，较甲子年（1744）低二尺。(民国《内江县志·祥异》)

资阳：大雨连旬，河水暴涨，滨河男女奔避贡生张栋家。张设粥以济之，水退各给米归。(嘉庆《资州直隶州志·杂类志·祥异》)

井研：大水。(光绪《井研志·纪年》)

犍为、乐山：五通桥、四望溪大水。(民国《犍为县志·杂志·事纪》)

平武、青川：夏大水，较庚子年（1780）低二尺。(民国《绵阳县志·杂异·祥异》)

遂宁：夏大水，县西十里三元桥圮。(乾隆《遂宁县志·津梁》)

新津：七月大水，城内深一二尺，越日乃退。(道光《新津县志·祥异》)

潼南：大佛寺洪水石刻"乾隆四十六年涨水至此"。经测定，刻痕洪水位高程为

249.14 米。(《四川城市水灾史》188 页)

  秀山：春冰雹。(光绪《秀山县志·祥异》)

  汉源：雨雹。(民国《汉源县志》)

  双流：大熟。(民国《双流县志·祥异》)

1782 年

(乾隆四十七年)

  全川洪灾。

  六月十七日，郪、涪二江涨，顷刻水高丈余，民田庐舍淹没殆尽。中江、三台、射洪、遂宁、蓬溪、盐亭同日大水。(《清史稿·灾异志一》)

  三台、盐亭官民抗洪：

  三台：六月大雨连绵，十六七等日涪江暴涨，顷刻水高丈余。守令督率民夫紧闭四门，水溢万年堤，奔注城隍，从门缝中入，复塞以土。城中男妇俱奔避城上，人心汹汹。环城之水，将及女墙，城不没者仅三版。守令捐俸抚恤，民赖以苏。(嘉庆《三台县志·祥异志》)

  盐亭：六月十六七日大雨，河水暴涨，顷刻高数丈，公署、民房俱淹没，官民俱奔避北门外之赐紫山，幸人无淹毙。涨消，潼川府知府沈清任躬至县城捐俸抚恤，民赖以苏，有诗记其事并刻于岩石。是岁，三(台)、射(洪)、盐(亭)、中(江)、遂(宁)、蓬(溪)皆同时被水。(乾隆《潼川府志·政事部四·杂记上》)

  康定、乾宁、道孚、泸定、雅江：大水。(《清高宗实录》、《四川省近五百年旱涝史料》142 页)

  潼南：六月大水，涪江涨，水高丈余入城，田庐民舍淹尽。(民国《潼南县志·祥异》)据大佛寺洪水石刻是年刻痕，洪水位高程为 255.33 米，比上年洪水位高 5 米多。(《四川城市水灾史》188 页)

  铜梁：六月，大水入引凤门，涨至文昌阁，街衢可通舟楫(县城安居镇)。(光绪《铜梁县志·杂记》)

  安岳、乐至：六月大水。(《内江地区水利电力志》)

  武胜：六月大水，全数蠲免。(光绪《定远县志·杂异》)

  南部：六月大江水溢，没县城。(道光《南部县志·祥异》)

  苍溪：大水，淹没县城东门外先农坛。(民国《苍溪县志·杂异志》)

  蓬溪：六月大水没田庐。(道光《蓬溪县志·祥异》)

  中江：六月大水。(《巴蜀灾情实录》303 页)

  射洪：六月大雨水发，十六、十七等日涪江水涨，冲没沿江民舍田庐。(光绪《射洪县志·祥异》)

  井研：疫。(光绪《井研志·纪年》)

1783 年

（乾隆四十八年）

安岳：十二月十三四等日昼夜大雪，厚二尺余。次年正月复得二次。是岁禾麦倍收。（道光《安岳县志·祥异》）

乐至：麦禾倍收，数十年所未见。十一月城乡昼夜大雪，积厚二尺余。（乾隆《乐至县志·杂记》）

潼南：十二月十三四日昼夜大雪。（民国《潼南县志·祥异》）

遂宁：十二月十三四等日昼夜大雪。积厚二尺余，即全省亦皆普遍。明年正月复得二次。是岁禾麦倍收。父老佥云数十年所未见，洵为丰年兆庆。（乾隆《遂宁县志·杂记》）

三台：夏，百余年未见之大旱灾。十二月连日严寒，昼夜大雪，积厚二尺余。（民国《三台县志·杂志·祥异》）

蓬溪：大雪积二尺余。（道光《蓬溪县志·祥异》）

盐亭：十二月连日严寒，邑境城乡昼夜大雪，积厚二尺余。（乾隆《盐亭县志·灾异》）

中江：十二月十三等日昼夜大雪，积厚二尺余，全省皆遍。（道光《中江县新志·杂记·祥异》）

射洪：十二月夜大雪，厚二尺。（光绪《射洪县志·祥异》）

井研：有年。（光绪《井研志·纪年》）

天全：七月至八月，前阳村虎伤四十余人。（咸丰《天全州志·祥异》）

1784 年

（乾隆四十九年）

合川：正月瑞雪，秋大稔。（民国《新修合川县志·余编·祥异》）

潼南：正月复大雪二次，是岁麦禾倍收。（民国《潼南县志·祥异》）

泸州合江：春正月大雪，积地四五尺厚。（嘉庆《直隶泸州志·杂类志·祥异》）

遂宁：正月复大雪二次，是岁禾麦倍收。（民国《遂宁县志·杂记》）

七月十四日夜半雷电大作，霹雳屡击，云台观至拱宸楼柱自上而下有裂痕似龙爪，深寸许。（民国《遂宁县志·杂记》）

三台：正月复大雪二次，麦禾倍收。（民国《三台县志·杂志·祥异》）

中江：正月复得雪二次，是岁禾麦倍收，父老佥云数十年所未见，洵为丰年庆兆云。（道光《中江县新志·杂记·祥异》）

射洪：正月得雪二次，是岁大有年。（光绪《射洪县志·祥异》）

涪陵：秋大熟。（民国《涪陵县志·杂编》）

彭水、武隆：秋大熟。（同治《重修涪州志·祥异》）

蓬溪：岁大稔，麦禾倍收。（道光《蓬溪县志·祥异》）

叙永：五月初六得雨，稻复生，乃亦有秋。（光绪《续修叙永、永宁厅县合志·杂类·祥异》）

简阳：瑞华桥毁于水。（《内江地区水利电力志》）

华阳：本年，邑产赭土，民取食之，细如面。（嘉庆《华阳县志·祥异》）

四月初一日大风，华阳三义庙火，延烧东南街市民舍数千家。（嘉庆《华阳县志·祥异》）

天全：夏大荒，民食树皮细土以聊生。（民国《雅安县志·灾祥志》）

[附]　　　　**天全饥民聊生之食**

夏大荒，人食榆树、楠树皮、三棱草子、蕨萁粉。和源乡一山出土，极细软，可食，穷人食之，味虽不佳，与寻常饮食无异，可以聊生。富人食之，即结而死。云观音大士所传，即名观音土，全活甚多。

（咸丰《天全州志·祥异》）

成都：四月朔，成都大火，延烧官署民舍殆尽。（《清史稿·灾异志二》）

成都大火，由三义庙起，延烧一千余家。（同治《重修成都县志》）

雅安：五月，雅安地大震。（民国《雅安县志·灾祥志》）

1785 年
（乾隆五十年）

成都大火：春（一说乾隆四十九年四月初一日）锦城大火，延烧一昼夜始息，民舍几尽，城市一空。（同治《德阳县志·灾祥志》，引《复修鼓楼记》）

泸州：二月二十一日夜大风雨雷电，龙透关右地忽崩陷，长数十丈、阔数寻、深十余丈。六月大水入城。（嘉庆《直隶泸州志·杂类志·祥异》）

小金：乾隆乙巳（1785），三月冰雹，自辰至午，遍山谷间大如栗、小如豆，中有雀毛一片。六月午后，忽狂飙走石，雹大于拳，亟施枪炮得止，经过处麦荞坏。（乾隆《绥靖屯志·天文·祥异》）

江安：六月大水入城。（嘉庆《江安县志·杂志·志异》）

蓬溪：六月大水，近城居民庐舍被毁。（道光《蓬溪县志·祥异》）

洪雅：七月二十三日，花溪被水灾，秋稼大伤。（光绪《洪雅县志·祥异》）

石砫：厅署南利涉桥圮于水。（道光《补辑石砫厅新志·津梁》）

广安：五月不雨。（光绪《广安州志·拾遗志·祥异》）

邻水、大竹：大旱。（民国《大竹县志·祥异志》）

[德碑]　　　　**大竹知县陈仕林赈饥**

乾隆五十年，大竹大旱歉收，冬斗米十千钱，民大饥。知县陈仕林见状危急，不及上报申请，自甘获咎，即擅开社仓，发谷赈饥。每日六乡散赈，"壮者枵腹而来，先煮粥以给其饱，复令挈米以食其家。鳏寡孤独，送米上门。自腊月起至次年麦收止，分赈百余日，所活数十万人，皆我侯（知县）再生之德。"同时，陈知县劝缙绅（富户）来年蠲租，以填还社仓之谷。次年，陈知县奉调巴塘，大竹民赴省恳留，未允。离县时，百姓"壶浆百里"相送，"号泣呼父母"。后"为立长生位于文昌阁"。

（民国《大竹县志·职官志·政绩》）

垫江：旱，斗米千五百文。（光绪《垫江县志·灾异》）

德阳：四月初一日失火，自城内延及城外，人家被烧者指不胜屈。（同治《德阳县志·灾祥志》）

忠州：六月，州城大火，毁民舍四百余家。是月地震。（道光《忠州直隶州志·祥异》）

盐亭：十二月连日严寒，彤云密布，城乡昼夜大雪，积厚二尺余。（《巴蜀灾情实录》368页）

道孚：噶达城地震频发，致乾宁惠远庙（雍正年间建造）多有坍塌。（《四川地震全记录·上卷》92—93页）

彭县：五月，彭县地震。（嘉庆《彭县志·祥异》）

[**备览**]本年，命四川总督李世杰饬州县碾运常平仓谷接济下游各省，计动谷三十万石。（嘉庆《四川通志·行谊》）

1786 年

（乾隆五十一年）

打箭炉 7.5 级地震：

震时：五月初六日、七日至十八日（1786 年 6 月 1 日、2 日至 13 日）。

震地：打箭炉（康定）、泸定、磨西、清溪、化林坪、越嶲厅、嘉定州、会理州等。

震情：五月初六日（6 月 1 日），打箭炉发生 7.5 级地震[①]，造成大渡河沿岸泸定、汉源等地山崩，壅塞大渡河，积水高二十余丈。五月十五日，大渡河壅堵溃决，高数十丈的洪流汹涌而下，乐山、犍为、宜宾沿江一带，民漂没者数十万。（《中国地震历史资料汇编》682 页）

五月初六日（1786 年 6 月 1 日），发生 7.75 级强烈地震，打箭炉、泸定桥衙署、兵房、仓库、民房倒塌 2250 间，压死 250 余人，强震还造成老虎崖滑坡，致大渡河截流 9 日，溃堵后下游田地人畜惨遭水患。灾情发生后，四川总督保宁曾到现场察勘，给打箭炉抚银 3800 两、泸定桥抚银 899.5 两、大渡河水汛抚银 1700 两。（《甘孜州志·民政篇·严重自然灾害赈济》）

---

① 《四川西藏地震等烈度线图资料汇编》（成都地图出版社 1994 年版）称"7.75 级"。

［附］　　总督保宁关于打箭炉7.75级地震赈灾经过的两次奏报：

五月二十五日奏报：窃照川南自清溪县至打箭炉等处，据报于五月初六、七等日地震，情形稍重，经臣恭折奏明，亲赴勘办，当即由双流、新津、邛州、名山、雅安、荥经等州县前往沿途察询情形，间有城垛房屋微损之处，已据该地方官自行修整如旧。惟清溪县间段倒塌城身三十四丈零，垛口连墙二百二十六丈零，因该城西南二面，俱于山上起建，震塌较多，其官民房屋，多在平地，亦有墙壁倾圮，屋宇歪斜之处，尚属无多，亦均自为修整。自清溪县西南（北）一百三十里过飞越岭，即系沈边、冷边、咱哩三土司地境，其泰宁营在沈边土司境内，高踞山半之化林坪，从前系由泰宁协改设都司驻扎，原有兵房三百九十八间，兵丁现住三百十四间，内震塌一百九十二间，又应行估变空闲衙署兵房一百九间，亦并倒塌。又倒塌药局六间，所贮药弹等项，移贮演武厅空房，并无损失。其余都司千总衙署及仓房库房并现住兵房，均有墙壁坍卸间架歉斜之处，均需修理。该营以山为城，惟东西有城门楼二座，年久糟朽，兹更歉侧可危，现即令拆卸，并倒塌房屋各物料，均饬加紧收贮。其在营官兵，因该地初动势缓，均得避出无损。自化林坪西南（北）八十里为泸定桥，在冷边土司境内，查勘桥头御碑亭，墙裂缝脊瓦脱落，护崖羊圈坍卸十二丈，其余桥墩桥亭铁索等项，尚无损坏。桥东巡检汛弁廨署兵房，俱在平地，微有坍损，工费有限，亦饬自为修整。其桥西即系咱哩土司之境，与明正土司接壤。查沈边、冷边、咱哩三土司地方，袤延二百里，系南路通衢，沿途均有开馆小贸及负戴食力之内地民人，内除有力之户不计外，共倒塌贫民瓦土房一百二十七间，压毙男妇大小四名口，其三土司穷番碉房平房，共倒塌六百七十一间，压毙男妇大小一百八十一名口，据该管文武造册呈报，臣复委员分头确查无异。

查各该处被灾情形，大势系东北（南）较轻，至西南（北）渐重，其在山谷之间又重于平地，而惟打箭炉为尤甚。该处于初六日午刻地忽大动，至酉刻势方少定，初七日复动数次，以后连日小动，至十八日方止，以致城垣全行倒塌，不存一雉，文武衙署仓库兵房等项，全塌者共一百六十九间，歪斜脱落墙壁倾颓者三百八十四间，其完善者十只一二。压毙勒休千总陈荣一员，兵丁二名。所有存贮军装药弹器械等项，均无损失。城内店铺房屋倒塌七百二十七间，压毙内地商民三十五名。查在炉贸易商民，本系有力之户，其无业食力贫民计共五十一户，计倒塌土房五十四间，压毙民人五名，明正司除土司官寨大小头人锅庄外，计倒塌番民碉房一百七十七座，压毙番民男妇大小一百九十三名口。倒塌喇嘛寺压毙喇嘛二十一名。伏查沈边等土司为边地藩篱，联络外番，地处要冲，而炉城尤汉番汇聚之区，自四十一年被水之后，殷富已不如从前，今又以地震被灾，察看兵商民番情形，颇为拮据。现即酌加抚恤，照例每瓦房一间给银一两，草房一间给银五钱，压毙人口大口每名二两，小口每名一两，分别散给。番地并无草房，间有土石筑盖平房，即照草房之例酌给。各该处本少内地穷民，被灾后又各回原籍，共计抚恤过银一百五十一两五钱。至各该土司番民，本系纳粮当差……亦一体给与抚恤。计沈边、冷边、咱哩三土司被灾番民，共散给银八百九十九两五钱，明正司炉城被灾番民，共散给银五百一两五钱，共用过银一千五百五十二两五钱……至清溪县、化林坪、打箭炉三处城垣及文武衙署兵房等项，现饬藩司调委妥员，按估修复。其泰宁营及阜和营各兵家具等项，未免损失，现在物价亦觉稍昂，酌将两营现存营汛兵共七百五十二名，各供给一个月钱粮，仍于额饷内分季扣还，以资生计……其自泰宁营至炉城一带，道路本多崎岖，因山石坍坠，径途阻塞遍桥打断之处甚多，文报不能驰递……至打箭炉以外通藏大路，山势陂陀，道路塘汛，损坏无几……惟沈边所属之老虎崖地方，因初六日地震，大山裂坠，壅塞河流，致水停蓄泛溢，沈边等土司，沿河田地，多遭淹没，积水高二十余丈，至十五日塞处冲开，奔腾迅下，田地又被冲刷，现亦委员往查，酌加抚恤。其下游经清溪县、宁远府交界之处，即大渡河两岸万工堰等处，营汛田庐，均被水冲没，并前据宁越营、越巂厅禀报，地震亦有倒塌城垣衙署兵房之处，已饬建昌镇会同宁远府查勘……臣即驰赴万工堰及宁越、越巂等处查办，另行具奏……

六月初二日奏报：窃臣前赴打箭炉一路查勘地震情形，途次续据越巂营参将、越巂厅通判及宁越营都司禀报：均于五月初六、七等日地震。又续据禀报，清溪县与越巂交界之大渡河两岸万工汛等处，于五月十五日猝被水患等，经臣于查办炉城事毕奏明。亲赴查勘缘川南一带，于地震之时，沈边土司界内之老虎崖大山摧塌，壅塞泸河。其河即大渡河之上游，水既被阻塞，停蓄山间，倒灌百余里，积至九日，忽将塞处冲开，奔腾疾下，势若建瓴。其经行高山大峡之间，不足为害。至坡麓平衍田庐荟萃之区，多遭漂荡。现在被水之处，系由清溪县过大渡河赴建昌之大路。该处原野绵连，村堡相望，北岸之万工堰、娃娃营、杨泗营并大田、松坪二土司地方，系雅州府属清溪县境，南岸之海螺坝、马厂、桂皮罗、临河堡、水打坝并松林地、野猪坝二土司地方，系宁远府属越巂厅境。忽于五月十五日卯刻，大水骤至，将沿河塘汛、衙署、庐舍、田稼冲去无存，居民奔避山上，日食无资，实属狼狈。经臣飞饬该地方官，一面清查户口，一面酌给口粮，暂为抚慰。兹臣兼程亲赴大渡河，率同雅州府知府叶书绅、宁远府知府穆克登布并该厅县等，逐一查勘，北岸万工堰汛并衙署十一间、兵房六十六间并剖札、甲仗、塘汛卡房等项，均被水冲去无存。冲没万工堰等处居民瓦草房三百八十五户，淹毙兵民、男妇大小二十一名，被灾民人男妇大小一千二百九十七名口，并冲去娃娃营社仓一所，贮谷一百九十三石零。南岸海螺坝等处冲去居民瓦草房三百一十七户，淹毙居民男妇大小三十六名口，被灾人民男妇大小一千三百四十三名口。照例冲没瓦房每间给银一两、草房每间给银五钱；淹毙大口给银二两，小口给银一两；被灾贫民折给一个月口粮，大口日折银一分，小口日折银六厘。共抚恤银一千一百九十二两零。至大田、松坪、松林地、野猪坝等处土民错处内地冲途，向俱纳粮当差，亦与州县编氓无异。今接壤之汉民俱沐皇恩，幸获生全，该土民同处颠沛，被灾亦重，情殊可悯，似应一体抚恤，以广皇仁（朱批：是早有旨矣）。据该管文武具报，大田、松坪等处冲去草房一百二十八间，被灾男妇大小三百七十八名口，淹毙男妇大小二十三名口；松林地、野猪坝等处冲去瓦草房四百七十间，被灾男妇大小一千一百七十名口，淹毙男妇大小十九名口，共给银七百四十九两零。以上被灾汉土民户，均经逐一查勘。臣仰体皇上惠爱远人之至意，督率该府厅县等，亲身按户散给，各沾实惠，并无遗滥。至该大水经过自卯至巳，旋即消退，田地均已涸出，时正仲夏，现令酌借籽种，劝谕及时补种，秋粮以冀有秋。至建昌一带，均于五月初六、七同日地震，惟越巂厅、宁越营二处较重，越巂厅城，除先经陆续倒塌一百二十七丈零、节年列入缓修奏报外，今有（又）震塌一百一十六丈零，北门城台城楼，并经震塌，余俱膨裂歪斜。又通判照磨儒学廨宇仓监，本系年久槽杇，共倒塌四十六间，又倒塌兵房二十六间，坍损十九间，倒塌居民草瓦房三十九间，压毙男妇大小四名口。宁越营震塌都司衙署九间，营汛现住兵房共六十二间，坍损二十五间，倒塌居民草瓦房七十一间。其余各塘汛卡房并多坍损。臣率同建昌镇臣魁麟及该府厅等查明属实，察看情形较炉城一带尚为轻减。所有震塌民房压毙人口，照例共抚恤银六十三两，亦经按户散给。通共被水、地震汉土民户，共抚恤银二千四百两零。其万工堰等汛被灾之阜和右营及宁越营兵丁共五十八名口，借给一个月钱粮，以资生计（朱批：着即赏给，不要扣还），兵民等已仰沾圣泽，现各安绪。其建昌营分州县并各处铜厂，地动较轻，已据该地方官自行料理，亦俱宁谧。至该处桥道，系建昌一路通省大路，且关铜运重务，因地震山石坠压，多有阻塞坍坏之处，已据该府穆克登布捐备银米，雇夫赶紧修治，以利遄行。其大渡河水面宽阔，向设有官渡船二只，已被水冲去无存，亦经该府捐资打造，并赶办竹木札筏，暂资济渡无阻。臣仍饬各文武加意抚绥，令汉土兵民各安本业，毋致失所。臣料理事毕，即回省城与藩司等将各该处塌损城垣、衙署、兵房等项，详查原案，遴委妥员上紧估计修复，分别题咨办理，如有应行奏办之处，另行续奏。

（乾隆五十一年六月初二日保宁奏折，《清代地震档案史料》126—129 页，录自《四川地震全记录·上卷》94—99 页）

1786 年 6 月 1 日，泸定地震，将越嶲厅城台、城楼震塌，膨裂歪斜，儒学、廊宇、仓监倒塌 46 间，兵房坍塌 19 间，倒塌民居草瓦房 71 间；其余多有塌损。（《凉山州志·自然灾害》）

此次大地震波及全省境，泸定、磨西、清溪、化林坪、越嶲厅、嘉定州、会理州等地灾损尤重。（《四川地震全记录·上卷》）

广安、营山、仪陇、岳池、渠县、大竹皆震。（《渠江志》85 页）

峨边：（地震）大河河山崩，水溢上流居民被没者千余家；不数日（溃决），水高数十丈，沿河场市一洗尽净。（民国《峨边县志·祥异》）

灌县：五月初六日（1786 年 6 月 1 日），地震甚，田河水倾上岸，有人倒者。初七、初八、十二、十四、十八等日，午、未时皆地震。六月初四、初七未时地震。（光绪《增修灌县志·祥异》）

新津：五月初六日地震，屋宇动摇，人难定立，时动时止，日数十次，初七日乃止。（道光《新津县志·祥异》）

资中：五月初六日地震，有声如雷，房屋多倾圮，次日复震。（嘉庆《资州直隶州志·杂类志·祥异》）

新都：五月初六日午刻地震，有声如雷，房屋或倾圮，次日又震。（嘉庆《新都县志·祥异》）

双流：1786 年 6 月 1 日，磨西发生 7.5 级地震，双流地区房屋摇动，人难立定，烈度 5 度。时动时止数十次，次日乃止。（《双流县志·祥异》）

德阳：五月初六日地震，民房有倾塌者，邻邑州县皆然。（民国《绵竹县志·祥异》）

泸州：五月初六日地大震。（光绪《泸州直隶州志·祥异》）

合川：五月六日午时地震，日凡三次，次日又震。（民国《新修合川县志·祥异》）

五月戊申，重庆府属地一日地震三次，次日又震。（《重庆市志·大事记》）

宜宾：五月六日打箭炉地震波及，以致今青山摩崖造像千手观音崩坠。（嘉庆《宜宾县志·祥异》）

涪陵：五月六日，涪州城南山崩，乌江一时壅塞，伏流十余里入长江。六月九日，羊角碛山崩成滩。（《重修涪州志》2 页）

盐亭、遂宁：五月十一日，地震。（《清史稿·灾异志五》）

会理：六月十一日水由清溪溃决，高数十丈，沿河居民悉被漂去。（同治《会理州志·祥异》）

犍为：六月十一日水。（民国《犍为县志·杂志·事纪》）

宜宾：岷江泛涨，浮尸蔽江而下，邑诸生捐资葬于治西北帅春山下，为四大坑瘗埋。（嘉庆《宜宾县志·祥异》）

綦江：六月二十一日大水进城，县署头门口石阶全淹，民房漂去甚多。（道光《綦江县志·祥异》）

江安：五月初六地震。六月，大水入城。（民国《江安县志·灾异》）

酆都：六月江水暴涨，入城溢于屋。（民国《酆都县志·祥异》）

忠县：六月大水进城，漂没治河庐舍人畜。（民国《忠县志·事纪志》）

江津：六月大水入城。（民国《江津县志·祥异》）

长宁：夏大水。（乾隆《长宁县志·祥异》）

乐山：夏大水。沫东场湮没，金仓庙圮。（民国《乐山县志·杂记·艺文志》）

富顺：饥，罗象贤、罗象贵兄弟捐米八千石以活饥民。（民国《富顺县志·行谊》）

营山：旱。（同治《营山县志·杂类志》）

秀山：夏饥，秋大熟。（光绪《秀山县志·祥异》）

内江：岁大熟。直至嘉庆元年皆大熟。（光绪《内江县志·杂事志·祥异》）

隆昌：知县赵敬业详请平粜以济民食，动用常平谷 753 石 2 斗，当年买补。（咸丰《隆昌县志·蠲政》）

［链接］　**府州县志关于打箭炉 7.5 级地震的记述**

乾隆五十一年五月初六午时，（天全州）地大震，簸荡移二三刻，城市乡村田水上岸，屋脊皆折，炉城为甚，碉房尽倒，因而火发延烧殆尽。磨西面山嘴崩陷，将大河塞断十日，水淹至泸定桥。初七日复震，其势略轻。一连十日皆震，至十五日复大震，冷碛停水忽决，势如山倒，沿河两岸居民一扫俱尽，一日一夜至嘉定府。十六日辰时，嘉定府东门城上惊观大水，人众如堵，顷刻墙崩，落江者不计其数。（咸丰《天全州志·祥异》66—67 页）

雅黎山倾陷，塞河，十数日水涌河决，嘉定、泸州、叙府沿江一带，人民漂没者，不下数十万众。（光绪《荣昌县志》）

五月，清溪县（今汉源县）山崩，壅塞泸河（今大渡河），断流十日，至五月十六日始溃决，涛头高数十丈，一涌而下，沿河居民悉漂去。嘉定府城西南临水冲塌数百丈。沿河沟港，水皆倒射数十里。至湖北宜昌始渐平，舟船遇之，无不立覆。（同治《汉源县志·祥异》）

乾隆五十一年五月六日地大震，城墙倒塌百余丈，县署皆倾斜，民房墙垣倒塌，伤毙人口甚众。大渡河山崩，磨西面、磨岗岭河水断流九日夜。于十五日冲开，河水奔腾汹涌异常，将娃娃营、杨泗营、万工汛等处官署民房尽行冲没，经把总丁宏仪详报，奉文抚恤一千七百余两。（民国《汉源县志·事纪》）

民国《峨边县志》： 五月初五（六）日地震，相继数日，忽大渡河山崩水溢，上游居民迁避不及，被没者千余家。至十五日水势高数十丈。沿河场市如归化、罗回、沙坪、万漩等分溪，一洗皆净。（民国《峨边县志·祥异》）

乾隆五十一年五月，大渡河山崩水噎，凡九日，决后，涛头自郡城（乐山）丽正门崩入二百余丈，长亦如之。先是，五月初六日川省地震，人家墙屋倒塌倾陷者不一。越数日，传知清溪县（今汉源县）山崩，壅塞泸河，断流十日。五月十六日，水忽冲决，自峨眉界而来，崇朝而至，涛头高数十丈，如山行然，漂没居民以万计。北关外武庙土人刻甲子（1744）水痕于屋壁，今更倍之。南城旧有铁牛高丈许，亦随流而没。（嘉庆《嘉定府志·祥异》）

乾隆五十一年，五月初六、初十、二十、三十及六月十七日等日，地震，墙垣房屋颇多为之倾圮。五月十六，大渡河山崩水塞，凡九日始决，自峨眉界溢出，过府下县，崇朝而至，涛头高数丈，漂没居民沿途以万计。（民国《犍为县志·杂志·事纪》）

[善榜] 于定榜，犍为捐贡生。乾隆丙午（1786）夏，西夷山崩，大渡河塞，及决，自沈黎至嘉定，崇朝而至，漂溺者以万家计。沿途令长，收瘗无虚日。定榜自募夫役收瘗。时监生康伟亦捐地数亩，以为义冢而葬之，并与定榜召僧醮祀。计瘗男女童孺冢一百四十有余。（民国《犍为县志·杂志·事纪》）

五月初五日地震，屋舍皆动，盆水溢出。（同治《仪陇县志·祥异》）

五月初六日，地震逾时不成灾。（同治《渠县志·祥异》）

五月初六地震，初七、十一、十二日亦震，为时甚短，尚未成灾。（道光《安岳县志·祥异》）

江水泛涨，浮尸蔽江而下，邑诸生捐资葬，为大坑瘗埋。（嘉庆《宜宾县志》）

[备览] 乾隆帝圣训："救荒如救焚拯溺，早一日，得一日之济。尽得一分心，民受一分之惠，灾黎得一日之赈，即度一日之命。"（《清高宗实录》）

1787 年

（乾隆五十二年）

合川： 六月，大水涨至州署前。冬大雪，地盈一尺。（民国《新修合川县志·余编·祥异》）

忠县： 六月大水。（民国《忠县志·事纪志》）

秀山： 夏久雨，饥。（光绪《秀山县志·祥异》）

小金：小麦未获时，有田鼠千百成群，较常鼠差小，专啃麦穗，往来无定所，数日不复见，幸未成灾。（乾隆《绥靖屯志·天文·祥异》）

犍为：六月十七日地大震。（《巴蜀灾情实录》349页）

灌县：十一月初五日（1787年12月13日）夜，地大震，屋瓦多坠。① 二十五、二十六日，大雪深六七寸。（光绪《增修灌县志·杂记志·祥异》）

合江：夏五月地震。（嘉庆《直隶泸州志·杂类志·祥异》）

冕山一带地大震，山崩地裂。（《凉山州志·大事记》）

1788 年
（乾隆五十三年）

全蜀洪灾。1788年，全长江流域发生特大洪水。6月，四川西部连日大暴雨，岷、沱、涪诸江大水汇入川江下游，酆都、忠县、万县、云阳、奉节、巫山等州县受洪灾尤重。（《巴蜀灾情实录》303页）

长寿：三月，暴雨成灾，河水猛涨，淹没田土不少。（《长寿县志·自然地理·灾异》）

奉节：县城东南一带城墙淹坍。（道光《夔州府志·祥异》）

江北：六月中旬大水。沙湾河街岩上有石刻："乾隆五十三年大水，淹此，六月十二日长，十九日退。"据测定其洪痕高程为195.3米。又，道光《江北厅志·舆地》载："仁里五甲洞口有写字岩，乾隆戊申（1788）大水，舟人书字为记，嗣后凡遇大水，皆有书之者。"（《四川城市水灾史》295页）

酆都：六月江水暴涨入城，溢于屋。江水涨浸，城塌半。知县李元挈居民登平都山避之，三日水落，不伤一人。据汇南乡丁庄村一组石刻洪水线勘测，是年六月二十日，长江酆都段洪水位为161.30米（黄海高程）。（《四川城市水灾史》298页、《四川两千年洪灾史料汇编》539页）

万县：六月十六日，长江水涨，至152.37米处，大水入城，静波楼圮。东南一带城墙淹坍57丈5尺、膨裂38丈、续坍29丈6尺。冲毁庄稼、房屋不计其数，人畜漂没。（同治《增修万县志·祥异》）

忠县：六月，大水入城，舣舟于下南门内，漂没沿河庐舍；人畜甚众。（道光《忠州直隶州志·祥异》）六月十九日（7月22日）洪痕水位155.98米，相应洪峰流量88600立方米/秒。（《四川水旱灾害》63页）

泸州纳溪：五月地震。六月大水，漂没民居颇多。是秋旱，歉收。五十四年平粜。（嘉庆《纳溪县志·祥异》）

合江：夏大水入城。（民国《合江县志·杂纪篇·纪异》）

涪陵：六月，江水暴涨，3日水退。清溪石盘溪石拱桥下有石刻"乾隆五十三年戊

---

① 据四川省地震局《地震资料汇编》载：此次地震震级为4.75级，是都江堰市内18世纪以来可考的最大地震，发生在二王庙断层。

申六月十九日大水至此"，实测高程 168.95 米。（《涪陵市志·自然灾害》）龙兴场对岸下桥沟口右岩上刻有洪水诗："水涨大江贯小溪，戊申（1788）曾涨与滩齐。迄今八十单三载，涨过旧痕十尺梯。"（刻诗时间为 1871 年，《四川城市水灾史》296 页）

绵阳：水患益甚。（民国《绵阳县志·杂异·祥异》）

平武、青川：六月大水。（民国《绵阳县志·杂异·祥异》）

彰明：大水淹田禾。（同治《彰明县志·祥异》）

安县：水涨，西堤冲塌，渐近城脚。（民国《绵阳县志·杂异·祥异》）

合川：六月大水入城至州署前。今推算水位 217 米，洪水高度 31 米。（《四川城市水灾史》224 页）

[链接]　　　　　　　　　戊申大水歌

[清] 杨士镍

壬寅（1782）六月江水涨，会江楼头生雪浪。

今年（1788）六月不愆期，沿街螭吻系画舫。

昔年合是飞兔形，飞兔爱戏水中萍。

金沙洲上没兔日，甲第联翩地亦灵。

我思此理不可晓，一日科名万家扰。

可怜男妇哭哀哀，扶老携儿坐屋杪。

君不见，嘉陵江上堤：新堤虽筑旧堤低，

萧公堤（宋萧刺史捐筑堤涪江），久汩没；

司空堤（明侍郎胡世赏新筑堤，州人名曰"司空堤"），委涂泥。

人事从来有消长，何怪江水高百丈。

安得虬龙铲削三峡山，永奠波涛平如掌。

（民国《新修合川县志·下册》2720 页）

石砫：夏大雨，棉花坝堤溃。（道光《补辑石砫厅新志·祥异》）

南溪：大水，冲圮瀛洲阁。（民国《南溪县志·杂纪·纪异》）

重庆：六月十二日至十九日，川西暴雨过急，长江暴发特大洪水，灾情严重。六月十八日重庆寸滩长江洪痕水位 193.45 米，玄坛庙长江洪痕水位 194.11 米。（《重庆市志·大事记》）

内江：六月大水入城。较前己丑年（1769）高数尺。（光绪《内江县志·杂事志·祥异》）

资中、资阳：大水。（嘉庆《资州直隶州志·杂类志·祥异》）

云阳：被水灾。江水大溢，大东门城圮塌。（民国《云阳县志·祥异》）

洪雅：春旱，大饥。（光绪《洪雅续志·祥异》）

南部：大旱，民饥。（道光《南部县志·杂类·祥异》）

灌县：八月初六日夜烈风迅雷拔木、损禾。初七日雷霆伤谷，初八日夜雷电以风。（光绪《增修灌县志·杂记志·祥异》）

雅安：大有年。斗米值钱四百余。（民国《雅安县志·灾祥志》）

仁寿：地震，两母山裂。六月大水。（同治《仁寿县志·志余·灾异》）

泸州合江：五月地震，六月大水入城，淹没民居颇多。（嘉庆《直隶泸州志·杂类志·祥异》）

新津：秋八月初六夜，风雷拔树、损禾；初七日雨雹伤谷。（民国《新津县志·祥异》）

1789 年
（乾隆五十四年）

涪陵：三月，涪陵江大水。（同治《重修涪州志·祥异》）

彭水：三月，大水。（光绪《彭水县志·祥异》）

邻水：四月十八日夜大雨，城内外多被淹没。（道光《邻水县志·天文·祥异》）

灌县：五月二十五日（6 月 18 日），暴水冲毁新街。七月初三（8 月 23 日），大风雷雨，地震。十月二十四日子时，天鼓鸣。（光绪《增修灌县志·杂记志·祥异》）

合川：六月大水入城，至州署外。今推算水位 215 米，洪水高度 29 米。（《合川县志·自然灾害》）

仁寿：大水。（同治《仁寿县志·志余·灾异》）

富顺：夏旱，禾焦。（民国《富顺县志·杂异·祥异》）

南部：大旱，民饥。（道光《南部县志·杂类·祥异》）

垫江：旱。（光绪《垫江县志·志余》）

小金：夏，雨泽愆期。屯务李心衡祷于巴布里山巅海子，取杯水供坛中，越日大雨。厥后岁旱，当事者虔求辄应。（乾隆《绥靖屯志·天文·祥异》）

［德碑］张仲芳重修苏包河堤：乾隆五十四年，安县知县张仲芳重修苏包河，该河"每夏雨暴涨，激流奔注来城下，刷土崩岸，逼近城足，年愈积而害愈滋，守土者之忧也"。张仲芳采用对山条石，清基开挖，砌建石堤七十丈、宽一丈，并作三鸡嘴以杀水势。绅耆行堤上喜曰："今兹水涨，可无忧矣。"（清张仲芳《重修河堤记》，载《四川历代水利名著汇释》）

［附］ <center>**社谷碑记**</center>
［清］杨长森（郫县令）

为议定按粮编联，轮充社首，以均劳逸，以免亏累事。照得四乡设立社谷，捐之在民，结报在官。凡遇青黄不接，详请出借，秋收加息还仓，年清年款，颗粒不容短少。第须社首经理得宜，地方官调济允当，庶历久不致亏缺。歉收之岁，有备无患。本县于（乾隆）四十七年秋莅任郫县，查社谷多有亏缺，揆厥其由，皆缘历前任不照例按年更换殷实粮户充当，任令长充多载，加以频年差查需费等项，各社首视社谷为己物，任意侵挪弥缝，年复一年，愈亏愈欠。经本县设法着追，其中奸良不一，逃亡兼备。本县费尽心血着追，至五十一年冬，始有头绪，将追缴谷价钱文买补还仓，并将息谷尽填还，人亡产绝无可着追之处，亦截至五十二年十月，兑收清楚。县属额贮仓斗谷一万八千六百三十石，折市斗谷九千三百一十五石，加息谷市斗一百二十五石。其应归额谷市斗九千四百五十石。查各仓旧贮之谷，有未领足额者，亦有贮谷余额者，其中有息谷本应弥补亏空，并未逐一交兑明白之故。今既无论绅士、书差、兵丁、粮民有粮在册者，悉编字号，按年轮充，如此实可循之久远。第一人一法，恐后任诸君更易章程，并恐其中尚有未协之处，是以将办理章程据实具禀各宪，荷蒙批示妥协照议轮充，奉道宪通饬各属仿照办理各等因在案。如此明立章程，强横者不能估借，得免赔累之虞，穷富一律按粮充当，劳逸既均，又免举报需索之苦，实为法良意美。县属士庶亦深知本县筹画公当，踊跃从事。但原定章程系当年十月内催完谷石，十一月内报替，不许违期。上年八月，本县荷各宪保荐卓异进京，接署之王前县并不按照禀定章程催替，任署县虽催替，不及半。幸本县于本年四月初二日回任，催清详借。本年系三年小修仓厫之期，本县不避风雨，于八月十二日起亲带书役勘估给价，新建补修完竣。若不建碑县署，将来又恐更移。除造定画一册簿，用印过朱，给各社首承领，并将旧簿掣销外，今将谷数、字号、粮户姓名及办理章程开列勒石，并载入邑志。凡我士庶均当鉴我苦心，永远遵循，幸勿更易章程，是所切嘱。

计开

一、村□甲第□座，详定后复有应加息谷。今五十四年系小修仓厫之期，除将利谷变价修仓开除外，实贮原额市斗谷　百　十石　斗　升，周而复始，按年充当。

二、社首按照编定字号一年一换。十一月内，由当年社首报下连接充，下连查明谷石，如无亏缺，即具认状承充，仍即各具推收状投递，以备稽查，以专责成。

三、社谷逢青黄不接米价昂贵之年，社首赴县禀请出借。十月内加息催收还仓。如并无妥实保户，有无赖棍徒估借需索等事，许社首禀官责处。如十月内有借户不还谷石者，即指名请追，如徇情逾期不行禀追，惟该社首赔缴，不准续追，以示限制。

四、社仓五年一大修、三年一小修，均报明勘估，动变息谷兴修，以免社仓朽烂、社谷渗漏霉烂赔累之虞。

五、联内粮户，如有将田地出卖，即行除名，将业主粮名叙入，以便充当，以杜规避。

六、盘查社谷，总以报替时抽盘，其随从夫马饭食等项悉由官为捐给，以示体恤，以杜亏空借口。

乾隆五十四年岁次己酉十月郫县杨长森建立。

（同治《郫县志·仓储》）

1790 年

（乾隆五十五年）

因乾隆帝八旬万寿，蠲免本年正粮。（民国《犍为县志·杂志·事纪》）

四川总督鄂辉奏报：通省收成九分，乾隆帝"诗以志慰"。鄂辉奏：川省六月以来，间日甘霖迭沛，秋禾倍觉芃茂。届收获之期，各属收成分数约计：九分有余者，成都、重庆等八府三州一厅；九分者，保宁等三府五州；八分有余及八分者，茂州等一州四厅。通省合计，实有九分。粮价渐见平减。诗曰：蜀中岁岁逢绥屡，兹复收成报九分。金革金川偃已久，西边西藏辑曾闻。民生休养诚厚幸，市价减平实致欣。富矣教之切时政，行如弗当恐滋纷。（嘉庆《四川通志·卷首》，高宗纯皇帝御制诗）

长宁：产嘉禾俱实颖实粟。秋八月甘露降。（嘉庆《长宁县志·祥异》）

双流：大水，县西金马河冲去田数十亩。（民国《双流县志·祥异》）

崇庆：大饥。（民国《崇庆县志·事纪》）

乾隆五十五年，崇庆饥，邑人罗廷输米百余石赈之。监生陈志琳输米三十石赈贫乏，并创建味江铁索桥。（民国《崇庆县志·士女八之二》）

荣县：免明年租赋。（民国《荣县志·事纪》）

阿坝州：壤塘、热窝、达格地震，寺庙官寨倒塌，有人员伤亡。（《四川地震全记录·上卷》108页）推断震级5.5级，烈度7度。（《阿坝州志·自然灾害》）

筠连：七月崇圣祠为雷轰击。（民国《筠连县志·卷6·纪要》）

[链接]　　　　　　**轰雷纪异**（庚戌七月雷击崇圣祠）

〔清〕王以中（筠连知县）

雨本阴阳和，雷为下上激。和流降滂沱，激荐成霹雳。

时或□人物，邪秽自辟易。谴责亦常闻，几见留真迹。

庚戌之初秋，七月初十日，夏令犹时行，黑云撑半壁。

有酒方会饮，狂风移我席，微醉未尽欢，就榻聊偃息。

觉来夜半过，洒洒檐溜积。正忆野水洴，街衢多沉溢。

喝喇震来奔，一声破山夜，目眩耳欲聋，电光满窗隙。

疑临廨宇畔，相去才咫尺。惊起乍披衣，苏苏复□□。

抚膺默修省，祷尔在凤昔，岂不畏天威？何必示微惕？

自此难假寐，直候东方白。起探击何所，周环了无迹。

忽报学宫后，五王祠屋脊，宝鼎倏飞扬，□□半离折。

趋走相问讯，檐楹殊焦黑，无端着烟火，熏蒸久未息。

入殿参圣牌，尚各安如石。俯仰阅四周，处处皆神力，

爪痕入本深，追补出□急。应有蛇与虫，扫除惟片刻。

寻思天道迹，陟降人莫测，试看怒赫然，情形指历历。

崇圣祠雷记

〔清〕尹锡明（筠连贡生）

庚戌七月十日之夜，雷声大震。诘朝，闻崇圣祠被击，随即往视，见四面灰壁有痕，后柱劈破一根，前面右偏毁折，短柱犹烟。又将河街万年灯杆，折而为三，人曰："此必不诚所致也。"夫燃灯所以昭敬，即或偶有失仪，不犹愈于瓣香未荐者乎？灯杆姑置勿论。崇圣祠，重地也。或谓其中有物，不得已而殃及圣祠。果若所言，以雷之灵，何难攫而出之，以张天怒，而必因甲害乙震惊神圣乎？宇宙间山精水怪，何可名状，纵

273

使于人有害，异类也；人为同类，尚且相残，不此云击，而击蠢然之物，亦殊失缓急轻重之宜矣！雷为天之长子，奉行天威，至公无私，岂有误为奋击者乎？予窃疑焉。闽人林西仲先生□亭雷记，此其故非雷不能知，请举而问之雷，予于崇圣祠亦云。

（民国《筠连县志·学官》）

1791 年

（乾隆五十六年）

营山：大水，黄渡河侧冲毁房屋甚多。（同治《营山县志·杂类志》）

江油：旱灾，饥民饿死甚多。（《绵阳市志·大事记》）

安县：六至七月大雨浃旬，河流横溢，决安东堤而入，怒涛卷地，崩刷田壤，排墙倒屋，穿屋沉灶，自盐井（今黄土镇）而下，界牌以上，几成泽园。（民国《绵阳县志·杂异·祥异》）

马边：五月初六日地大震。（嘉庆《马边厅志略·各灾》）

1792 年

（乾隆五十七年）

彭水、武隆：五月大水。（同治《酉阳直隶州总志·卷末·祥异》）

涪陵：大水，淤塞土涝子滩。（同治《重修涪州志·灾祥》）

南部：嘉陵江水溢，覆淹县城。（道光《南部县志·杂类·祥异》）

西充：大旱。（光绪《西充县志·祥异》）

秀山：秋大有年。（光绪《秀山县志·祥异》）

昭化：八月，大风三日夜，衙署均例。（道光《重修昭化县志·杂类·祥异》）

道孚两次地震：

七月廿一日（9 月 7 日），道孚东南发生 6.75 级地震，"共压毙大小番民及喇嘛等共二百五名，倒塌楼房平房共一千三百三十八间"（乾隆五十八年四月八日四川布政使英善奏折），清廷拨给赈银 1664 两。（《甘孜州志·民政篇·严重自然灾害赈济》）

十月十七日，泰宁（今道孚县乾宁八美镇）又复地震，因在白天，居民早经趋避，未伤人口，但毁房一百六十二间。（《四川地震全记录·上卷》110 页）

乾隆帝两次谕旨，指示抚恤并再加赏事宜：

乾隆五十七年十二月戊寅谕曰：惠龄奏，署打箭炉同知徐麟趾禀称：据惠远庙喇嘛报称，十月十七日该处地震，将墙垣震塌，并震倒碉房数百间，并未伤损人口。当即派员查明抚恤等语。前据孙士毅奏：七月二十一日打箭炉明正土司及附近各土司地方地震，间有坍塌墙垣、压毙番民之事，惠远庙墙垣亦有倒塌，业经委员确查核办，照例先行抚恤。今泰宁惠远庙又复地震，墙垣房间多有倒塌，此时惠龄尚在藏地，着交英善就近饬委妥员前往照例抚恤。其前此被震各地方抚恤事宜，是否查办俱已周妥，并着一体察看妥办。（《大清历朝实录·乾隆朝》30—31 页）

乾隆五十八年四月上谕：上年据四川总督奏到打箭炉口外，于七月二十一日、十月十七日两次地震情形，当经降旨交英善就近委员前往抚恤。今据英善奏称：节次委员前往确勘，照例每大口一名赏银二两，小口一两，楼房每间赏银一两，平房每间五钱，业经挨户抚恤，实皆按口具领等语。第念该处边番，上年两次地震，被灾未免稍重，殊可悯恤，若仅照例给予赏银，犹恐或有拮据，着英善妥派委员，按照前次查明各户，再行加赏一次，俾得益资安辑。（《大清历朝实录·乾隆朝》9页，《四川地震全记录·上卷》110页）

1793 年

（乾隆五十八年）

江油：旱灾，斗米千文。（同治《彰明县志·祥异》）

仁寿：旱。（同治《仁寿县志·志余·灾异》）

新津：县西羊头堰被水冲塌。（民国《新津县志·祥异》）

安县：因水灾，粮赋全行蠲免。（民国《安县志·祥异》）

成都：米价昂贵。善人方文元减价平粜米一百余石。文元轻财好义，力行善士，已施药材三十余年，施义冢十余亩、舍棺木八百余副。（嘉庆《成都县志·人物·行谊》）

宜宾：夏，飓风。（嘉庆《宜宾县志·祥异》）

夏一夕，旋飙突起，屋瓦皆飞。天地晦暝，霹雳山倾，雨雹齐发，耳訇神眩，食顷始定。平地水深尺许。有巨舟为风所掣架大树上者，有持伞行人飘去数十里之外者，有庭中卷篷门窗俱吹出城外之翠屏山前者。惟文庙未损一椽，完好如故。是夕风雷时，有乡人见二龙空中追逐，向东南而去。（按：似为飑线，《履园丛话》）

乾隆五十八年六月己卯（7月25日）谕曰：惠龄奏泰宁一带，于四月初六日地震，庙宇民居多有倒塌，共压毙汉番僧俗男妇二百余名口，受伤三十余名口，震塌碉房七十余处，现委干员前往查勘，分别抚恤等语。上年打箭炉口外地震，曾降旨加倍赏恤，今泰宁一带又因地震坍塌房屋，压毙人口，殊堪悯恻。着照上年打箭炉地震抚恤之例，亦即加倍赏给。该督务宜董饬所属，详悉查明，妥为经理，俾资安辑……（《大清历朝实录·乾隆朝》2—3页，《四川地震全记录·上卷》111页）

1794 年

（乾隆五十九年）

简阳：大旱，州牧募捐办赈，邑人贺才陞捐米二百石赈饥，州绅从而和之，故岁虽不丰，而州民无流离失所，州牧奖以"义气可风"匾。（民国《简阳县志·善行》）

成都：米价腾涌，邑人张陞能呈于县，自请减价粜米一百余石。总督孙士毅给匾"惠逮枌榆"。（嘉庆《成都县志·人物·行谊》）

马边厅水灾及其赈济：七月二十二日，下溪、大竹二乡镇江庙场、三硐桥、段家山、茅通坝等处，夜雨水涨，土山崩塌，壅塞谷口，被冲瓦房五所、草房十三所，淹毙男女大小五十四丁口。逃活男女大小四十一丁口，具文申详，署督部堂孙批司檄饬确查，照例将被灾之民每瓦房一所给抚恤银二两、草房一所给抚恤银一两，逃活男妇大口抚给一月口粮米一斗五升，照月报粮价折银二钱六分五厘五毫，小口抚给一月口粮米七升五合折银一钱三分三厘五毫，共给抚恤银三十二两五钱零。淹埋捞获尸躯男妇大尸五躯，每躯给埋葬银二两，幼童尸一躯给埋葬银一两，共给抚埋葬银十一两。除给抚瓦草房间逃活灾民男女大小口粮未折银两备文赴藩库承领，照例如数给抚，在于本省存公银两项下支销外，所有给抚捞获尸躯埋葬银两，本厅徐宗仁自愿捐廉以助善举，未经请领。（嘉庆《马边厅志略·各灾》）

忠县：七月大风拔木。（民国《忠县志·事纪志》）

汉源：夏大雨，飞越岭山崩，桥路皆冲塌，断绝行人。知县王廷瑞请款修治。（民国《汉源县志·杂志·祥异》）

灌县：岁歉，居乡武举高万春曰："米贵如是，贫人奚活?!"乃减价粜之。制府孙公额其门曰"睦里风醇"。（民国《灌县志·乡贤》）

资阳：夏旱，岁大饥。监生孙训捐谷百余石出粜以平市价。邑令表其闾。谢永玖捐市斗米二百四十石以活乡里。知县张鹏振榜以"尚义"。（咸丰《资阳县志·人物列传·行谊》）

1795 年

（乾隆六十年）

乾隆六十年九月，以四川钱粮向无积欠，蠲免本年丁粮十分之二。报部增垦田土 21 顷 39 亩 3 分，条粮增至 6054 两 2 钱 2 分 7 厘，永定为额。（民国《犍为县志·杂志》）

永川：大水，滨溪人家冲塌无算，人栖树顶，饥饿而死。（光绪《永川县志·杂异》）

荣县：免明年租赋十分之二。（民国《荣县志·蠲政》）

西充：大有年。（光绪《西充县志·祥异》）

雅安：学道街火烧数百家。（民国《雅安县志·灾祥志》）

[德榜] 乾隆年间彭山县民间两位治水功臣：周文良，彭山人。乾隆间倡修古佛堰，历八年乃成，灌田万余亩。按察使陈奉兹旌其门。庐敬臣，彭山人。乾隆间呈请开复通济堰，疏为二十八渠，灌田数万亩，其利甚溥。有司以"功垂带水"旌之。（嘉庆《四川通志·人物·行谊》）

1796 年

（嘉庆元年）

嘉庆元年，蠲天下钱粮十分之二，耗羡全征。（民国《崇庆县志》）

忠县：五月，溪水泛涨，二桥俱圮。（民国《忠县志·事纪志》）

合川：六月大水入城，坏城垣、毁民房。推算水位 215 米，洪水高度 29 米。（民国

《新修合川县志·余编·祥异》）

大邑：大水冲塌官渡砖桥。（民国《大邑县志·祥异》）

遂宁：大水。（光绪《遂宁县志·杂记》）

潼南：大水。（民国《潼南县志·祥异》）

三台：夏，溪水泛溢，浩漫荡激，仁和桥"颓塌无余"。（《重修仁和桥碑》、民国《三台县志·杂志·祥异》）

广安等地：初秋，渠江涨入广安城中，……竟日。同时嘉陵江大水坏城郭、庐舍，阆中、南充尤甚，盖蜀北未经见之事也。诗以记之。其一：坐见荒城没，洪流处处通。扁舟迷远近，一市隔西东。其二：四面惊涛拍，沿洄兴杳然。远村成巨浸，短棹入荒烟。其三：见说南充县，舟从屋上行。混茫那有岸，澎湃竟过城。其四：大江波浩浩，田舍半为鱼。已讶倾天汉，翻愁倒日东。其五：阆苑当奔笑，天灾更不同。攀援孤树杪，楼橹乱流中。（嘉庆《广安州志》，《四川两千年洪灾史料汇编》419页）

犍为、乐山：春夏旱，蠲免本年丁粮。（民国《犍为县志·杂志·事纪》）

安岳：旱。（《涪江志》103页）

邛崃：大旱。（嘉庆《邛崃直隶州志·祥异》）

安县：旱，丁粮全行蠲免。（民国《安县志·祥异》）

筠连：春大雪，秋大有。（民国《筠连县志·纪要》）

营山、仪陇、蓬安：六月雨雹如鹅卵，杀稼。（同治《营山县志·杂类志》、光绪《蓬州志·祥异》）

合江：群山积雪厚五寸，秋大有。（民国《合江县志·杂纪篇·纪异》）

高县：群山积雪厚五寸，秋大有。（同治《高县志·祥异志》）

资阳、资中：大熟。（嘉庆《资州直隶州志·杂类志·祥异》）

内江：岁大熟。（民国《内江县志·祥异》）

西充：大有年。（光绪《西充县志·祥异》）

綦江：岁有。（道光《綦江县志·祥异》）

［附一］　　　　　　　　　　　喜雨行
　　　　　　　　　　　　［清］吴应达（蒲江邑令）

蒲自二月十八日得雨后，逾月不雨，偶雨亦小雨一而暂。邑南二十五里有龙潭，予往祷焉，毕，立刻大雨如注。合邑称庆。爰作喜雨行一章，为志神庥。

民自天民天自恤，不雨而旱天心一。一诚达天天可必。蒲江入夏苦阳侯，秧苗未插万姓愁。东河西堰涸不流。男妇杂沓擂法鼓，科头围柳裸体舞。祈遍社公护巫女，竹筼抬神祈神甫。宰曰嗟尔民无苦，宰今为尔祷西郊。龙旗犬血助笙箫，大呼睡龙上腾霄。雷神电母风伯骄，倾盆倒注暮复朝，蓑者笠者爽萧萧，山农宅农乐意交。七十九日赤土焦，万斛明珠一日饶。宰官祈神何神异，宰官出城烈日畏。宰官回城甘雨淫，民持雨盖覆官吏。星月藏天水盈地，蒲民蒲民敦孝义。无诈无虞田畴治，天公报尔仁爱备。宰官敢冒丰年瑞，神龙鼓动民所致。但愿尔蒲之民穆穆熙熙，永召苍苍太和气。

　　　　　　　　　　　　　　　　　　　　　　　　　（光绪《蒲江县志·艺文》）

[附二]　　　　　　　　知县祈雨，百姓唱歌

王渡，陕西三原举人。嘉庆元年任，多惠政。大旱祷雨，邑人歌之，云："天不雨，民愁苦。家家尽祈祷，来击我田鼓。税驾在西畴，商羊看起舞。流甘忽如膏，降沃复如乳。枯苏焦亦妩，万物生出土。旷野走农夫，市井歌商贾。愁者自此喜，苦者自此愈。伊谁为之力，民曰社稷主，主复归之天，苍冥德施普。"

（光绪《名山县志·宦绩》）

1797 年

（嘉庆二年）

宣汉：春雨频沾，麦苗正长发茂盛，立夏后又于本月十二日得雨一次，旬日末继续获透雨，农田不无望。（光绪《东乡县志·祥异》）

秀山：秋大有年。（光绪《秀山县志·祥异》）

武胜：闰六月弥月不雨，田禾焦枯，全数蠲免。（光绪《定远县志·杂异》）

内江：秋旱，烈日如火。（光绪《内江县志·杂事志·祥异》）

通江：久旱不雨，赤地相连，饿殍载道。（道光《通江县志·祥异志》）

安岳：连旱。（《涪江志》）

江津：旱。（民国《江津县志·祥异》）

垫江：旱。（光绪《垫江县志·灾异》）

犍为：六月，大水冲塌才落成两月的建平桥。（民国《犍为县志·杂志·事纪》）

隆昌：闰六月二十九日雨雹。（同治《隆昌县志·祥异》）

万县：1797 年，白莲教首领徐天德、冷天禄、龚文玉等先后率义军进入县境与清军游战，县人多避深山野处，以洞穴为居，引发瘟疫。（《万县志·大事记》）

六月，彰明地动。（《巴蜀灾情实录》350 页）

1798 年

（嘉庆三年）

崇庆：蠲本年钱粮，耗羡四年带征。（民国《崇庆县志·事纪》）

涪陵：三月大水，淤塞小角梆滩。（同治《重修涪州志·祥异》）

彭水：三月县城大水。（光绪《彭水县志·祥异》）

酉阳：三月大水。（同治《重修涪州志·祥异》）

石砫：夏大水。（道光《补辑石砫厅新志·祥异》）

武隆：水。（《武隆县志·祥异》）

璧山：三月十八日戌时风雨大作，雨雹大如鸡卵，秧麦豆麻压折委地，人有晚归中伤者。（同治《璧山县志·杂类志·祥异》）

合川：冬，乡镇大风雹，碎瓦毙畜，人不及避者，首面皆伤。（民国《新修合川县志·祥异》）

汉源：夏，田地禾苗皆虫。知县张九思建虫醮五日夜。（民国《汉源县志·杂志·祥异》）

内江、安岳：秋大旱，烈日如火。（光绪《内江县志·杂事志·祥异》）

武胜：全数蠲免。（光绪《定远县志·蠲政》）

广安：大疫，小儿黑痘死者千数。（光绪《广安州志·祥异》）

隆昌：知县杨如桂恳请平粜社谷，动用社谷1892石，当年买补。（咸丰《隆昌县志·蠲赈》）

蓬溪：岁饥。处士庞云湛、云路兄弟，共出粟设厂煮粥赈饥，男妇就食者，日三千余人。十一年（1806）又饥，复同捐赈。（光绪《蓬溪县志·行谊》）

1799 年

（嘉庆四年）

汉源：六月，县治西两河乡佛子桥蛟水为灾，损伤居民百余家，溺毙男女四十余口。知县刘传经履勘捐赈详报。（嘉庆《清溪县志·政事类·附祥异》）

天全：八月七日夜，后阳、沙旋二处水涨，冲坏田园民居，死九十余人。（光绪《天全州志·祥异志》）

新都：河水泛滥，两岸崩啮，时虞倾圮。（民国《新都县志·职官》）

隆昌：大旱，谷半收，斗米钱一千二百文。知县盛世绮禀请拨借社谷一千五百石，碾办平粜，当年买补。（同治《隆昌县志·蠲赈》）

安岳：大旱。（光绪《安岳县志·祥异》）

武胜：全数蠲免。（光绪《定远县志·蠲政》）

合川：州官赈饥有方，荒年熙熙而乐。五月中，谷价骤涨，贫民乏食，饥馑弥漫。知州吴士淳募民捐赈，首自出米百石为倡，州尉万钟浚亦出米数十石继之，士商陆续接济，因设男女粥厂各一处，每日投米七十余石。同时以工代赈，增筑州城，周围一律加高七尺。月余完工，粥厂亦撤。总计赈米二千三百余石，赈济饥民数万。虽有饥荒，而"田庐市廛相安无事，熙熙而乐"。（民国《新修合川县志·官师》）

[附] **合川施米建坊小引**
[清] 吴士淳（知州）

《周礼·地官司徒》："以荒政十有二聚万民。"而慈幼、养老、拯穷、恤贫、宽疾、安富，其保息养民又以六，盖一施于饥岁，一行于平时，虑用计远，诚百世不易之经。至法立于上，而俗成于下，渐摩之故，兹为盛矣。合邑故称沃壤，计地之出，供人之食，虽丰凶有差，以陈继新，率多余积，近以贼丑扰州陈境，仓囷所贮，匪直盗粮之赍，且贻秉秆编管之热，于是稻甫登场，纷纷行槖，以为完策。今岁入夏以来，雨未愆期，禾易长苗，而户鲜赢粒，市价骤昂，匮乏之家，日艰再食。五月中，绅士陈文荟既十日出粒以济，而邑人将复有议续捐之请，且曰："稿项黄馘，半于道路，不更为谋，能俟秋成乎？"予甚题之，以米百石先，州尉万君亦捐数十石，因而远近士民，群力共将，设男厂一，女厂一，日给米七十石有奇，起于六月二十日，晦日乃止。米之石，二千有三，人之数，殆万以倍。夫事固有见为可已，而其实必不可已者，非有明达之识，不能果于行，非有公溥之心，不能相与以有成。今也，遗秉滞穗，利可及于寡妇，彼田庐市廛，不已相安无事，熙熙而乐哉？予权篆数月，日观敦庞长厚之风，其于聚民养民之意几两得之。於戏，王道也，实人情也，不其懿欤！是举乐善不倦，有可为将来取则者，故纪其大凡，用彰奖励，其姓名悉一著之于坊。

（民国《新修合川县志·公善》）

1800 年

（嘉庆五年）

是岁，免四川等省部分厅州县灾赋及兵差经过、坍田额赋各有差。（《清史稿·仁宗本纪》）

酆都、垫江：春旱，大饥。（《四川省近五百年旱涝史料》131 页）

涪陵：五至七月，雨未湿土，收成十之五六，斗米价银一两。（《涪陵市志》引《夏氏宗谱》）

洪雅：春旱，大饥。（光绪《洪雅续志·祥异》）

忠县、梁平：春旱，夏饥。（《四川省近五百年旱涝史料》115 页）

忠县：春旱大饥，贼势仍盛。（民国《忠县志·事纪志》）

秀山：夏旱饥。（光绪《秀山县志·祥异》）

南溪：大旱，收成不及四分。（民国《南溪县志·杂纪·纪异》）

江安：大旱至次年，斗米千钱，民饥。（嘉庆《直隶泸州志·杂类志·祥异》）

富顺：大旱，收成不及四分。（民国《富顺县志·杂异·祥异》）

綦江：大旱。（道光《綦江县志·祥异》）

邻水：旱。（道光《邻水县志·天文·祥异》）

高县：大荒。贡生聂居萃贩米数十石捐施。（光绪《叙州府志·人士》）

西充：旱。（光绪《西充县志·祥异》）

雷波：大饥，天姑密乡民以石粉为食。（光绪《雷波厅志·祥异志》）

"观音粉"来历：嘉庆五年，天姑密大饥，道殣相望。倏来一老妪，指一洞示人曰：此中泥可食。言讫不见，乡民试之，果然。群疑大士化身，因名其泥曰"观音粉"。远近争取，活人无算。考《通志》载："明万历三十二年，昭、剑地方山裂，内有石粉如面，民取以为食。单食之则病，和面则饱。"又，《存心录》载："武后时，武威郡石化为面，贫者取以为食。"皆此类也。（光绪《雷波厅志·杂类》）

城口：大饥。（道光《城口厅志·祥异》）

平武：大雷电，雨如倾盆，火溪河与涪江水大涨。（民国《绵阳县志·杂异·祥异》）

武胜：4~6 月夏旱 60 天，额赋全数蠲免。（光绪《定远县志·杂异》）

大竹：五月大雹。（民国《续修大竹县志·祥异志》）

隆昌：大熟。（咸丰《隆昌县志·祥异》）

中江：四月，小儿患天行黑痘，殇者甚众。（道光《中江县新志·杂记·祥异》）

[备览]　　　　**罗江县南村"万卷楼"毁于人为大火**

嘉庆五年（1800），罗江县南村"万卷楼"毁于一场人为的火灾。该楼系居家进士、文学家、文献学家、藏书家李调元所建，藏书十万卷，时人称"西川藏书第一家"，可与浙江宁波天一阁媲美。被焚后，李调元悲痛欲绝，双手将书灰捧入绢袋，葬入黄土，取名"书冢"。此后一病不起，于嘉庆八年逝世。

（《华西都市报》2020年6月9日9版）

书都江堰事（水则升降摇撼万千农人心）

[清] 林儁（嘉庆四川布政使）

都江堰自通佑王（李冰）、显英王（李二郎）开凿而成。实为万世之利，垂诸志乘章章矣。每年水发时，视宝瓶口之水则，十画以外为足用。（注：内江水位超过水则"十画"，水量才可满足灌区春耕用水之需。）

嘉庆己未（1799）春，堰水缩，逮三月杪，尚不及四画。乡民悬未餍额，奔集会垣，环舆相告曰："十日水不至，田且石矣。"遣水利同知丁葵籀率县尉黄涟，匍匐往祷，为民请命。祷之明日，水汩汩至矣。未及一旬，江流涌集，水则已至十画有余，一时沟浍皆盈，合郡蜀民，无不额手称庆。

（《四川历代水利名著汇释》257页）

1801年

（嘉庆六年）

彰明、江油：三月初一日大雪，初三日陨霜，莜菜萎死。（同治《彰明县志·祥异》）

郫县：五月风雨大作。（民国《崇宁县志·祥异》）

巫溪：大水冲毁盐灶百余、民房无算。（光绪《大宁县志·灾异》）

武胜：全数蠲免。（光绪《定远县志·蠲政》）

富顺：大疫，死者甚众。（民国《富顺县志·杂异·祥异》）

隆昌：大熟。（同治《隆昌县志·祥异》）

忠县：嘉庆六年，官兵追贼（"贼"系指白莲教军）甚紧，州人筑寨自保，势稍安。

时贼过境数次，官兵紧蹑其后，去来甚速。是时居民遵坚壁清野之示，各就近择险筑寨自保，谷米悉聚于寨，贼退则耕，贼来则守。既熟悉贼情，贼攻寨，必与斗。时或率众邀截其尾，贼于是无能为，地方亦稍有安帖之象。（民国《忠县志·事纪志》）

二月二十日，嘉庆帝颁谕旨，因白莲教已"渐次肃清"，但念上年战乱较重地方"耕种失时"，对达州等三十六厅州县营应征本年地丁火耗银米，"全行蠲免"。（嘉庆《四川通志·祥异》）

［德碑］

苏桂友建鬻鹤堰

苏桂友，居南山之矿石坡，业医，宅前结茅为药室，便给病者，与资不较。乡里称"苏公道"而不名。初，林坝、玉营坝合开鬻鹤堰，起自鼓山脚，由石桥铺、飞云石至玉营坝约二十里，水田千数百亩。以下由榜山涪翁石抵木龙河约三十余里，多石壁，沟深须一二丈，凿石工繁，遂止。嗣彰明杨国贤，于四十三四年间，呈州守，愿独开之，费数千金，凿壁不济，又止。嘉庆二、四年中，众户又计亩捐资，重循故事。五年，贼匪至，城工兴，又止。有以成堰之难语桂友者，答曰：若委诸我，年半堰必就，非大言欺人也。语者响于众，众曰：公道若措手，愿观厥成。乃择日以请，至则谓众曰：众以堰托我，目下城工急于星火，上中下户出钱办且不足，焉能办堰？众曰：言出君口，合钱在众，非诳也。于是立簿书，户按亩合算自输。公道独赴堰所，相地估工，量浅深宽窄，日夜筹画，注手折怀。至各石厂与匠首谈，可取石于榜山脚下。匠云：开彼所，恐生异议。苏云：取石于彼，有省工长价之计，恐各厂不为耳。公道乃于城中设筵，请诸石厂并合堰父老。酒中申言：苏某今请大众共襄厥事，协往呈明刺史刘公，认捐修堰，将工包诸石厂，乞公饬匠开壁凿石以成城，民即借沟以成堰，德莫大焉。刺史大喜曰：此事可谓公私两利矣！退谓众曰：资可集也。刻日得多金，次第给诸石工、土工。桂友自是早夜经营，由夏而秋，由冬而春。日于塔子山，望见新城之大且高，遂不觉沟之深且远也。嘉庆六年秋，城告竣，堰亦告竣。以数十年多人艰难莫竟之功，为桂友一旦谈笑而竟，将林坝万顷桑麻之地变为膏田。毕功年半，费止数千金，人皆称其立功立德，直欲挂名于李冰父子之后，岂区区然以登和缓之堂为足者哉！

（民国《绵阳县志·杂艺·杂识》）

1802 年

（嘉庆七年）

是岁，免四川等省部分厅州县灾赋。（《清史稿·仁宗本纪》）

崇庆： 蠲钱粮十分之三，耗羡全征。（民国《崇庆县志·蠲政》）

綦江： 六月十九日大风。（道光《綦江县志·祥异》）

重庆： 嘉陵江涨大水，北碚北温泉小兽嘴大石刻字"嘉庆七年水淹此处"，其洪痕水位 208.4 米。（《重庆市志·大事记》）

铜梁： 六月水涨至引凤门。（光绪《铜梁县志·杂记》）

合川： 七月二十六日四鼓，大水入城至州露台，坏城垣，漂城外民屋无数，较前（嘉庆元年，1796）水高七尺。推算水位 220 米，洪水高度 34 米。是冬十二月瑞雪。（《合川县志·自然灾害》）

[链接]　　　　　　　嘉庆七年七月廿六日合川大水纪异
　　　　　　　　　　　　[清] 张乃孚

如磐云黑压谯楼，顿使孤州一叶浮。
涛马声中惊梦觉，鼋鼍白日上城游。
几同秋至占潮信，竟讶天能作杞忧。
接壤安澜殊不解，居然上下判鸿沟。

一夜汪洋水势增，人家都在碧波澄。
轰声崩石千墙壁，疾痛呼天万瓦灯。
河伯有灵终可祷，冯夷作剧太无徵。
堪嗟廿艇官符雇，犹自争钱叫不应。

那堪学字涌江巴，莫是鱼头满县哗。
预兆荒唐人说鬼，前知爽垲蚁移家。
晋阳不没宁三版，瑞应孤存只一涯。
若问水痕何处落，中央宛在使君衙。

孤屿纯阳作镇尊，芒芒人闹到黄昏。
谁怜是鬼生犹死，以水为家艇进门。
踏屋有声喧捉贼，断楂无信枉招魂。
最怜数百随波宅，避难归无片瓦存。

滥觞犹记说壬年，今岁逢壬又果然。
谁是成仙波上立，几疑酣醉水中眠。
臭抛仓麦劳千担，泥洗街心费万钱。
多少朱门齐改色，恐难轮奂一时鲜。

泽门春筑漫兴谣，百丈平添郭外濠。
奎阁疑随潮势涌，女墙难比浪花高。
来从天上倾三峡，圮或坤维憾六鳌。
愿乞钱镠水犀手，三千强弩射江涛。

水涨愁人不可当，岂知退水更堪伤。
书无多竟同烧劫，诗不工偏忌彼苍。
几见蛙蚨生釜器，真将粪土视雕墙。
生平磨蝎真难说，四十年中厄五场。

地非濒海退难居，风雨何堪庇蔽庐。

绝粟人搜梁上鼠，退潮儿捉院中鱼。

旧盟息壤言犹在，保障司空愿可如。

占岁有秋勤版筑，当思防患百年余。

（民国《新修合川县志•祥异四》）

南充：七月二十六日夜大水。（民国《新修南充县志•掌故志•祥异》）

青川：夏旱，烈日如火。（道光《龙安府志•祥异》）

西充：大有年。（光绪《西充县志•祥异》）

富顺：夏秋大旱。（民国《富顺县志•杂异•祥异》）

隆昌：大熟。（同治《隆昌县志•祥异》）

酉阳：因灾蠲赋。（《酉阳县志•大事记》）

荣县：以津贴免租赋十分之三。（民国《荣县志•蠲政》）

新繁：岁歉米贵，邑人张显文慷慨好义，籴米于新、彭二邑，减价发卖，以济贫民。（嘉庆《新繁县志•祥异》）

荥经：岁大饥，知县王登墀捐廉施粥，开仓赈贫，民庆更生。（民国《荥经县志•祥异》）

1803 年

（嘉庆八年）

是岁，免四川等省部分厅州县卫灾赋、逋赋有差。（《清史稿•仁宗本纪》）

川省洪水。（《四川省志•水利志》59 页）

江津：三月，碑漕山中大雨雹，二十里内居民屋宇半倾圮，多压毙者，草木禾稼飞禽走兽悉伤残。（民国《江津县志•祥异》）

大竹：五月大雹。（民国《续修大竹县志•祥异志》）

马边：四月二十四日夜雨，水涨。下溪乡吴家村山嘴崩塌，冲民房十二间，淹毙男女大小四十一丁口；捞获死躯二十丁口，未获死躯二十一丁口；逃活男女大小六十一丁口。（嘉庆《马边厅志略•灾异》）

射洪：七月大水没民庐，太和镇、柳树镇溺死居民甚众。（光绪《新修潼川府志•杂志•祥异》）

屏山：八月初二日，金沙江水涨，高与东门外禹庙戏台齐。（光绪《屏山县续志•艺文•附杂录》）

巫溪：水没盐场及县城吴家村，夜雨水涨，冲去民房，淹毙男女四百一十七口。（光绪《大宁县志•灾异》）

江油：大水，涪（江）盛于盘（江），淹田禾。城北新柳堤冲没无存。（同治《彰明县志•祥异》）

绵阳安县：河水泛滥，冲垮白马堰堤岸，直逼城之北门。（民国《绵阳县志·杂异》）

绵竹：牛鼻石河堤被水冲决。（民国《绵竹县志·祥异》）

隆昌：大熟。（同治《隆昌县志·祥异》）

1804 年
（嘉庆九年）

是岁，免四川等省少数厅州县灾赋有差。（《清史稿·仁宗本纪》）

成都：大疫。邑人杨廷广赋性忠厚，家贫好施，精岐黄之术。恰于此时，锄草菜圃中，拾得银三十两，乃购药材，广为布送，活贫人无算。（光绪《重修成都县志·人物志·行谊》）

绵阳：岁荒。监生刘鼎捐资施米，制军赐额"尚义可风"；张荣光捐米救荒，邑令表其门"好行其德"。（道光《龙安府志·人物·行谊》）

江津：三月二十三日夜大雨雹，风甚，城内外屋瓦俱损，居民有击毙者，石坊倒折数座。（民国《江津县志·祥异》）

安县：水灾。县令朱奎督率四乡绅士公议捐修石堤，绵长三百五十丈，以刹水势，保护城池。（嘉庆《安县志·职官》）

乐山：沫水偕青衣江水大作，坏丽正门肖公嘴城数十丈。（民国《乐山县志·杂记》）

汉源：夏大旱，禾苗枯死。（民国《汉源县志·杂志·祥异》）

平武、江油、北川、青川：夏旱，烈日如火。（道光《龙安府志·杂志·祥异》）

中江：大旱。斗米千钱，贫民多食石面。（道光《中江县新志·杂记·祥异》）

广汉：旱。（同治《续汉州志·祥异》）

秀山：秋大有年。（光绪《秀山县志·祥异》）

垫江：县南老腾沟地裂数百丈，陷民房三间，坟墓田形皆易位。（光绪《垫江县志·志余》）

1805 年
（嘉庆十年）

川中旱疫。（《涪江志》103 页）

江安：（嘉庆）十年旱至十一年。大饥。四面山出甘土，可食，里人和以米糁做饼，赖以疗饥。是秋，甘雨洋溢，禾稻重生枝节，收获有加。（嘉庆《江安县志·杂志·志异》）

叙永、隆昌：夏旱，稻谷半收，斗米千钱。唯粱、菽、粟、棉羹熟倍常，民食资之。（咸丰《隆昌县志·祥异》）

富顺：夏大旱，收成不及五分。奉藩宪文劝捐平粜，其捐粜米石士民，署令王梦庚

各详报给以匾额。（道光《富顺县志·灾祥》）

南溪：夏旱，收成不及五分。（民国《南溪县志·杂纪·纪异》）

自贡：夏大旱，收成不及五分。（《自贡市志·自然灾害》）

崇庆：夏旱。米价翔涌，武举郑廷楷输谷百石平粜，州同冉刚礼、吏员陈世英亦各输数十石助之。有司闻其事于大府，均旌其庐。（民国《崇庆县志·士女八之二》）

设济仓，以济都江堰费故也。（民国《崇庆县志·仓储》）

简阳：岁荒，饥民掘泥而食，各场富民奉令平粜，三星场人周鸿禧捐米独多，州牧奖匾。（民国《简阳县志·善行》）

彭山：岁饥，详请平粜常平谷一千九百五十石，每仓谷一斗价银二钱。（民国《重修彭山县志·通纪》）

古宋：旱。（民国《古宋县志·祥异》）

德阳：饥，罗江人毛学宗以米百石减价出粜。（嘉庆《四川通志·人物·行谊》）

大足：大旱，知县宫鉴桂捐俸开赈，劝富户捐米发粟，"存者不下万人"。并兴修养济院和栖流所，安顿灾民。（民国《大足县志·官师》）

新津：夏，水大涨，雪峰山通行大道临江石梯巨石崩行数十步。（《新津县志·祥异》）

射洪：大饥，民食茶蕨甚众。（光绪《射洪县志·祥异》）

犍为：大饥，知县金科豫捐米赈济，人民德之。（民国《犍为县志·杂志·事纪》）

仁寿：大饥，斗米千钱，里巷馁殍相望。邑人傅德宝倡平粜，开囷减价十之四，计口散给，匝月，粟不支，籴于他所粜之，并劝有力家煮粥、施棺。（民国《补纂仁寿县原志·行谊》）

乐山：立夏后疫病大作，每门日出千余枢。（民国《乐山县志·祥异》）

洪雅：大疫。六月十四日夜，道路现墨痕如绳，城乡皆然。（嘉庆《洪雅县志·祥异》）

龙安府：嘉庆十年至十七年（1805—1812），雨阳时若，连岁大熟。（道光《龙安府志·杂志·祥异》）

泸定：八月初五日地震，泸定桥桥索受震松动，嗣遇狂风，底链八根先后折断坠河。（《四川地震全记录·上卷》112—113页）

1806 年

（嘉庆十一年）

四川水灾。资阳、富顺、夹江等县瘟疫大作。

免直隶、四川等省三十五厅州县灾赋有差。（《清史稿·仁宗本纪》）

灌县：春三月，江水竭。米贵人饥，邑人游芳苑施米赈济五千余石，多所全活。（光绪《灌县乡土志·耆旧录》）

高县：三月因雨泽稍稀，平粜过米，秋收采买还仓。（同治《高县志·祥异志》）

犍为、乐山：春大旱。（民国《犍为县志·杂志·事纪》）

江安：旱。大饥，民食白土。秋甘雨洋溢，禾稻重生枝节，收获有加。（嘉庆《直隶泸州志·杂类志·祥异》）

永川：夏旱，秋甘雨沾足，枯禾再萌，收获与乐岁等。（光绪《永川县志·祥异》）

太平（今万源）、雷波厅、綦江、珙县：大水。（嘉庆《四川通志·祥异》）

綦江：大旱，八月缓征。六月二十九大水，沿江居民半皆漂没。（道光《綦江县志·祥异》）

叙永、隆昌：旱。（同治《隆昌县志·祥异》）

古宋：旱。（民国《古宋县志·祥异》）

通江：五月三十日至六月二十九日复现两次大水，沿江居民皆漂没。（道光《通江县志·祥异志》）

巫溪：七月又大水。（光绪《大宁县志·灾异》）

珙县：七月大水。（《清史稿·灾异志》）

雷波：八月大水。（光绪《雷波厅志·祥异志》）

洪雅：夏大水。（光绪《洪雅续志·祥异》）

宣汉：八月缓征被水村庄本年额赋。（民国《宣汉县志·蠲政》）

郫县：夏水。（民国《郫县志·祥异》）

万源：大雨水。（光绪《太平县志·杂类·祥异》）

荣昌：大饥，民掘白泥而食。（光绪《荣昌县志·祥异》）

富顺：五月瘟疫大作。（道光《富顺县志·灾祥》）

资中、资阳：夏大疫，死者相继。大旱，井泉涸。资阳国学生张泰星施米五十石以赈贫，又施棺百余具以济贫不能殓者。监生吴朝赞也施谷米数十石以济孤贫，施棺木数十副以助埋葬。（咸丰《资阳县志·人物列传·行谊》）

［善榜］周宏松，施地十余亩为中和场义冢，数修桥路。嘉庆十一年邑大饥，斗米钱逾贯。贫民待哺，出粟赈乡里。同时出赈者，有庠生张以升，监生陈思昆、黄日桂、胡礼义、尹文仪、陈一贵，增生李生菁、黄端义、黎隆标，全活甚众，乡里宴然。（咸丰《资阳县志·人物列传·行谊》）

夹江：夏秋之交，瘟疫盛行。（嘉庆《中江县志·祥异》）

蓬溪：疫。（光绪《新修潼川府志·杂志·祥异》）

中江：麦大熟。（光绪《新修潼川府志·杂志·祥异》）

彭山：大熟。（民国《重修彭山县志·通纪》）

西充：大有年。（光绪《西充县志·祥异》）

［附］川粮外运：由于连年丰收，川粮自给有余，大量调运出川，作为商品交易。据统计，从雍正四年（1726）至嘉庆十一年（1806），川粮外运包括湖北、湖南、江西、江苏、安徽、浙江、福建、直隶、河南、山东、陕西、甘肃、青海、西藏、云南、贵州在内的十六个省区，年输米高达三十万石。（《四川省志·卷首》227页）

1807 年

（嘉庆十二年）

长宁：六月大风雨，伤禾稼。岁复大熟。（嘉庆《长宁县志·祥异》）

泸州、纳溪：夏旱，稼不登，秋九月，禾头重秀，结实坚栗，获倍于前。（嘉庆《直隶泸州志·杂类志·祥异》）

自贡、富顺、隆昌：大旱。（民国《富顺县志·杂异·祥异》）

隆昌：大旱，斗米八百文，民多饿死。知县盛世绮捐廉并劝富户捐米赈济，善人郭元龙捐赈米数百石为一邑倡，全活不少。死者令葬于东门外，男妇别冢。（同治《隆昌县志·艺文·郭南冈墓志铭》）

[善榜]　　　　　**嘉庆十二年隆昌县捐米助赈名单**

郭元龙	250 石	制、县给匾	李条元	40 石	府宪给匾
（湖北兴国州吏目）					
俞 昂（监生）	80 石	藩县给匾	钟 璸	40 石	同上
曾仁泽（贡生）	80 石	同上	吴鹓扬（监生）	40 石	同上
李华馨（监生）	60 石	道宪给匾	陶锦春	40 石	同上
李学渊（监生）	60 石	同上	彭万章（监生）	40 石	同上
李槐	60 石	同上	杨超群	40 石	同上
（云南缅宁县巡检）					
郭岫峰（监生）	60 石	同上	蓝恒芳	40 石	同上
万朝贵	60 石	同上	陈廷实（生员）	40 石	同上
钟 理	60 石	同上	贺应逢	40 石	同上
蓝 淞（监生）	40 石	府宪给匾	卢梦熊	40 石	同上
余汝漳	40 石	同上	合计	1190 石	

（咸丰《隆昌县志·蠲赈》）

綦江：十一月至次年四月不雨，大旱。（道光《綦江县志·祥异》）

永川：大旱。（光绪《永川县志·祥异》）

江津：岁旱。（民国《江津县志·祥异》）

秀山：夏大雨水，漂没民居。（光绪《秀山县志·祥异》）

荣昌：大饥。（光绪《荣昌县志·祥异》）

广汉：四月瘟疫大行。（同治《续汉州志·祥异》）

西充：大有年。（光绪《西充县志·祥异》）

松潘：大稔。（民国《松潘县志·祥异》）

是年大冰雹，民乏食，几酿乱，同知徐念高发仓廪、捐稞麦以济，全活甚众，民皆感德。（民国《松潘县志·宦绩》）

1808 年

（嘉庆十三年）

涪陵、武隆：三月二十二日、二十五日夜，州南白涛、山窝等地大雨雹，江水陡涨，沙石淤塞老君滩、曲尺子滩。（民国《涪陵县志·杂编》）

长寿：三月二十三夜大雨成灾。（民国《长寿县志·灾异》）

綦江：四月雨雪。（道光《綦江县志·祥异》）

广安：闰五月二日渠江水涨至州坡，城倾塌五处。附城居民家资荡尽，贡生徐文魁以粟百余石分给，人始安定。（光绪《广安州志·行谊》）

沐川：六月初二水。（民国《乐山县志·杂记》）

屏山：六月二日大雨雹，金沙江水高三丈，刷去居民房屋无算。（光绪《屏山县续志·杂志》）

万源：六月大水，东门水泛入城。（光绪《太平县志·祥异》）

渠县：六月，大水高南城丈余，船由女墙进至大井街，三日水始退，禾稼无损。（同治《渠县志·祥异》）

隆昌：大旱，人民死亡枕藉。知县黄泰禀请平粜，动用常平、监仓谷三千四百石，当年买补。（同治《隆昌县志·蠲政》）

富顺：旱，大饥，疫病者、殍者枕藉道途。（民国《富顺县志·杂异·祥异》）

自贡：旱大饥，疫病者、殍者枕藉道途。（《自贡市志·自然灾害》）

仁寿：旱。（同治《仁寿县志·志余·灾异》）

彭山：平粜常平谷一千六百四十石。（民国《重修彭山县志·通纪》）

长宁：岁又大熟。（嘉庆《长宁县志·祥异》）

西充：大有年。（光绪《西充县志·祥异》）

崇庆：岁大熟，民食充裕。（民国《崇宁县志·事纪》）

天全：七月起畜疫，蔓延至十四年（1809）冬，瘟疫大行，牛马猪羊猫死十之七。至十五年（1810）稍止。（咸丰《天全州志·祥异》）

（是岁）免直隶、四川等省十三厅州县灾赋、逋赋。（《清史稿·仁宗本纪》）

铜梁：十月，安居南十里坡崩，宽丈余，深数十丈。（道光《重庆府志·祥异》）十月，城南十里坡忽崩，势若刀划，声若雷。（光绪《铜梁县志·杂记》）

[备览]**颜谨改建鸿化堰**：嘉庆十年（1805）至十三年（1808），青神知县颜谨改移鸿化堰进口成功，共耗银二万余两，可灌田一万四千余亩，其效益是工费的百倍千倍。（清颜谨《重修鸿化堰记》）

1809 年

（嘉庆十四年）

郫县：春麦穗两歧。冬大雪，川西素无大雪，是年深尺许，人以为丰年之兆云。

（民国《郫县志·祥异》）

三台：十二月连日大雪，积二尺许，水碗冻冰厚二三寸，旬日不解。明年春秋二季皆丰。（光绪《新修潼川府志·杂志·祥异》）

涪陵：三月二十五日涪陵江水溢，淤塞老君滩、曲尺子滩。（同治《重修涪州志·灾祥》）

天全、宝兴：六月大水。天全前乡德盛村民居漂没，死者甚众。署州牧杨道南临江泣祭，对生者发米抚恤，死者给钱埋葬。（《青衣江志》132页）

筠连：旱。（民国《筠连县志·纪要》）

西充：大有年。（光绪《西充县志·祥异》）

青神：鸿化堰田全稔。（光绪《青神县志·祥异志》）

1810 年
（嘉庆十五年）

四川水。（《四川省近五百年旱涝史料》5页）

广元、盐源等县大水。（嘉庆《四川通志·祥异》）

盐源：夏间大雨连旬，山水陡发，冲坏房屋堤埂，淹毙丁口。（《四川省近五百年旱涝史料》140页）

犍为：夏，石板溪大水，万福桥冲塌。（民国《犍为县志·杂志·事纪》）

合川：六月，大水入城，深四丈余。（光绪《合州志·祥异》）

乐山：夏，河水冲塌南城二十余丈；五通桥石板溪大水，万福桥冲塌。（民国《乐山县志·杂记》）

广元：大水。（民国《重修广元县志稿·杂志·天灾》）

涪陵：三月涪州雨雹。（民国《涪陵县志·杂编》）

邻水：七月初二烈风骤起，木拔禾偃。（民国《达县志·杂录》）

仪陇：七月六日大雨雹，东面坝、马路坎等处谷熟皆落。（光绪《仪陇县志·杂志》）

酆都：大旱。（同治《重修酆都县志·杂异》）

西充：大有年。（光绪《西充县志·祥异》）

合江：秋大熟，斗米三百文，百物皆贱。（嘉庆《直隶泸州志·杂类志·祥异》）

雅安：大熟。（民国《雅安县志·灾祥志》）

青神：鸿化堰田全稔。（光绪《青神县志·祥异志》）

凉山：河西等地水灾，冲毁民房、田园。（《凉山州志·大事记》）

［备览］ **举人王国光举报县官盗卖仓谷，反被诬陷**

王国光，家贫好学，常卖卜资生，暇有即读书不辍。嘉庆庚午（1810）举于乡。为人喜任侠。邑令王某窃卖常平仓谷，邑人大愤，议揭其奸，然莫敢为之倡。独国光诣白大府，众遂附之。大府遣吏按验，王令恐甚，问左右曰：县中谁最富者？左右以金花庄刘氏对。又问其家有何人？曰惟刘母。王令即夜驱车数百辆，微服诣其家，升堂拜母，述其情，乞母救。母始拒不许，令伏地不肯起。母哀其意，指囷与之。乃张炬载谷行，火光熊熊，车声辘辘，路人无不知者。抵城下，施巨板加堞上若桥然，以达仓。仓故傍城，穴其顶，倾谷下注，俄而仓满，封识如故。明日吏按验，谷宛然犹若也。诘国光曰：汝控空仓，今何如者？国光指仓顶请验。吏曰：我第察谷之有无，他非所问也。众见事败，皆匿去，独国光抗辞不挠。吏无如何，乃谓之曰：汝读律颇熟，但看落一条。国光曰：何谓也？吏曰：官官相为。国光愕然语塞。吏还白大府，国光坐是远流。道经湖南，巡抚某公见其名大惊，即召问其故。国光具以对。某公曰：发遣时闻放九炮否？国光曰：未也。曰：殆将汝黑办矣，非定谳也。遂释之。某公者，即庚午乡试四川主考官也。自是，邑人论任公不避权势，皆以国光为称首云。

（民国《新繁县志·人物十一》）

[链接]   **嘉庆帝关于盐源水灾的批谕**

嘉庆十五年（1810）十月二十四日奉上谕：常明奏明被水偏隅恳缓屯米一折：本年夏间，大雨连旬，山水陡发。盐源县所属之河西地方，冲刷护田土堤八十余丈、民房九十五间，淹毙男妇五名口，淹淤屯粮地亩九十八户。虽系一隅中之一隅，其冲坏房屋、堤埂，淹毙丁口，业经该地方官捐资委办，毋庸动项抚恤，但被淹屯地应碾米三十七石一斗七升，着加恩缓至来年征收，以纾民力。该部知道，折并发，钦此。

（光绪《盐源县志·卷首·纶音》）

1811 年
（嘉庆十六年）

打箭炉等地地震：

五月，荣昌地震。夏，隆昌地震。（《巴蜀灾情实录》350 页）

嘉庆十六年"八月初十日（9 月 27 日），打箭炉、百利（今甘孜生康乡）、绰倭（今炉霍县侏倭乡）一带地方地震（6.75 级），倒房二千二百九十二间，震毙夷民、喇嘛四百八十一人"。（《清史稿·灾异志五》）十二月甲子，赏四川绰倭土司地震灾民银（三千一百零五两）。（《甘孜州志·民政篇·严重自然灾害赈济》）

富顺：某月二十一夜，地震有声，连震数日。（民国《富顺县志·杂异·祥异》）

忠县、梁平：三月不雨，八月乃雨。（民国《忠县志·事纪志》）

岳池：六月旱，秋禾无收，饮水成恐，民大饥。（光绪《岳池县志·杂识志·祥异》）知县董淳具情上达。奉檄劝捐赈济，三关饶裕绅士粮户，共捐输仓斗米七千八百三十五石零、豆一千二百四十四石零。城乡分设一十五厂，统计饥民大小共三万二千四百三十九丁口，自正月起，迄立秋止。（同治《岳池县志·田赋志·附赈济》）

[链接]　　　　　　　　**捐赈碑记**

〔清〕董淳（岳池县令）

　　岁辛未（1811）夏六月不雨，秋禾无登，冬大饥。余因民之饥也，巡视四野，见多菜色者，喟然曰：惫矣。进诸父老而询焉。佥曰：嘻，甚矣惫！断炊者十室而五，弗救尽饿殍矣。归而急以情上达，旋奉飞檄，劝捐以赈。爰集城乡贤绅耆谋，劝有力者上输若干，中输若干，下输若干，登于簿。不浃旬而乐输者米计石七千有奇，豆计石一千有奇。又集城乡贤绅耆谋，遵"荒赈全书"法，粥莫若米，聚不如散。量道里远近，分厂十有五，便输纳，免奔走也。厂择捐输绅耆，分专轮以董厥事，即以所出之资各赈其乡之贫，慎察查杜假冒也。分其次、极，别其大小，按册而稽，计日而授，冀无滥求无遗也。统计饥民三万二千有奇，自春正起迄秋七月止，六阅月而赈竣。输者有继，用者无竭，故无一夫之不获也。既乃上其事于各大宪，咸曰：都岳士尚德、岳民好义，可以风矣。称赞之，褒扬之，又从而旌奖之，猗欤休哉。顾余以为是役也，贤绅耆谋事之周也，其无私也，能尽善也，分理之勤也，其不懈也，能任劳也，是均不可没也。然微贤绅耆好义轻财，积德乐施，不及此睦姻任恤盛世休风，乃及今得见人心之醇也，风俗之厚也，则真穆然于唐虞三代之盛也。抑余闻之，德莫大于济贫，义莫重于周急，昔于公活千人，曾高大驷马之门，今岳士民能活数万众，岂惟各宪旌奖之而已，将天之报施善人者，不更受福无穷也耶。爰汇其姓氏，泐之石，以垂不朽。

（光绪《岳池县志·艺文志》）

　　綦江：大旱，民食草根，连旱三载，加之疫症，死于疫者不可数计。（道光《綦江县志·祥异》）

　　垫江、酆都：大旱。（光绪《垫江县志·灾异》）

　　邻水：大旱。（道光《邻水县志·天文·祥异》）

　　江津：旱，民饥。（民国《江津县志·祥异》）

　　隆昌：旱，半收。（同治《隆昌县志·祥异》）

　　江安：夏旱，至秋初连沛甘雨，禾稻复经秀实，收获有差。（嘉庆《直隶泸州志·杂类志·祥异》）

　　广安：旱。大饥。邑善士刘顺北尽出家所存谷减价粜卖；旋饥民众，又于州境及岳池出粟千余石作赈济。有老稚无力挑米行者，以钱千余钏分给。全活甚众。（光绪《广安州志·行谊》）

　　合川：五月又大水，抵州署月台下，较庚午年（1870）小丈二尺。（光绪《合州志·祥异》）

　　汉源：六月，连日大雨，西路以上富庄、良山、溪口沿途山崩路断，交通断绝十余日。（民国《汉源县志·杂志·祥异》）

　　郫县：夏雨涨大水，郫邑东北近崇宁界冲塌尤甚。（同治《郫县志·祥异》）

　　崇宁：大水冲坏接仙桥。（嘉庆《崇宁县志·津梁》）

乐山：河水冲塌南城二十余丈。（民国《乐山县志·杂记》）

洪雅：秋大雨，嘉庆十六年至十八年（1811-1813）多淫雨，道殣相望，盖百余年来所仅见者。（光绪《洪雅续志·祥异》）

西充：大有年。（光绪《西充县志·祥异》）

青神：鸿化堰田全稔。（光绪《青神县志·祥异志》）

重庆：重庆府知府李枢焕禀请川督设立济仓，捐储谷石以备荒歉，经川督常明批准，通饬各属一体遵办。四川之有济仓，始由于此。（《重庆市志·大事记》）

［备览］ **嘉庆十六年总督常明义仓奏折**（1811年）①

前川督常公：奏为捐建义仓义学现已有成，谨将筹办缘由恭折奏祈圣鉴事。窃照川省地方，气候暄暖，于树艺之事相宜，故丰年多而俭岁少；即有一隅荒歉，历由本省筹款捐资、散米、施粥，无动项办赈之事。惟民间不事盖藏，即屡丰之年，亦无耕九余三之蓄积。且佃耕为业者居多，交租之外仅敷糊口，一遇歉收，即难存活，饥寒所迫，遂致纠抢估食，任意妄为。地方官虽设法捐赈，而强横者已罹法网，懦弱者或转沟渠。事后哀矜，终非良策。查各州县常平、社仓，本为备荒而设，但常平减粜，虽可免食贵之虞，而无钱之人即不能买食；且平粜一次，即多一次采买之烦。社仓系民间捐输，然无业者不准滥借，即有业者亦须加息还仓，虽可饱腹于目前，难免追呼于事后。是常、社两仓必须有相辅而行者，庶贫民得沾实惠。查隋时长孙平义仓之制，令民间出粟麦以备凶年。国朝定制，各直省义仓，乡民捐谷听其乐输，于是常平、社仓之外，添设义仓，洵为法良意美。惟捐储谷石，一遇荐饥之岁，悉罄所藏，此后无谷可赈，似应稍为变通，捐置田亩，则秋成所入岁有常供，庶可源源接济。如遇频年丰稔，积谷过多，更可粜卖添置义田，其利更溥。奴才与司道等悉心筹划，一州一县中，不少好义之士、殷实之家，与其值凶荒之岁遇有事而捐输，不如当稔和之年分有余以备积储。当即大张晓谕，使知捐置义田，不特救人之贫且可卫己之富；一面饬令地方官捐建仓廒，其地界宽阔者在佐杂分驻处所另建一仓，以便就近散给。据各厅州县传集绅耆面加开导，俱纷纷呈请乐输，其中有捐谷若干者，有捐银若干者，即地方官亦有倡捐数千两及数百两者。查看群情甚为踊跃，通计各属中，除近边不产米谷及山多田少之小县，间有数处不能照办外，现在据报办有端倪者已有十之六七，共捐输银二十四万余两、谷二万余石，其余亦不过半年，一律可以办齐，俟全竣后，即当造册咨部立案，并入于交代案内结报。此法一行，以民间自捐之谷散济贫民，不必携钱粜买，不必详请候批，不必加息还仓，不必秋收买补，每年皆有租谷可收，接济源源不虞缺乏，地方贫富皆可相安，实于民生大有裨益。（奏中义学一项省去）奴才因川省人心浮动，案牍日繁，思所以潜移默化之要，辗转筹量，惟此二事较为切实。除将筹定义仓支放稽查章程另呈御览外，理合恭折奏闻，伏乞皇上圣鉴训示。谨奏。

---

① 光绪二十二年知县事柴作舟曾刊此奏，并云："义田之设，意美法良，具存原奏，无容赘述。南充义仓置田有龙门坝、龙头寺、清水溪、高垭沟四处，因历年既久，卷宗田契片纸无存。舟惧其终归澌灭也，爰属邑绅赵轼、林增芬督吏丈量，绘图立说，庶有所考焉。"

［附］

川督常明《筹办义仓章程》

建设义仓，凡地方褊小、四乡距城在百里以内者，在城中建仓一处，由地方官设法捐修以为民倡；如地方辽阔，设有分驻之员，即当于分驻之地分建仓廒，庶免饥民远道求食。其建修之费恐佐杂微员力难捐办，应由附近殷实绅士公捐建造。如连年稔获，粜卖之外存积日多，原建仓廒不敷装储，自应续行添建，所有工料一切费用，即于粜谷价内支销。

置买义田，须查明附近与分驻地方户口之多少，酌量均匀置买，并须在附近之处，以便输纳。其置买之时，择殷实公正之绅民，看明实系无水旱之忧之田，议价立契，招妥实佃户耕种，议明每年租谷确数，丰歉两无增减。如事后交谷不清及收租不能如数，惟当初议买议佃之人是问。

定例：各省义仓，听民间公举端正殷实士民充当仓正、仓副，其立法与社仓相等。但社仓之仓正、仓副专司收储出纳之事，故不肖者因借粜而从中渔利，谨愿者恐赔累而视为畏途。而义仓之仓正、仓副，只令于秋后收租或荒年赈济，或谷多粜卖之时，在仓监视，同仓书逐一登记印簿，出具开除实在总数，切结存案。若经管之员私开粜碾，许赴该管府州禀告，倘扶同作弊，一体治罪罚赔，此外绝无遗累，自不至畏缩不前。

定例：义仓非本地农民概不准借，其已借常平、社仓者不准再借，且须加息还仓，似与社谷之制相仿。此次义仓系为极贫之户不能买又不准借谷者而设，此系公捐济贫之谷，无须加息并不必还仓。如遇应赈之年，一面通禀一面开仓，不得守候批准方行，以免饥民嗷嗷待哺，惟次贫之户尽可禀请粜借常社仓者，不准滥给，至散给时或存六粜四，或存半赈半，或存四碾六。地方官察看人数、谷数之多寡酌量发碾宁留有余以备不足。其极贫之人如零星乞丐，即无户目可查亦应散给；惟外来游民不得一概散给，庶免日聚日众，滋生事端。

定例：义仓捐谷之商民，按社仓条例递加奖励；现任官捐谷，亦有记功、记档、记录之差等。此次办理义仓人数过多，未便照例悉予奖赏，致滋冗滥应，俟全数办竣，择其捐数最多者奏请定夺。

每年，各厅县兴造具历年旧管谷数及本年新收谷数，并开除实在四柱清册，出具实存无亏切结，申报该管之府厅州，其分驻有仓之佐杂，亦造具四柱清册，加结具报本厅州县，由该厅州县核明加结转申，复由该管之府厅州结报本管道员及总督布政使衙门备案。如遇二官交代，亦与常社二仓一体，入于交代结报，以昭慎重。

(1929年版《南充县志·舆地志·仓储》)

1812 年

（嘉庆十七年）

高县：四月因雨泽稍稀，米价昂贵，请平粜过米。（同治《高县志·祥异志》）

忠县：嘉庆十七年春大饥，斗米千五百钱。六月西门火，毁民舍三百余家，水府宫

亦灾。(民国《忠县志·事纪志》)

[备览]

王烈妇歌①

[清]周原骆(嘉庆癸酉科举人)

饥死不餐嗟来食,渴死不饮盗泉水。

古来烈士以义死,不道巾帼竟如此。

罗家有妇王氏姝,抱瓮安贫相其夫。

一朝旱魃天为虐,粒米粒金尚难沽。

八口嗷嗷仰榆粥,百里孤城少亲族。

官谷虽贱籴无钱,纵市荆裙有谁欲。

榆皮已尽草已枯,可怜花容悴如鹄。

如鹄憨女啼饥切,娇儿更比女呜咽。

儿啼一声肠一断,千声万声肠寸裂。

肠寸裂兮气不折,百年柴扉誓同穴。

妇无保姆不私行,行必蔽面礼之节。

与其倚门行乞惊村庞,宁为闭门坐毙身皎洁。

情愤烈,忍泪别夫与儿诀。

拊膺号天天不应,投向江心影随灭。

吁嗟乎!曹娥之手,精卫之口;

不丧厥志,各贞所守。

至今茫茫江水中,烈气犹作崩涛吼。

崩涛吼,志不朽;愧煞当年买臣妇。

(民国《忠县志·歌词》)

忠县、梁平:六月不雨,旱,大饥,有食石面(土)者。(《四川省近五百年旱涝史料》)

垫江:夏大旱。(光绪《垫江县志·灾异》)

荥经:旱饥,邑人黄圣禄捐米赈粥、施药施棺、修理野墓,范知县榜其门曰"善行可风"。(民国《荥经县志·祥异》)

广安:嘉庆十六、十七年岁荒民饥,道路多遗弃婴儿,太学生郑人桢存心仁慈,收而育之,俟其成立为之婚配。(宣统《广安州新志·卓行志》)

綦江:大旱,民食草根。(道光《綦江县志·祥异》)

酆都:大旱。(同治《重修酆都县志·杂异》)

涪陵:嘉庆十七至十九年(1812—1814)三年屡旱。(民国《涪陵县志·杂编》)

隆昌:旱,半收。(同治《隆昌县志·祥异》)

井研:大水,漂没城南民房数十家。(光绪《井研志·纪年》)

---

① 清代烈妇罗王氏,夫家素窘,值岁大歉,无以为生,累逼行乞,始终不从,遂投江死。

犍为：四望溪大水。（民国《犍为县志·杂志·事纪》）

乐山：五通桥四望溪大水。（民国《犍为县志·杂志·事纪》）

汉源：六月三日大风雨，吹倒相岭顶八角亭及店房六家。（民国《汉源县志·杂志·祥异》）

洪雅：秋雨伤稼。（嘉庆《洪雅县志·祥异》）

西充：大有年。（光绪《西充县志·祥异》）

双流：是岁有秋。（嘉庆《双流县志·祥异》）

犍为：社仓谷积至一万六千七百余石。奉文蠲免本年丁粮十分之二。（民国《犍为县志·杂志·事纪》）

营山：三月初三日，县城金华街火，延烧四十余家。（嘉庆《营山县志·杂类志》）

泸州：五月，泸州忠信乡（在城正南）牟姓家地忽裂，举家奔出，其居尽陷。宅前一山，离旧处百余丈。（嘉庆《直隶泸州志·杂类志·祥异》）

［**善榜**］合川监生陈槐尚义好施。每值春夏之交，民食维艰，辄出仓粟平粜或赈，自（嘉庆）辛酉（1801）至壬申（1812）前后十二年，共出米九百五十石有奇。（民国《新修合川县志·乡贤七》）

1813 年

（嘉庆十八年）

洪雅：春淫雨，小春无收。秋大饥，继以大疫。（嘉庆《洪雅县志·祥异》）

合川：六月又大水，直逼州署仪门，较庚午（1870）小丈五尺。（光绪《合州志·祥异》）

万源：大水，城外河街全被水毁。（《渠江志》）

云阳：秋，绵雨，大春作物歉收。（《云阳县志·祥异》）

奉节：秋，恒雨歉收。（光绪《奉节县志·记事门》）

巫山：秋，恒雨歉收。（光绪《巫山县志·祥异》）

大足：大雷雨，洪水四溢，城墙淹没只剩三板，居民屋舍半泊波涛中。东郭长虹桥、明心桥俱折作数段。（嘉庆《大足县志》）

沐川：水。（民国《乐山县志·杂记》）

屏山：八月初二日，金沙江水涨，高与东门外禹王庙戏台齐。（光绪《屏山县续志·杂志》）

汉源：夏大雨，鸁凤桥被水冲圮。（民国《汉源县志·杂志·祥异》）

南部：夏旱。秋霖，河水泛滥，至冬水始平。（道光《南部县志·杂类·祥异》）

平昌：夏旱无收，饥荒。（《平昌县志·自然地理·特殊天气》）

綦江：夏大旱，民有食树叶草根者。六月三十日，三角塘大水，民居漂没无数。（道光《綦江县志·祥异》）

城口：大旱，自立夏至秋后始得雨，高低田地皆歉收。（道光《城口厅志·祥异》）

叙永：嘉庆间叙永岁饥，蒙袂来者道殣相望。凤四甲人陈文绎，家仅中资而乐施嗜善。每晨起登高四顾，见有炊烟断绝者，命其佣负米以济，比户资给至囊空而后已，乡人全活甚众。（光绪《续修叙永、永宁厅县合志·人物·贤达》）

旺苍：旱，禾苗枯死。（《旺苍县志·祥异》）

巴中：大荒，颗粒无收。（民国《巴中县志·祥异》）

巴州：夏月，忽有小雀数万（似瓦雀），而小集于城北河畔，半日乃去，遮天蔽日，人咸诧怪。是年，州境大荒，颗粒无收。术家以雀为天耗、鼠为地耗，固不诬也。（道光《巴州志·杂记》）

巴县：大旱。（民国《巴县志·事纪》）

名山：大饥。知县宫鉴桂救荒有方，饿殍塞途，不紊秩序。（民国《名山县新志·事纪》）

[善榜]荥经：王杠烈，阳坝监生，古朴慷慨。嘉庆十八年，饥，公捐米赈济，不惜巨资。知州、知县访闻，赠以"乐善好施"匾额。坝滨大河，常被水冲刷田庐，为民巨患。公倡修大堤，高二丈、厚丈许、长百余丈，外加鱼嘴，功极坚固，费万余金，公独任之。迄今百数十年，坝中未被水灾，公之德也。（民国《荥经县志·祥异》）

射洪：大疫。（光绪《射洪县志·祥异》）

万源：大火，城外河街全毁。（光绪《太平县志·杂类·祥异》）

1814 年

（嘉庆十九年）

新津：正月十五日，大雷雨雹。七月初六大水，城内水深一二尺，初七冲坏南城垣百数十丈。（道光《新津县志·祥异》）

彭山：正月大雷雨。七月大水深数十尺，河水泛涨，城郊梓潼桥亭栏石墩漂没倾陷。（民国《重修彭山县志·通纪》）

叙永：三月下旬大风雹。（万历《四川总志·杂记·灾祥》）

宜宾：三月，今白花区一带出现严重雹灾，瓦屋严重毁坏，死七人，伤二十人。（《宜宾县志·自然灾害》）

南溪：大水，水涌宝善桥，桥圮。（民国《南溪县志·杂纪·纪异》）

眉山：洪水冲毁东门外镇江庙。（民国《眉山县志·杂记》）

合川：大水入城。（民国《新修合川县志·祥异》）

平昌：夏大旱，翌年春荒，民食树皮、"神仙土"。（《平昌县志·自然地理·特殊天气》）

南部：夏大旱，翌年大饥，民食树皮。邑人胡守明手散三百余金赡族赈贫，全活甚众。（道光《南部县志·杂类·祥异》）

仪陇：夏大旱。（光绪《仪陇县志·杂类·祥异》）

巴县：大旱。（民国《巴县志·事纪》）

泸州：旱饥。（光绪《泸州直隶州志·祥异》）

奉节：大旱，斗米千钱。（光绪《奉节县志·记事门》）

城口：春夏之间，谷米价昂较常三倍，民多以草根树皮为食，间有饿殍。（道光《城口厅志·祥异》）

达县：春，县属垂虹、宝芝二乡荒歉。知府余永宁开仓煮粥赈粜，全活民命数万；垂虹乡粥厂侧，麦秀两歧。（嘉庆《达县志·祥异》）

灌县：夏五月不雨，灌县令邵良步祷于灵岩寺玉皇殿，甘雨随之，灌之民建"喜雨亭"。（民国《灌县志·文征》）

江安：饥。聚宝山观音殿外亦出甘土，和米作饼，赖以疗饥。土人呼为观音土。（嘉庆《江安县志·杂志·志异》）

筠连：大饥，民以野菜与白泥充食，呼为观音粉，家有储粮者食之，则腹胀。（光绪《叙州府志·祥异》）

射洪：饥饿毙者甚众。（光绪《射洪县志·祥异》）

简阳：年岁不登，饥民待哺。邑善人张奕凤施米数百石，乡市之沾其恩者颇众。州牧李申详其事，载入州志。（咸丰《简州志·善行》）

蓬溪：岁饥，监生江大碧捐米施粥，全活饥民甚众。（光绪《蓬溪县志·行谊》）

渠县：大旱，斗米千五百钱，有饿殍者。（同治《渠县志·人物》）

昭化：嘉庆十九年岁荒，官施粥毕，廪贡生王桂舒出米，再施粥三日，以济三四千人之饥。（道光《重修昭化县志·人物·行谊》）

綦江：春夏瘟疫流行，死者无数。（道光《綦江县志·祥异》）

中江：冬不雨，麦未生，除夕后连日大雪，积厚尺许，月梢麦苗皆茁生，小春大熟。（道光《中江县新志·杂记·祥异》）

峨眉山：金顶光相寺毁于火。（《峨眉山志》）

1815 年
（嘉庆二十年）

乐山：正月五通桥大雷雨。七月大雨水。（民国《犍为县志·杂志·事纪》）

綦江：二月二十日夜，大雨雹，环城四五里，菊麦狼藉。（道光《綦江县志·祥异》）

秀山：夏大水，淹没民舍。（光绪《秀山县志·官师志》）

合川：五月大雨，渠河水猛涨，洪水入城毁邹公祠（推算水位 213 米，洪水高度 27 米）。官渡场中岩石崩下，压毁油房一所，毙油房工人及避雨人共二十一人。（《合川县志·自然灾害》）

［链接］　　　　　　　　　**岩崩纪异诗**
［清］刘泰三
嘉庆乙亥仲夏日，连朝雷电驱蛟螭。
渠江水涨陡逾丈，两岸人家吁可危。
官渡沿岩列场市，居高不受河伯欺。

猛然翻盆雨大作，避雨群入油房嬉。

山间洪流蓊腾下，土解石崩神鬼随。

屋瓦破碎栋梁折，黑云一扫蚩尤旗。

压死乡民并铺户，逃者不及皆疮痍。

老树槎枒拔根倒，轰若天柱倾西陲。

飞廉复加妖孽势，天地震动恻险巇。

　　呜呼！

今岁田禾幸丰熟，胡为遭此灾祸奇。

嗟汝二十有一人，勿乃气数当如斯。

知命岩墙故不立，处堂燕雀矜蚩蚩。

（民国《新修合川县志》）

五月，淫雨，十日至十九日夜，大雨如注。是夜地震，溪水涨数丈，溺死居民，冲毁田庐。桃花水广济渡、梓潼水广塞堰等处尤甚。（光绪《合川县志·祥异》）

[链接]　　　　　　　　　　**乙亥大水纪事**

　　　　　　　　　　　　[清] 张乃孚

洪涛十丈卷黄楼，庐舍依然岛屿浮。

陆海难将文笔障，濮岩真作镜湖游。

客谈往事壬逢破，我借今宵酒解忧。

分付儿童排木筏，水痕刻刻验前沟。

澜助波推势渐增，亭台浸入碧澄澄。

人头雷哄千里雨，河面家浮万点灯。

读字岩崩非浪说，耕田地坼似先征。

卅年六至缘何事？搔首呼天问不应。

书城南拥一龛尊，水气浮空日色昏。

恨少昆仑驱怪物，莫非河鲤跃龙门。

乘流竟获平安产，出坎方招孺子魂。

一死一生真有数，风涛虽险道犹存。

仙人漫说好楼居，湫隘原同晏子庐。

树杪橹声惊宿鸟，墙头钓艇卖鲟鱼。

策筹召伯情何已，诗拟荆门愧不如。

思患预防君子事，莫将气数任乘除。

（民国《新修合川县志》）

遂宁：夏，河水泛涨，遂以崩颓。（民国《遂宁县志·杂记》）

犍为：七月大水。（民国《犍为县志·杂志·事纪》）

南部：大饥，民食树皮；疫行，死者甚众。善人张大顺捐米赈济，焚贷券（借据）三千余金。（道光《南部县志·杂类·祥异》）

仪陇：旱，大饥，道殣枕藉，掘万人坑掩之。（光绪《仪陇县志·杂类·祥异》）

中江：秋潦大涨，淹射城身，堤存者十不获一。（民国《中江县志·丛残·祥异》）

巴县：前两年连续大旱，县民大饥。进士吉恒奉命来代理知县，"实心任政，设法劝捐赈济，全活无算。不两月卸篆去（调离），民至今称之"。（民国《巴县志·事纪》）

1816 年

（嘉庆二十一年）

炉霍大地震：

震时：清嘉庆二十一年十月二十日（1816 年 12 月 8 日）。

震地：章谷一带。

震级：7.5 级（据《四川西藏地震等烈度线图资料汇编》，成都地图出版社，1994 年版）。

震情：十月二十日（12 月 8 日），炉霍（章谷一带）发生 7.5 级地震。倒塌楼房一百一十八间、平房九百八十六间，压毙僧俗大男妇一千八百一十六人，僧俗小男女一千零三十八人。（《四川地震全记录·上卷》116 页）

关于炉霍大地震的奏报及批复：

△**总督常明嘉庆二十二年二月二十五日奏报：**窃奴才于上年十一月十二日，接据署打箭炉同知吉恒转据口外角洛汛汛弁禀报：嘉庆二十一年十月二十日丑时，章谷一带地震，喇嘛寺及各房屋猝遭倒塌压毙汉番男妇大小人口甚多，现在挨户清查等情。奴才查口外本常有地震之事，但此番适当昏夜之时，其被灾较重，情形殊堪悯恻，当即饬委建昌道叶文馥督同署同知吉恒出口确勘，查照向例详请抚恤，并因口外距省窎远，若俟委勘复到再行议恤，恐时日稽延，于灾黎不能济急，经藩司李銮宣檄饬该署同知携带恤银出口，一面清查，一面赈恤去后。兹据该道督同该署同知，驰往该处，逐处确查，勘得共倒塌楼房一百一十八间，平房九百八十六间，刨验各尸，共压毙汉番大男妇并大喇嘛一千八百一十六名口，小男女小喇嘛一千三十八名口，查照乾隆五十一年及嘉庆十六年办理成案，楼房每间赏银一两，平房每间赏银五钱，大口一名赏银二两，小口一名赏银一两，共赏恤银五千二百八十一两，译谕被灾汉番，齐集章谷土司官寨，眼同土司、头人、通事，取具切结，按户散给，并无遗漏冒滥……（嘉庆二十二年二月二十五日四川总督常明奏折，《清档·军机处录副奏折》212 号）

△**常明七月二十日奏报：**四川总督奴才常明跪奏，为遵旨派委道员前赴章谷地震一带地方复加查勘、赏恤缘由……当即钦遵，转饬建昌道叶文馥在司库动支银两前往查办去后。该道即带同署打箭炉同知吉恒驰诣章谷被灾等处，逐一查勘。该处大喇嘛寺业已修建重新，其余房屋寺院亦俱一律修整，汉番均各安业，尚无饥寒失所之人，随传集土

司头人及大喇嘛恭宣恩旨……佥称去岁系同一被灾，并无轻重之分……并因连岁丰稔，窖藏杂粮完好，刻下稞豆又将成熟，足供食用……查照前册减半加赏……共加恤银二千六百四十两五钱，眼同土司、头人、通事等按名散给灾民……（嘉庆二十二年七月二十日常明奏折，《清档·军机处录副奏折》212号）

△**户部大臣托津题本**：臣托津等谨题为札知事：户科抄出代办四川总督事、原任布政使李銮宣题打箭炉口外角洛汛属章谷一带地震，奏明照例抚恤题销银两一案。嘉庆二十二年九月初五日题，十月二十六奉旨："该部查核具奏。钦此。"钦遵于本日抄出到部。该臣等查得代办四川总督事、原任布政使李銮宣疏称，看得嘉庆二十一年十月二十五日［?］打箭炉口外角洛汛属章谷一带地震，坍塌夷民房屋，压毙汉番大小男妇僧民，经臣奏明委员前往查勘抚恤，用过银两照例具题一案。兹据布政使详称，初次饬委署理打箭炉同知吉恒前往查勘章谷地方地震被灾情形，即于炉库带领帑项兼程前往该处逐一履勘确查，照例分别抚恤其被灾者。倒塌楼房一百一十八间、平房九百八十六间，压毙僧俗大男妇一千八百一十六丁口、僧俗小男女一千零三十八丁口，均系查照向例，倒塌楼房每间恤银一两，平房每间恤银五钱，压毙人口大口每名恤银二两，小口每名恤银一两，统计抚恤过银五千二百八十一两，分晰（别）造具册结加结移请核销前来。（嘉庆廿二年十一月廿九日户部大臣托津题本，《清代档案》）

▲［嘉庆二十二年三月丁卯］抚恤四川口外章谷地方地震灾民。（《大清历朝实录·嘉庆朝》16页，以上均录自《四川地震全记录·上卷》116—117页）

［附］　　　　　　　　　　**炉霍史轶**
　　　　　　　　　　　　　刘绍伯

距今一百廿一年，计在清道光年间［?］大地震一次（距民国十二年之大地震恰恰一百年），城垣、房舍倒塌甚多，人畜死亡颇众，村落、市镇、城治、寺庙咸因之迁徙故城宅里。查本县土司官寨，一百二十余年前系建立于寿宁寺地区，寿宁寺则在今之城治，寺中正殿实在目前县府及已毁官寨区域。刻城区水沟边缘，尚有墙垣基址可查，嗣因清道光时大地震倒毁，寿宁寺则拟改建于新都河东北畔，墙垣方始筑就，后因该处塌陷数洞，縋绳试探，二三十丈皆不可达，深度难以臆测，寺中发神占卜，谓神佛不愿居此，故又卜他所，而附近毫无适宜之地，彼时乃与土司洽商，彼此交换，是故今之城治为曩时寿宁寺基址，寿宁寺地段则系昔日土司官寨区域也！此其一。再者，现在东区虾拉沱村集，仅有居民三四十户，查其右下方附近河边暨附近现村山脚，均有广厚墙垣基址，前二十年垦民采垦锄地时，曾在基址中挖出许多铜、铁质酥油灯，铜像，铁铲，汉瓦盖、瓦钵等器皿，询问附近年老土人，始悉百年前为一绝大村落，住户数百，人烟稠密，经地震覆没。刻间墙壁，尚可查考。后查本县全境，有清初叶，人口为四五千户，此次地震，死亡、损毁过于奇重，故历至今日，常不及前此十之四五焉。姑志之！[①]

（《四川地震全记录·上卷》117—118页）

安岳：七月大水，禾尽倒仆。（道光《安岳县志·祥异》）

大足：苗竹如焚，泉泽胥渴。（民国《大足县志·祥异》）

知府督建、知县买基，建成济仓：嘉庆二十年，重庆知府李枢焕督建济仓于县署后街。知县赵时捐廉自买地基一处，合邑士民捐建仓厩十六间，并捐买济田四处，年收租谷市斗二百零七石，以备荒年赈济之用。（民国《大足县志·仓储》）

汉源：武家山山崩，覆压屋宇、水碾数间，压毙六人。知县陆成本亲勘之，冬恤以银两。（民国《汉源县志·杂志·祥异》）

1817 年

（嘉庆二十二年）

本年，霍乱始由印度传入四川。症状为上吐下泻、心绞痛、脚抽筋，俗称"麻脚瘟"。（《巴蜀灾情实录》218 页）

富顺：三月三十日夜大风雹，禾麦皆损。（民国《富顺县志·杂异·祥异》）

忠县：六月二十八日后乡雨雹，大如鸡卵。（民国《忠县志·事纪志》）

新津：九月十三日大雷电雨雹。（道光《新津县志·祥异》）

彭山：九月大雷雨雹。（民国《重修彭山县志·通纪》）

井研、犍为：地连震三日。（《四川地震全记录·上卷》118 页）

犍为：知县董淳奉饬办义仓，照粮额每两捐输银一两四钱；又劝士民捐置义仓田地。（民国《犍为县志·杂志·事纪》）

[附] **嘉庆二十二年至二十四年宣汉县关于社仓在城在乡之讼及其后效**

嘉庆二十二年二月开始，宣汉县发生社仓应设于何地之争讼。石良运（曾任灌县教谕）主张社仓应分散设于乡村，在城县绅龚性尧力主应集中设于县城。两造卷入讼案者有乡绅、生员、粮户、乡约等五六十人，两派反复赴府、省激烈控辩，亦经省、府多次裁定未成，一度并曾将石良运一派多人拘押审讯。最后，嘉庆二十四年十月，由现任四川提督（宣汉人）"罗壮勇公回籍，得其大力劝解了息"：五十二个社仓统设于县城，允许鲲池（仓储在鲲池寺）、兴禅（储于观音庵）二社仓可留存原地。此后，历经光绪丁丑（1877）大旱，丙申（1896）、丁酉（1897）又旱涝相仍，"县人之死者枕藉道路，而治城诸仓有粟红（储粮霉变）之叹。唯鲲池、兴禅两仓贮在民间，全活甚众，此石良运之所以有功于桑梓也"。"今春夏开放，南市谷价顿减，附近数十里之民，从无铤而走险者，赖二社仓也。"至民国二十年，五十二个在城社仓，一无所存。唯有鲲池、兴禅二社仓在乡间本地，原各有谷一千一百五十六石、八百三十四石，今息谷都已增至数十倍，且各添办国民学校一所。民国二十年《重修宣汉县志》在详记此案本末后编者云："社仓在城，则权尊数人把持，以破坏而有余；在乡，则权分众人监视，欲侵渔而不能。天下事往往如是！"

（民国《重修宣汉县志·仓储志》）

1818 年

（嘉庆二十三年）

秀山：春雨雹。（光绪《秀山县志·祥异》）

雅安：秋，大水。（《四川两千年洪水史料汇编》225 页）

大足：五六月间，"火云烧空，畦田龟坼"，"不雨者六旬"。（民国《大足县志·杂记》）

泸州：稻谷生虫，色墨、有壳，多成批。（光绪《泸州直隶州志·祥异》）

1819 年

（嘉庆二十四年）

射洪：五月淫雨十日，至十九日夜大雨如注。是夜地震，溪水涨数丈，溺死居民，冲没田庐。桃桥溪、梓潼水、广寒堰等处尤甚。县北杨家坝、县东黑柏林、县南马石寺山崩，压毙居民。沿江西岸山岩崩压数十处，同时县北樟树渠溪涨土崩，见古钱数十万，皆"开元"年号。十一月二十五日卯刻，地震。（光绪《新修潼川府志·杂志·祥异》）

汉源：闰四月十七日，小岭坪蛟水为灾，冲毁民房四十九家，坏粮田三百余亩；岁纳粮银二十余两，知县曹应谷勘明禀制军蒋，以长老寨官租二十二两代完正供，以五年为限。同日，大滩口、龙洞营、紫打地等处冲没民房六十四家、田地三百七十余亩，淹死二十二人。（民国《汉源县志·杂志·祥异》）

合川：夏，涪江水暴涨，毁较场坝处的沿江护堤。推算水位 213 米，洪水高度 27 米。（《合川县志·自然灾害》）

垫江：六月大雨雹伤谷。旱。（光绪《垫江县志·志余》）

泸州：七月二十五日夜，泸州地震。（《四川地震全记录·上卷》119 页）

1820 年

（嘉庆二十五年）

名山：大旱。（光绪《名山县志·祥异》）

犍为：灰山井火灾。蠲免本年丁粮十分之二。（民国《犍为县志·杂志·事纪》）

三台、**射洪**：十一月二十五日卯刻，潼川府三台、射洪地震。（《四川地震全记录·上卷》119 页）

井研：诏有司出谷赈饥民。（光绪《井研志·纪年》）

[德碑] **龚联辉修堰**：嘉庆二十五年，安岳知县龚联辉重修三元堤、新修迎恩堤，自捐廉四百余两，筹款数千两，历两年完成。"自是附郭之田，均资灌溉。"（清龚联辉《重修三元堤及新修迎恩堤记》、《四川历代水利名著汇释》）

［备览］　　　　　　**庚辰六月遇旱祷雨奇验歌**
　　　　　　　　　　［清］熊文楼

　　今年禾稼异寻常，满拟秋收庆穰穰。孰知盛夏六月中，几于弥月逢骄阳。火轮烈烈绕晴空，旱魃欲出田祖藏。坐惜良苗秀不实，山泽平地三农忙。幸哉邑有贤父母，视民如子惟恐伤。古来祷雨多奇验，因为请命乞穹苍。民事难缓不谕日，刻即为坛正午方。坛中遍设天神位，雨师德大近中央。官率士民齐稽首，默默恳词抵奏章。禁屠兼活鸡豚命，家家茹素纸焚黄。郭内郭外人奔赴，蓬头赤足异样妆。顶经填街并塞巷，声声弥院彻云乡。就中更有贫窭子，行行止止泪盈眶。厥功甚大效甚速，睡农惊醒凌虚翔。四面墨云触石起，雷车风驭走茫茫。陡将银汉并倾倒，瞥见陆地苇可杭。忧者以喜病者愈，农夫忭舞趋筑场。雨珠雨玉诚无用，惟此甘霖乃降康。民曰足矣伊谁力，欲杀羔羊跻公堂。我闻其语神其事，下里巴吟代祝觞。

（道光《邻水县志·艺文》）

1821 年
（宣宗道光元年）

仁寿：大旱，六月十四日始雨。（同治《仁寿县志·志余·灾异》）

巫溪：六月大水入城，没县署头门石阶七级。（光绪《大宁县志·灾异》）

巫山：大水冲塌土堡、东南二城门、西北两炮台。（光绪《巫山县志·城池》）

汉源：七月二十三日大雨，流沙河盛涨，将尖子山一坝田亩全行冲没，谷已熟而颗粒无收。呈报到县，而知县郑青畲未行勘报。（民国《汉源县志·杂志·祥异》）

綦江：岁大熟。（道光《綦江县志·祥异》）

邻水：大有。（道光《邻水县志·天文·祥异》）

井研：有年。（光绪《井研志·纪年》）

中江：道光元年辛巳冬及次年春，民病"麻脚瘟"，须臾气绝。有一家一日内死九人者，行道忽死者尤众。惟见者速以针刺十指尖出血可苏，缓则不救；或速服太乙紫金锭；或用黄荆、子苏、薄荷、建石菖、西砂仁研末服之，皆愈。无药，以葱汤灌之，并以葱遍擦其身，亦效。（道光《中江县新志·杂记·祥异》）

犍为：四望关青龙嘴火灾。（民国《犍为县志·杂志·事纪》）

［善榜］庚辰，犍为灰山井水灾，辛巳，四望关青龙嘴火灾，灾民不下数千百家。邑人文珌酌量赈济，无有失所。壬午，县北净江渡，舟人揽载，洪水往往失事。文珌造船雇夫为义渡，又捐县南袁村坝田业一契，岁收租银一百七十两，为造船渡夫工食费，呈县立案。（民国《犍为县志·乡贤》）

新繁：七月地震。（《四川地震全记录·上卷》119 页）

1822 年

（道光二年）

城口：三月，高观场发水，襟树沟山洪，山崩塌死三十六人，冲圮田地百余亩。（光绪《城口厅志·杂类》）

合川：五月渠江大水，州城河街被淹，仁合门进水。（《嘉陵江志》121 页）

自贡：大水，人畜房屋多被损伤。（《巴蜀灾情实录》303 页）

巫山：洪水冲塌昌江渡口普济寺。（光绪《巫山县志·寺观》）

彭水、酉阳：夏，州北苍蒲溪等地大雨雹，大如盂、如碗，大者如砖，且多叉尖不圆，禾稼尽损，树木枝叶悉摧折，禽兽击毙。延江（乌江）泛涨。（同治《酉阳直隶州志·祥异》）

富顺：雨雹，人畜房舍，多被损伤。（民国《富顺县志·杂异·祥异》）

新都：饥。（民国《新都县志·外纪》）

新繁：饥。（同治《新繁县志·杂类·灾异》）

綦江：大有年。（道光《綦江县志·祥异》）

井研：疫。（光绪《井研志·纪年》）

资阳：大疫。大水，舟自南门入。（光绪《资州直隶州志·杂类志·祥异》）

南部：三月初二日，地震。（道光《南部县志·杂类·祥异》）

1823 年

（道光三年）

涪陵、武隆：四月三日夜，州东南部大雨雹，涪陵江水泛，山崩，民房坍塌，江岸崩落，巨石截距江心，损田禾。（同治《重修涪州志·灾祥》）

重庆：四月三日夜，大雨雹。（道光《重庆府志·祥异》）

井研：大水。（光绪《井研志·纪年》）

犍为：四望溪大水。（民国《犍为县志·杂志·事纪》）

乐山：五通桥四望溪大水。（民国《犍为县志·杂志·事纪》）

泸县：冬大雪，岁屡丰。斗米钱三百数十文。（民国《泸县志·杂志·祥异》）

綦江：大有年。（道光《綦江县志·祥异》）

米易：二月十八日、五月初二日，地大震。（《四川地震全记录·上卷》120 页）

南充：八月初七夜，地大震。（《四川地震全记录·上卷》120 页）

昭化：十月地震。（《四川地震全记录·上卷》120 页）

1824 年

（道光四年）

富顺：二月初一日大冰雹，坏房屋甚多，五六人合抱大树俱吹折。城内大兴栈一雷击死三人。夏大旱。（道光《富顺县志·灾祥》）

绵竹：谢知县多方救饥，野无饿殍。"大旱，粒米无收。斗米千钱。知县谢玉珩发义仓平粜，捐廉买米百石，更劝募杨荣光、王守惠等合邑绅耆，共捐米五千二百余石，四城设局赈济。是岁虽饥，野无饿殍。"（道光《绵竹县志》、光绪《绵竹乡土志》）

垫江：夏旱。（光绪《垫江县志·灾异》）

隆昌：旱，斗米千钱。（同治《隆昌县志·祥异》）

仁寿：旱。（同治《仁寿县志·志余·灾异》）

汉源：龙洞营又大水灾。（民国《汉源县志·杂志·祥异》）

綦江：大有年。（道光《綦江县志·祥异》）

荣县：旱灾，饥。邑人刘成钦出谷发粜，远近赖以济者数百家。（民国《荣县志·人士》）

忠县：道光四年二月十九日，西门火，毁民舍百余家。（民国《忠县志·事纪志》）

〔附〕道光四年，四川布政使向各州县官发出通知，就义田积谷过多如何变通处理一事征求意见，从中可知嘉庆至道光初年间川省年景丰歉和仓储积谷的大致情况。其文略曰："川省捐办义田，收租积谷，原议为歉年赈恤贫民之用。惟川省历少歉年，道光四年以前，此项租谷已积至二十余万之多。饬即查明情形，悉心妥议，总期足以杜霉蛀、侵亏诸弊端，而仍不失有备无患之意，斯为尽善。各抒己见，切实禀复。"（民国《巴县志·仓储》）

〔链接〕　　　　　　　　　　**防旱示**

〔清〕董纯（四川布政使）

照得古制：十夫有沟，百夫有洫，千夫有浍，万夫有川，此古圣王尽力民事，因其所利而利之道也。而后世水利之法，实由此而兴。

川省地土肥饶，号称沃衍。秦时李太守凿离堆，导江水，立"深淘滩，低作堰"之法以教民，至今踵而行之，为都江堰灌田数千万顷，故蜀中称富饶，以川西坝为最。此千百世之大水利也。然现在川西州县中，如金堂之田，得占堰水者十分之四；彭县则全未沾及；其余州县似此者，谅亦不少。此在川西坝，尚未能全沾水利，而况于川南、川东、川北哉？

本司历官川省最久，深知宏沾水利者，惟川西各州县，其余各府厅州县，山多土浅，高下田畴，全赖天雨，兼旬不雨，田即龟坼，禾苗枯槁，痛心疾首，无可如何。天道靡常，旱灾时有，不得不急尽人事，以收补救之效。本司常亲历各郡，见各州县有滨大江大河者，尽可安设筒车；其余府属州县，到处皆有溪沟山泉，皆可修筑石堰；其离溪河稍远之处，山脚之土，亦可开挖池塘，蓄水以资灌溉；此永远之利也。虽不能如灌

清

口之大利，然有一分之水，即可救一分之田，况历验川省之旱，不过三四十日，有堰有塘，尽可救济。惟是小民狃于苟安，惮于创始，且各惜小费，明知有利，莫肯举行。其中更有将田已经出当者，或有欲将田出售者，不肯再出工资。又有意见不同，数户情愿而一户作梗者。并有以堰塘或致淹毙人命，畏累不敢行者。所谓小民可与乐成，难以图始，比今地方官诚意孚民，实心任事，亲莅各乡，劝董率戒扰累，则众志乐为；示法则详教导，则趋功自易；可使瘠土尽成沃土，安见今人不及古人？

本司将以水利废兴，定地方官之贤否，为举劾之权衡。以此富民，即以此察吏。此事本为粮民身家计，但粮民亦必自计身家，踊跃遵办，地方官原无所用其督责之威也。除通饬各厅州县，实力举行外，所有条规，及杜弊杜争禁约，开列于后。合行出示晓谕，为此示仰通省粮户人等，一体遵照，幸勿视为琐屑。勿违！特示。

一、川西各州县，除得沾都江堰水利者不计外，其余州县中，全或不得堰水及仅得堰水几分者，各粮户相度地势，安设筒车，或筑石堰，或开主塘，总以足资灌溉为度，则虽不沾灌口水利，而亦不致旱干为灾矣。

二、滨临大江大河之地，多设水车，固可灌溉，而筒车之利更溥，且省人力。近则数里，远则十里，皆可灌到。大小两河，及各里溪河，各粮户等务即相度河势，如有可安筒车之处，即设法兴修。大户田多有力，尽可自置，散户田土毗连，亦可公修；按田出资，费亦无几。此第一省便美利也。其旧时大堰河道，安设筒车，经地方官断定有数者，仍不得借端私自添设，致碍通堰大局。

三、各州县里甲，皆有溪河，或一里二里，即筑一堰，不宜太远，远则蓄水必浅，不敷车灌。其两岸田系一家者，即应田主自修；两岸田系散户者，应即散户公修，亦按田多寡出资；众擎易举，所费更属有限。但修堰有法，宜求坚固，永远不坏。以大石并砌圆式①，其名曰一捆柴，为佳。盖圆，则水势冲击无力，可期经久。其两岸码头，亦须大石修砌，以防水冲。如遇河中有石底者，更觉巩固。至于堰身，应高应宽若干，该粮户酌量修筑，总以蓄水足灌两岸田丘为度。此第二省便美利也。

四、山土开塘，工费稍多。然在有力之家，原不难办。岁晚人闲，雇觅甚易，无难克期竣事。况富户田多佃多，以岁时用其力，即可养其家，事更两便。但不准佃户多索工资。其余小富之户，数家共挖一塘，亦按田多寡出资，费亦有限。或有资者出钱，无资者出力，更可通融办理。至于塘口得若干，宽长若干，该粮户酌量，亦以足敷灌田为准。尚有不敷，或开两塘三塘尤佳。且山塘居高临下，放水甚便，较之河堰车水者，更省人力。此第三省便美利也。

五、筑堰开塘，原为旱计。假使有塘有堰，即遇雨水缺少之年，亦何至受旱？凡干旱年分，有堰塘者，收成总有八九分；其无堰塘者，束手无策，羡他人之多获，叹自己之无收，其悔憾当何如耶？谚云："好了疮，忘了痛。"该粮户等急宜痛定思痛，回想旱时禾苗枯稿，蒿目剽心，老少忧煎，畏饥怕寒，呼天天不应，求神神不灵，万象焦灼，束手无策，可惨可痛，莫此为甚！今一兴水利，即可永不忧旱，改歉收为丰收，转无年为有年，从此富者愈富，贫者不贫，家庆仓箱，人歌大有，共乐太平，岂不休哉！然堰

---

① 即拱形堰。

307

塘之设，不仅可备旱也；小旱杂粮，每年可多种，有堰塘不患栽插无水矣。山田塝田，十年九不收，有堰塘瘠土尽成沃壤矣。且堰塘之利，又不仅可资灌溉也，外可蓄竹栽树，内可养鱼种菱，余利永远坐享矣。到处沟宽水深，人畏险阻难渡，从此盗贼屏迹矣。该粮户等，其悉心熟筹，此又种种无穷美利也。

六、当田多年，田主无力取赎，宜令当户筑挖堰塘，其工资若干，准其凭中告明田主，载于当契之内。日后赎田，照数补还。又有明佃暗当之户，押租取多，佃户得谷十之八九，田主分谷十之一二，应令佃户筑挖，其工资亦准其凭中告明田主，载于佃约之内。日后退佃，照数补还。但工资须三五说明，不准浮冒多载。倘当佃户推诿执拗，许乡约保长牌首，禀明地方官查讯。

七、田主负债无偿，或移窄就宽，欲将田土出售，每多不肯开挖。不知有堰有塘，方为上田，不惟售卖较易，且可价值略增。该田主务即一体开挖，切勿游移！

八、溪河内遇有淤浅，务须挑挖。如有收获无多，零星小田，必须开挖之处，该粮户等凭中公同妥议，照时作价，酌量补给该田主，不得高抬，众粮户亦不得短少，总以公平为要。该粮户好义捐施，更堪嘉尚，该地方官即行申报本司，以凭酌量加以奖励。或以田抵工资，亦无不可。至于田内过水，田角车水，均应和气凭中议明立约。不得把持。

九、小民暗于大计，或以可种杂粮之土，而为蓄水闲旷之塘，不无可惜。不知山土价值无几，若以干旱无收之数计之，以数亩之塘，即可救数十亩之田，较之无塘而颗粒无收者，获利已多，况塘中养鱼种菱，更有余剩乎？该粮户等宜通盘筹之！

十、各粮户倘疑山土浅薄，数尺即石，塘不能深；或恐无济，不知开塘务宽大，宽大则土多，土多则堤高，堤高则塘深。假如开十亩之塘，土深五尺，约计一尺之土，可筑二尺之堤；二五则堤高一丈，合之下深五尺，则塘可深丈五。况石更可开凿，一则为修房各项之用，二则为砌堤保护之用，三则石去塘更深矣。再于塘中择无石之处凿井数眼，以及泉为度，将来塘中停蓄皆有源活水，历久不涸。以之救旱，何忧无济？该粮户切勿迟疑观望也。

十一、各里甲如有古泉，或年久壅闭，该粮户等务宜大加疏浚，设法接引，俾得畅流以灌田亩，勿使漏泄。此更自然美利也。至于各山石罅岩底，及各溪涧，如有浸水滴水之处，亦可开挖，倘得泉眼旺盛，以资引灌，更获利无穷矣。

十二、各里甲如有古堰古塘，倘已损坏填塞，该粮户等务速补修开挖，一律完全为要。其古堰低下，宜加高大，与塘窄浅，宜加宽深。该粮户等更宜斟酌相度，勿畏难，勿吝小费，妥速办理可也。

十三、堰塘内如有失足落水、自尽投水等案，死由自取，与粮户等无干。另于杜弊告示详告。

十四、现在编连保甲，选择明白、公正、殷实保正甲长，督催各粮户筑挖，该地方官即责成保甲劝谕兴办，先自富户办起，次及散户，务须普遍迅速。倘有抗延阻挠，及众欲修而一二户执拗者，许即指禀地方官，悉心静气详问原委，酌量妥断。俟劝竣后，该保正甲长协同粮户具拟，并将某里甲保地名，安设筒车一架何地名，筑堰一道高宽长若干丈、何地名，开塘一口深宽长若干丈，某姓名，出资若干，逐细造具清册二本，赴地方官铃印过朱：一本发给该粮户收执，一本存房备案。本司另有杜弊杜争禁约数条，给粮户镌碑，以垂永久。

十五、本年入冬以后，雨水较往年稍少，该粮户等尤宜乘此冬闲，赶紧筑挖堰塘，使明年春水得有收积，四五月间可免缺水之患。该地方官务当认真督率办理，倘抗不遵办，办而迟延，苟且塞责，堰不坚固，塘不宽深，以致来年田或受旱，固系粮户因循自误，亦由该地方官奉行不力。本司为农田水利起见，轻则撤省，重则甄劾，断不轻恕也！其有实在难以兴办者。将情形切实禀明，以凭查核。

十六、拟定筒车堰塘杜弊杜争禁约条款，开列于后。该粮户等各于筒车堰塘之侧，泐石以垂永久。

十七、某里、某地名；筒车一架，计围长宽高各若干丈尺；石堰一道，计长宽高各若干丈尺；塘一口，计长宽深若干丈尺。

十八、粮户某，出修资若干。合办者逐细开列。

十九、筒车堰塘凡系公共朋修者，以出资之多寡，定水分之多寡。倘敢强争，禀官究治。

二十、筒车堰塘遇有损坏，如系朋修者，刻即约众赶紧修补。倘有阻挠不前，禀官查讯。

二十一、堰塘蓄水，可以养鱼。如系公筑者，每年冬月会同取鱼一次。其分鱼照出钱之多寡，定得鱼之多寡。争者送官究治。平时不得私行网取，更不准外人偷取。倘有私取偷取，许即送官究治。至于凿孔放水偷鱼，以致农田缺水，为害甚大，该粮户时时稽查，拿获送官严惩。

二十二、堰塘内如有失足落水，自尽投水等事，其死由自取，与人无尤。约众公同捞起，有亲属者即赶其亲属认明掩埋，报官立案；倘亲属有借尸诈磕等情，禀官究惩。若无亲属，即公同报官，刻即临验，丝毫不得累及地方；倘有地界死人，移弃堰塘中架害者，查出，地方官严行惩究。

二十三、事关农田水利，地方官务须督率办理，行之以实心，继之以无倦。办竣后照粮户所造之册，另造二份：一份申报本司，一份入于交代。接任官随时查验，如有冲坏，迅即修补。如前任开挖或有未遍，亦即劝谕，陆续增添。倘后任官不认真查验接办者，一并分别撤省、甄劾不贷！

以上条款，皆所以为尔民谋衣食之源，备荒歉之计，经而行之，三年余一，九年余三，即或时有荒歉，而有备无患，终身饱暖，礼让日兴，风俗日醇，本司实有厚望焉。

再：防旱备荒，皆地方官职分应为之事，如能督率有方，实心民事，著有成效，定当从优鼓励。倘虚应故事，苟且塞责，亦必从严甄劾。各该地方官务当随时亲历各乡，谆切劝谕指示。其勤敏有效者，酌量优奖，其怠玩不率教者，薄责示辱，仍于年底将开田若干，种桑若干，由地方官据实造册具报查考。除扎饬各厅州县遵办外，示仰民军人等，一体遵行。

道光四年示。

[编者按] 本文录自《邛嶲野录·营建类·水利》，为1824年四川布政使董淳发布。文中对农田水利重要性、可行性、必办性分析十分透彻，且反复劝导群众实行，宣传兴

水利之效益，细致考虑可能发生之弊端，对建设、管理措施亦反复交代，是一篇极好之水利文献。对于现今，亦有参考价值。

1825 年

（道光五年）

安岳：正月大雹。（道光《安岳县志·祥异》）

金堂：三江大水逾日。（《川灾年表》）

垫江：四月一日大雨，县北出蛟，漂没田庐禾稼。（光绪《垫江县志·志余》）

璧山：四月初一夜大雨，遍野鱼死无数。（同治《璧山县志·杂类志·祥异》）

汉源：六月大雨，黑石河出蛟，冲没民房数十家。知县张元沣往勘，捐赈钱一百五十钏……有虎入城，自三月至八月，攫食牛羊犬豕甚夥。（民国《汉源县志·杂志·祥异》）

安县：六月山水陡涨，溃河堤十余丈，没东门外民庐，复入河，直下顺义坝，十余里田宅半为沙洲。（民国《安县志·祥异》）

华阳：岁大旱，民饥，汹汹欲为变乱，知县程式金请开仓平粜，赖以谧帖无事。提督桂涵语人曰："程君在蜀，可当一万兵也。"（民国《华阳县志·职官》）

秀山：夏旱饥。（光绪《秀山县志·祥异》）

富顺：复大旱，收成不及四分。知县宋廷桢劝捐，翌年春季主赈，日食四五千人不等，至新谷熟止。（道光《富顺县志·灾祥》）

自贡：旱，收成不及四分。（《自贡市志·自然灾害》）

涪陵：道光五至八年，屡旱，岁饥。（民国《涪陵县志·杂编》）

广汉：旱甚，米过昂。凤凰里人李会通等办赈活局，济人无算。（同治《续汉州志·义士》）

中江：旱，米价腾涌。（道光《中江县新志·杂记·祥异》）

吏员王荩思平米价风波：道光五年邑旱，米价骤增，县令昏聩，谬听胥役言，抑勒市价，贩皆不至。次日，城内数千人拥集县署索米，县令惶吓无措，几致大乱。吏员王荩思闻之，亟入署，召众出，曰："随我来，照官定价，与我钱，我与尔米。"乃于他处贷米数十石粜之，须臾众悉散。仍白县令，速示四乡，不限以值，远贩皆至。未几，米价自平，民赖以安。（道光《中江县新志·职官·文职》）

江油：岁歉。（同治《彰明县志·祥异》）

綦江：大有年。（道光《綦江县志·祥异》）

忠县：六月十九日，西门外火。（民国《忠县志·事纪志》）

洪雅：道光五年岁歉，县令赉廷飏倡同官议，布政使陆心兰平粜，为全省生民之福。（同治《嘉定府志·艺文志》）

1826 年
（道光六年）

涪陵：二月四日，涪（陵）丰（都）交界地区大雨冰雹。（《涪陵市志·自然灾害》）

垫江：大旱七十日。（光绪《垫江县志·志余》）

巫山：夏秋大旱。（光绪《巫山县志·祥异》）

璧山：夏大旱。（同治《璧山县志·杂类志·祥异》）

邻水：旱。（道光《邻水县志·天文·祥异》）

汉源：五月连日大雨，上几乡山洪暴发，黄家沟、马家沟、白鹤寺等处冲没田房不少。（民国《汉源县志·杂志·祥异》）

安县：大水决堰。（民国《绵阳县志·杂异·祥异》）

富顺：岁大熟。（道光《富顺县志·灾祥》）

南部：岁饥，庠生敬元亮率先纳一百五十金买粟设粥厂，为乐捐者倡。（道光《南部县志·人物·行谊》）

忠县：道光六年秋旱，民饥。次年正月，知州靳章绅捐廉设粥厂，并详请平粜仓谷二万八千四百五十石，民赖以生。（民国《忠县志·事纪志》）

[附]　**岷江春汛都江堰决，主管官员耽报灾情被革职**

"本年三月，岷江春汛，山水骤涨，于（都江）堰工上游冲决多处漕口直往外江，以至内江分流微弱，当此栽秧之际，水不敷用。"水利同知袁昌业、灌县知县朱华，报汛延误，出险后又未及时组织抢修，被革职。

（故宫档案存四川总督戴三锡道光六年八月奏折）

1827 年
（道光七年）

西昌：五月十五日，怀远河暴涨，南门外河街淹毙居民万余人。（《邛嶲野录·祥异》《凉山州志·大事记》）

邻水：三月初六日大雨雹。（道光《邻水县志·天文·祥异》）

垫江：三月初八大风雨雹，葫麦多损。（光绪《垫江县志·志余》）

涪陵：五月二十四日，州南西里何家坝一带（乌江西岸）大雨雹，坏田庐。（民国《涪陵县志·杂编》）

广元：六月县西南江水涨，自南门水洞入城。（道光《重修昭化县志·杂类·祥异》）

资阳：大水，舟自南门入。（光绪《资州直隶州志·杂类志》）

遂宁：春大旱。（民国《遂宁县志·杂记》）

巫山：夏秋大旱。（光绪《巫山县志·祥异》）

泸州：夏秋之交大旱。（光绪《泸州直隶州志·祥异》）

云阳：夏秋大旱，稼禾半枯。（《云阳县志·祥异》）

綦江：旱。秋，远近生害稼虫，细如蟣蠓。秋深大风拔禾，稻多损。（道光《綦江县志·祥异》）

井研：三次奉总督檄，粜卖常平谷，易银解布政使司。（光绪《井研志·纪年》）

犍为：奉文粜常平仓谷，银解布政司。（民国《犍为县志·杂志·事纪》）

万源：七月有赤黑虫害稻。秋飞蝗入境。（《巴蜀灾情实录》369页）

开江：六月稻子含胎时患虫，穗尽萎。（《巴蜀灾情实录》369页）

[**德碑**] 1827—1828年（道光七至八年），水利同知强望泰两修都江堰，大力挖河淘滩。强望泰撰《两修都江堰工程纪略》谓："余于道光丁亥仲春（1827）选授成都水利同知，孟冬莅任，周历各堰，至索桥上内外江分水鱼嘴处，见江口宽四十余丈。江身自旧河口至宝瓶口仅宽四五丈、十一二丈不等。"深感"堰工不遵'六字'即'深淘滩低作堰'修理，历有年所矣"。乃于道光七年及八年两个冬春两修堰首，大力挖河淘滩，以复旧观。（《都江堰志》31—32页）

[附]   **办理春荒章程**
                [清] 刘衡（巴县知县）

为劝谕各顾各保，设法救饥事。

照得巴邑上年花干，秋成歉薄，各乡贫户乏食者多。本县为民父母，断不因卸事届期，遂行袖手。刻下青黄不接，计算收割小春尚有四五十日，不得不设法以救目前之急。因思救贫莫先于保富，而救贫正所以安富。盖贫民安则不致生事，而富民乃安也。前经延请城内及三里绅耆入署面商；本县之意以为救荒之法，聚不如散。今议定邑中各顾各保，令本保之富户接济本保之贫民。盖同保则住居不远，人人相识，既不至于漏遗，亦不虞其冒滥。此本县所由不能不厚望于好善乐施之良士也。今将救饥章程开后：

计开：

一、各保于接到此示后，即日公举绅耆数人，专办救饥之事。经众举出者，慎勿推诿。此系好事，出力者阴德无量，子孙必然兴旺。

二、各保于适中之所，设立救饥公局，以便绅耆会议及富户、贫民来往。

三、保内各户大概分为五等：富户，为第一等；次富，为第二等；虽不富，而尚可自赡者，为第三等；略有产业生涯，而养赡不足者，为第四等次贫；赤贫者，为第五等。着局内绅耆，确切查明，开一清单粘于公局。

四、保内第一等富户，劝令从厚捐施；第二等次富，劝令量力捐施。所捐者，或钱、或银、或谷、或米，悉听其便。第四等为次贫，准买减价出粜之米；第五等为极贫，计口散给捐施之米。

五、局内绅耆，各计算保内极贫若干户，户内大小若干口；次贫若干户，户内大小若干口，开单粘壁。将各富户捐出之银钱概行买米，并将富户所捐之米通盘计算，应散给极贫若干，应减价粜与次贫若干。将数目开单粘壁。

六、减价粮米所得之钱，仍再买米，仍再如前减价出粜与次贫。展转粜买，随粜随买，钱尽而止。

七、极贫领米，大口日领市斗米以一合上下为率，小口日领市斗米以六勺上下为率。定以五日赴局给领一次。

八、次贫买减价出粜之米，亦应予以限制，以免出现囤积之弊。大口日买市斗米一合上下，小口日买市斗米六勺上下。准其随时赴局买给。

九、四月初旬，小春已出，定于四月初十日撤局。

十、次贫略有产业之户，若无钱买减价之米，准其向各富户立约商借些须，但不准多借，秋后计息清还。如素与该富户有隙，或该富户不愿借者，不准强借。违者禀究。若还时，富户免其算息，阴德无量。

十一、各富户之佃客，分住畸零，未必尽在同团，准佃客向招主借贷些须，亦不准多借，秋间计息清还。有押佃钱者，准于押佃钱内扣除。招主不愿者，不许强借，违者禀究。若还时，招主免其算息，阴德无量。

十二、上年本县劝民修挖堰塘，闻尚有延未修理者。接示后，该绅耆谕令多雇贫民，克日兴工。俾贫民得以资生，富户借以兴利，以工代赈，一举两得。

十三、目下青黄不接，务须飞速办理。盖迟一日即多饿死数人，早一日即多全活百十人也。

以上各条，本县斟酌时势，与合县绅耆议定，既可以济贫民，亦不致累富户。此本县办荒之急计，亦即区区保富之苦心也。本县在任日，以保富为怀，从不许衙蠹向富民诈扰，此吾民所共见、共闻者。今将交卸，适遇偏灾，敢以此事重劳吾民。我知诸富户必能鉴我苦衷，相助为理。仁见德孚桑梓，泽及儿孙，积善之家，必有余庆，即本县亦并受其福，不特诸绅耆、富户等，永迓无麻已也。本县行有日矣，愿以好善怜贫为富户劝，即以安分耐贫为贫民勖也。毋违。特示。

（原载刘衡《庸吏庸言·下卷》，录自元周主编《政训实录》（第9卷），中国戏剧出版社，2001年12月第1版）

1828 年

（道光八年）

井研：春旱。（光绪《井研志·纪年》）

遂宁、潼南：春大旱。三月初六日，大雨雹；雹解，沟浍水盈，是年秋大熟。（光绪《遂宁县志·杂记》）

盐亭：大雨雹，金孔场被灾尤甚。（光绪《盐亭县志续编·政事部·杂记》）

忠县：道光八年三月初六日，大雨雹。（民国《忠县志·事纪志》）

涪陵：三月初六日，州北鹤游坪地区、州南西里大雨雹，损坏田庐无算。（民国《涪陵县志·杂编》）岁饥，知州吴庭辉开廪出粟赈之，犹恐不济，劝谕富民减价平粜，全活甚众。（民国《新修合川县志·宦绩》）

理县：五月初十日南溪水泛，冲毁县城保安桥。（光绪《理番厅志·祥异》）

清道光八年，理番（理县）甘溪下场外出现山崩，其土扑及河之对岸，河滩填成平

地，灰尘遮天，白昼为夜，场内人家中积灰数寸，河水成深沱者数月。（《阿坝州志·自然灾害》）

［链接］   **杂谷脑河特大洪水**

清道光八年五月初十日（1828 年 6 月 21 日）杂谷脑河发生一次特大洪水，《理番厅志》记为："五月初十南溪水泛，冲毁县城保安桥，水聚于城隍庙戏楼侧，积蓄顷刻，将城墙冲塌，积水始退。"在干溪沟、古城沟、下庄沟、通化沟访问到"老戊子年"涨水情况，"水是从八卦山那边来的"。推算下庄洪峰流量为 1840 立方米/每秒。

（《岷江志》134 页）

垫江：大淫雨。有虫害稼。（光绪《垫江县志·志余》）

隆昌：冬大雪。（同治《隆昌县志·祥异》）

名山：岁大饥。（民国《名山县新志·事纪》）

万源：饥。（光绪《太平县志·杂类·祥异》）

邻水：大有。（道光《邻水县志·天文·祥异》）

仁寿：宝珠场火。（同治《仁寿县志·志余·灾异》）

盐源：十月地震。（光绪《盐源县志·人物志·异事》）

大足：治东三十里乾坝子，星陨大如箕，光焰烛天，绕地三匝而没。（民国《大足县志·杂记》）

大邑：道光八年，大邑西江淤塞，水尽溢入白马河，崇庆、大邑、新津、邛州四属水户，推大邑庠生郭之新主持修复堰务工程，经营三载，水复故道，耕者赖焉。人士竞为诗歌以美之。（民国《大邑县志·人物》）

1829 年

（道光九年）

万源：夏六月久雨，溪水暴涨，坏城西马仑岩大路，桥梁尽失。（光绪《太平县志·祥异》）

凉山：东西河洪水（稀性泥石流），死伤 750 人。（《凉山州志·自然灾害》）

开江：邑北二十里有蛟水沟，源由龙王塘，本年夏，水忽大至，坏居民庐舍无数，田陇冲圮，沙石淤积数百顷，不可复耕，民赤贫如洗。六月稻正含胎，虫害猝生，赤头黑身，咬节挫根，稻穗全损或半损。（同治《新宁县志·杂记》）

崇庆：大水。（民国《崇庆县志·事纪》）

万县：水。西路溪水暴发，津梁、道路尽失。同年夏，霖雨，溪水暴溢，坏城西马仑岩大道。（同治《增修万县志·祥异》）

灌县：五月风灾。（民国《灌县志·事记》）

綦江：大有年。（道光《綦江县志·祥异》）

邻水：大有。（道光《邻水县志·天文·祥异》）

1830 年

（道光十年）

本年，成都平原北部大风雨雹，自绵竹、德阳起，历广汉全境，达于金堂。（《成都水旱灾害》224 页）

九月，赈四川彭城等二县水灾。（《清史稿·宣宗本纪》）

广汉：四月二十日，汉州治东大雨雹，大者如鸡子，小者如李子，由德阳天宫堂来，经州境连山、下官仓、金堂而去，横行三十里、长亘八九十里，大雷电飓风，倒菜子、大小麦及竹木房屋不计其数。此灾甚烈。（同治《续汉州志·祥异》）

绵竹：四月大雨雹，坏民田四千七十亩。知县杨上容捐钱五百钏赈济灾民。（光绪《绵竹乡土志》）

绵阳：四月大雨雹，坏民田四千七十亩。（民国《绵阳县志·杂异·祥异》）

盐亭：大雨雹。（光绪《盐亭县志续编·政事部·杂记》）

綦江：五月七日、十一日、十四日大雨，河水泛溢，南关城垣均圮，北门亦裂，毁民房四百余家，沿江受害甚烈。（道光《綦江县志·祥异》）

铜梁：五月大雷雨。（光绪《铜梁县志·杂记》）

黔江：五月十二日，涪州黔江大水。（光绪《续黔江县志·祥异》）

涪陵：五月十二至十三日乌江水泛，港口土坎、民舍淹没过半，中嘴场灾尤甚，武隆司署水及檐。（民国《涪陵县志·杂编》）

酉阳：五月十二日州西铜鼓潭河大水，沿河田亩被冲没。（同治《酉阳直隶州总志·祥异》）

武隆：五月十三日（7 月 2 日），涪陵江水泛港口，民舍漂没过半，东岸一带，仅存武隆司署，水及檐。大和尚坎石碑载："大河大清道光庚寅年五月十一日涨大水，十三日退。碑记黄玉奎。"梓桐宫碑记："道光庚寅年水至梓桐宫大殿屋檐。"据测定，宫殿屋檐高程为 213.0 米。（《四川城市水灾史》254 页）

彭水：五月黔、郁二水同涨，冲激及县署脊，邑令避长寿寺，署内钱粮账册皆漂去，监狱及城内外居民三百余家被淹。常平仓、监仓、社仓俱各漂没无存。郁山太平桥被冲毁。（光绪《彭水县志·祥异》）距县城 6 公里处上塘口大路边"倒洞"有石刻："道光庚寅年五月十三日水涨石上。信仕夏昌祥立。"石头顶、底高程分别为 244.6 米、243.89 米。（《四川城市水灾史》252 页）

五月十二日，州西铜鼓潭河大水，沿河田亩被冲没，场上市肆坍塌甚多。是日，黔水泛涨，郁水亦涨高数十丈，两水冲激，咽而不流，致彭水官署尽淹没。（同治《酉阳直隶州总志·祥异》）

中江：五月二十八日，县西南斗鸡台有"龙"（似为龙卷风）升于天，江水随涌高腾数丈。（光绪《新修潼川府志·杂志·祥异》）

秀山：水灾。（光绪《秀山县志·祥异》）

城口：洪。发赈。（光绪《城口厅志·杂类》）

新繁（新都）：大水，沿江漂没民舍。（同治《新繁县志·灾异》）

邻水：大有。（道光《邻水县志·天文·祥异》）

西昌、会理：六七月间地屡震。七月二十七日，西昌金家坝山崩，安宁河水噎一日，决下流数百里，田畴尽淤。（《四川地震全记录·上卷》121页）

1831 年
（道光十一年）

十九州县洪灾：秋夏之间，突因大雨时行，山水陡发，以致綦江、江津、酉阳、秀山、新宁、犍为、荣县、崇宁、汉州、彭县、郫县、新都、新繁、三台、平武、开县等十六州县并续报之蒲江、南江、遂宁等三县近河地方，田地间被冲淹。（《历史洪水资料汇编·军仓奏折》）

重庆：五月六日大水。（道光《重庆府志·艺文志·附祥异》）

綦江：五月初八附里大水。被灾以岔滩场为甚。此次水痕较去年低二尺。二十日天始明，漂没市场，死者无数。二十七日大雨，水又至，低前一尺，坏民房。六月十八、十九日又大雨，蜀江大涨。（同治《綦江县志·祥异》）

江北：夏，大水进城。（道光《江北厅志·杂类》）

新都：洪水冲塌永清桥。（民国《新都县志·外纪》）

犍为：四望溪洪水，冲坏建于关上之县佐署。（民国《犍为县志·杂志·事纪》）

酉阳：大饥，斗米二千，民掘石粉为食，死者甚众。（同治《酉阳直隶州总志·祥异》）

雅安：大熟。（民国《雅安县志·灾祥志》）

仁寿：夏，淫雨水溢，乐善桥圮。（同治《仁寿县志·志余·灾异》）

1832 年
（道光十二年）

綦江：六月连日大水，河岸冲塌，水患已历三年。（同治《綦江县志·祥异》）

重庆：五月六日大水。（道光《重庆府志·艺文志·附祥异》）

江北：夏大水入城，没民庐。（民国《巴县志·事纪》）

巫溪：夏秋大水，坏民田庐。（光绪《大宁县志·灾异》）

万源：夏淫雨四十余日，城外河街水深五尺，大河两岸田庐都被冲毁。（光绪《太平县志·杂类·祥异》）

中江：夏，大雨绵延四十余日，损失极重。（民国《中江县志·丛残·祥异》）

城口：秋雨数月，禾苗尽腐，颗粒无收。（光绪《城口厅志·杂类》）

北川：南山阴雨伤稼，斗米千钱，人至相食。时抢夺肆行，知县孙兆蕙治乱用重典，有犯者虽一钱悉予重刑。行旅赖之。（道光《石泉县志·官师志》）

仁寿：大水坏顾家沱、圮桥磴及老人桥店房、苏家滩桥。（同治《仁寿县志·志

余·灾异》）

雷波：大水。（光绪《雷波厅志·祥异志》）

隆昌：旱，斗米千钱。（同治《隆昌县志·祥异》）

荣昌：十一月初五、六日大雪。（光绪《荣昌县志·祥异》）

绵竹：春夏干旱，米价腾贵。知县文凤喈发义仓米二千五百余石减价平粜。（道光《绵竹县志·祥异》）

凉山州：六月十八日，安宁河大水。（《邛嶲野录》卷 69）

1833 年
（道光十三年）

城口：春，谷价贵至十数倍，牲畜草木凡可食者皆食之。全城饿死数万，流亡者不可数计。秋复阴雨，禾不实，收不及常年十分之一。上年及今年均有虫害。（《四川省近五百年旱涝史料》1115 页）

綦江：三月十三日夜大雨雹，巨有逾鸭卵，地厚三五寸。春，瘟疫大作。（道光《重庆府志·祥异》）

忠县：三月十二日，大雨雹，毁民舍、畜产无算。（民国《忠县志·事纪志》）

仁寿：三月二十五日大风，两抱大青冈树被吹倒。（同治《仁寿县志·志余·灾异》）

巫溪：大旱，绝种粮，人相食。（光绪《大宁县志·灾异》）

广元：县西南五月大雨，两江涨。（民国《重修广元县志稿·杂志·天灾》）

雷波：六月黑雨损禾稼。旱，岁饥。竹开花结实，如麦味甘，可食。牛吃水乡监生刘国泰举累年余粟，开仓赈之，其全活以千计，又施棺木助葬，乡里皆感其德。（光绪《雷波厅志·人物》）

西充：九月二十七日大雷雨。（光绪《西充县志·祥异》）

南川：水（八月初二日安宁河大水）。（《四川省近五百年旱涝史料》132 页）

绵阳：波臣为虐，绵州旧城冲刷殆尽。（民国《绵阳县志·杂异·祥异》）

巫山：旱荒民饥，食树皮草根殆尽。（光绪《巫山县志·祥异》）

泸州、泸县、隆昌：旱，米价高昂。（光绪《泸州直隶州志·祥异》）

安岳：上年十一月初五、初六积雪厚尺余，本年五谷皆熟。（道光《安岳县志·祥异》）

中江：惊蛰雷鸣，是岁大熟。（道光《中江县新志·杂记·祥异》）

秀山：大有年。（光绪《秀山县志·祥异》）

广汉：城北金坪街火灾，凤凰里人李会通慨捐数百金，阴使人给，众人莫识金所自来。（同治《续汉州志·义士》）

会理、盐源：七月二十三日地大震。（系云南嵩明 8.0 级地震波及。）（《四川地震全记录·上卷》121 页）

［善榜］万源（太平）：道光壬辰（1832）、癸巳（1833）间，邑大祲，饿死者道路

相属。邑人徐举，捐粟赈饥，全活甚众；宋光耀捐粟赈饥，一乡无流亡者；庠生王中元煮粥济贫，全活甚众。（光绪《太平县志·人物》）

五月大雨涝。秋严寒，大饥，牲畜草木俱尽，饿殍甚众。人相食。时地产白泥，贫民借以疗饥，名观音粉。又花萼山竹皆结实如米，人多收以为粮。（光绪《太平县志·杂类·祥异》）

通江：新南下、五甲山麓一带大饥荒，武知县赈恤饥民，奉文动支全部实存仓斗谷三千八百三十八石，并无存剩。（道光《通江县志·仓储》）

1834 年
（道光十四年）

綦江：春，瘟疫复起。从五月下旬报晴，八月初大雨，父老云生平未见此酷热，幸田禾无大害。（道光《綦江县志·祥异》）

叙永：接连二载，大水，漂没民房数十间。（《巴蜀灾情实录》304 页）

筠连：秋旱，大饥，民采食竹米。七月大水，损田庐，溺死居民。（民国《筠连县志·纪要》）

乐山：夏大疫。四门日出丧百余，贫无棺者尤众。澄地浆水饮之，乃止。（民国《乐山县志·艺文志·物异》）

万源：秋大有年。（光绪《太平县志·杂类·祥异》）

［**德碑**］**合州知州李宗沆始创"合阳拯穷六政"**：延川进士李宗沆，于道光十二年冬莅合州任，访民间疾苦，颇得其端，欲有以救济之，未及举也。会明年春，民有乞食无获，手刃其养女三指者。宗沆悯之，集诸绅议所以拯穷之道，首在置"育婴堂"。遂自捐千四百金为倡，诸绅认捐者十四人，凑齐四千余金。一时城乡人士闻风兴起，或三百、二百、一百以至数十两、十数两不等，共得银二万六千七百两，遂置田业多收租息，为永久计。卜城西隅创修育婴堂一所，宗沆为之碑，在堂外大门内，现存。其金犹有余，则更建五事，曰"宾兴"、曰"恤嫠"、曰"拯水"、曰"栖流"、曰"泽骨施棺"，统名之曰"合阳六政"，各有专章，自为一书。（民国《新修合川县志·大事》）

邻水：大有。（道光《邻水县志·天文·祥异》）

［**备览**］**资州知州高学濂劝民修水利**：道光十四年，资州知州高学濂，悉州境半系山田，民多苦旱，即劝谕百姓浚堰修水利，任不一载，凡浚堰千余，至今利赖。（民国《资阳县志·政绩》）

1835 年
（道光十五年）

广元：五月两江（即嘉陵江及其支流白龙江）争涨，角上岩冲没民居十余家。（道光《重修昭化县志·杂类·祥异》）

屏山：江水涨发，冲塌南门城身相连五灵桥六七处；又北门城堞出水桥硐多有坍

塌。（光绪《屏山县续志·艺文·附杂录》）

沐川：江水冲塌南门。（民国《乐山县志·杂记》）

芦山：大水，宿溪庙为水冲毁。（民国《芦山县志·建置略》）

綦江：六月十四立秋又大晴至八月朔，小河皆断，收成五六分。六月十九大风刮地。（同治《綦江县志·祥异》）

兴文：岁大有，石谷值钱八百文。（光绪《兴文县志·祥异》）

筠连：大有。（民国《筠连县志·纪要》）

新繁：六月地震。（同治《新繁县志·杂类·灾异》）

德阳：闰六月初五日地震。（同治《德阳县志·灾祥志》）

阿坝：清道光十五年，南坪关庙沟暴发泥石流，淹没沟口及居民数百户。（《阿坝州志·自然灾害》）

1836 年

（道光十六年）

城口：五月，黄溪河、赵五湾山洪，死十余丁口。七月十六日大水，复兴场皆被冲圮。（道光《城口厅志·杂类》）

渠县：渠江大水。（民国《渠县志·别录》）

綦江：秋七月至十月淫雨不止，收成甚薄。（同治《綦江县志·祥异》）

仁寿：1836—1838年三年皆旱，讹言起。（同治《仁寿县志·志余·灾异》）

乐山：夏大旱，米贵。桂家山民董姓盗人之女，杀而烹之。旋即伏法。（民国《乐山县志·艺文志·物异》）

巫山：岁歉。（光绪《巫山县志·祥异》）

万源：冬饥。（光绪《太平县志·杂类·祥异》）

冬，太平（今万源）饥。（《清史稿·灾异志》）

会理：四月初一日地震。（《四川地震全记录·上卷》122页）

1837 年

（道光十七年）

涪陵、武隆：三月二十七日夜，涪丰交界地区大雨雹，东里石柱山一带毁稻田、圮桥梁、漂溺人畜。（同治《重修涪州志·灾祥》）

南溪：夏，溪水暴涨，归岸冲圮，水循西岸直刷城根，武侯祠墙外茅屋尽毁。（民国《南溪县志·舆地》）

汉源：马烈水灾，全场淹没。夏间连绵淫雨数十日，田地禾苗皆秀而不实，岁大歉。（民国《汉源县志·杂志·祥异》）

荥经：夏大水，淹毙居民无算。（民国《荥经县志·五行志》）

雷波：大水。（光绪《雷波厅志·祥异志》）

秀山：夏旱。秋大有。（光绪《秀山县志·祥异》）

酆都、垫江：大旱。（光绪《垫江县志·志余》）

忠县、梁平：大旱。（民国《忠县志·事纪志》）

仁寿：旱。（同治《仁寿县志·祥异》）

德阳：夏饥。（同治《德阳县志·灾祥志》）

新都：米价昂贵，民赖平粜以活者众。知县张奉书集绅捐赈，减价平粜，孤贫赖以活者万计，民甚德之。（民国《新都县志·政纪》）

綦江：秋大有，二十年无此熟。（光绪《綦江县志·祥异》）

[**备览**] 庶民曾乾思伏阙上书反贪官：曾乾思，轸水乡人。粗知书，饶胆识，激公义。道光间，三台县令万某素贪污，局所皆置爪牙，借以朘民，莫敢言。乾思揭诉之，大吏辄驳回。乾思愤慨，偕同志密议，叩阍陈十事，言皆恺切，伏阙书数十上，乃达宸聪，下廷议。时卓公秉恬执政，念同乡，颇右之。诏遣三钦差查办，省内大骇，三台县令万某惧罪自鸩。一时参劾者甚众，全蜀吏治民风为之一变。（民国《三台县志·人物》）

1838 年

（道光十八年）

严重旱灾有十二州县，川南川北地区灾重面广，米价上涨五六倍，民食野草树皮，雅安殍死万余。（《四川省近五百年旱涝史料》6 页）

雅安：夏奇荒，升米钱百六十，蕉蕨诸根采食殆尽，大饥，殍死万余。知县钱炳德筹画赈济，不遗余力，积劳成疾，卒于官。（民国《雅安县志·官师志》）

绵竹：大饥荒。知县发义仓仓斗谷三千六百余石减价平粜，并劝令各粮户自行减价平粜仓斗米六千六百余石。（道光《绵竹县志·祥异》）

[**德碑**] **灌县**：大饥，县令蔡成辂发仓、劝粜，且贩粟邻封（邻县）以济之，全活甚众。民思其德，为建嘉禾亭。（光绪《灌县志·杂记》）

简阳：大饥，邑人叶文开妻谢氏捐米百石赈饥。（民国《简阳县志·编年篇·纪事》）

眉山：三月十一日清明后，霜雹杀稼，四、五月米价昂贵，斗值一千七百八十文。秋大丰。（民国《眉山县志·杂记》）

洪雅：三月霜雪遍地，豆麦无收。夏旱，大饥。（光绪《洪雅续志·祥异》）

夹江：三月霜雪遍地，豆麦无收。（民国《夹江县志·外纪志·祥异》）

中江：春不雨，麦不熟。夏大旱，至秋又旱，冬水塘堰皆涸。斗米千钱。（道光《中江县新志·杂记·祥异》）

涪陵：三月二十五日夜（民国《续修涪州志·祥异》称"四月十八日夜"）大雷雨雹，文家浩发蛟，大水倾圮西里石桥、长里清溪沟桥、蔺市板桥。（民国《涪陵县志·杂编》）

江油：旱，秋损，岁饥荒。（同治《彰明县志·祥异》）

綦江：大旱，自去年十一月不雨至四月二十八大雨乃进，收成约七八分。（同治《綦江县志·祥异》）

梓潼：南河天仙桥冲塌。（咸丰《梓潼县志·艺文》）

盐源：夏大水，邑大饥，穷民掘白盐井瓦窑沟白泥（名观音粉）食之，活人甚多。（光绪《盐源县志·人物志·异事》）

盐边：春夏旱。（《四川省近五百年旱涝史料》140页）

新繁：饥。（同治《新繁县志·杂类·灾异》）

崇庆、大邑：岁大旱，民饥。（《大清会典》）崇庆知州年昌阿募民为粥以赈。（民国《崇庆县志·事纪》）

［**善榜**］崇庆大饥，已故雷万启之妻丁氏，勤俭致富，此时输巨金平粜，乡人赖全活者数百家。知州年昌阿赠"节义流芳"额。又有已故徐国良之妻傅氏，亦倾财为赈，以致家底贫薄，不稍芥蒂。（民国《崇庆县志·士女八之三》）大邑处士杨馨南，"家虽已中落，犹贷百金为粥，以食其乡之贫者"。（民国《大邑县志·乡贤》）

仁寿：旱大饥。（同治《仁寿县志·志余·灾异》）

大竹：夏大旱。（民国《续修大竹县志·祥异志》）

盐亭：夏大旱。（光绪《盐亭县志续编·政事部·杂记》）

平武、北川：旱，秋损，岁饥荒。（《绵阳市志·杂异》）

广汉：旱，四月大饥，斗米千六百文，饥民汹汹成群割麦。州牧劝捐赈之，民乃定。（同治《续汉州志·祥异》）

达州：大旱。（民国《达县志·杂录》）

沐川：六月水。（民国《乐山县志·杂记》）

屏山：六月大水，涨至晒鱼桥，桥上不能过人。（光绪《屏山县续志·卷下·杂志》）

长寿：夏秋间大水。（民国《长寿县志·拾遗》）

江北：八月初五日，大水进觐阳门、汇川门内，沿河漂没庐舍人畜甚众。（道光《江北厅志·杂类》）

武隆：水。（《武隆县志·祥异》）

南川：是年秋，穗将黄，忽生虫，相延甚速，早收幸免，晚收受损，饥。（民国《南川县志》）

天全：大荒，斗米千钱。州牧杨建业倡捐绅粮，设厂施粥，又禀请发仓赈济，存活甚众。（咸丰《天全州志·政绩》）

［**善榜**］道光十八年，天全州中斗米一千文，四乡室如悬磬，野无青草。地方设粥厂，游击职衔邱凌汉，好义首捐，赴嘉定籴米，源源接济，一时价平，全活饥民甚夥。嗣以饥荒太甚，官商绅粮所捐不敷，竟自赔八百金，州人至今犹侈谈之。当道慰赠有"乐善好施""乐善不倦""公正自持""好是正直"匾额。（咸丰《天全州志·人物士行》）

邛崃：大饥。周荣攀出家资赈救，众义之。（民国《邛崃县志·行谊》）

荥经：大饥。（民国《荥经县志·祥异》）

广元：大饥。（民国《重修广元县志稿·杂志·天灾》）

珙县：大饥，斗米千钱，文生罗峤称贷赈济，全活者众。（光绪《叙州府志·人士》）

巴中：大饥，邑人邓密武出谷赈乡人，全活甚众。（民国《巴中县志·乡贤》）

名山：岁大饥。知县王宝华倡捐巨资，设粥厂以食老弱；并移建孔庙于月心山，日役丁壮数百千人，以工代赈。岁凶民靖。（民国《名山县新志·事纪》）

什邡：岁饥，斗米千钱，饿殍载道。知县邵镇请于上宪，开仓赈济，并劝富民捐米平粜，事不纷扰，民赖以苏。（民国《重修什邡县志·官政志·政绩》）

三台：岁饥。（民国《三台县志·杂志·祥异》）

［善榜］三台农民王明金办粥厂救饥：王明金，邑北张月乡人，七岁父母俱亡，孤苦伶仃。始为人佣，后以勤苦起家。适道光年间天旱，民殣，自办粥厂，月余活人无算。乡人请旌，赐"济乐延年"匾额。虽不识字，举动不逾礼义，亦农夫中卓卓者。（民国《三台县志·人物志·行谊》）

汉源：大有年。新谷上市，堆如山积，粮价即落十之六七。（民国《汉源县志·杂志·祥异》）

犍为：蠲免本年丁粮十分之四。（民国《犍为县志·杂志·事纪》）

新津宋县令劝捐赈饥：道光十八年四五六月民乏食，斗米需制钱千三四百文，且无米入市。邑令宋（灏）传各乡富户至局，大书"天鉴仁心"四字为匾于局之大堂，恺切恳至，谕令捐资，举觞以劝之。令各商执文远籴，至则减价，俾穷民各执门牌，分男女厂各二处，各官亲临给卖。由是民气和乐，饥而不害。（道光《新津县志·祥异》）

［链接］

嘉禾记

［清］宋灏（新津县令）

道光庚寅，灏为令新津。越戊戌，秋大熟。民献嘉禾，大本丰节，叶包两桐，茎五尺，其穗三，粒皆三百有六十。县令告之曰：是天心仁爱吾民而降之也。尔其为天之所爱，无为天之所不爱乎？自天降康锡，兹祉福，沐膏泽，而咏勤苦，相与瑞之，宜也。新津为西藏孔道，差烦赋重，民鲜储积，岁丰则追呼幸免，华靡相耀已耳。其所为覆育煦妪，休养生息，盈虚消长，天人感召之故，未免习而忘焉，有目之为瑞，而不知瑞所由来者矣。至于天爱之，而民不知，受其爱，自恃自怠之气，适足以成虚耗，而祥瑞之来，或为当时纪事者所不能解，后世论史又从而讥之，而拘牵忌讳，遂阻抑而不敢言。夫天休降而不知承，必至天灾见而不知惧，人害生而不知救，则不知瑞所由来者之为患大也。县令深恐农民不知敬畏，谆谕以天心告诫，瑞应非常，此亦诗嗟臣工、书旅归禾，春秋纪大有年之义，而岂好为称瑞，以夸耀一世哉！今春邛雅米贵，渐及新津，县令以保甲法核民，谷数不敷，乃进富户，晓譬大义，减价均粜，编牌分厂，是时老幼男女仰食于籴者，日万余人。复以余米分通邻境。盖民食艰难之故，县令已勤筹之，天亦多其穗以助之也。县令报政有期矣，将以瑞应归德于圣主，而吾民屡受丰登，又相率而归其德于天，乃除地缘垣作"穗丰亭"于其上，绘图刻石以纪之，颂曰：茫茫上天，仁爱百族。嘉种贻我，仰资率育，盖藏偶匮，人鲜食谷，乃益杂粮，示以赢缩，乃进富户，教以戢睦，竞劝粜输，迩安远伏。力勤时和，俾尔岁熟，三五其穗，籼稻云簇，西南万亩，荣耀耳目。谁莅斯土，九载司牧。惟皇爱民，惟天锡福。天之与人，感召最速。损益盈虚，循环往复。拜收神仓，同昭祗肃。告我农人，永念于穆。

（道光《新津县志·艺文下》）

[善榜]温江：米价大涨，饥民汹汹。知县刘文蔚集绅筹粮，各绅输捐无几，知县甚忧。适有向来慷慨乐施之盐商陈天柱因事入署，悉刘知县筹赈之艰。天柱即约同好曾恒顺，共捐银三千两，立往下游买米运枭，人心遂安。（民国《温江县志·人物》）

[善榜]温江：通江米价腾涌，邑富户张贵隆将存米六百石尽数发给贫民，不取一钱。贵隆常言："遗子孙以德，不以财。"远近呼之为"张善人"。（民国《温江县志·人物》）

[善榜]温江：武举戴锡川，为人刚直好义。岁饥，民乏食，锡川自捐米石，在永安场玄天观设厂施粥，躬身执爨，累月不倦。（民国《温江县志·人物》）

[备览]清代报灾、散赈制度：清制，凡题报成灾情形，即一面开仓散赈：灾十分者，极贫加赈四日，次贫加赈三日；九分者，极贫三日，次贫二日；八分七分，极贫二日，次贫一日；六分，极贫一日；五分，酌借一月口粮。散赈之法，以大口日五合、小口二合为率。（《大清会典》、民国《崇庆县志·事纪三》）

1839 年

（道光十九年）

川东北绥定、保宁、顺庆、潼川四府十四厅州县大面积旱情，五月二十日不雨迄于七月之初，亢旱四十五日，各处山田山地粒米无收。（《巴蜀灾情实录》288 页）

宜宾：三月，义上、义中二乡连界处大雨雹，瓦屋尽毁，林木被折皆枯，二十里内野生族无存者，击伤二十余人，死七人。（光绪《叙州府志·祥异》）

彭水：三月初四日，彭邑与涪州、酆都接壤诸乡大雨雹。九月大雨雹。（光绪《彭水县志·祥异》）

涪陵、酆都：三月初四，涪酆交界地区大雨冰雹。后大旱。（民国《涪陵县志·杂编》）

西昌：五月，安宁河暴涨，沿河水灾。（《凉山州志·大事记》）

綦江：五月以前多雨，六月极亢阳，七月至九月淫雨不止，高田坝不可收种，山人无颗粒。（同治《綦江县志·祥异》）

彭县：七月大雨水，漂没民舍。（光绪《彭县志·史记门·祥异志》）

广汉：七月二十九日连续大雨水，淹过城腰，漂民房。（《巴蜀灾情实录》304 页）

城口：十月初六日大水。（光绪《城口厅志·杂类》）

潼南：大水。（民国《潼南县志·祥异》）

遂宁：大水。（光绪《遂宁县志·杂记》）

新都：大水，沿江漂没民舍。饥。（民国《新都县志·行谊》）

盐亭：夏旱。（《绵阳市志·杂异》）

夏旱。(光绪《盐亭县志续编·政事部·杂记》)

中江：三伏大热，无雨至秋，县境东南亦无大雨，塘堰皆涸。(民国《中江县志·丛残·祥异》)

南部：夏旱，秋霖。(道光《南部县志·杂类·祥异》)

[德碑] **徐县令赈饥**：徐薇，道光己亥(1839)冬，摄篆南部，甫下车，询知秋收无成，而苦于前吏已报丰稔，仓储无由请发。因进绅耆而商之，令各市镇设立赈厂，富者劝输以米，贫者晓之以义，饬书役不得侵渔，闾阎不许痞讼。赈济二月，三日一期，按丁照牌相给，不混不遗，绅耆咸体仁意，尽心劝募，是岁得以不饥，群黎称生佛焉。(道光《南部县志·政绩》)

屏山：八月大雨水涨，冲毁晒鱼桥。(光绪《屏山县续志·艺文·附杂录》)

荣昌：大旱。(光绪《荣昌县志·祥异》)

万县：夏久不雨。(同治《增修万县志·祥异》)

剑阁：旱饥。(同治《剑州志·事纪》)

广元：大饥。(民国《重修广元县志稿·杂志·天灾》)

广安：岁大凶，人食桐麻树皮。邑人张开桂出粟赈济，时蓄无多，商之族人，得谷二十余石陆续分给饥人。(光绪《广安州志·行谊》)

巴县：夏蝗灾，高田尤甚。(民国《巴县志·事纪》)

巫山：岁歉。(光绪《巫山县志·祥异》)

雷波：兵燹之后大疫。贫民不能延医药，死亡日继。精于医术之郎中丁善章、陈汝明，配集药物，广传良方，遇病者即与之，并不索值，全活无算。人多感德。(光绪《雷波厅志·人物》)

1840 年
(道光二十年)

川东北因上年大旱引发特大饥荒：春，川东北十四厅州县发生特大饥荒。川东北绥定、保宁、顺庆、潼川四府所属盐亭、南部、南充、西充、蓬州、营山、仪陇、渠县、大竹、达县、新宁县、东乡、太平、城口共十四厅州县，方圆一千五六百里，自1839年6月到8月亢旱45日，各处山田、山地粒米无收，坝田有河堰灌救虽有收成，又遇秋雨连绵，半数霉烂。当年冬、腊两月起，民间普遍缺粮，将所种大小麦、豌蚕两豆苗株，连根食尽，以后又将草本木叶全部食尽。本年春，老弱辗转沟壑，丁壮流离四方，饿殍弃婴到处皆是。各县米价飞腾，每斗涨至800余文。每县濒临死亡、急待救济者二三十万人。官府出籴常平仓谷救济，半为胥吏奸民中饱；民力早已十分拮据，即使斗米三钱，贫民亦无资购买。(《四川省志·大事纪述·上册》1页)

四川全局性大水：夏秋，四川沱江、涪江、嘉陵江、渠江跨流域暴雨洪水，崇庆、大邑、德阳、彭县、广汉、资阳、隆昌、江油、南部、江津等州县发生特大水灾。德阳、彭县、广汉、崇庆、大邑八月连天大雨，广汉水淹城腰，漂没城内外房屋、居民无数。资阳九月大雨大水，江水暴涨，东、南、西三城门淹没，船舶往来城垛上。资中、内江、隆昌，大水入城。江油、彰明大水，中江绵雨四十余日。南部大水，城墙倾覆，田禾冲毁。合川大水，上半城及州署大堂淹没，全城街巷，所剩无几。江津各乡山水暴涨，街市尽没。(《四川省志·大事纪述·上册》2 页)

岷江支流渔子溪特大洪水：清道光二十年六月初六日（1840 年 7 月 4 日），渔子溪发生特大洪水，在耿达访问得知："河原来向左弯，老河走现在的公路位置，大水时沟里的水把大河水堵到对面，把对面的地打到这边来，就归万家所有了。河流改了道。"当地民谣"水打八大柴，万家发了财"就指这件事。(《岷江志》134 页)

十四厅州县洪水：据峨边、忠州、汉州、达县、南江、大竹、邻水、绵竹、遂宁、垫江、射洪等厅州县先后禀报：本年夏、秋间，因连得大雨，水势骤涨，狭窄溪河，一时宣泄不及，以致附近居民、田地、房屋、桥梁，有被淹冲倒塌及淹毙之事。……据富顺、蓬溪两县先后禀报：八月初间，昼夜大雨，河水陡发，遂致漫溢。(《历史洪水资料汇编·军仓奏折》)

1840 年夏秋之交，四川盆地淫雨不息，8 月 25 日—29 日又连续暴雨，四川境内发生一场持续四五天的大面积暴雨，雨区范围东从渠江中上游，西到岷江支流青衣江，横贯嘉陵江、涪江和沱江，并向南逼近长江北岸，笼罩面积 13.7 万平方公里。大雨大水几乎遍及整个四川盆地，山洪加上各江洪水，灾情十分严重。1840 年的大洪涝相当于后来 1981 年发生的特大洪涝。(《四川省志·地理志·下册》)

1840 年洪水地跨沱江、涪江、嘉陵江、渠江。(《四川省志·农业志·上册》33 页，《四川省志·水利志》57 页) 有 23 个县遭严重洪水灾害。(《四川水旱灾害》64 页)

成都平原大雨水，大邑邮江、金堂沱江特大洪水：光绪《增修崇庆州志》："崇庆跨金马河三江桥卷石十一洞，为州境桥梁巨观，道光庚子（1840）大水冲塌，改建绳桥。"大邑大雨，邮江大水，虎跳河段洪痕推算洪峰流量 3200 立方米/秒，为近三百年来历史调查及实测邮江最大洪水。

道光庚子秋七月二十九、三十暨八月初一（8 月 25 日—27 日），彭县、新繁、新都、金堂连日大雨大水，新繁县境诸河上涨，漂没田园庐舍，蟆水河古卧龙桥圮。金堂三皇庙调查：1840 年 8 月 27 日洪痕水位 445.55 米，推算洪峰流量 7700 立方米/秒，为近三百年来仅次于乾隆九年（1744）及 1981 年 7 月的第三大洪水。(《成都水旱灾害志》225 页)

荣昌：三月大风拔木。(光绪《荣昌县志·祥异》)

岳池：夏四月，雨泽愆期，米价昂贵。知县张堂，奉札设法倡捐，劝谕阖邑绅粮，共捐输仓斗米一万零三百余石，城乡一律开局，五月始至七月止。统计饥民二万五千余丁口。(同治《岳池县志·田赋志·附赈济》)

巴县：五月，笱里龙洞水灾，街市尽没。(民国《巴县志·事纪》)

江津：五月笱里龙洞水灾，街市尽没，各乡山水盛涨。(民国《江津县志·祥异》)

涪陵：春荒，民以桐麻皮为食。七月，山窝山大风，毁庄稼。(《涪陵市志·自然灾害》)

雅安：六月，宋村渡舟覆，溺毙八十余人。(民国《雅安县志·灾祥志》)

德阳：七月大雨，绵、雒江大水。(同治《德阳县志·灾祥志》)

汉源：七月二十九日（8月25日），县中大雨如注，各乡山水盛涨，宜东长河坝淹没五分之四，打木水官田冲没一半，河西二郎坝、大沟坝等处房田尽行冲没。七月三十日至八月初一日大雨，水过城腰，深及房檐，涝损田地，金雁桥冲走两洞，船往来城垛上，淹毙居民无算。县中名桥多座，皆于此次冲塌。均经知县勘报。（同治《续汉州志·祥异》、民国《汉源县志·杂志·祥异》）

广汉：七月二十九、三十暨八月初一连日大雨，汉郡水淹过城腰，金雁桥冲走二洞，漂房屋损田地，淹毙居民无数。（同治《续汉州志·祥异》）

彭县：八月八日大雨水，沿江漂没民舍。（光绪《彭县志·祥异志》）

南部：大饥，民食石面。四月疫疬并行。八月一日大水，倾覆城垣，害民稼。为数十年所无之灾殃。马鞍塘侧火峰山竹遍开黄花，结实如麦，味甘可食。（道光《南部县志·杂类·祥异》）

县中赈饥，杨芳堤、雍昭孝、王全忠、谢胜才、杨如宗各捐米六十石，邑令徐薇请咨议八品。（道光《南部县志·人物·行谊》）

盐亭：夏旱。八月二日大水，岁大饥。（光绪《盐亭县志续编·政事部·杂记》）

潼南：八月初二日大水。（民国《潼南县志·祥异》）

遂宁：八月初二日大水。（光绪《遂宁县志·杂记》）

阆中：八月初三日河水泛涨，东滩水位为 355.9 米（吴淞基石）。（《嘉陵江志》111页）

[附]
保郡绅士客商捐施粥碑记
［清］徐双桂

从来富而好礼，必施惠于粉榆；仁者爱人，讵忘情于桑梓。是以上行为下效之徵，不足赖有余以济。稽周官荒政，散利者有常经，溯卫国尝饥为粥，事传令典，岂非就时急务，抑亦守土攸责乎。本道监司三郡，莅职五年，物阜民安，四境遍宁于鸡犬，时和岁稔，比间足食于仓箱。有恒产者生恒心，能相亲者必相恤，自古而然，于今为烈矣。保郡户口殷繁，厥田刚燥，先庚占岁，爰苦雨泽之多愆，上辛祈年，应卜农夫之有庆。第春余夏始，食惟其时，蔀屋茅檐，室如悬磬，遥期麦陇，黄云望秋，未至刚度，沓花天气，积闰方长。八口萧条，艾少三年之蓄；四邻称贷，粮无七日之余。艰谋朝而谋夕，家有啼饥，徒采蕨而采薇，珉多菜色。此在行路，为之神伤，而况当途，能无心恻。且夫仁民爱物者，一己之殷勤也；而济惠恤灾者，人心之同欲也。集中泽之雁鸿，哀号无数；萃远近之老幼，疆域难区。始事有基，方虑糇粮莫继；成人之美，忽闻绅士同心。遂令舟泛南津，争聚上流贾客；厂开北郭，尽存佛氏婆心。招集流离，不效黔敖小惠；输均乡邑，竞传子敬指囷。保五十日之生灵，倾仓倒廪；充六千人之口腹，仁粟义浆。虽清俸无多，未足为功于领袖；而解囊靡算，实微有济于流亡。且也，疾病也，具医药以生之；死亡也，给棺木以殓之。迨乎农事方兴，谋生有赖，而给资十日，不计途程，洵可谓有始而有终，匪云市恩而市义。夫非郡侯之襄赞、邑宰之贤能，与夫二三乐善者之踊跃也，而能若是周至乎？余窃不欲没人善也，爰建立碑亭，为文志之。

（道光《保宁府志·艺文》）

铜梁：八月初三日大水，淹至县署头门，会龙街可通舟楫，初四日辰消退。（光绪《铜梁县志·杂记》）

资阳：八月初二日晡时，雁江水暴涨，东西南门皆淹没。次早，唯县治存，船往来城垛上，居民争走莲、凤两山以避之。经一日夜始退。（咸丰《资阳县志·祥异考》）

简阳、资阳：八月二十八日大雨大水，雁江水暴涨，东西南门皆淹没，船往来城垛上。居民争走莲、凤两山以避之。（民国《简阳县志·灾异篇·祥异》）

新繁：八月大雨大水，沿江漂没民舍。（同治《新繁县志·杂类·灾异》）

苍溪：八月河水涨，淹没万寿宫庙廊，圣像漂流，墙垣崩颓。据测量，灌水痕迹高程为377.48米。（民国《苍溪县志·杂异志》）

内江：八月大水入城，桂湖平街水高尺余。（光绪《内江县志·杂事志·祥异》）

合川：大雨水，水及上半城至州署大堂止，合城街巷所余无几。推算水位219米，洪水高度33米。（民国《新修合川县志·乡贤》）

[**善榜**] 合川善人黄皓、朱惠汝、唐胜：道光二十年，岁旱，合川米贵如珠，天星桥人黄皓，倡建平粜外，复以米入市减价出售，半月而米价平，岁暮又焚券（借条）免追捕。又，兴里人朱惠汝出粟贷赈，多所全活。又，东里渭子溪人唐胜，为首举办平粜，全活甚众；二十年大水，倡众赈济，灾民赖之。（民国《合川县志·乡贤》）

大邑：大水，冲走宋李平墓碑。（民国《大邑县志·祥异》）

天全：始阳镇大雨雹，将禾稼尽损。州牧张其信赈济有方，民赖以安。（咸丰《天全州志·政绩》）

新都：大水，沿江漂没民舍。（民国《新都县志·外纪》）

崇庆：大水。岁饥，知县年昌阿发社仓平粜；不足，则劝捐以益之；惩奸商，定米价，民心大安，全活无算；又以粜资置社田六百亩，岁取其入以实仓储。（民国《崇庆县志·名宦》）

富顺：秋大水。（光绪《叙州府志·祥异》）

江油：大水。（同治《彰明县志·祥异》）

梓潼：开化堰被潼江洪水冲毁而无力修复，致使百顷、新华、辽原等村四千亩水田变成旱地。（《绵阳市志·自然灾害》）

中江：三伏无雨至秋，塘堰皆枯。秋雨延绵四十余日，损失极重。（《涪江志》103页）

资中：大水，北门、南门、小东门城垛皆没，街道稍低者店房俱水淹。（光绪《资州直隶州志·杂类志·祥异》）

隆昌：大水入城。（同治《隆昌县志·祥异》）

大竹：大水。（民国《续修大竹县志·祥异志》）

南川：饥，是年歉收，米价高昂，贫民无所得食，掘白粘泥、观音粉。（民国《南川县志·大事记》）

武胜：米价腾贵。监生段平瑄捐谷一百石赈荒平粜，活人颇多。（光绪《定远县志·祥异》）

奉节：白帝大桥村干沟子，发生大规模泥石流，堆积沙石面积达18.7万平方米，

厚约 12 米，体积约 340 万立方米。(《奉节县志·大事记》)

乐山：三月朔，河街火烧三百余家。夏大水。(民国《乐山县志·艺文志·物异》)

忠县：道光二十年，知州薛济清捐廉办赈，设粥厂，并平粜济仓谷二千七百六十九石六斗九升。(民国《忠县志·事纪志》)

龙安府：岁大熟，斗米百文。(道光《龙安府志·杂志·祥异》)

通江：二月，赈恤饥民，奉文动支社仓仓斗谷 1860 石，并无存剩，俱经请销在案。(道光《通江县志·食货志·仓储》)

[附]   **水利说**

[清] 裴显忠（乐至知县）

水之溢地，如人身之血，毛孔爪甲，靡不流通，故随地高下，气所贯皆有水。其涌而为泉，注而为溪为涧，潴而为塘为堰，虽梯田架壑，足乎浸灌一也。然坐贪天幸，而不开不凿，不陂不蓄，不深淘，造物安能自把注而与之？

乐至地有三则，田中下错，春无雨遂涧废不得耕，夏至后雨，农人又以为过时，即苦称俭岁。或曰无水利，或曰不能兴。《府志》亦云：县不过就山溪涧谷，掘沟引灌，所谓堤堰之名。盖与江隔绝，崖𡾆岖之间，形势然也。

道光戊戌（1838）七月莅政，访知民所疾苦，适西成犹未悉。己亥有秋闱之役，迨庚子（1840）春末，旱象偶见，祈祷祠潭大雨，民乃有秋。

吾闻斥卤之地，其水必浅，山高水高，凡俗人皆知之，何独乐邑不可兴乎？暇阅方乘，读前令尤公秉元劝民筑堰之诗，先获我心。微服周览，引田父老而朴者就询真确，乡之广壤若干，乡之狭壤若干，沟浍之所达，涧窦之所通，以乡计堰，以堰计亩。于崇仁乡录八十堰，溪沟堰十有七；普安乡录九十堰，溪沟堰六；钦民乡录百四十六，溪沟堰十有六；仁义乡录八十八堰，溪沟堰一。是皆旧时凿筑，虽达于江者数溪，余潆流浅注而已。然堰之大小交纷，胥准田塍之多寡而均之，旱干自足相救。今或不雨，而即告凶荒者何也？则以堰不一姓，弊在互推，狃于贪天，弊在惜费。夫贫富杂居，必使之堰出一族，势胡可得？两相借诿，而受其害。何若计占田数，合出资财，主客共竭丁力，议一人督率之，冬月务闲，亟以是时疏通沟道，浚沦堰塘，引溪以入于沟，引沟以入于塘，务深务广，蓄水自多。有事春作，相其缓急，分亩而溉，有彼此得其利，计孰善于此？

云雨兴作，有神司之，且率土皆丰泽，天岂能为一邑、使三日五日之不愆期乎？秋潦既盈，各町决泄，如各町所泄，俱注于塘，以为冬水，或五十亩开塘二，百亩开塘四五，及春，溪发参灌，纵未克全种，亦十可八九。乐民乃尽塘莳秧，无肯舍数亩之塘以实水，复不肯垫资、费工力以掘塘心、作堰底。惜锱铢之费，失坻京之获，宜灾之易以成也。亟亟为此虑，尝揭斯意，详谕乡民。又相放生溪、盘龙河乐阳溪、多宽乡皆可穿渠，功费浩巨，徐当为乐邑图之。

因修志，切陈利弊，附诸《田赋》后，告之有郑白其人者。

(道光《乐至县志》、《四川历代水利名著汇释》420—422 页)

［善榜］**南充吴永健"积善贻谷"**：吴永健以货殖致富，慈善好施。道光庚子岁，邑大饥，捐米数百石，于双桂、金宝及西充各场，施义粥数月；不足，复在顺城买米百余石继之，全活者众。太守金公嘉其善行，禀报川北道，奖以"积善贻谷"匾额。（民国《南充县志·乡贤》）

［附］**邓学灏夫妇入圹饿死**：邓学灏，赤贫，财不苟取。早年即自砌石造生圹（墓室）。庚子（1840）大饥，夫妇相携入圹，对坐竟日。族邻义之，有送食者，邓皆置诸圹外。七日不食，同饿死。（同治《渠县志·外纪》）

1841 年

（道光二十一年）

岷江流域局部大水灾，灌县、彭山、汉源、乐山等地较重。（《四川城市水灾史》344 页）

綦江：五月中旬起，田间生害稼虫，受害者十之九。（同治《綦江县志·祥异》）

眉山：六月初三日大水，沿河房屋沙地被冲毁，富者忽贫。（民国《眉山县志·杂记》）

青神：大水不减于乾隆时。（民国《青神具备征录》、《四川两千年洪水史料汇编》）

什邡：六月山水暴涨，漂没田房庐墓、人民无算。（同治《续增什邡县志·祥异志》）

铜梁：六月大水，较道光二十年小三尺。（光绪《铜梁县志·杂记》）

阆中：八月初八日大水，东滩坝水位为 354.9 米（吴淞基石）。（《嘉陵江志》111 页）

涪陵、武隆、彭水：春大饥。七月三日大风，损禾稼百余里。（同治《重修涪州志·祥异》）

涪陵：大饥，民食白泥，多气梗死。（同治《重修涪州志·祥异》）

安岳：大饥。县令吴应连赈恤饥民，全活甚众。民感之，请入名宦祠。（光绪《续修安岳县志·名宦》）

巴县：夏秋间，府属虫生害稼。（民国《巴县志·事纪》）

新都：县西同善桥冲塌七洞。（民国《新都县志·外纪》）

仁寿：大旱。（同治《仁寿县志·祥异》）

云阳：大旱。（民国《云阳县志·祥异》）

屏山：蝗灾甚重。（光绪《屏山县续志·杂志》）

璧山：大熟，稻稔三岐。（同治《璧山县志·杂类志·祥异》）

巴县：大疫。夏秋间府属虫害稼。（民国《巴县志·事纪》）

江北：大疫，民多死亡，郡城尤其。（《巴蜀灾情实录》379 页）

南川：夏禾叶被虫食且尽，民苦无收，多全家逃入贵州。大饥。（民国《南川县志·大事记》）

[附]　　　　　　　　**知县孙玉麒祷雨文**

道光二十一年，夏大旱，知县孙玉麒设坛虔祷，云作风来，雨师每为返驾。玉麒为文以祭，乃反风为雨。其文有云："高原下隰，焦土可怜，后稷先种，良苗尽槁。念某等拊循有愧，即降之殃祸而何辞？惟间阎作息何事，令受此凶灾而不忍。"邑人传颂，以为诚心感昭如此。

（道光《石泉县志·官师志》）

道光、咸丰年间四川储谷的存消：道光二十一年，四川省常平、监仓储谷229万多石（合1.38亿公斤）。咸丰以后，由于战争，储粮消耗殆尽，至咸丰十一年（1861），全川储粮不足67万石（合4000万公斤）。（《四川省志·粮食志》142页）

1842 年
（道光二十二年）

嘉陵江中下游特大洪水：清道光二十二年（壬寅）五月（1842年6月），在嘉陵江中下游发生大暴雨，暴雨中心在西河一带，在西河上游形成了一次特大洪水，治平寺河段1842年洪水位比1903年洪水位高7米以上。在嘉陵江南部以下，也是一次大洪水，烈面溪河段，1842年洪水位比1903年洪水位低2.5米。据调查：西河治平寺"老壬寅年，涨过一次大洪水，把治平寺全淹完，当时有人撑船去用竹竿试探，发现庙子正殿脊梁还在"。1977年调查，正殿脊梁上还有淤沙。经地质人员鉴定认为："是西河洪水带来的淤沙。"磨子滩"老壬寅年涨过一次大水，淹没我家地坝下三步石梯"。"壬寅年洪水朝天……""河东拐老壬寅年洪水最大。坐在这个连山面上能洗脚。"嘉陵江新政坝"积古寺的四大天王洗脚"。烈面溪老观音菩萨旁，有"道光壬寅五月望八日涨大水齐大面止"，黄文若刻的石刻洪痕。南部县志："五月望八日，大江溢，县城四门水俱入。"（《嘉陵江志》95页）

1842年，西河特大洪水。（《四川省志·水利志》57页）

屏山：三月二十七日，大雨雹，大树被风拔去。（光绪《屏山县续志·杂志》）

南部：五月八日大江水溢，县城四门俱进水。（道光《南部县志·杂类·祥异》）

铜梁：五月大水，较道光二十年小三尺。秋大水，城中沿河民房冲倒。（光绪《铜梁县志·杂记》）

阆中：五月十八日大水，东滩坝水位为354.9米（吴淞基石）。（《嘉陵江志》111页）

合川：六月，大水入城，推算水位213米，洪水高度27米。（《合川县志·自然灾害》）

营山、仪陇、蓬安：夏，水盛，逾石梁坨。（光绪《蓬州志·瑞异篇》）

中江：夏大雨，绵延四十余日，损失极重。（民国《中江县志·丛残·祥异》）

荣县：淫雨，桂林山崩塌二十四丈八尺，又崩塌十丈九尺。（民国《荣县志·事纪》）

遂宁：大水。（光绪《遂宁县志·杂记》）

潼南：大水。（民国《潼南县志·祥异》）

巫溪：夏秋均大水进城。（光绪《大宁县志·灾异》）

武胜：四至五月夏旱四十五天。（《嘉陵江志》151页）

江北：夏旱。（民国《巴县志·事纪》）

大邑：旱。（民国《大邑县志·祥异》）

涪陵：六月稻禾两收，岁大熟。（民国《涪陵县志·杂编》）

綦江：大有年。九月二十一日夜大雨雹。（同治《綦江县志·祥异》）

荣昌：嘉禾遍野。稻穗三歧，合邑大熟。（光绪《荣昌县志·祥异》）

璧山：大熟。（同治《璧山县志·杂类志·祥异》）

龙安府：夏麦丰收。（道光《龙安府志·杂志·祥异》）

蓬溪：十二月十六日雪积五寸。明年岁稔。（光绪《新修潼川府志·杂志·祥异》）

雅安：虎现晏场、邓沟，害七十余人。邑人张静山呈明县令，雇猎户毙虎，患乃已。（民国《雅安县志·灾祥志》）

雷波：火灾，焚街房几遍。（光绪《雷波厅志·祥异志》）

盐源：七月八日至八月五日，盐源地震。十二月二日至三十一日，盐源地又震。（光绪《盐源县志·人物·异事》）

仁寿：文公庵十五里许白崖沟地裂，横顺一里许，庐田被淹没。（同治《仁寿县志·志余·灾异》）

1843 年

（道光二十三年）

四川省三台等五县因夏间大雨雹，损伤田宅人口：据宝顺（按：疑为宝兴之误，宝兴时为署成都将军）奏称："据三台、大宁、云阳、开县、广元五县先后禀报，本年夏间，或因偶下冰雹，或因连日大雨，山水骤涨，致将附近民田、庭舍、杂粮损伤冲坏，至人口亦因一时趋避不及，间有伤亡。"（《近代中国灾荒纪年》37页）

屏山：三月二十七日夜大雨雹，龙溪一带大树皆被风拔起。（光绪《屏山县续志·杂志》）

万源：四月雨雪。七月有黑虫害稻。（光绪《太平县志·祥异》）

南部：七月一日水猝涨，直灌入试院。（道光《南部县志·杂类·祥异》）

綦江：七、八月大雨水。（同治《綦江县志·祥异》）

阆中：十月二十七日大水，东滩水位为356.6米（吴淞基石）。（《嘉陵江志》111页）

巫溪：夏秋均大水漫城。（光绪《大宁县志·灾异》）

彭水：夏大旱。（光绪《彭水县志·祥异》）

涪陵：大旱，斗米价 2400 文，各处草头木根抢食殆尽。（《涪陵市志》引《夏氏家谱》）

江北：夏旱。（民国《巴县志·事纪》）

蓬溪：岁稔。（道光《蓬溪县志·祥异》）

仁寿：夏，高顶砦山崩，如雷吼不已，大白烟一缕直上，裂为白岩。（同治《仁寿县志·志余·灾异》）

高县：十一月二十四日至十二月二十日，地震。（同治《高县志·祥异》）

[附]　　　　　　　　　**重庆府属各县兴修塘堰水利**

据《新修重庆府志》记载：道光二十三年，府属各县兴修塘堰，缓解了丘陵区农田旱情。

巴县古堰 182 口，新旧塘 2306 口。南川县龙塘在县东 180 里，塘方圆百亩，四壁苍崖，水呈鸭绿色，产嘉鱼，无泄处。此外，各里、甲合计有堰、塘、龙泉 341 处。涪州（今武隆、涪陵）内河，出龙溪河与大江合流，其间有蓄水灌田处。碧溪河，下高滩筑有大堰，引水可溉田千余亩。老龙洞，上洞水出洞即入暗流，下洞水流出分引，可溉田数百亩。枇杷洞蓄水可溉田百余亩。修鳞洞引水溉田百余亩，余孔洞引水可溉田数百亩。土地坡塘，引塘水绕山数里，可溉田千余亩。璧山县，有塘堰名天池槽，位于牛心山，塘周围百余丈，久旱不涸，久雨不溢；旁有暗流十余里，通青木关山峡，分灌巴、璧二县田数万亩。此外，各里有堰 36 口，均由山溪引水。江北厅（今重庆市江北区和江北县）有堰 32 口，均从溪泉引水溉田。32 堰中，有的一堰分注多堰，形成连锁分注蓄水系统，增加了灌溉面积。

（《四川省志·大事纪述·上册》7—8 页）

1844 年

（道光二十四年）

长江中游大水，四川雅安受灾较重。全省 107 个县受洪灾。（《巴蜀灾情实录》304 页）

秀山：春久不雨至四月。（光绪《秀山县志·祥异》）

威远：夏大水，河溢入城。（《内江地区水利电力志》）

云阳：大旱，"稼禾不登场，饥民遍野"。（民国《云阳县志·祥异》）

奉节、巫山：夏大旱，禾稼不登。（光绪《奉节县志·记事门》）

苍溪：七月雨溢，嘉陵江沿岸飘没民舍以千计。（民国《苍溪县志·杂异志》）

雅安：七月水灌北门，漂没田宅。平羌渡覆舟，溺毙百余人。（民国《雅安县志·灾祥志》）

宝兴：全县各沟水涨，老羊村街被冲毁，淹死数十人。城支沟暴发泥石流，淹没大半个县城，并堵塞宝兴河。（《青衣江志》132 页）

[链接] 宝兴山洪泥石流：断续下雨 40 余天，在七月十三日的一场暴雨中，较场沟

偏岩子处崩山堵沟，溃决后形成大规模的山洪泥石流。泥石流奔腾而下，漫淹了大半个县城。位于城中心的城隍庙积水深达数尺，菩萨"洗了脚"，满地皆是漂木。洪水挟带着大量的泥沙、块石进入宝兴河，将主流迫至右岸。（《青衣江志》151页）

内江：自去秋以来冬田水枯，今春亢旱，山粮半枯，田水尽涸。（民国《内江县志·祥异》）

名山：大疫。（《巴蜀灾情实录》379页）

綦江：大有年。（同治《綦江县志·祥异》）

屏山：影君山下虎豹横行，龙溪、富荣等乡被噬百余人。乡民请安山匠打获数十只，害乃消。（光绪《屏山县续志·杂志》）

巴县、华阳储粮备荒：巴县丰裕仓存谷1400余石。华阳县武担山下常平仓存谷1872石，县府东侧常丰仓存谷2万石，城南火神庙社仓存谷374石。（《四川省志·民政志》273—274页）

1845年

（道光二十五年）

綦江：入春无雨至三月。（同治《綦江县志·祥异》）

雅安：六月大水，灌北门，漂没田宅。后于东关外竖"止水碑"，刊有"水涨至此"四字，并在水口山半镌"止水崖"三字。（民国《雅安县志·灾祥志》）

乐山：江水更大涨，河势东涉，堰又败。（民国《乐山县志·艺文志·物异》）

洪雅：大水进城。（光绪《洪雅续志·祥异》）

夹江：大水，南安场田亩尽遭淹没。（民国《夹江县志·外纪志·祥异》）

绵阳：旱。（民国《绵阳县志·杂异》）

长寿：从空中坠落一块大陨石，着地于县城东门外武庙之侧，打坏官山坟墓百余穴。（民国《长寿县志·灾异》）

盐源：正月二十三日，火烧县城东西街。（光绪《盐源县志·异事》）

[**善榜**]合川泥溪场人赵仕清义赈事例：道光二十五年，泥溪场火灾，延烧四十余家，贫者不得食，赵施米数石，乃获济。同治二年（1863）泥溪又火，延烧五十余家，又施米数石，有尤贫者，暗中给钱四百、五百，又给竹草，以便起屋。庚午（1870）大水，泥溪、金镇全场被淹，赵给金镇施钱二十钏，给泥溪十钏、米一石。若遇凶年，必出米以作平粜。（民国《合川县志·乡贤》）

1846年

（道光二十六年）

古蔺：四月初六日水，五月初六日大风雨吹折下桥石栏。（光绪《叙州府志·记事门》）

江津：四月初八日晚雨雹，大如卵，风大，拔树最多。（民国《江津县志·祥异》）

綦江：五月十六日大水。冬多雪。（同治《綦江县志·祥异》）

汉源：六月一日大雨，干沟盛涨，冲没场头数家，淹至下街。冲塌南华宫。贡生陈腾九等呈报在案，知县吴云程履勘，集绅商会议，捐修河堤，汉源河堤由此始。（民国《汉源县志·杂志·祥异》）

乐山：六月十日起大水，城外成巨浸，大舰直泊迎春门内，盖百年未有之灾。（民国《乐山县志·杂记》）

灌县：六月初十日，灌县起蛟发水，蛟随水行至嘉定，势极凶。彭（县）、眉（山）冲毁堤、田、庐舍，势极汹涌，（乐山）诸祠庙及张公桥皆崩塌，为灌、眉、彭未有之记录。（同治《嘉定府志·祥异》）六月，灌、彭、眉三县受灾，为近百年未有。（光绪《灌县志·祥异》）

铜梁：六月大水，较道光二十年（1840）水小三尺。（光绪《铜梁县志·杂记》）

眉山、彭山：八月下旬大水。（民国《眉山县志·杂记》）

南部：夏大旱，无禾。（道光《南部县志·杂类·祥异》）

雅安：夏大旱不雨，自清明至于大暑。（民国《雅安县志·灾祥志》）

[**善榜**] 雅安姚登庸性慷慨，邻里借贷不能偿，焚其券。道光中瘟疫大起，买药济人，不取一钱，所活甚众。（民国《雅安县志·乡贤》）

仁寿：大旱。（同治《仁寿县志·志余·灾异》）

筠连：大有。（民国《筠连县志·纪要》）

名山：大疫。（民国《名山县新志·事纪》）

金堂：春，金堂地震有声。（《四川地震全记录·上卷》122 页）

伤寒大流行，1—9 月，死亡上千人。（《四川省志·医药卫生志》146 页）

[**备览**] **射洪县伯玉乡朱生口河堤碑记**

道光二十六年，射洪县伯玉乡民众建成朱生口河堤，即立"朱生口河堤碑"，上刻韵文为记，嘱咐后人维修堤防时要团结，不要争闹。全文如下。

尝闻人生天地，创业难，造堤犹难。时逢丙午，正月起，夏月完。费其工价，一千二百余钱。以遗后世子孙，听吾言：

上堤坝，子孙永远不得开谍。尔等听吾言。福寿绵绵。若不听吾言，张氏子孙急阻拦。盖永垂不朽云耳。

大清道光二十六年　谷旦

（《四川历代水利名著汇释》481 页）

1847 年

（道光二十七年）

屏山：五月初三日大雨雹，龙溪水口古庙被水冲去。（光绪《叙州府志·祥异》）

什邡：水复暴涨，横流四十余里，直至汉州始还故道，经过之地，庐墓人民多被淹没。（同治《续增什邡县志·祥异志》）

铜梁：五月大水。（光绪《铜梁县志·杂记》）

合川：五月州城水甚大。（民国《新修合川县志·祥异》）

綦江：六、七月酷热异常。壬寅以来皆稔岁。（同治《綦江县志·祥异》）

广安：八月十四日，渠河水涨至州坡，居民避水蹲高屋，夜见江心红灯数对，迤逦而下，漂没人畜房屋无算。次日见冲来大仓一座，上聚二男一女，顺水漂下。十五日水退，十八日复涨，较前低五尺。（光绪《广安州志·拾遗志·祥异》）

渠县：八月十四日夜渠江大水，较嘉庆十三年（1808）高六尺，二十日清晨水复涨，较前略小数尺。是夜，避水居民蹲高屋上，只见河中有二炬浮水面，大如鞠，上不烟焰，下不映水光，绿色。邑人皆曰"龙睛"也。（民国《渠县志·别录·祥异志》）

［附］　民间关于渠县八月大水的描述

渠县"八月十四日夜，渠江大水，较嘉庆十三年高六尺。二十日清晨，水复涨，较前略小。是夜，只见河中有二炬浮水面，大如鞠，上不烟焰，下不映水光，绿色。邑人皆曰'龙睛'也"。当地老乡对这年洪水印象深刻，口碑相传。有的说：道光二十七年大水，城内火神庙菩萨淹齐嘴皮边。抗战时，火神庙已毁，但位置尚清楚。（据推算，洪水高程约为253.66米。）有的说：道光二十七年大水，衙门里都进了水，齐腰深。大水淹到钟鼓楼下，县官扛着县府官牌和自己的一只靴子去"送水"，另一只靴子用木箱装着，钉到钟鼓楼下的壁上。据说那年洪水就涨到箱子边为止。（按其介绍，洪水位置约为254.61米。）还有的老乡说："道光二十七年大水淹齐房屋楼上，人从楼上上的船。"总之，各方面材料证实，这一年是渠县历史上一次罕见的大水灾年。

（《四川城市水灾史》237—238页）

大水纪事诗

［清］贾绂麟

道光二十七年八月二十日，清晨水复涨，较前（八月十四）略小数尺。是夜，共见河中有二炬浮水面，大如球，上无焰，下不映水，光绿色，人皆曰"龙睛"也。自黄渡河出。详见贾绂麟大水纪事诗。

大水仓皇至，斯人亦可哀。沿江沸鸡犬，匝地走楼台。雨色连遥树，涛声殷晚雷。茫茫成浩劫，屈指卅年来。人自楼头出，船从树杪行。妻孥携琐碎，田亩失纵横。彻夜呼声急，洪流匝地生。望门即投止，未暇主人名。忽讶江中火，人声鼎沸多。双睛明列炬，连甲动沧波。头角峥嵘异，烟云绕护过（是夜所见如是）。真龙谁得见，无奈叶公何。才见神龙逝，旋惊列火明。之而刚一瞥，风露正三更。首尾怜差小，追随幸不争。远归沧海便，好去问前程。岂是延津化，双龙次第过。田园渺榛莽，城郭半江河。跃鲤登谁见，其鱼叹若何。沧桑真瞥眼，堪羡是渔蓑。差幸吾庐在，田园半已非。泥涂深斗室，门户失柴扉。扫地蜗缘壁，巡檐水拂衣。生涯如此薄，吾道竟安归。昨夜江头信，传闻水又潮。（二十日水又大至。小于前次，仅四尺余，而更速。）复真来七日，涨未及崇朝。再向高原走，仍随短棹摇。天心竟如此，生事付渔樵。地泞催佣辟，田荒倩佃

335

耕。废垣多败瓦，颓岸有空院。都蔗连畦仆，团焦逐水轻。鸡栖并豚栅，相对任纵横。又活活何人，决海门狂澜。东注若雷奔，蛟龙得势中宵舞，鸡犬腾声大野喧。一派楼台摇巨浪，万家烟火聚孤原，沧桑弹指成兴废，故里迢迢何处村。

（同治《渠县志·祥异》）

泸县：大水入城，至三牌坊街。（民国《泸县志·杂志·祥异》）

阆中：嘉陵江洪水，淹及治平寺屋脊。其时，秀才彭仕弼任教于寺内私塾，夜半起床小解，忽见水已上楼，即爬上屋脊，连呼救命。待晓，何家坝人撑船将其救出。水退，何作诗："道光二十七，水淹治平脊，不是船来救，淹死彭仕弼。"（民国《阆中县志·杂类志·纪异》）

岳池：渠江上游涨水，中和、罗渡镇街道进水，民房被冲毁，损失严重。（《岳池县志·祥异》）

[链接]

苦雨歌

[清] 金科豫（高县邑令）

吾闻羁縻古称小漏天，四时阴雨飘云烟。自春徂夏尚间断，惟秋八月最连绵，无昼无夜声溅溅，芭蕉滴碎芸窗前。十年灯畔忧事煎，空床辗转失安眠。清晨启户一眺望，沉霾墨黑如烟瘴。南屏峰暗北台昏，林木阴森风雾飐，猛飘落叶洒淋漓，细引蛛丝轻荡漾。一日之间变态多，倾盆浑似倒银河。鸳瓦喷腾喧瀑布，沟渠涨溢叠层波。豆箕生鱼禾生耳，甑尘饭化群乌螺。居平犹自苦愁缚，嗟尔远方行路之人奈若何。君不见断涧奔湍突无路，空山日暮人呼渡。锦障泥深没马蹄，仆夫时踏惊僵仆。又不见柳公门峡相勾连，浮槎一笠临飞泉，乱石星攒斗险恶，旁人意悸心旌悬，红日无功雨助虐。怨呼声直达青冥天。噫嘻！乾吾父兮坤吾母，戴之履之承高厚，阳怨阴盛会有时，何敢怨怼雠诸口。但期女娲重复来，扫除苍狗纷纷走，摩挲小试补天手，顿使人间漏隙归乌有。

（光绪《高县志·艺文》）

1848 年

（道光二十八年）

盐源：七月邑河大水，官署俱没。（光绪《盐源县志·祥异》）

盐边：七月河西大水，官署俱没。安宁河洪水冲没米易巡检所，后迁所于撒莲街。（《凉山州志·大事记》）

汉源：七月大雨，多座桥梁被冲塌。大相岭乡约赵宗桂呈报，知县谢连堃即予措款修治。（民国《汉源县志·杂志·祥异》）

綦江：八月一日至二日大雨，川江大溢；南江口倒流至五岔场，较十一年（1831）更大。五月后恒雨，禾不发蘖，高田多青虫之害。（同治《綦江县志·祥异》）

酉阳：夏旱，大饥，斗米三千余。饿殍遍地。（同治《酉阳直隶州志·祥异》）

秀山：夏饥。（光绪《秀山县志·祥异》）

隆昌：五月十三日大雷，震毙五人于县署鼓楼下。（同治《隆昌县志·祥异》）

夏，巴县（今重庆渝中区）地震。7月30日—8月28日，太平（今万源县太平镇）地震，一刻余始定。8月29日—9月26日，兴文地震。（《四川地震全记录·上卷》122—123页）

1849 年
（道光二十九年）

四川部分州县因夏间淫雨连旬，秋收歉薄。据兼署四川总督、成都将军裕诚1850年1月2日（道光二十九年十一月二十日）奏称："臣查垫江、营山、崇宁、灌县、剑州、打箭炉等厅州县，因夏间淫雨连旬，川江暴涨，民田庐舍间有冲塌漂没。所种稻粱，或被沙石淤损，以致收成歉薄，米价腾贵。"（《近代中国灾荒纪年》98页）

涪陵：长江上游及乌江同时涨水。州境沿江遭受洪灾。（《涪陵市志·自然灾害》）

叙永：岁大饥，死者狼藉，道路蒙袂辑屦贸然者其来如云。邑境贡生章璿心恻然，捐谷数百石立与平粜，诸富室亦出积储相应和，米价减少，民困苏醒。郡守上闻其事，得奖"积善成德"四字匾。（光绪《续修叙永、永宁厅县合志·人物·贤达》）

綦江：五月大水，田土多冲坏。（光绪《续綦江县志·祥异》）

荣昌：五月初六、七日，大雨，河水入城，冲坏西关广济桥二洞。（光绪《荣昌县志·祥异》）

仁寿、秀山：夏旱，大饥，民多流离，多取石粉为食，死者道路相望。（同治《仁寿县志·祥异》、光绪《秀山县志·祥异》）

德阳县令王陛元赈饥：道光己酉岁饥，禀请发仓赈济，亲查贫户丁口，不使遗漏。自捐米二百石，多方劝民助赈，凡鳏寡孤独废疾者，分别大丁口月给米一斗五升，小丁口减半。又出社仓谷平粜，全活数千家，民不知有凶年焉。（光绪《德阳县续志·职官志》）

江油：县东北九十里，空坪山崩。（光绪《江油县志·祥异志》）

荣县：本县社仓，向由胥吏司管钥。道光二十九年，台州举人洪瞻陛来任知县，特颁藩宪章程，归士民主办，由是民沾实惠，社首亦免赔累。去任后，民立去思碑。（民国《荣县志·秩官》）

［备览］　　　**水灾八首**
佚名
四面洪涛一望同，混茫不辨亩南东。
奇灾泽洞怀襄后，大雨昆阳战斗中。
沉陆难回龙汉劫，安流应念鳖灵功。
田禾漂没知多少，共卜明年米价丰。
其二
万壑千溪注一川，惊湍横击石俱穿。

岂今元会将消地，从古梁州是漏天。

未雨防疏财是惜，其鱼祸大蔓谁延。

不知内外堤全坏，几许金钱始得填。

其三

军声十万夜汹汹，难遣钱王弩卒攻。

近岸人家张破败，掀天水势李横冲。

荒寒泽畔无嗷雁，零落江边有断虹。

最是临流凄绝处，纷纷白骨浪花中。

其四

才免兵荒又水荒，斯民何罪竟难偿。

虫沙再劫归流落，锋镝余生堕渺茫。

饥溺关心谁禹稷，变迁弹指几沧桑。

捍灾固是河堤吏，尤望闾阎积善禳。

其五

一河开作几条河，历历烟村付逝波。

市远鱼儿随涨入，宵深龙伯列灯过。

人骑破屋饥号断，鬼积哀邱裸葬多。

纵获余生无着处，此番应得免催科。

其六

昔凿离堆溉数州，斗鸡台下判鸿沟。

源通一勺穿羊膊，派衍双渠出虎头。

蛇笼岁常縻帑费，鹑居今半没河流。

大江东去知何似，地势兹犹近上游。

其七

建瓴而下势难平，太息中流柱已倾。

功枉镕金成二丑，祸将灭火正三更。

鱼兔国险常忧水，蛟蜃涛腥渐薄城。

愧我望洋徒一叹，回澜无计拯苍生。

其八

薄有先畴早荡然，数椽何惜付沦涟。

名如邹湛沉千古，身学张融寄一船。

聊为墙颓编棘护，且随屋漏徙休眠。

独愁江上松楸近，魂断涛声落枕边。

（光绪《增修崇庆州志·艺文》）

1850 年

（道光三十年）

9月12日，西昌发生强烈地震。10月21日，清廷发布谕旨称："四川西昌县城内，于八月初七日（9月12日）地震逾时，衙署、监狱、仓库倒塌，军民压毙甚多，并有教授曾习传、教谕滕昺甲，均被压伤殒命。"（时值府考，各县童生聚集县城，死人很多。据《中国地震目录》判断，此次地震震级为7.5级，烈度达10度。）

震时：清道光三十年八月初七日（1850年9月12日）

震地：西昌县城及县属所有东南各乡、会理州属披砂汛及大佛场、松林坪、新村等地。

震情：

△9月12日（道光三十年八月七日），建昌（今西昌、普格间）发生7.5级地震，震中烈度10度。建昌遍城屋宇倒塌，木石填塞，不辨街巷。城垣倒塌200余丈，西、南、北门城楼及文武衙署、仓廒、库局、庙宇、监狱概行倒坍。白塔寺、青龙千佛寺、东岳庙前殿山门等扫地无存；龙神祠、禹帝宫、文华寺、关帝庙、药师寺、字库等概行倾颓；静宁寺、西盛寺、永盛寺、清真西寺、川主庙、四百户清真寺、泸山祖师殿、娘娘庙前后殿等倒塌；灵鹰寺垣塘尽覆，发文寺栋折檐崩，青龙寺大半摧颓。建昌城内外及各乡场受灾户27880余家，灾民135382口。倒塌房屋26106间，压毙20652人。会理州永定营（宁南县）震倒民房1838户，压毙2878人。普格耿底武圣宫倒塌倾颓。盐源卫城倒房数十间，压毙数十人。云南巧家倾圮民房数百间，压毙数百人。

建昌城及东海镇一带大地突然迸裂，喷沙冒水，须臾地合如故。邛海水溢，山陵崩溃，海河壅塞，湮没沿岸农田、寺宇。建昌、普格、会理州一带出现山崩、滑坡和地裂，大箐梁子南的五道箐、普子里底至扯扯街沿线有30多公里长的地裂缝带。普格有山崩地裂，拖木沟马厂坪滑坡将干海子填塞，沙坝滑坡阻塞河道。宁南14处山崩地裂，城南东白水沟附近滑坡、地裂并冒出清泉。喜德西河乡阿支等地滑坡，埋压山寨人畜。越西、冕宁、米易、会理、仁寿、德阳、庆符、乐山、南溪、南充及云南宣威、永胜、普洱等地亦震。（《四川省志·大事纪述·上册》14—15页）

△地震时，发生多处地裂现象，"城关地裂，宽二三丈，深四五丈，长六至十丈，须臾复合，夹死行人。道路震裂，大树震倒。沿东乡邛海一带山崩，滑坡，地裂冒水。北山、邛海及安宁河边地裂宽一至三尺，冒沙水。邛海水上涨，冲毁树寨"。震区范围，东北远及南充、仁寿、乐山，东及南溪、庆符、筠连，南及云南之宣威甚至普洱。西昌附近，影响更大。如：会理——"城内老朽房屋倒塌，城乡（包括松林坪、披砂、新村等十四处）倒房一千八百三十八户，压死二千八百七十八人。"宁南——"宁远府至披砂山崩地震，房屋、庙宇一概倒塌。"冕宁——"南城垣局部震塌和崩裂，老朽房屋倒塌。泸沽玉皇庙倒塌，石龙坟墓震垮，人有伤亡。"普格——"土库房倒塌较多，山崩地裂，人有死者。"昭觉——"房屋间有倒塌，人畜伤亡。"喜德——"少数房屋倒塌、震歪和崩裂。"盐源——"倒民房数十间，压死数十人。"巧家——"民房倾圮数百间，

压死数百人。"（《近代中国灾荒纪年》111—112页）

△十一月四日至十二月三十日，全涪（涪州）地震，水泉簸荡。（《四川省志·地震志》64页）

△八月初七夜，仁寿地大动，隐如阴风吼，瓦屋、床桌摇荡。（同治《仁寿县志·志余·灾异》）

仪陇：大有年，斗米三百文。（光绪《仪陇县志·杂类·祥异》）

涪陵：春无雨，夏歉收，民多无食。（《涪陵市志·自然灾害》）

綦江：四月瘟疫流行。大有年。（光绪《綦江续志·祥异》）

德昌：八月淫雨弥月。（《四川省近五百年旱涝史料》140页）

崇庆：大水。（民国《崇庆县志·事纪》）

隆昌：大水。（同治《隆昌县志·祥异》）

大足：竹蝗成灾。（《大足县志·灾异》）

开县：七月十三日，县西北九龙山大风，有牧童戴笠乘风直上四五丈嵌嵌，向东南行五六里始坠，无恙。① （咸丰《开县志》）

雅安：冬，东正街火灾，延烧二百余家。（民国《雅安县志·灾祥志》）

忠县：知州朱百城平粜仓谷七千零一十二石。（民国《忠县志·事纪志》）

西昌：八月初七日起淫雨弥月。（《四川省近五百年旱涝史料》140页）

[附一]　　　　　**西昌大地震后的赈济重建**

1850年西昌大地震，造成民房大半倒塌，死伤枕藉，百姓口食无资，栖身无所。灾害发生后，清政府饬四川总督徐泽醇迅委贤员，将受灾人户死亡丁口逐细查勘，给银赈抚。掩埋死尸，修缮城乡民屋、铺房、城垣、衙署、考棚、仓库、监狱、库局等各项工程。孤贫男女及无依幼童，由政府捐修房屋，按名收养，勿使一人失所；受伤患病之人，分别给药医调，安抚人心。这样，灾民在重建中得到谋生的机会。土木繁兴，众工并举，大小生意，开市照常，商贾辐辏，地方靖谧。

（《巴蜀灾情实录》165页）

[附二]　　　　　**建昌地震纪变**
　　　　　　　　　[清] 牛树梅（宁远知府）

（道光三十年庚戌八月初七日夜）劫灰何年迹，荒幽传异说。何期建昌城，灾变竟奇绝。坤维夜半走奔雷，山岳震荡海波颓。床榻如舞人如簸，万家栋宇枯叶摧。维时苦雨天幽昏，呼救人多救人少。迟明一望满城平，欲辨街衢谁能晓。我亦被救仅获生，院试未知署内情。遣人询问才咫尺，木梗石塞积水横。可怜五旬璋一弄，三岁遭劫成空梦。蒿目万户竟如斯，我与斯民聊分痛。越日舁椅一历观，强示吾民体尚安。哀我遗黎瓦砾上，枵腹淫雨痴呆看。到署瞿瞿不可视，家人相见痛未已。嵯岈横亘堆如此，中有仆役一半死。断木架棚仅如窝，上霖下湿杂处多。最是夜长真似岁，东方不曙奈天何！

————————————

① 龙卷风现象。

文署无役武无兵，我足负伤又艰行。民事何能须臾缓，况复一夜辄数惊（时有夜呼黑夷乘间窃发者，遗黎惊窜，扑水落坎死者甚多）。力疾奔驰遑启处，无那（奈）伤发心力阻。幸闻瓜代已及期，遥盼龚黄来苏汝。大府恫瘝素切身，选贤驰赈百事亲。九重会有恩膏沛，伫看枯草回阳春。

（牛树梅《省斋全集·杂咏》7—8 页）

[附三]

八月十二祈晴纪异

［清］牛树梅

建城繁盛应无比，数万生灵俄顷死。

垣屋荡平衣食绝，弥月霪霖犹不止。

举目全非人世形，兼同地狱日昏冥。

遗孽了无生意在，妖言乘起更骇听。

时有寒生名杨鼎，特来献说识殊迥。

请礼太阳炮击阴，义与奉令出征等。

我以古法商同官，虔制木牌书以丹。

中间敬图太阳象，四角画作火云团。

异哉翌早晨熹露，红光映入蓬栖处。

惊说绛云满四周，一天锦绣纷无数。

拳拳盥沐捧太阳，向午毕集演武场。

伏祷牌前同一恸，两旁观者泣数行。

安排巨炮如临敌，齐向阴方摧霹雳。

人声助喊壮声威，直欲奋手攫云霓。

此时日气云间孕，乃是天人机相应。

从此大晴月有余，秋成无恙民情定。

噫噫杨生学品醇，平生善画并传真。

运蹇未逢青目者，灾变之中识斯人。

（民国《西昌县志·艺文》）

[附四]

地震中的荒唐告示

1850 年 9 月，西昌发生 7.5 级地震，造成 2 万多人死亡。当地府、县官吏妄听妖言，认为此次灾难乃"牛鸣"引起，牛鸣而地震，于是出告示禁牛入城，并将乡村所蓄牛俱横小木拦口，以止其鸣，同时将人的姓氏改"牛"为"刘"，改"鸣"为"明"。（注：其时知府名牛树梅、知县名鸣谦。）

（《巴蜀灾情实录》178 页）

1851 年

（文宗咸丰元年）

綦江：三月少雨，农家多插老秧。六月十五日大晴至七月，田土多坏。（同治《綦江县志·祥异》）

忠县：文宗咸丰元年春，大雨雹，州境内所种鸦片全毁。（忠州《颜氏日记》）（民国《忠县志·事纪志》）

大竹：春夏大旱。（民国《续修大竹县志·祥异志》）

云阳：春，霖雨淫溢，城东北倾圮者殆半。（民国《云阳县志·祥异》）

蓬溪：六月二十三日，大水。（光绪《蓬溪县续志·机祥》）

潼南：六月二十三日大水。（民国《潼南县志·祥异》）

崇庆：大水。（民国《崇庆县志·事纪》）

仁寿：大水，沿东嘉禾乡至罗泉井、睢家坝一带三十五里淹没。（《巴蜀灾情实录》305 页）

理县、黑水：夏，水铁色，间山溪水发，冲毁山田河岸。（《阿坝州志·自然灾害》）

酉阳：六月，远近数百里中，斑竹尽数作花，枯死无孑遗，慈竹亦然。（《酉阳县志·大事记》）

彭水：秋，县城火焚中街至南门百余户。（光绪《彭水县志·祥异》）

叙永：莲花山地裂。（光绪《续修叙永、永宁厅县合志·杂类·祥异》）

［附］　四川定为"协济省"，钱、粮库藏大被搜刮

咸丰元年，清廷正式定四川为"协济省"，向清军与太平军作战的各省供应军饷、军粮和各种军用物资。到咸丰四年底，四川向各省调拨饷银达 330 余万两，历年库藏被搜括一空。从咸丰元年起，清廷就令四川地方官将川省沿长江各州县所存仓谷拨运广西、湖北、安徽、江西各省。同治二年（1863）因拨运军粮，沿江而下，川米调运湖北甚多，使四川米价暴涨。咸丰元年至十年，清廷先后从四川征调上万余名军队分赴广西、湖南、湖北、安徽、浙江等省围剿太平军，所用军饷耗银，不予调拨，俱由四川省库开支。仅至咸丰四年，这项开销已耗银 20 余万两。

（《四川省志·卷首》255 页）

［备览］总督徐定仓储章程：咸丰元年，奉四川总督徐（泽醇）札明定章程以重仓储。故忠之社、监等仓，士民毫无亏欠，荒年所赖，政亦善矣。（民国《忠县志·仓储》）

1852 年

（咸丰二年）

四川多灾，民食艰困：咸丰二年，四川许多州县发生灾害，颗粒无收，饥民食草根，草根食尽食白泥，无以为生。（《四川省志·卷首》254 页）

南江：五月大雨水，漂没庐舍。（民国《南江县志·灾祲志》）

黔江：六月大风雨雷。（光绪《续黔江县志·祥异》）

西充：八月淫雨至十月朔，二日雷电大雨，乃霁。（光绪《西充县志·祥异》）

广安：渠江水涨至州坡。（光绪《广安州志·拾遗志·祥异》）

遂宁：江水涨。（民国《遂宁县志·杂记》）

屏山：江水屡涨，中都场大水，人尽淹没。（光绪《屏山县续志·杂志》）

南溪：大水入城南，至奎星阁下。（民国《南溪县志·杂纪》）

筠连：大水。三年亦然。（民国《筠连县志·纪要》）

巫溪：江水屡涨，沿河近山居民猝遭水患。（光绪《大宁县志·灾异》）

绵阳、遂宁、三台：江水屡涨，沿河近山居民猝遭水患。（《清文宗实录》）

岳池：河沿近山居民猝遭水患。（光绪《岳池县志·杂识志·祥异》）

梓潼：楼子坝，潼水溢。（咸丰《梓潼县志·祥异》）

夹江：洪水为灾，田禾尽淹。（民国《夹江县志·外纪志·祥异》）

沐川：水。（民国《乐山县志·杂记》）

乐山：夏大旱，饥民食蓬草、蕨根充饥，食白泥者多腹胀而死。县令发仓赈济。（民国《乐山县志·艺文志·物异》）

奉节：平安乡一带流行伤寒，疫期达二三月，染疫者万余人，死亡两千余人。（《四川省志》）

綦江：十二月多雪。（同治《綦江县志·祥异》）

隆昌：十月十三日至十一月一日，隆昌地震。（《四川省志·地震志》64 页）

新繁：地震；十一月，桃李花实。（同治《新繁县志·杂类·灾异》）

忠州：地震。（民国《忠县志·事纪志》）

彭水：九月，彭水县庞滩（今酉阳县龚滩）董姓农家有声如雷，董宅内洪水垒涌，顷刻乃定，屋宇三十余间、家人及工匠百口皆陷没。邻人相与寻踪，于二里外得木工尸及其妻与子尸。（《四川省志·地震志》64 页）

［附］咸丰二年，夏旱岁歉，民挖蕨根充饥，几不聊生。幸野竹开花结实，其米较稻米味差淡，救活贫民无数。（光绪《巫山县志》卷 10）

1853 年

（咸丰三年）

1853 年，桓子河特大洪水。（《四川省志·水利志》57 页）

绵阳：旱，民饥，采树皮以食。"绵州旱，知州杨玉堂罄俸以赈，州人稍有力者皆感奋出钱米为继，因设厂四乡，册丁口给票，就所在而赈之，全活为百千万数。"（同治《绵州志·政绩》）

安岳：亢旱。（光绪《续修安岳县志·祥异》）

彭县：大旱，自三月不雨至七月。（光绪《重修彭县志·史记门·祥异志》）

綦江：四月栽插大难。（同治《綦江县志·祥异》）

广汉、安岳：夏大旱，四月不雨，禾尽枯，至六月十一日始大雨水发，山场河坝无水灌者颗粒无收，近灌者县大堰水田收几成。（同治《续汉州志·祥异》）

涪陵、武隆、彭水：三月十四日雨雹，雹大者如碗，地上积雹深尺余，毁禾折木，打死人畜。（同治《重修涪州志·祥异》）

西充：六月水涨入城，淹孔庙五尺，民舍漂没，城垣倾塌，沿河两岸田禾淹没，损失甚巨。（光绪《西充县志·祥异》）

蓬溪：大水。（光绪《潼川府志·祥异》）

遂宁：大水喷溢，三庆堤被淹。（民国《遂宁县志·杂记》）

筠连：大水。岁饥，斗米值五百余文（道光二十六年斗米二百文）。瘟疫复厉，死人无算，县人于景阳山后掘万人坑以掩之。（民国《筠连县志·纪要》）

资中：北街失火，烧十余家。（光绪《资州直隶州志·杂类志·祥异》）

潼南：大水。（民国《潼南县志·祥异》）

彭山：因东南用兵，出粜常、监仓谷。咸丰七年，接济京米，再粜。两次共粜出谷二万石。（民国《重修彭山县志·通纪》）

犍为：再粜常平仓谷，银解布政司。（民国《犍为县志·杂志·事纪》）

灌县、合川：正月十五日（2月22日）辰时，灌县地震。八月七日（9月9日）夜三更，合州（今合川）地大震。（《四川省志·地震志》64页）

涪陵：十一月五日，闻地下有声如闷雷，涪州全境屋瓦震动。同日，南川县陈家场（今南平镇）发生5.2级地震。（《涪陵市志·自然灾害》）

[德榜] **观州牧杨缜亭（玉堂）先生赈饥奉赠**
[清] 何天祥（左绵书院主讲）

我闻越州救荒赵清献，家资先出富民劝，修城食力俱无怨。又闻青州水灾富郑公，庐舍万间庇民穷，山泽寄食肠皆允。绵郡去年谷不熟，稻花村变童山秃。剜肉难疗眼前疮，一路哭逾一家哭。忍饥勉冀春苗苏，改岁云霓望仍诬。鱼游釜兮尘生甑，宛绘郑侠流民图。雅有东鲁杨太守，不忍啾啾哀众口。簿书填委悉亡劳，及时更伸补天手。悃怀涸鲋用情专，以身示教分廉泉。哀多益寡众擎举，管教无年若有年。行见贫者受富者施，海滋山隈靡不知。将填沟壑旋生之，前日饥，今日饱，万灶炊香烟缭绕。竹花何如桃粥好，我公保赤心弥懋。就中生恐或遗漏，连倾鹤俸善维持，肯使官肥民独瘦？吁嗟乎，终南捷径人争先，谁顾卖儿贴妇钱！公矢寅清兼子惠，一麾出守民生全。民生已全歌来暮，准留遗爱甘棠树。未知劫运能消无？（时川南不靖，贼氛密迩，故云。）先偕赵郑二公同敷布，鲲生半世穷于砚下风，欣拜慰黎扇记取，他年郡乘重纂修，编入政绩大名留，循声㐇奕传千秋。

（民国《绵阳县志·文苑》）

［备览］　　　　　　　**流民叹**

［清］孙恕

　　□鸱磔磔饥鸢叫，豺虎吮人狐狸笑。流民野哭号酸风，鬼火零星鬼声闹。面黄皮黝双瞳绿，筋凸肌凹含瘦骨。僵尸扑地横不收，争攫人肝啖人肉。老妇无完衣，少妇亦赤足。背负病雏如鼠伏，呼母呼爷声断续。朝叩富儿门，一钱不掷还怒瞋；暮宿死人家，魑魅揶揄枯骨踊。天阴雨湿风沙沙，桥头聚泣哭无家。榆皮柳叶煮已尽，破铛缺釜生霜花。十日卖一儿，五日卖一女，得钱不疗饥，相顾泪如雨。肝肠断，城中大官正酣宴，馔玉炊金传晚膳。

（民国《绵阳县志·文苑》）

1854 年

（咸丰四年）

　　荣昌：立春日大雪。是岁大旱，秋获甚歉。八月初，各乡民田均发二禾，九月大熟，收倍于前，民歌大有。（光绪《荣昌县志·祥异》）

　　荥经：四月雨雹，伤稼。（民国《荥经县志·祥异》）

　　涪陵、武隆、彭水：五月雷雹大雨，稻麦尽打毁。（同治《重修涪州志·祥异》）

　　新都：夏，大雨，邑北督桥河为洪水冲塌。（民国《新都县志·外纪》）

　　秀山：秋溶溪山中水，冲毁民田。（光绪《秀山县志·祥异》）

　　渠县：渠江暴发大水。（民国《渠县志·别录》）

　　夹江：城乡大水。（民国《夹江县志·外纪志·祥异》）

　　屏山：七月，大风雨，城楼吹折，东门一带崩塌四五十丈。（光绪《屏山县续志·艺文·附杂录》）

　　灌县：凤凰山崩，没田亩。（光绪《增修灌县志·杂记志·祥异》）

　　南川地震：十一月五日（12月24日），南川陈家场发生5.5级破坏性地震，震中强度七度。是日未时，南川天鸣地动，陈家场尤甚，毁寺庙、民房、坟墓，压毙人畜无算。波及重庆、綦江、涪陵、忠县。自是或日一震，或日数震，或数日一震。震时如有物由地中行，至次冬始息。（《四川省志·大事纪述·上册》21页）

　　十一月初五日，南川地震，陈家场尤甚，毁庙宇、民房，压毙人畜无算。（《四川省志·地震志》64页）

1855 年

（咸丰五年）

　　四川全省受旱。（《巴蜀灾情实录》289页）

345

綦江：大旱，二月种不可播，六月苗槁甚，初六雨雹。（同治《綦江县志·祥异》）

璧山：五月旱。（同治《璧山县志·杂类志·祥异》）

合川：自五月不雨至四十余日，禾苗尽枯，斗米千钱，人有饥死者。六月下旬得雨，死苗复活，谓之稻孙，农得半收。（民国《新修合川县志·余编·祥异》）

[善榜] **李振甲存心念贫民**：咸丰乙卯（1855），合川大旱，米价腾贵，云门镇人李振甲，适贷族人金（恰于此时借族人钱）贩谷自巴河归，有劝稍延旬时，利当十倍。李曰："富人皆有谷可食。其市吾升勺以供朝夕者，皆贫民耳，奈何锥刀末利，望诸嗷嗷待哺者乎？"遂以平价售之，此足见李翁之存心矣。（民国《合川县志·乡贤》）

梓潼：旱。（民国《绵阳县志·杂异》）

黔江：夏旱。（光绪《续黔江县志·祥异》）

大足：夏旱，秋获甚歉，饥民四聚掠食。（民国《大足县志·杂异》）

蓬溪、遂宁：夏旱。后大水。秋收甚歉。（光绪《蓬溪县续志·礼祥》）

鄪都、垫江：秋大旱。（光绪《垫江县志·志余》）

涪陵：大旱，次年岁饥，民逃难无数。（《涪陵市志·自然灾害》）

梁平：夏秋大旱。（《梁山县志·祥异》）

忠县：咸丰五年乙卯，岁大旱，斗米值钱一千有奇。州人食芥子、胡豆、红苕等叶，掘芭蕉、麻头者多。且货物贱甚，死亡尤众。（《颜氏日记》、民国《忠县志·事纪志》）

大竹：大旱。（民国《续修大竹县志·祥异志》）

奉节：大旱。（光绪《奉节县志·记事门》）

隆昌：旱，斗米千一百文。知县肃庆请平粜以济民食，动用济仓谷近两千石，次年补买。（同治《隆昌县志·祥异》）

[善榜] 咸丰五年岁饥，邑令肃庆倡募平粜，命监生蓝秀春办理。秀春捐资济公，不稍吝惜。复自捐米于周兴场、石研山平粜，全活甚众。其种种善举，指不胜计。大府赠以"谊笃桑梓"匾。（光绪《叙州府志·人士》）

[善榜] **咸丰五年隆昌县捐赈人士**

肃　庆（隆昌知县）	捐钱	二百千文
王裕绪（隆昌教谕）		一百千文
郭人镛（遂宁教谕）		五百千文
余　耀（生员）		六百千文
余大经（监生）		三百千文
蓝秀春		三百五十千文
黄德备		二百千文

余继辉等数十人，捐钱自百千至数千，多寡不等。

（咸丰《隆昌县志·蠲赈》）

汉源：五月十八日大雨，干沟盛涨，河堤决，冲坏民房、铺户三十八间，营房十六

间，被淹者一百三十余户。贡生张陛元等禀报知县鸣谦履勘后，委绅粮筹修河堤百余丈。（民国《汉源县志·杂志·祥异》）

安县：大水溃堤决城，浸没田庐，为灾甚重。（民国《江安县志·灾异》）

屏山：十二月初七日夜，雷电，大雨雹。（光绪《屏山县续志·杂志》）

巫山：大有。（光绪《巫山县志·祥异》）

万源：秋大熟。（光绪《太平县志·杂类·祥异》）

资阳：三月东河街大火，焚民舍殆尽。知县范涞清捐俸赈之。（咸丰《资阳县志·祥异考》）

彭水：秋，彭水南度沱至下塘口上下三十余里地震，河水翻涌丈余。城内无恙，唯城北近江一带民户有灶釜震倾者。（《四川省志·地震志》64页）

犍为：八月十四日大风异常。邑人文朝辅有《暴风行》纪之。（民国《犍为县志·杂志·事纪》）

[链接]　　　　　　　　　　**暴风行**

[清] 文朝辅

咸丰乙卯年八月十四日，犍城中天忽昼晦，有风自东南来，继以雷电雨雹，行路者或卷入田中。城楼雉堞倾圮，声如山崩地折。江中舟楫鲜得全者。余方羁旅成都，闻之以为妄，及归，乃得其详而惊其异也，作《暴风行》。

阴霾昼掩天冥冥，阿香仗剑走雷霆。长空卓午日无色，卷地狂风吹不停。巽二助虐排云起，雨势倾盆天漏矣。雪雹飞空屋瓦鸣，忙杀山中石燕子。魂断行人狼狈回，家家闭户门难开。暗中冲车击巨石，西山高处倒楼台。有如龙战天翻覆，又如虎啸风生谷。鹏抟羊角黑云崩，钟馗擒妖鬼暗哭。含利飔飔青萍磨，魔母訇哮拥孟婆。飓飚势挟海若走，霹雳震动天吴过。大云噎气一何厉，飔飚飔飚无留滞，颓风下降飙上升，并作石破天惊势。竭野喷山水不流，沿河远近无完舟。扃门坐对面如土，过耳惟闻风飕飕。远行我幸未目睹，传闻不觉呼苦苦。归来遍阅玉津城，到处颓垣铢石补。

（民国《犍为县志·文事》）

1856 年

（咸丰六年）

咸丰六年夏五月初八（1856 年 6 月 10 日），**四川黔江、湖北咸丰间 6.25 级地震，震中烈度八度**：（黔江）地大震，后坝乡山崩。先数日，日光暗淡。地气蒸郁异常，是日弥甚，辰、巳间忽大声如雷震，室宇晃摇，势欲倾倒，屋瓦皆飞，池波涌立，民惊号走出，仆地不能起立。后坝许家湾（距县治六十余里）溪口有山矗起，倏中断如截，响若雷霆。地中石亦迸出，横飞旁击，压毙居民数十余家，溪口遂被湮塞。厥后盛夏雨水，溪涨不通，潴为大泽，延袤二十余里，土田庐舍尽被淹没，今设舟楫焉。（光绪《黔江县志》、《四川地震全记录》148 页）

黔江地震滑坡：咸丰六年五月初八日晨，黔江南海、湖北咸丰大路坝一带地震。黔江后坝乡轿顶山崩十余里，石花乱飞，洪水喷出，压毁上、中、下田十二顷五十六亩，压没居民三百余家，毙人数百计。原有小河被山石壅塞，河水逆行，由梅家湾、板桥溪抵蛇盘溪三十余里，潴为大泽，宽六七里，深不可测，田土、庐舍尽被淹没，当地人称"小南海"。奉节、巫山、垫江、彭水、南川、重庆和湖北恩施、咸丰、来凤及湖南花垣、保靖、吉首、龙山等地均有震感。（《四川省志·大事纪述·上册》23—24页）据实地考察，滑坡长千四十米、高七十米，水深五十多米。（《巴蜀灾情实录》325页）

五月初八日，奉节、巫山辰刻地震。垫江未刻地震。黔江地震。黔江、来凤之交，地名大路坝，山崩十余里，压杀左右民居数百家。山麓故有小河，河为山石所壅，水逆行，淹没地方复二十余里。溢为池，广约六七里，深不可测。地大震，后坝乡山崩。（《巴蜀灾情实录》351页）

两河口石板凳义渡石碑记载："轿顶山因咸丰六年地震而此山崩，压死千有余人。"（《蜀震问道》97页）

1856年，苏包河特大洪水。（《四川省志·水利志》57页）

大足：正月二十三大雪积六七寸许，僵死者甚众。（民国《大足县志·灾异》）

隆昌：正月二十四日大雪盈尺，秋大熟。（同治《隆昌县志·祥异》）

璧山：春大雪，民饥。（同治《璧山县志·杂类志·祥异》）

荣昌：正月大雪。五月十二日大雨雹，岁大稔。（光绪《荣昌县志·祥异》）

安县：四月二十九日夜雷雨，山水陡发倍大于前，决堤冲东门直入，溃城南而出，城外四街冲民居数千家。（民国《绵阳县志·杂异》）

安岳：五月二十八日大水，桥堤多折。夏大旱。（光绪《续修安岳县志·祥异》）

綦江：六月河水涨，七月河复大溢。秋旱，小春多坏。（同治《綦江县志·祥异》）

黔江：盛夏雨水，溪涨，土田庐舍尽被淹没。（光绪《续黔江县志·祥异》）

名山：七月二十五日大雷雨，损稼。（光绪《名山县志·祥异》）

南川：八月十六日东南两路大雨倾盆，金佛山、红荷沟岩洞溪水暴涨，浪立如山。西南一带河道、桥梁、堤岸多圮。数日水退，沿河两岸民房、僧寺存者无多，冲坏田土无数，林木皆折。南门河亦涨水，淹进城门一二尺。所谓"丙辰大水"，父老至今犹时举之。（光绪《南川县志·大事记》）

富顺：七月不雨至于明年五月。乡民求水有至十里外者。冬又不雨。（光绪《叙州府志·祥异》）

屏山：十二月七日水雨，大雨雹。（光绪《屏山县续志·艺文·附杂录》）

绵阳：大水冲入城郭内外，淹没居民无算。（民国《绵阳县志·杂异》）

资阳：大旱，自去年八月不雨至四月，无麦。热逾三伏。水底热如沸，鱼多死。（咸丰《资阳县志·祥异考》）

简阳：大旱，下田坼裂，多种粱菽，民大饥。毛家场人鄢邦藩约集富绅捐资买米施粥；嗣又创兴赈济会，积谷生息，买业收租，至今人利赖之。（民国《简阳县志·士女篇·善行》）

广元：大旱。（民国《重修广元县志稿·杂志·天灾》）唐炯诗《自剑州至广元经昭化途中苦旱作》："村饥人语少，叶脆鸟声干。"

乐山：夏大旱。迎高嫖山铁灵官游城市，顷刻大雨。（民国《乐山县志·艺文志·物异》）

仁寿：旱大荒。（同治《仁寿县志·志余·灾异》）

泸县：后河街火，延及大河、保庆两街。（民国《泸县志·杂志·祥异》）

彭水：地震自黔江来，过县境西界止。（光绪《彭水县志·祥异》）

井研：大饥。盐商王蕙荣到犍为籴米千石，返井研散发饥民。（光绪《井研志·乡贤·王伟钦传》）

岳池：入夏以来，弥月不雨，米薪腾贵。知县武尚仁具情详请上宪，首先捐廉，亲往三关劝捐，殷实绅粮共输仓斗米一万零一百石九斗五升八合，城乡分设三十六局，由三月始至七月新谷既升撤局。统计饥民九千三百二十余户，按日计口给米，俱得全活。岳士尚德，岳民好义，真盛世淳风也。捐户姓名米数，详请上宪优奖，曾勒石旌之，并有赈局告竣诗，载《艺文》。（同治《岳池县志·田赋志·附赈济》）

[链接]　　　**丙辰（1856）岳邑赈局告竣**

[清] 武尚仁（岳池县令）

嗟来遮莫效黔敖，为尔身家竭尔膏。

十万生灵谁寄命，再三劝导敢辞劳。

斯民谩议移河内，有吏仍防到石壕。

几度戴星经出入，最关心处是鸿嗷。

劳顿诸公费尽词，果然悭吝是难医。

开筵幸藉何曾箸，下笔谁言顾恺痴。

苦口屡经谭爽报，甘心不忍听流离。

生来我爱师陶令，竟自折腰向小儿。

区分五等是因民，立法由来患不均。

幸获九千余石米，普沾三十六场人。

全国乐指原非鲁，举国厚施又有陈。

回首江都遗爱在，葫芦依样画难真。

愧乏良谋用救荒，心头肉治眼前疮。

自天曾降观音米，卜地欣余大禹粮。

涸辙急宜思救鲋，补牢何必待亡羊。

西成幸报篝车满，惟愿无人请发棠。

劝赈至大溪口，宿伏虎禅林，虎溪和尚逾格捐米，

并订经理赈局，均有条理，感甚，留七绝四首以志之。

溪口无须路问樵，武陵人竟到僧寮。

相逢未及禅中语，五斗何妨我折腰。

昌言稽首粒烝民，一到禅关便指困。

参透如来真妙谛，始知金粟是前身。

不是千仓是万箱（上人俗姓万），慨然分得鹤余粮。
痴心我更无聊甚，要问法门煮石方。

身与白云一样闲，无心何事到人间。
而今且化慈云去，不为作霖不出山。

（光绪《岳池县志·艺文志上》）

[链接]　　　　　　　　　　捐赈题名记
[清] 武尚仁（岳池邑令）

　　筹荒古无良法，任法而不任人也，得其人则政举矣。比来岁歉薄，吾岳间有偏灾，府宪杨下车未几，急急以荒务为政，吁之大府，准开济仓，不泥常格，俾小民均沾实惠。复请道宪田悉心筹划，各分俸廉倡捐，周视巡行，责成州县。州县仰之绅粮，葇政之外，济以捐赈。城乡远近共设三十六局，按户稽口，一发而给数日之粮，政不烦而民不扰。捐之盈绌与地之广狭略称，其间有不齐者，余不时躬亲其地而致其齐焉。自三月设局至七月望而后撤。斯时余粮栖亩，新谷既登，遗秉滞穗，不田可获，歉忘其歉，灾不成灾，全活之众，正未可更仆数也。夫太仓之出纳，有司不得而专，即发棠可复，安得人人而济之哉。而今则若纲在网，有条不紊者，固奖励之多方，诚董率之得其人尔。是役也，事之不集，余不得辞其咎，事即藏矣，又乌能没其实。爰胪列捐赈姓名颜额表彰外，例得并书以为后来劝。且令吾民之食其德者，咸知心感焉。启敬老慈幼之风，笃姻睦任恤之义，深嘉乐施之余，记其梗概如此。

（光绪《岳池县志·艺文志》）

1857 年

（咸丰七年）

嘉陵江大洪水：清咸丰七年嘉陵江大洪水，是由阳平关、碧口至昭化之间的大暴雨所形成，雨区扩展到阳平关以上和昭化以下。据调查：新店子"咸丰七年大水比光绪二十四年（1898）大水还要高五尺多……朝天驿街的屋顶上能过船"。广元"……东水入南门至第二家铺面门口，与石坎平，北门淹至真武宫门外之水井和土地庙之神龛"。昭化"……水涨至十字街口的涂家举馆门口"。亭子口"……水上亭子口王爷庙大佛殿"。苍溪"……西门城墙垛弯腰洗脚"。《广元县志》载："咸丰七年，大水进城至南关关门。"据各地洪痕计算洪峰流量：新店子 11700 立方米/秒，昭化 28800 立方米/秒，亭子口 25000 立方米/秒。（《嘉陵江志》93 页）

蓬溪：三月二十五日雷雨。（光绪《蓬溪县续志·机祥》）

汉源：四月二十一日夜大雨，富林场冲坏民房 56 间，淹毙 36 人，坏粮田 70 余亩，知县赈银 126 两。（民国《汉源县志·杂志·祥异》）

成都：自闰五月至秋七月，淫雨成灾。

[链接]　　　　丁巳（1857）成都自闰五月雨至于秋七月

唐炯

月不三日晴，由来多漏天。沟渠复壅遏，塘堰皆平填。

宣防废职司，平地生波澜。萧寥昼绝晡，砰訇雷怒奔。

城郭广倾圮，室庐罕坚完。洞房产蛙黾，曲突断炊烟。

禾麻亦烂死，林木皆凋残。束薪等官桂，升米足陌钱。

富家尚愁思，穷民殊可怜。太息望东南，干戈动连年。

国家计恢复，蜀其本根焉。岁丰犹未济，况乃灾眚偏。

习俗喜浮动，闾里尚探丸。曷不乘崖公，镇抚图万全。

（《成山庐稿诗》）

乐至：五月大雨，山水暴涨，淹公署仓库，坍塌墙垣民舍甚多。（光绪《乐至县续志·杂记》）

璧山：五月二十八日夜大水，城中水深丈余，城外居民漂没无算。（同治《璧山县志·杂类志·祥异》）

绵阳：大水入城。绵州城外道光十五年由知州陈耀庚主持修筑之涪江河堤被冲毁1130余米。随后，知州毛震寿主持重修水毁河堤，并延长317米，加砌罗汉堤3座、鱼嘴2道。（《绵阳市志·自然灾害》）

苍溪：大水入城，淹没禾稼。仅城西北角数十间屋与州署二堂未淹。（亭子口水文站记载：洪枯差为25.14米，为该县历史上最大洪水。）（《嘉陵江志》104页）

沐川：八月五日雨雹，富荣乡一带庄稼尽伤。（《巴蜀灾情实录》370页）

阆中：六月二十一日，河水陡涨，东滩水位为356.4米（吴淞基石）。（《嘉陵江志》111页）老辈相传："咸丰七年，大水涨至西城门外坝上，浪子冲进石柜阁门口。道台脱靴拜水，水未进西城门。"推算其洪水高程为360.3米。（《四川城市水灾史》213页）

屏山：春，城北十余里两合乡一带，地面忽裂缝，宽三四尺不等，深七八尺或丈许。城西十里琅玕沟亦裂五六十丈，其上草木坟墓如故。八月初五日雨雹，富荣一带禾稼尽伤。（光绪《屏山县续志·杂志》）

秀山：秋，东乡雨雹。（光绪《秀山县志·祥异》）

高县：水雨，吴家坝水潦。（同治《高县志·祥异志》）

荥经：大水入城，淹没禾稼。（民国《荥经县志·祥异》）

旺苍：大水。旺苍坝水进南关至关门（指百丈关南）。（《旺苍县志·祥异》）

广元：秋，大水进至南关关门。大云寺殿神像漂没殆尽。有关部门据尚存的放神像的神台推算，此次洪水位高程为472.29米。（民国《重修广元县志稿·杂志·天灾》）

中江：大旱。（民国《中江县志·丛残·祥异》）

名山：旱，岁饥。（光绪《名山县志·祥异》）

资阳：旱饥，监生廖鸿文，出米百石平粜，以减米价。部议予其一子八品职衔。

（咸丰《资阳县志·人物列传·行谊》）

自贡：秋大旱。（《自贡市志·自然灾害》）

荣县：岁歉，知县宋恒山请于上司，减粜社谷三分之一，活民无算。（民国《荣县志·秩官》）

富顺：秋大旱。（民国《富顺县志·杂异》）

梓潼：岁旱甚，桑叶腾贵，斤值百钱，弃蚕满野，剑、绵皆然。（咸丰《重修梓潼县志·祥异》）

万源：秋飞蝗入境。（光绪《太平县志·杂类·祥异》）

彭水、武隆：正月大风。（同治《重修涪州志·祥异》）

涪陵：正月，大风，风起涪陵江（即乌江），涛声怒号，州城屋瓦飞坠。城内五层楼高的奎星楼阁被折为两段，毁民房无数。（《涪陵市志·自然灾害》）

黔江：七月大风拔木。（光绪《续黔江县志·祥异》）

三台：安居场火灾，贫者露处乏食，善人武时泰带头捐赈，灾民得安。（民国《三台县志·杂志·祥异》）

犍为：第三次粜常平谷，银解布政司。（民国《犍为县志·杂志·事纪》）

奉节：六月二日（7月22日），奉节地震。（《四川省志·地震志》65页）

仁寿：大饥。五月十四日起大雷雨数日，至十八日水涨进民屋。六月初九又大水进民屋。坏民田舍无算。大饥，穷民吃起大户。（同治《仁寿县志·志余·灾异》）

［备览］咸丰七年（1857），四月初起赈饥，七月初止。富有者捐金，贫者受赈；即各保甲行之统之。绅粮县城乡大场各费钱多至一二千缗，小场亦二三百缗不等。县令庄安定创兴，明年正月至六月。威远李振亨助银九千六百两，王余照助银二千六百两，颜怀珍助银八百两，颜昌英助银四百两，散给饥民。同治三年（1864），县令罗廷权赈饥，一如咸丰七年赈法，救活穷民无数。（同治《仁寿县志·食货志·附赈饥》）

［附］   **议救荒**

佚名

凡若救荒，议救荒无奇策，惟在因时地制宜。吾县连年丰熟，偶然去冬今春雨泽不流，杂粮垂绝，遂至米价腾涌，穷民无赖渐起而食大户，此不可不为之所也。窃闻小荒之民，宜静不宜动，宜散不宜聚，使之各安其处，各循其业，以富户之相恤济穷，即以穷户之相安保富，如此则地各为区，人各为赈，一县安集如常，始无流亡、劫盗等患。现在邻省不靖，土匪频起，为绥地方计，救荒诚第一急著。救荒莫善于平粜。吾县城中故有社田仓、常平仓与积仓在，除照时价平粜，运济三乡外，三乡平粜其法即于保甲中行之。夫人情所好行其德者，莫先于其乡所相与狎习之人，或族或姻，或友或邻，或佃户，各色平日其穷之沾恩于富者已自不少，一至年荒无聊，而又不免于我嗷嗷而待食也，则周恤之情，又将因顾虑之念而起。今计吾县三乡，乡各数场，场各数保，保各数百户，就中除中等之户仅足自存外，其余下等次贫、极贫之户若干，即有上等次富、极富之户若干，以其中富户赈其中贫户，当无不足。则于是劝各保富户捐钱若干，易米贱粜以赈各保穷民，或不足而仰给于外，或有余而波及其旁，穷民知恩惠出于某姓某家，富民知利济及于本乡本里，当无不踊跃施舍。即有为富不仁，亦迫于群然非笑，而不能已已。至于集钱散米，就于其保中择贤能者数人，设一赈局董其事，保正、甲长、牌首则从而襄其成。即一牌言之，次贫几户，大丁几口，小丁几口，极贫几户，大丁几口，小丁几口，大丁每日米半升，小丁减半，米杂膏粱少许以杜他卖等弊。每升次贫减价若干，极贫若干，此寓赈济于平粜法，某户每日该米若干，一牌通共若干，核定注册，张白于众，并量捐钱多寡以为粜米久暂，要期于新谷成日而止，则善矣。穷户交钱粜米于牌首，牌首于甲长，甲长于保正，保正于赈局董事者，约定五日一平粜，亦或三日，穷民不废生业，安居受赈。董事者先则鳌户以定数，后则按籍以行粜，积各牌至各甲各保各场各乡，一皆依此行之，何处更有饥民流为不靖？此于恤贫之中暗存保富之意。初则富者有救贫之美名，既则贫者有报富之厚利，如使富者不行方便，得不惧争夺乎？人皆饥而垂死，我独饱而蓄余，无是事也。虽然，赈莫善于粜，亦不尽于粜。盖平粜者固亦须有升斗之资，乃能就而籴也。有等下下贫民无资，又奈何？则于是又劝富户大施赈法，或广借贷米钱以贷为赈；或广兴作土木，以工为赈；或广置买器物，以易为赈；或广施济钱米；或有力则施浓粥，或无力则施米汤，以施为赈。倘有大捐钱米若干，赈济越常，报官旌奖。若有拥谷米待高价不出粜者，除自家口食外，余至百石以上闭籴专利，告官罚谷赈贫。若有率众强粜，不依时价，疑于抢夺，告官治罪。又若赈法一行，除本处乞丐外，犹有百十为群强食大户，将倡先者送官治罪。夫既救穷民于前，而又防乱民于后，如此而吾县有不帖然安者，未之有也。然而，其端则由三乡富民肇之，其事则由各保绅粮成之，其机则由本县父母发之。总之，则一实心行之耳。若夫舍此而议救荒善策，则吾弗知也巳。咸丰六年冬月。

救荒余论

佚名

盖闻损有余补不足，天地万物莫不由之。故《大学》平天下，要在于不专其利。天下之不平，莫甚于富者日益有余，贫者日益不足。此即不平之象。盖凡物之情，不足则为患，有余则为害。惟平为福。是故损富补贫，平天下之要务。不但荒年为然。而荒年舍此一着，抑更无法。只恐天下无富者，则无如之何。若一方有一二富者，则其与居百十贫民皆将赖之以生活，无有乎流亡、无有乎劫掠者，所谓穷民沾富恩是也。然越富越不舍财，则又古今通病。讵知今之大患，邻省则兵戎不靖，旁县则土匪渐兴，万一吾乡有警，先受害者非富而谁？平日有等富者之占尽便宜，不留余地以处贫民，无论矣。际今小春杂粮陆续匮绝，贫民向之资养惟此，不啻天绝其食，而所在富民坐收钱谷，不但饱食抑且蓄余，此而不知周急之义，是贫民有大饥，而富者曾不之顾，则富民有大难，而贫者亦莫之顾，此情理事，势之必然者。夫人至将饥而死之时，结怨甚易，结恩亦易，饿人箪食之感，倒御公徒公子盘飧之报，禁入僖宫，不其验欤？如今，外州县流民到来颇伙，前奉县主谕令，保甲逐出境外，甚或送官惩治。然而此着最要，亦最难，必于本境穷民急救其难活之命，以固结其未散之心。一至流民入境，则鸣锣一声，穷民则如响斯应。不然，境中富民有几，大都穷民居多，穷民受饥，仰望富者，而富者毫无些子周济，则富民受警，仰望穷民救护，而穷民不傍伙打劫亦必袖手旁观矣。又何望他日之齐团练勇同心守御哉。是以办赈必兼齐团，赈行则团行矣。若然，则救荒者固所以止内变于前，不致本境穷民有流亡劫掠之患，亦所以杜外变于后，不致他境穷民于我乎流亡而劫掠也。且昔者于忠肃公有言，每思富贵之家如有三千金者，可捐百金，有万金者，可捐三百金，亦不过三十分中出其一分，况捐一分之资而活数千人之命，阴功讵浅鲜哉！后必有贤子孙以报之者。故西蜀张咏，能立德捐资济贫，子孙数世荣贵。浙江蒋氏以平粜米谷，兄弟三代为神。所谓仁人，其利甚溥，其报甚隆，生则万人感戴，死则百世流芳。于公之言如此。总之，利生于天地之间，流转于人之手，原公物也。是以守之则为虏，蕴之则生孽。即如富至千万金，家不过足供家人日用之需而止，除此，惟有济人利物四字，此外更无恰当用处。亦既坐拥盈余，岂有长久不失散之理。且利济之施舍几何，用去还来，况何处不使钱，乃独于救荒善举而吝惜之乎。如此世界，如此富家，不思趁此广积阴功，乃至因之深丛怨毒，无乃未之深省，所愿破悭吝之心，开方便之门，则种福于斯，止祸亦于斯矣。至于小荒穷民，现在各保筹办赈粜，若误听那奸民一呼，三五成群就食大户，不但羞辱难堪，抑亦下被团拏、上被官禁，万万难逃法网，何如各自安居，仍务本业，静待富民各保赈恤、各保一二，到得荒月一过，仍是乐岁丰年。凡我乡人听之，知者传说与不知者，于以富顾贫、贫顾富两两相顾，以共登于仁寿域也。岂不美哉！

（同治《仁寿县志·食货志·附赈饥》）

1858 年

（咸丰八年）

永川：三月大风拔木。（光绪《永川县志·祥异》）

荣昌：三月大风拔木，屋瓦皆震。（光绪《荣昌县志·祥异》）

彭水：春，大雨冰雹成灾。（光绪《彭水县志·祥异》）

綦江：五月十七日，河水大涨。七月，河连溢城外，水淹没堤。六月旱甚。九月雨久不止，小春多未种。（光绪《续綦江县志·祥异》）

盐源：夏大饥，民采蕨薇树皮而食。县令徐福麟发仓莽赈济。（光绪《盐源县志·祥异》）

眉山：夏大旱，河水涸。（民国《眉山县志·杂记》）

隆昌：旱。大雨雹。（同治《隆昌县志·祥异》）

富顺：再旱，收成不及四分。（光绪《叙州府志·祥异》）

夹江：大旱。（民国《夹江县志·外纪志·祥异》）

营山、仪陇、蓬安：是年疫疠大作。（光绪《蓬州志·瑞异篇》）

合川：大雨后，田中水皆黑，人病疫疬。（民国《新修合川县志·余编·祥异》）

涪陵：九月，大水发蛟。（民国《涪陵县志·杂编》）

理番杂谷脑河下游、巫溪猫儿滩山崩：咸丰八年夏，理番厅杂谷脑河（岷江支流，今理县境）下庄、铁邑间山洪暴发，冲塌山田河岸，大江堵塞曲流，对岸山崖也崩陷，江流由茂县至灌县浑浊数年。（同治《理番厅志·志存》）同年秋八月，巫溪猫儿滩久雨

山崩，压死山民千余人。猫儿滩在今巫溪县城北大宁河左岸双河乡谭家墩。（《四川省志·大事纪述·上册》26—27页）

本年地震：正月十五日夜，南川陈家场又地震。三月初一日绵竹地震，初二日德阳、西充地震。是年春，金堂地大震。是年，遂宁地震。五月十三日，蓬安地震，声如雷。是年疫病大作。八月十三，忠州南岸地震。（《四川省志·地震志》65页）

［附］仓储备荒积弊丛生，亏耗惊人：咸丰八年，川东道尹王廷植清厘所辖各县仓储，账面应有存谷84108石，但实际仅有谷1.3万余石，仅占原存谷16.5％，损耗达7万余石。（《四川省志·民政志》274页）

重庆八省会馆开始积谷：咸丰八年，川东道令旅居重庆的八省绅首筹办"官商民粮"，议定商捐厘率"值百抽二"（2％）。是为八省会馆积谷防饥之始。（《重庆市志·大事记》）

［善榜］巴县商界名人江宗海热心办赈：①咸丰八年，"当道请办积谷，抽取粮捐厘金房租，约可得仓谷若干石，以备兵荒，集士绅商议而底于成，宗海与有力焉"。②六十岁不设庆典不宴客，以儿孙所备寿金设粥厂于城西之给孤寺，以每年十一月起两月为期。初办时有骤食至过量而死者，皆曰"粥有毒"，民大哗。宗海亲赴粥厂立取粥啜之，群疑顿释。③又请设"斗息局"，以裕粥厂经费。（民国《巴县志》）

1859 年

（咸丰九年）

黔江：清明近午天忽阴霾，大风雷电雨雹，昏黑如夜。（光绪《续黔江县志·祥异》）

綦江：大有年。四月二十九日大水，五月初三水又大涨，九月初四、初五，河水又大溢。（光绪《续綦江县志·祥异》）

酆都：五月江涨溢城，舟行于市。（同治《重修酆都县志·灾异》）

金堂：五月十二日寅卯刻，金堂白里发蛟，罗家场居民遭灾。民谣："灌县天降洪水孽龙出，五六百尺之山岭源头走。"（《巴蜀灾情实录》325页）

广汉：七月二十日，治东岩村、东岳庙、罗家营雨雹如胡豌豆大，伤成熟谷子，只剩一二成。州牧勘验详禀。（同治《续汉州志·祥异》）

长寿：八月，连下数日大雨，云集、罗家场一带酿成水灾。（民国《长寿县志·灾异》）

涪陵、彭水、武隆：九月大雨，百里发水，居民多罹水灾。（同治《重修涪州志·祥异》）

璧山：十一月十日大风，是夜天雨墨水。（同治《璧山县志·杂类志·祥异》）

资阳：大稔。（光绪《资州直隶州志·杂类志·祥异》）

什邡：夏李树结实如刀，冬桃李重花，樱桃再熟。（民国《重修什邡县志·杂纪》）

仪陇：二月八日，仪陇地震。（《四川省志·地震志》65页）

1860 年

（咸丰十年）

咸丰十年，金沙江、川江洪水是百年一遇的特大洪水，洪水主要来自金沙江下游、长江上游南岸支流及三峡区间。

根据历史文献、地方志和民间调查，咸丰十年农历五月下旬（6月下旬至7月上旬），金沙江、三峡区间、乌江等江河地区普降大雨，暴雨中心在金沙江下游、屏山一带。按所调查洪水痕迹推算，屏山段洪峰流量35300立方米/秒，是1560年以来第二大洪水。这一年，屏山、丰都、万县、云阳、巫山等地都有城镇进水、城垣塌坍、房屋寺庙倒塌和人畜大量漂没的记载。据《屏山县续志》记载："五月二十七日，大水涨入城中，与县署头门石梯及文庙宫墙基齐。""二十八、九日水势愈甚。""此日，水更奇涨丈余。"县志中还收录了这一年的洪水题刻，有江北县石船区麻柳场斑竹沱小桥头石刻："庚申年，咸丰十年六月初三涨大水。"忠县洋渡溪张家嘴石刻："庚申年五月二十一日涨大水。"不胜枚举。（《巴蜀灾情实录》63页）

金沙江、川江大水：1860年夏，金沙江、川江因连旬大雨而暴涨，沿江州县多遭水灾。其中，屏山、达县、丰都、万县、云阳、奉节、巫山受灾严重。7月15日（五月二十七日），大水涌入屏山县城，与县署头门石梯及文庙宫墙基齐，禹庙亭楼头檐没水，7月16、17日水更猛涨丈余，全城房屋尽没水中。洪水暴涨入丰都县城，冲塌城墙200余丈，会川门摇摇欲坠。8月下旬（六月下旬）洪水涌入万县县城，滨江街道，唯见屋瓦，钟鼓楼冲垮。江水冲塌云阳城垣数十丈，猛浪直扑奉节县城正街。洪峰入巫山县城，顺城街市房屋多被冲毁，城墙没水、断裂。

据长江流域规划办公室历史洪水调查，本年7月18日（六月初一日），宜昌水位57.96米，洪峰流量92500立方米/秒，三日洪量2330亿立方米大水。（《四川省志·大事纪述·上册》31页）

新都：三月二十七日大雨雹，四乡大水涨入城，水位与县署头门及文庙宫墙基齐（1560年水痕）。饥。（民国《新都县志·外纪》）

崇庆：春夏之间淫雨，诸河并涨，多处决堤，上游没田庐无数。（民国《崇庆县志·卷3·事纪》）

綦江：大有年。五月二十六日大水，六月连日涨水，城堤冲坏数丈。（光绪《綦江续志·祥异》）

奉节：六月大水入城，入正街而退。（光绪《奉节县志·记事门》）

巫山：六月大水入城，顺城街市多半倾圮。（光绪《巫山县志·祥异》）

云阳：六月大水入城，入正街而退。南门坏垣数十丈。（民国《云阳县志·祥异》）

彭水：夏久雨，八月十一夜大雨，雷劈川主庙。（光绪《彭水县志·祥异》）

酉阳：夏，州城大水，淹没屋脊。（《酉阳县志·大事记》）

秀山：夏久雨，饥。（光绪《秀山县志·祥异》）

涪陵：五月，长江上游大雨频繁，二十八日江水盛涨。八月，州城红蜻蜓蔽天，向

东飞三昼夜始尽。(《涪陵市志·自然灾害·大事纪》)

万县： 水漫入城，至县署甬墙；城外滨江街道仅见屋瓦，钟鼓楼圮。(同治《增修万县志·祥异》)

沐川： 江水又涨，冲毁城垣多丈。(民国《乐山县志·杂记》)

酆都： 江水暴涨入城，城塌二百丈，漂没城中社仓、义仓存谷。(同治《重修酆都县志·灾异》)

威远： 八月，城东南水由女墙入，南门悉淹，二日始消，沿河无舍。(《巴蜀灾情实录》305页)

广安： 夏间，鸡忽有毒，食者不死则病；剖之，肠中白虫累累如断线。城乡弃鸡者众。(光绪《广安州志·拾遗志·祥异》)

雅安： 闰三月，四城外火三日。(民国《雅安县志·灾祥志》)

峨眉山金顶楞严阁失火，火势延至金殿、铜瓦殿、锡瓦殿。(《峨眉山志》)

三月，新繁地震；彭水、黔江地震。(《四川省志·地震志》65页)

屏山： 三月二十七日大雨雹。五月二十七日水大涨，涌入城中，与县署头门石梯及文庙宫墙基齐(明嘉靖间涨痕，镌有字，与此次适同)；二十八、二十九日水更奋涨丈余，午后始渐消。此千百年来未闻之奇涨也。四月，城东观音亭有豹昼出，大如牛，汛兵击获之。(光绪《屏山县续志·杂志》)

[链接] **咸丰十年，屏山大水纪实**

屏山邑庠生彭应芳的笔记："二十七日，水淹至三官楼。次日，至县署头门石狮脚下，城厢内外浸淫渐没，仅存圣庙街。庙外石墙横镌二寸大十一字云：'明嘉靖三十九年大水至此。'水已及字矣，人以为涨至此必不再加。二十八、九水势愈甚，淹至禹王庙亭楼头檐。知县黄，向南祭奠河神。次日，水更奇涨丈余。知县黄又从仪门祭奠，将'屏山县署'四字立匾取投水中漂去。午后始渐消。六月半间，街上方陆续退出。城乡内外荡去房屋数十家，财货无算，大小船只悉由街心徐来运载，而江心时见全屋冲过，曾有男妇三五人遥呼救命，惟船不敢去，听之而已。此千百年未闻之奇涨也。"

(光绪《屏山县续志·杂志》)

1861 年
（咸丰十一年）

资阳： 五月大雨雹，有大如鸡卵者，伤禾稼。(光绪《资州直隶州志·杂类志·祥异》)

涪陵： 五月黑雨三日，田畴水尽黑。(民国《涪陵县志·杂编》)

叙永： 七月大雨水，东城附近之垣墙皆崩陷。冬大雪，平地深三尺许。(光绪《续修叙永、永宁厅县合志·杂类·祥异》)

梁平： 夏，连日阴雨，沟水皆黑，伤禾。(民国《梁平县志·祥异》)

高县： 十二月二十七、二十八日大雪，平地深尺许。(同治《高县志·祥异志》)

合江：冬大雪，平地深三尺许。（民国《合江县志·杂纪篇》）

古蔺：大水，东城附近之垣墉皆崩陷。（光绪《叙永县志》）

荣县：岁旱，饥荒。民于南门桥斥卖箱箧，故廉其价；购归则见有小儿藏其中。其荒可想。（民国《荣县志·事纪》）

蓬溪：饥。（光绪《蓬溪县续志·机祥》）

三台：春，桐树结实如刀，大雾迷天，连日不散。（民国《三台县志·杂志·祥异》）

丹棱：八月，城内鼠群迁出城，过西桥。（民国《丹棱县志·灾祥》）

黔江：十月梨花，杨柳皆青。（光绪《续黔江县志·祥异》）

隆昌：雨水调匀，秋大熟。（同治《隆昌县志·祥异》）

长寿：岁大熟。（民国《长寿县志·灾异》）

綦江：大有年。（光绪《綦江续志·祥异》）

崇庆：大水，堤决上游，没田庐无数。知州叶炯躬勤勘视，详慎咨谋，相要害处，坚筑堤防，水患用息。仍以毗连灌县，防后启争，详请大府立案，以备稽考。有明代杨伯高之风，民德之，为树坊表。（民国《崇庆县志·秩官第六》）

仁寿：八月二十九日龙居场火。（同治《仁寿县志·志余·灾异》）

1862 年
（同治元年）

合江：正月大雪深三尺。（民国《合江县志·杂纪篇》）

叙永：正月大雪深三尺。（光绪《续修叙永、永宁厅县合志·杂类·祥异》）

黔江：正月大寒，雪深二三尺，积十余日始霁。五月大风拔木。（光绪《续黔江县志·祥异》）

南充：立春前一日大雪，是岁有秋。（民国《新修南充县志·掌故志·祥异》）

合川：先立春日，大雪一昼夜，岁丰登。（民国《新修合川县志·余编·祥异》）

涪陵：三月八日近午时，涪陵城风雷雨雹交作，雨如注。太平军石达开部攻城受阻。四月二十七日夜大风拔木，白石里寨堡皆遭雷火。（民国《涪陵县志·杂编》）

彭水：三月初八日鹿鸣乡雨雹，荞麦葫豆并尽，飞鸟绝。（光绪《彭水县志·祥异》）

富顺：三月大风雨雹，拔木坏屋。（光绪《叙州府志·祥异》）

广安：四月大风拔木，屋瓦乱飞柱皆折，龙翔寨石移数丈。（光绪《广安州新志·祥异志》）

金堂：五月，中江（青白江）、北江（绵远河）溢，坏民田庐舍。（民国《金堂县续志·事纪》）

遂宁：江水泛滥，城东北江堤倾圮。（民国《遂宁县志·杂记》）

仁寿：六月初六大雨雹，如鸡子大；冬月十九日大雨雹，如小豆大。（同治《仁寿县志·志余·灾异》）

万县：水没小西门，城基低陷者数段，至是东、西、南城塌，凡八十五丈五尺，裂四十余丈，城堞尽倾。（民国《万县志·祥异》）

德阳：秋大雨水。（同治《德阳县志·灾祥志》）

达县：秋淫雨弥月，谷多烂死，民大饥。（民国《达县志·杂录》）

大竹：饥。邑人陈伊相出谷四百石作赈济。邑令赠"好义急公"额。（民国《续修大竹县志·人物·卓行》）

筠连：白蛾蔽天，周围数百里，至宜宾横江而死。（《宜宾市志·大事记》）

綦江：秋大有。（光绪《綦江续志·祥异》）

荣昌：嘉禾遍野，民乐丰年。（光绪《荣昌县志·祥异》）

眉山：蓝、李乱后，米价昂贵，后丰收，价亦未减。（民国《眉山县志·杂记》）

潼南：旱，米贵。（民国《潼南县志·祥异》）

蓬溪：旱，米贵。（光绪《蓬溪县续志·礼祥》）

［参阅］兴文米价涨落：同治元年秋，米贱，斗米钱二百；二年春夏饥；三年春夏米大贵，斗米值钱一千八百。（光绪《叙州府志·祥异》）

丹棱：七月，火灾。时市人共见天火落于科甲坊前万年灯上，随即下附民房，延烧四街，廛舍殆尽。（光绪《丹棱县志·杂事·灾祥》）

屏山：始出野猪，三五成群，害稼特甚。其皮极厚，刀枪不能入，近来愈甚，民苦之。（光绪《屏山县续志·杂志》）

叙永：七月二十六日夜，叙永厅永宁海堰溪大塝（坝）上地下有声，地为之震。（《巴蜀灾情实录》351页）

江油：清同治初，江油县南三十里袁家沟，山崩洞现。土人执火深入，见有石龙、石虎，光明透亮，更有石鼓击之洪然，观者数千人，后封禁之。（光绪《江油县志》）

阿坝：清同治年间，南坪郭元山洪暴发，堵断江河，决口后淹没哈沙坝村。（《阿坝州志·自然灾害》）

荥经：春，虎夜入民居伤人，民大恐怖。（民国《荥经县志·五行志》）

［备览］　　　**积雨弥月，怀不能寐，作此告哀**
　　　　　　　　　　［清］唐炯

飘风挟急雨，不审何自至。倾泻连旦昏，犹若未尽意。
蹊径悉断绝，转饷特艰滞。并日不再食，师人常惴惴。
将毋贼当赏，胡乃助为祟。不寐但呼天，中夜心焉悸。

黑云如奔涛，突起涨空际。震雷鼓其间，暴风作之势。
嬴项战钜鹿，仿佛此奋厉。阴阳一失职，膏泽乃为沴。
谁实司其权，捫衷得毋畏。宵分听余滴，疑是黔民泪。
时节过夏至，零雨骤添冷，我众衣裳单，终夜备巡警。
寒威入骨髓，湿气贯踵顶。况乃飞挽艰，枵然不宿饷。
岂不含苦辛，壁垒要严整。恐怖逼人来，天意真难诇。

赤日照不到，冥冥即长暮，草木多戚颜，鸟雀寡欢趣。
岩罅气上蒸，涧底毒弥沍。飞瀑不择出，纵横纷下注。
甲兵苦未洗，耕凿何由饫。侧闻圣恩深，有诏蠲租赋。

祁祁我师徒，负戴属盈路。泥深没踝游，溪涨引手渡。
晨炊岩下石，夜宿天边树。逝将喂豺虎，宁止犯雾露。
苦辛过一年，曾不少怨诉。对之良怀惭，自计实大误。

伏波困壶头，艰难可胜纪。我今复何殊，特病未死耳。
以彼际圣明，犹尚积毁訾。雅道况陵迟，中材何自恃。
贼虏遗君父，志士引为耻。奋身不顾家，匪独急桑梓。

霄光甫见开，蒙气又复作。溟渤衡方羊，蛟螭上岸落。
势将西南坤，平沈意差乐。愿得上方剑，刖尽雨师脚。
苍苍还正色，滓秽都摧廓。白日曜重离，起我下民瘼。

雨打二十五，下月无干土。验之良信然，农家祖传语。
上天方降瘥，何怪人龃龉。满目气萧条，谁复问疾苦。
苛政尚或存，大暑不犹愈。忧惧心如焚，正不为贼虏。

（《成山庐稿》259页）

1863年
（同治二年）

什邡：三月山水暴涨，堤决，漂没田庐甚多。（同治《续增什邡县志·祥异志》）

叙永、古蔺：四月二日大风雨雹，有如鸡卵者、如砖石者，自北而南，麦、黍、豆荚碎如齑粉，叙永、蓬溪打鼓场及古蔺等处房屋田禾多被损坏。叙永五月十四日大风雨，红崖山石飞走。六、七月大疫，死者枕藉，棺殓相望，数百里间几有鸡犬罕音之慨。（光绪《续修叙永、永宁厅县合志·杂类·祥异》）

灌县：五月初，岷江大水，都江堰决，伤稼。（光绪《增修灌县志·杂记志·祥异》）

仪陇：五月二十五日雨雷雹，大如鹅子，鱼鸟被击者死。（光绪《仪陇县志·杂志》）

仁寿：五月二十七日，大水进民屋，如咸丰七年灾。七、八、九三月，阴雨无晴日。（同治《仁寿县志·志余·灾异》）

仲夏天保寨火；大愿寨亦火，有飞火而焚，烧毁四十余家。（同治《仁寿县志·志余·灾异》）

名山：五月水涨。（民国《名山县新志·事纪》）

彭水：岁歉，斗米钱二千。邑令杨勋发仓平粜。（光绪《彭水县志·祥异》）

涪陵、彭水、武隆：五月雨溢。（民国《涪陵县志·杂编》）

雅安：六月望大水。万家冈、沙溪口、叶家河、穆家村、金沙坝等处俱被冲成石碛，不堪种植。（民国《雅安县志·灾祥志》）

广安：六月大雨，山水骤发，小北门右倾圮二十余丈。（光绪《广安州新志·祥异志》）

泸州、泸县：六月大水入城。（光绪《泸州直隶州志·祥异》）

达县：秋淫雨弥月，谷多烂死，民大饥。（民国《达县志·纪事》）

西阳：水风雹。十一月下旬夜雷电风雨，有红云一股自西徂来，其吼如雷。（同治《酉阳直隶州志·祥异》）

铜梁：数月不雨，收获仅十之二三。（光绪《铜梁县志·杂记》）

彭山：大水，青龙场西山崩。（民国《重修彭山县志·通纪》）

温江：大水，钉靶堰上中下三沟堤并溃。（民国《温江县志·祥异》）

平昌：大旱。（《平昌县志·自然地理·特殊天气》）

巴中：大旱饥。（民国《巴中县志·第四编·述异》）

[链接]

散谷篇

[清] 余焕文

同治二年甲子岁，巴中大旱，饥，城中施粥以济饿殍，各处筹赈。金斗寨余焕文有《散谷篇》。

紫阳（朱熹）社仓法，贻为万世利。夫我乃行之，始难觉终易。壬戌（同治元年）之仲秋，肇倡积谷议。贫啬富者悭，蓊蓊私相詈。吾兄仁且断，劳怨两不避。寸壤积为山，细流成巨汇。草创经营毕，凶荒适相继。贫富窘无储，斗粟千钱二，十户九绝炊，嗷嗷饥待饲。乃呼罄者来，开仓而普施，人持一囊归，欢如拜天赐。缓急有无间，凡事须调剂。世无调剂人，何徒恨天地。我欲献此芹，敬告边疆吏。武都寇未平，滇黔复多事，水漕金沙江，陆转龙州卫，千里无见粮，军民两困惫。军士狠如狼，直以民肉喂，曷亟修边储，先丰而图匮。糇粮既可资，旱潦亦有备。吾蜀自承平，斯言或过计。

（民国《巴中县志·第四编·述异》）

忠县：六月，忠州贼去田荒，乡人纷纷下寨。（民国《忠县志·事纪志》）

安县：同治二年三月，余天鹏来任知县，"县城背山面水，前以水灾溺三四千人，后陷于蓝贼，居无孑遗。公与绅民尽心民事，不遑昕夕"。（同治《安县志·职官》）

[附] **大渡河洪水陡涨，石达开全军覆没**

同治二年三月二十七日，石达开军"甫抵（大渡）河干，是夜大雨滂沱，次日河水陡涨十余丈，波涛汹涌，并松林小河亦成巨浸。询之土人，向来三四月间，从未见此盛涨"。[石军因此无法过大渡河，致全军覆没。石达开于四月二十七日（1863 年 6 月 13

日）落入围追的清军之手。]

（引文见骆秉章《河神助顺疏》，据蒋蓝《踪迹史·下册》302 页）

[备览] 隆昌火灾惨祸：同治二年十月初一日，东关外演目连戏，放炮，戏台火起，四围女棚、官棚俱火。把总闻之，急趋至城门，命人将水城门闭塞，前有城墙，后有大河，左有水田，右有水城，人众拥挤不通，烧毙踏死数百，带伤者不可胜数。（光绪《叙州府志·卷 23·祥异》）

1864 年
（同治三年）

全川大旱，崇庆、万源大水：春夏，全川大旱，尤以绵竹、广汉、新都、温江、江油、中江、蓬溪、射洪、潼南、仪陇、巴中、涪陵、南川、雅安、名山、峨眉、仁寿、南溪、富顺、泸州、筠连、叙永、古蔺等府州县灾情严重。雅安、名山夏大旱不雨，持续时间从清明到大暑；江油、中江、射洪等县春夏无雨，禾苗枯槁；潼南春夏大旱，7 月（六月）大水，旱涝交集。南溪、富顺、泸州秋不雨，至次年 6 月（五月），各府州县米价陡涨，岁大饥。蓬溪、潼南秋大饥，斗米钱 2400 文。南溪、富顺、泸州斗米钱 2000 文。饿殍遍野，饥馑全川。

崇庆、万源遭受雨雹大灾。崇庆 6 月（五月）大雨雹，平地水深数尺，禾苗坏死。万源 7 月 7 日（六月初四日）大雨溃堤，城内水深数尺，秋收无望，饥馑相继。

时人描述全川旱情诗云："火云如山日如血，江流无声厚土裂。……纵横村舍缠荒烟，浩荡沟溪填白骨。斗米万钱不易籴，四境三年那曾堡；小户假息弄潢池，大家忍饥咽糠籺。亟须父母问疮痍，何乃豺狼横剥割！"（唐炯《成山庐稿》）大旱以后，全川特大饥荒，人民饥毙，而凶狠的地方官吏还在肆意剥削搜刮，竭泽而渔。（《四川省志·大事纪述·上册》46—47 页）

岷江洪水突破都江堰水则十八画：五月，都江堰决，伤稼。（光绪《增修灌县志·杂记志·祥异》）

（都江堰）宝瓶口建立水则以视水之涨落，预为堤防。其水则，以一画为一尺，自出水面一画起，定至二十二画为止。从来江水盛涨，未闻有逾十八九画者。甲子年（1864）水大异常，亦只十八画有奇，而下游民田已几成泽国，省城城内亦可行舟。（《丁文诚公奏稿·都江堰新工稳固片》）

中江：春夏大旱，有道殣。（民国《中江县志·丛残·祥异》）

射洪：春夏大旱，禾苗尽槁。（光绪《射洪县志·祥异》）

南川：夏大饥，连年灾，多饥死者。（民国《南川县志·祥异》）知县劝富绅捐款，于县城普济寺设厂施粥，求施者日以千计，部分饥民赖以存活。（《四川省志·民政志》284 页）

峨眉：正月至五月中旬大旱，岁饥。（宣统《峨眉续志·祥异》）

仪陇：正月至五月大旱。米斗三千文。（光绪《仪陇县志·杂类·祥异》）

泸县：春夏之交，斗米钱二千文。（民国《泸县志·杂志·祥异》）

潼南：春及初夏旱，六月大水，秋大饥。斗米二千四百文。（民国《潼南县志·祥异》）

蓬溪：春夏大旱，六月大水，秋大饥，斗米两千四百钱。（光绪《新修潼川府志·杂志·祥异》）

雅安：夏大旱不雨，自清明至于大暑。（民国《雅安县志·灾祥志》）

仁寿：四、五、六月大饥，斗米一千余钱。贡生郁象贤于松峰场平粜米二百余石，价减三分之一。秋乃大熟，十余年来所无。八月以后不大雨，田无水……五月二十日涂家场灾。（同治《仁寿县志·志余·灾异》）

荣县：岁大旱，斗米钱二千。有卖妻者，妻恋其子，哭极哀。太学生龙作霖闻之恻然，给钱五十千，妇免于卖。（民国《荣县志·人士》）

合川：米价昂贵，石谷值银十两。（民国《新修合川县志·祥异》）

筠连：秋大饥，民多饥死。提督胡中和施粥赈济。（民国《筠连县志·纪要》）

南江：大荒。（民国《南江县志·2编·灾祲志》）

巴中：旱荒，邑人罗安世筹谷平粜，陈功德出谷平粜，邬世俊出米赈饥，全活甚众。谌厚富出谷赈饥，州牧赠"推食乡邻"额。举人王建基（掌宕梁书院），甲子岁荒，借宋兴寺社仓谷百余石赈饥，担任填还，嘱子孙以己租逐年偿之。（民国《巴中县志·乡贤》）

自贡：发生百年罕见的特大干旱。（《自贡市志·自然灾害》）

泸州、叙永：旱，大饥。（光绪《泸州直隶州志·杂志·祥异》）

叙永：大饥，斗米二千。（光绪《续修叙永、永宁厅县合志·杂类·祥异》）

古宋：大饥，斗米银二两。（光绪《泸州直隶州志·杂志·祥异》）

合江：大饥，斗米二千，道殣相望。邑人王钟英时管常平仓，请发谷赈粜，并倡捐巨金以济之，全活甚众。三花支人王正位，以杂粮和米自食，而捐谷多石赈恤邻里。陈尚贵筹米数十石减值济人，全活甚众。下汇支人陈廷弼出谷八十石，计口授粮，并给年六十以上者奉钱四百资肉食，赖以全活者甚众。（民国《合江县志·人物》）

富顺：大旱。秋不雨至于次年五月。斗米钱一千八百文。"至同治三年十月，涨为银2.95~3.46两。"邑人王培信平粜措垫数千金，捐谷百石。（民国《富顺县志·杂异·祥异》）

乐山：米价"至四倍以上，百物因之而贵。疆吏罔所补救，穷黎不能朝夕。非荒岁而甚于荒岁，非兵燹而同于兵燹"。（民国《乐山县志》引《鸿泥琐记》）

绵竹：大旱，农田禾苗干枯，收成减半。岁饥，放赈，支大席棚，使来者免暴雨之苦。（《绵竹县志·自然灾害》）

南溪：岁大旱，斗米千文。银价低落，每两值钱八百。（民国《南溪县志·杂纪·纪异》）

[链接]　　　　　　　　　　　**祷雨词**
　　　　　　　　　　　　　　佚名

　　小巫纷纷击土鼓，大巫喃喃作人语。童男沃水洒杨枝，绕坛并效婆娑舞。泥龙咄叱扬神鞭，水中蜥蜴形盘旋。父老齐声祝霖雨，生我百谷歌丰年。（上祈雨法并见《春秋繁露》）

　　但得苍天常福汝，上无蝗虫下无鼠。嘉粟旨酒升馨香，膏液青青沐禾黍。旱魃摧，屏翳来，群龙喷水商羊回，灵旗植，瓦缶击，神巫烧钱谢神力。东家膏腴获丰穰，西家沃壤滋稻粱。既沾既足方社喜，穀我士女福无已。

　　　　　　　　　　　　　　　　　　　　　　　　　　　　（《南溪文征·诗下》）

　　綦江："大荒"，百姓面有菜色，途无炊烟。（《清代四川财政史料·上册》687页）
　　犍为：岁饥。（民国《犍为县志·杂志·事纪》）
　　名山：饥。知县段东暹举办平粜，苦心实力，民赖以宁，活者甚众。（民国《名山县新志·事纪》）
　　达州：秋谷方登，淫雨积月多烂死，收亦薄。民菜色相望，多有死者。穷民艰食，往往小儿女丢弃道路，或者沉之河。（民国《达州志》）

[链接]　　**苦雨兼旬农家不能收获而牧令征粮甚急也**
　　　　　　　　　　　　　　［清］唐炯
　　　　　积雨连朝暮，群阴结不开。看书权拨闷，抚事虑成灾。
　　　　　天意高难问，民情大可哀。只缘租未办，又苦吏频催。

　　　　　　　　　　　　　　　　　　　　　　　　　　　　　　（《成山庐稿》）

　　温江、新都、新繁：旱。米价陡涨五六倍，斗米银一两四钱，岁大饥。（《成都水旱灾害志》226页）
　　温江：岁饥，邑人张耀廷捐米十余石，亲率家人于吴家庙煮粥以济，里中贫乏依以为命者数十家。（宣统《温江县乡土志·耆旧录》）
　　大旱。米价上涨五六倍。（民国《温江县志·事纪》）
　　新都：饥，斗米千八百文。知县黄成采急集邑绅捐米平粜，贫民欢呼。（民国《新都县志·2编·政纪·治绩》）
　　新繁：大雨大水，青白江兴隆堰口河身冲决。（民国《新繁县志·事纪》）
　　简阳：夏，大荒，食粟如珠，贡生李思成慨然发粟数十石半济半鬻，被泽者众。（民国《简阳县志·善行》）
　　西充：大旱，米价上涨五六倍，民食野草、树皮，多饿死者。（《嘉陵江志》145页）
　　广汉：旱，五月米价陡涨，斗米至一千五六百文，岁大饥。（同治《续汉州志·祥

异》）

江油：大旱，岁饥。（光绪《江油县志·祥异志》）

灌县：同治三年，李天植任灌县令，察知民间的社仓、济仓设于县城，衙门官吏侵蚀仓储的租息，却要摊派于百姓赔补，习以为常。天植遵奏案，俾民自经理，官吏不得染指，自此增产储谷，灾益有备。（光绪《灌县志·祥异》）四月泊江河水立，似有物壅之，直立数尺，旋立旋倒，旬余始止。（民国《灌县志·事纪》）同治甲子岁（1864）饥荒，其中漩口乡山深地瘠，饥尤甚。县令王世勋移寨子坪社仓谷前往平粜，并尽力劝捐得三百余金，设米、面粥厂各一处，全活甚众。（民国《灌县志·蠲赈》）

崇庆：五月大雨雹，平地水深数尺，禾菽偃。六月又大水，泊江河水中似有异物，水直立数尺，旋立旋倒，旬余乃止。（灌记）跨黑石河之崇德桥（玉石桥）被大水冲决。（民国《崇庆县志·事纪》）

万源：六月初四大雨溃堤，城内水深数尺，岁大饥，斗米二千八百钱。灾后，县令姚元霍主持在东门外修了一道防洪堤以捍城，民立石堤上，称"姚公堤"。（光绪《太平县志·杂类·祥异》）

北川：大水，决高溪桥，后有童谣云："水打高溪桥，上场也不牢。"三年后，麻窝上场果遇大水冲没。（民国《北川县志·杂异》）

隆昌：大熟。（同治《隆昌县志·祥异》）

奉节：桂坝等处甘露降，是岁江南丰。（光绪《奉节县志·记事门》）

忠县：同治三年夏大饥，斗米一千九百余钱。（民国《忠县志·事纪志》）

广安：同治三年，谷值石钱十千，银值两钱九百。（宣统《广安新志·祥异志》）

［附］**秋收歉，军需巨，川北民食空**：1864年5月1日（同治三年三月二十六日），江忠浚致曾国藩函称："川省去岁秋收颇歉，加以陕军及本省诸军兵食所需甚巨，川北搜巢已空。"（《近代中国灾荒纪年》240页）

［备览］**资中米价涨落**：同治三年五六月间，米价甚昂，斗米值钱二千铀，各处阻米不令过界，城市尝无米售。是时银价贱甚，以银十两易谷一石，尚须找钱一二铀，缘李逆（永和）扰境，民无余积故也。是岁禾稼甚丰，米价虽贵，人心尚属安帖。秋收后米价渐减，至冬又涨，次年春夏斗米值钱一千四五百文。（民国《资中县续修资州志·杂编》）

［善榜］**成都绅贤刘昌铺悉心办赈**：同治三年，岁饥，绅贤刘昌铺奉委主办四门平粜，饥民注籍者皆无冒漏；十二年癸酉，总督吴棠又委昌铺创办四门粥厂，皆悉心筹措，惠利咸敷。（民国《温江县志·乡贤》）

［善榜］**温江绅贤陈天恩办赈**：同治三年，米价腾涨，贫民乏食，县令委邑绅陈天恩办赈，天恩竭诚劝捐，集米千余石以济。（民国《温江县志·乡贤》）

［善榜］**灌县善士官桂轩救饥**：道光至同治年间，灌县屡遭大祲。善士官桂轩出私仓谷减价平粜，赈贫哺饿，凡三阅月，岁以为常。其中以道光戊戌（1838）、同治甲子（1864）饥荒最剧，桂轩皆殚竭心力，近乡待以举火者数百家。（《灌县乡土志·耆旧录·桂轩官公家传》）

［善榜］**大竹王秀才集众积谷赈饥**

赠大竹诸生王星聚

[清] 唐炯

同治甲子（1864）夏，蜀苦饥，市无赤米，道殣相望。宫保骆公条采前人平粜成法，檄下道府州县，承行多不如法，闾阎益骚。大竹诸生王星聚，尝教授渠县杨家场，仿朱子社仓法，期父老杨天渊辈十七人为谷会有年；至是以济其乡人，人忘其饥。嗟乎！王生非有当官之责、抚字之权，而乃汲汲焉推其不忍之心以及于父老，而父老亦各汲汲焉推其不忍之心以及于乡人。而当官者，顾乃举百姓颠连死亡无告，若秦越人之视肥瘠，漠然不加喜戚于其心，岂才智尽庸下未尝学问，抑亦其心之过忍也。今天下兵革渐息，国家方与百姓更始，而恩泽不下究，风俗不淳美，灾荒涝至，元气陵迟，为人臣子将如何？予嘉生之行，又重慨吏之不职，为生言如此。董子曰：事在勉强而已；诗曰：靡不有初，鲜克有终。生其勖哉！

（《成山庐稿》）

[附] **粮食歉收，米价高涨，灾民以代替品果腹**：清代中期四川丰收米价斗三百文。嘉庆二年（1797）内江秋旱，道光四年（1824），仁寿、隆昌旱灾，斗米价达到一千。同治三年（1864），四川大旱，筠连、兴文米价陡涨，每斗米钱价高达一千八百文，富顺涨到二千文，射洪、蓬溪春夏连旱，斗米二千四百文。

在粮价飞涨的情况下，灾民只有用代替品作为食物，如有芭蕉头、麻头、槐头、蕨粉、棕粉、桑叶、柏实、丝茅草根、灰苋菜根、面根藤、构树叶、水苋菜、鱼鳅串、蛇莓果、狗尾巴草籽等混着米糠为食。最严重的情况下是掘食白泥。白泥又名观音土、仙米粑。饥民争相挖掘，有时掘进过深，山体崩塌，造成伤亡，惨不忍睹。吃白泥后往往腹胀便秘，导致死亡。（《四川水旱灾害》196 页）

[备览] **民间不尚积蓄**：秋成贮仓后，计食若干石，余皆陆续粜去，次年将及收获，则旧谷颗粒不存，名曰扫仓以待新贮。所得谷价即以市田；富室亦然，鲜有盖臧，故岁歉收而米价易腾，未必不由乎此也。（同治《新宁县志·风俗》）

[备览]
立秋后毒热转甚

[清] 唐炯

火云如山日如血，江流无声厚土裂。坐窗不啻釜甑蒸，入夜更苦蚊虻啮。菜蔬盈把难可致，酒肉满器徒虚设。未知震雷何处行，忍使老魅恣作孽。吁嗟罗施西南天，封豕长蛇来窟穴。纵横村舍缠荒烟，浩荡沟溪填白骨。斗米万钱不易籴，四境三年那曾埁。小户假息弄潢池，大家忍饥咽糠籺。亟须父母问疮痍，何乃豺狼横剥割。前者军门按亩捐，今来节使输手实。不惜悉索供军需，倘免造次烦鞭挞。哀我人斯死多门，纵或热死犹愈活。更念湖湘东下兵，十年介胄生虮虱。昨报浙西甫收复，比传江右又骚屑。首尾奔命敢告劳，舟车算缗时虑竭。蜀中群盗虽渐平，隐忧所在犹萌蘖。况复秦陇与滇黔，边疆时刻虞奔突。两宫圣人独宵旰，常膳顿减御乐撤。殷忧自是启宣光，负托何期让吕葛。烛武当壮不如人，汲黯少憨愿补阙。眼穿一夜白发生，抚事悲来不可拨。

（《成山庐稿》）

[备览] **何咸宜错凿三道岩脚**：成绵龙茂道何咸宜，为减轻都江堰水患，听信木商之言，凿去内江凤栖窝河段起支水作用的三道岩脚，致使水势失去控制，江水频年为患。（《都江堰志·大事记》）

[附] **烈妇行**

佚名

陆女，中江人，适谢氏。其夫游荡，好呼卢挟妓，不事生产。氏勤女红度日。同治三年，米贵乏食，夫卖其子，欲逼嫁氏，氏缢死。

君不见米价今岁贵如金，贫族乞粮难活人。卖儿鬻妻换升斗，妻儿多愿出糊口。若个贫妇能忍饥，志如首阳不可移，饿死事小节义大，堂堂正气镇坤维。五城有妇适南国，十余年来勤内职。井臼亲操舅姑亡，苦如藜藿甘自食。谢郎游荡不顾家，身如轻风飘杨花。夫不养妇妇养夫，裙衩典尽空咨嗟。妾竭纺绩力博钱，买黍稷，差免内顾忧，殷勤为郎说：愿郎莫呼卢，呼卢抛锱铢，愿郎莫游娼，游娼弃糟糠。谁知浪子性，不听闺中劝，无钱况复浪费钱，钱尽何由办餐饭。穷困无计鬻小儿，儿鬻他人妻又随。竟重黄金轻结发，不惜鸳鸯两分离。烈妇闻此言，双泪流如水：卖儿莫卖妾，妾惟有一死，妾肝胆坚如铁，血一腔，肠百结，生作谢家妇，死当归魂魄。魂魄随郎身，何忍与郎别。无奈自缢甘气绝，卓哉陆妇真节烈。浑如文山事宋朝，忠义浩气千古昭；又如孝孺报建文，赤族心犹恋旧君。吁嗟乎，慷慨赴义独自乐，此事不图见闺阁，果然女中大丈夫，千秋芳名标落落。可笑褚渊、冯道俦，拖绯异主不自羞。请看稜稜此风节，能不惭对汗颜色！

（民国《中江县志·文征》）

1865 年

（同治四年）

四川持续干旱：1865 年春夏，四川持续大旱，无雨少雨，米价腾贵。成都至夔（今奉节县）、巫（今巫山县），上下数千里，斗米市价五六千至一二千（文）不等。清廷命四川总督骆秉章"察看情形，酌发仓谷"，并严禁所属州县囤积居奇，已发仓谷，秋后采买补足。（《四川省志·大事纪述·上册》47—48 页）

岷江洪水：1865 年 9 月（同治四年八月），岷江上游暴发洪水，都江堰堤决口，淹没沿江各县农田数以万计。（《四川省志·大事纪述·上册》48 页）

夏五月初，大水。都江堰决。（光绪《增修灌县志·杂记志·祥异》）

八月大水，都江堰决，坏田以万计。（光绪《灌记初稿》）

犍为：春旱。（民国《犍为县志·杂志·事纪》）

丹棱：连年大旱，六月始种，歉收。斗米千钱。（民国《丹棱县志·杂事志·灾祥》）

仁寿：大旱，栽插仅半，六月十八大水，碗厂河暴涨三四丈，坏民田舍器用无算。虫食乌桕叶、松叶、柏叶（皆毛虫），食稻苗者赤首黑身。（同治《仁寿县志·志余·灾

异》)

安岳：夏大旱。（光绪《续修安岳县志·祥异》）

乐山：春旱。六月初八，阴霾障天，雨雹如矢，风声、鸡犬声、男妇号歌声，喧如鼎沸，西北城楼、府署风月亭俱倒塌。（民国《乐山县志·艺文志·物异》）

夹江：同治四、五年连年亢旱，歉收。（民国《夹江县志·外纪志·祥异》）

彭山：大旱。（民国《重修彭山县志·通纪》）

灌县：五月七日至八日大水，都江堰决。（民国《灌县志·祥异》）

广安：五月大雨连绵，城垣浸圮。（光绪《广安州新志·祥异志》）

富顺：六月大水。（光绪《叙州府志·祥异》）

崇庆：八月大水，都江堰决，坏田亩以万计。（民国《崇庆县志·事纪》）

秀山：春，北乡雨雹。（光绪《秀山县志·祥异》）

万源：六月雨雹伤稼，大如鸡卵，自宏恩寺起至青花溪，横十四里许，直四十余里。（光绪《太平县志·杂类·祥异》）

营山：夏初，邑北雨雹。（同治《营山县志·杂类志》）

铜梁：夏大水，水越城垛出，冲倒民房。大旱。（光绪《铜梁县志·杂记》）

南川：岁大饥。道旁遗婴甚众，无人收养。（《南川文史资料选辑·第3辑》）

璧山：五月初六夜，雷震大成殿。（同治《璧山县志·杂类志·祥异》）

1865、1866、1870、1873、1875年夏秋，丹棱、简阳、大竹、雅安等地，农家所养猪流行一种恶疾，俗称"打火印"，"民间猪染疫尽死"。（1936年经专家科研，"打火印"即猪丹毒。）（《四川省志·农业志》）

1866 年

（同治五年）

全蜀大饥：人相食，逃亡几尽。（《四川省近五百年旱涝史料》7页）

甘孜发生强烈地震：1866年4月（同治五年三月），甘孜县发生强烈地震，寺庙、民房遭受严重破坏，压死喇嘛两千余名。格通、绒坝岔、叶旱、庄果、仁果、仲柯、甘孜旧城及大金寺、白根寺等房屋均遭破坏，人畜大量伤亡。据现代科学推测：这次地震震中位置在北纬31°7′，东经99°8′，烈度为7~7.5级。（《四川省志·大事纪述·上册》49页）（按：此次地震，《四川省志·地震志》《四川地震全记录》均未记载，待考）

忠县：二月，忠州条粮每两征钱十三铡。四月大雨雹，秋大熟。（民国《忠县志·事纪志》）

富顺：三月二十一日夜大风雹，房屋多倾颓。四月又大雨雹如砖石，毁庐舍，损牛畜。五月大水。十月，圣庙宫墙崩，毙四十余人。（光绪《叙州府志·祥异》）

汉源：三月二十三日大雨倾盆，干沟盛涨，河堤决，冲坏街房百余间，淹毙居民客商男女一百三十余人。知县韩树屏勘之，请赈恤。（民国《汉源县志·杂志·祥异》）

巴县：三月二十三日大雨水，同时风雹大作，房屋多倾颓。（民国《巴县志·事纪》）

大竹：四月初二日夜大水，邑西水漕走蛟、毁路。（民国《续修大竹县志·祥异志》）

名山：四月二十日，大风雷雨雹，拔木折瓦。（光绪《名山县志·祥异》）

盐源：邑龙抱树大雹，击毙夷民十余人。（光绪《盐源县志·人物志·异事》）

涪陵、彭水、武隆：五月大雨。涪陵县白石、罗云两里水灾。（民国《涪陵县志·杂编》）

广安：六月初九夜大雨倾注，小北门右垣及西门右外垣同时倾圮各数丈。（光绪《广安州新志·祥异志》）

巫溪：夏大雨如注，山水暴发，四乡坏禾稼民房无算，漂流灶房三十余家。（光绪《大宁县志·灾异》）

彭县：夏六月，大雨水。（光绪《重修彭县志·史记门·祥异志》）

灌县：夏大雨连绵，洪水泛滥，岷江内外南北诸渠悉惊，横流为害，漂没良田四万余亩。（陈炳魁《重修盘龙桥碑》，民国《灌县志·事纪》）

丹棱：连岁大旱，六月始种，歉收。（民国《丹棱县志·杂事志·灾祥》）

夹江：旱，六月始种，歉收。（民国《夹江县志·外纪志·祥异》）

合川：岁大熟，谷发双穗，一茎有多至四百颗者。（民国《新修合川县志·祥异》）

西充：大有年。（光绪《西充县志·祥异》）

泸县：三月，大河街火，烧数百家。（光绪《泸州直隶州志》）

彭山、井研：大旱。（民国《重修彭山县志·通纪》）

井研：九月，南城曲尺街大火，延烧至长景门。知县王凤翥捐廉俸以赈。（光绪《井研志·纪年》）

五月十六日，隆昌地震。六月，新繁地震。七月三十日，广汉、绵竹地震。八月一日，德阳地震。八月八日，汉州复震。八月，彭县地震。十一月三日，德阳、富顺地震。（《四川省志·地震志》65—66页）

灌县：十二月十九日巳时，灌县地震。（《巴蜀灾情实录》351页）

1867 年

（同治六年）

川东北夏秋间陡发"麻脚瘟"，传染日甚。（《四川省近五百年旱涝史料》）

彰明及川东北大疫：夏秋间，川东北陡发"乌痧症"（"麻脚瘟"），病者双足麻木，倒地立毙，传染日甚，邻境死者枕藉。（同治《彰明县志·祥异》）

新繁、新都：大疫，民间死者道相望。（同治《新繁县志·杂类·灾异》）

灌县：五月二十日都江堰决，大水坏田庐。（光绪《增修灌县志·杂记志·祥异》）

崇庆：六月大水，七月都江堰复决，金马、羊马、黑石诸江冲塌田庐桥梁甚众，黑石河沿线漂没良田二万余亩。（民国《崇庆县志·事纪》）

巴县：六月十九日白市驿大水，坏民房百余家，漂人畜无算。（民国《巴县志·事纪》）

垫江：六月大雷雨雹，西关凌云桥圮，北关凌云书院前石狮二失其一。（光绪《垫江县志·志余》）

巫溪：夏阴雨兼旬，溪水陡涨十余丈，盐场冲去井灶民房九十余家，田谷尽腐，死者亦多。（光绪《大宁县志·灾异》）

阆中：七月初七日大水，东滩水位为355.2米（吴淞基石）。（《嘉陵江志》111页）

巫山：秋，大宁河与长江交汇处之巫山等县沿河居民，猝遭水患。（《清穆宗实录》卷212）

遂宁：大水。（光绪《遂宁县志·杂记》）

大竹：旱。（民国《续修大竹县志·祥异志》）

富顺：夏疫。八月不雨至于明年五月。（光绪《叙州府志·祥异》）

彭水：岁歉。邑人捐资出境告籴。（光绪《彭水县志·祥异》）

井研：有年。（光绪《井研志·纪年》）

广安：七月十四日，城内郑氏宗祠前民家焚纸钱，忽火起，延烧数十家。（光绪《广安州志·拾遗志·祥异》）

资中：五月，资州地震，隐隐如雷声。（民国《资中县续修资州志·祥异》）

五月十六日，汉州地复震。六月一日，合州地复震。巴县亦震。夏，铜梁安居乡班竹园关箭场俱有地动，事不为灾。（《四川省志·地震志》66页）

[德碑]**曾寅亮大修都江堰**：1867年，成都水利同知曾寅亮，大修都江堰，悉心区画，亲临工地，指挥调度，督导施工，"胥吏不敢朘削，民无所怨咨"，"惠政传蜀，口碑载道"，灌区士民为立"曾公德政碑"。（《四川历代水利名著汇释》261页）

[德碑]**黑石河洪灾，钱璋筑堤**：夏秋，霖雨十余日，都江堰淹没水尺，百川横决，黑石河沿线淹没粮田20000余亩，灾情严重。当年冬，灌县知县钱璋亲勘水道，夜宿江干，约集士民商讨筑堤办法。他又亲自督工，向施工人员讲明"深淘滩，低作堰"的道理。这次施工有三项主要工程：一是自索桥西起，沿河筑堤140余丈（约460余米），堤高9尺（约3米），宽1.2丈（约4米）；二是从河南方决口处开始，到下游苏家桥为止，共淘滩20400余方，用竹笼1500余条，添筑护堤数百丈，堤外植柳树数百株，以巩固堤防；三是劝导崇庆州民在灌境分受江水的汤家湾筑堤100余丈，淘河2000余方，以畅其流。

工程从1867年冬开始，1868年仲春完成，费银2000余两。（《四川省志·大事纪述·上册》51页）

1868 年

（同治七年）

德阳等县霍乱流行：1868年7月（同治七年六月）德阳县霍乱病流行，全县死亡2000—3000人。此病俗称"麻脚瘟"，始自成都，后向邻近州县扩散，传染几遍。最早见于《中江县志》记载："道光元年（1821），民病'麻脚瘟'，须臾气绝。"（《四川省志·大事纪述·上册》51页）

广汉：成属一带瘟疫大作，遇者立死，谓之"麻脚症"，汉州尤甚。秋后渐平。（同治《续汉州志·祥异》）

永川：疫疠四起，患"麻脚瘟"，二三日即死。（光绪《永川县志·祥异》）

新繁：大疫，死者近万人，市肆棺木为空。（《新繁县乡土志》第2页注文）

灌县：六月大疫。（民国《灌县志·事纪》）

温江：六月大疫。（民国《温江县志·事纪》）

彭县：六月大疫。七月十一日大雨水，冲没田禾。冬至大雨水。（光绪《重修彭县志·史记门·祥异志》）

铜梁：夏大雨，雷雹如弹丸破损屋瓦，风电所经，树木斯拔。疫症四起，人患"麻脚瘟"，染者吐泻交作，二三时立毙，城乡棺木为之一空。（光绪《铜梁县志·杂记》）

古宋：七月，民病，死亡相继。（《巴蜀灾情实录》379页）

崇庆：五月大疫，患者顷刻死。人谓之"麻脚瘟"。讹言四起，民间箫鼓爆竹庆岁以禳之。六月大水。（民国《崇庆县志》引《蜀州故事》）

合川：大雨后，人病疫甚。（民国《新修合川县志·祥异》）

巫溪：洪。三月雹大如鸡卵。（光绪《大宁县志·灾异》）

忠县：大水。（民国《忠县志·事纪志》）

黔江：四月大雨雹，风雷交作，雹大如拳。伤牲畜民田苗树木无算。（光绪《续黔江县志·祥异》）

巴中：五月五日河水陡涨，由东门浸入城，城外居民房舍如洗。（民国《巴中县志·祥异》）

汉源：六月十一日，富林镇雨雹，山水暴涨，冲塌乡户街房一百余家，淹毙四人。（民国《汉源县志·杂志·祥异》）

广安：六月，内西城因天雨又圮十余丈。（光绪《广安州新志·祥异志》）

秀山：夏大水。（光绪《秀山县志·祥异》）

渠县：七月大水灌城至狮子坡下。（民国《渠县志·别录》）

中江：大水。（民国《中江县志·丛残·祥异》）

大足：洪，损坏桥梁无数。（民国《大足县志·祥异》）

大竹：秋雨绵延，烂谷，山水暴涨，冲圮乡户街房百余家。（民国《续修大竹县志·祥异志》）

屏山：四月，火延烧忠孝街数十家，知县瞿往扑救，不息，将靴投入火中，炎焰更甚。日暮火起，至三更乃灭。（光绪《屏山县续志·杂志》）

六月二日，奉节、巫山地震。（《四川省志·地震志》66页）

1869 年

（同治八年）

成都大旱：夏，成都及郊区各县，久晴无雨，各州县旱地禾苗枯死，稻田缺水，大春无望。城乡贫民断炊，市上无米，人心惶惶，省城重地，屡出抢案。川督派遣

官兵到各地严查囤积情况，并调用仓储平抑米价。（《四川省志·大事纪述·上册》53 页）

德阳：正月至四月，天气和风雨时。五月大疫，始自成都达于边郡，传染几遍。（光绪《德阳续志·祥异》）

南部：自去冬至今夏皆不雨。（光绪《南部县志·祥异》）

合川：初春、仲夏大旱一百天。（光绪《合州志·祥异》）

黔江：自去冬十一月不雨，至春三月乃雨。（光绪《续黔江县志·祥异》）

秀山：春夏旱，夏大饥，斗米五千文。（光绪《秀山县志·祥异》）

忠县：同治八年，六月雨，至八月始晴。（民国《忠县志》引《颜氏日记》）

汉源：七月顺河沙坝大水，冲没民房二十七家，淹毙五十六人。知县苗本植履勘，死者各恤埋葬银两有差，生者发碾仓谷二十石，按名赈济。（民国《汉源县志·杂志·祥异》）

巫溪：秋，大水穿城，冲去北门城楼，沿河一带城垣倒塌二百余丈，民房尽毁。盐场被灾，较上年更重。（光绪《大宁县志·灾异》）

南川：秋歉收，饥。（民国《南川县志·大事记》）

邛崃：岁饥。善人吴肇靖粜米减价，全活甚众，里人义之。（民国《邛崃县志·事纪》）

涪陵、彭水、武隆：十二月三日黑雨。（民国《涪陵县志·杂编》）

云阳：被水，筹款抚恤。（民国《云阳县志·祥异》）

汉源：马烈场失火，延烧街房三十一家。（民国《汉源县志·杂志·祥异》）

大竹：三月，地震。（《四川省志·地震志》66 页）

［附］　　　己巳年（1869）六月，德盛村水泛民居，亲行验赈，
生者存恤，死者临江祭吊

［清］杨道南（天全州牧）

偶尔捐资救水荒，非云善政为神伤。

灵关父老窥余意，跪向舆前乞免粮。

淫雨连朝酿巨灾，洪涛忽自半空来。

穷黎漂荡成鱼鳖，嘉种荒芜变草莱。

抚字既难如我愿，催科安忍重民哀。

各安义命归农圃，朋酒羔羊待举杯。

（咸丰《天全州志·诗》）

1870 年

（同治九年）

巴塘地震：

1870 年 4 月 11 日（三月十一日），巴塘发生 7.5 级地震①，震中在巴塘，烈度十度。是日上午 9 至 11 时，巴塘一带地震，粮务、都司衙署、土司官寨、喇嘛寺庙、粮仓、库房、碉寨、堡垒和民居尽行倒塌，关帝庙、城隍庙、法国教堂倒塌毁坏。人民死亡 2298 人，伤者甚多。巴塘以西乡下房屋大部分毁坏，竹巴笼汛一带碉房倒塌无存，中巴村房屋大部分倒塌成废墟。巴底塘、大寨崩、竹巴笼、空子卡压毙人畜。东面震及 40 余里，南、西、北皆震一二百里，甚至二三百里不等。

巴塘大道崩塌 400 余里，文报阻塞。地面龟裂，喷出黑色臭水，陡峻的山成为深的裂罅，丘陵成为险峻的悬崖。巴塘上下大山崩坠，巴塘底谷北面其各地区河道堵塞，河水暴竭。东至江巴顶，下起至西藏交界，沿线山崩地裂一二里、二三里不等，或成深潭，或成峭壁。西藏芒康县境有破坏，昌都亦有震感。

初震时，家家正值烧午饭，上村、下村等四处火光倏起，加以疾风，烟焰飞腾，熊熊大火，遍烧全城。巴塘通判筹划救火之策，因连日地震不但人难驻足，兼之河水干涸，致大火延烧七日，直至 4 月 17 日始将大火扑灭。居民被压烧过半，衙署、仓库、卷宗及军民财物均为灰烬。

4 月 11 日后地震连日不断，及至 13 日巨大石块仍被震动滚落，地声隆隆，隐约如雷，迄 5 月 9 日尚有震感。（《四川省志·大事纪述·上册》53—54 页）

[链接]　　　　　　　　**地震引发大火，哀号惨绝人寰**

1870 年巴塘地震，当时居民家里都在生火煮午饭，屋宇崩塌后熊熊大火在片刻间遍烧全城，当人们跑去取水救火时，发现村庄附近的浇田水槽已被倒塌下来的墙石砸裂、堵塞，断绝了水源，大家不知所措。被压在塌屋下面还活着的人们，被烟熏火烤难以忍受，个个痛哭惨叫、呼喊求教，有的被活活烧死，大部分房屋和财物也被焚毁。大火持续了一个多星期，"番民均被压烧过半，纷纷搬移如蚁"。

（《四川地震全记录·上卷》163 页、《巴蜀灾情实录》176 页）

四川总督吴棠关于巴塘地震灾情和赈务的奏折

（1）（吴棠奏）窃臣于四月初七、十一等日，连据管理巴塘粮务试用通判吴福同、驻防巴塘汛崇化营都司马开昌报称：三月十一日巳刻巴塘一带突然地震山崩，衙署、仓库、碉寨、民房及汉夷军民同时被压，该通判、都司及在台兵弁均各受伤，逃出后正拟设法救护，四处火光倏起，加以疾风，烟焰飞腾，延烧甚猛。该通判筹划救火之策，而

---

①　据地图出版社 1993 年版《四川活动断裂与地震》，此次巴塘地震为 7.25 级。（见《四川地震全记录》158、162 页所载图）

连日地震不但人难驻足，兼之河水暴竭，直至十七日始得将火救熄。被压之衙署、仓库、卷宗及军民房屋多成灰烬。汉番军民喇嘛伤毙甚众，正土司札喜受伤甚重，副土司郭宗班觉官印均无下落。各乡及竹巴笼汛等处亦连日地震，赴藏大路崩陷，不能行走，恳请查勘抚恤等情。查巴塘悬处口外，距打箭炉二十余站，为藏卫要道。汉番军民遭此奇灾，不但口食无资，抑且栖身无所，深堪悯恻，亟应妥予抚恤，以安人心……臣于初次接报后，即商同藩臬两司，飞饬里塘粮员通判施毓龄兼程前往，会同详细确勘，据实飞报。一面于省库先拨厘金银三千两，委员驰解巴塘，会同该通判都司按照被灾户口分别赈恤，勿使灾黎失所。并据建昌道鄂惠具禀，该道于接报后，先饬打箭炉厅就近拨银一千两，委员驰解赈济……谨会同成都将军崇实合词恭折。

（2）再，臣钦奉上谕：四川巴塘地震兼被火灾，经该督筹拨厘金等款解往赈济，来春如有应行接济之处，查明据覆奏等因，钦此。至查此次巴塘被灾奇重，前已由省提拨厘金三千两，并由建昌道先于卢库拨银一千两，饬委都管里塘粮务通判施毓龄驰往勘赈。据该员禀报，查勘巴塘牛、竹二渡等处衙署、庙宇概行坍毁，并倒塌汉夷民房一千八百四十九间，压毙汉夷军民喇嘛二千二百九十六名，塘马十六匹，压伤千总、外委各一名，兵丁十九名。巴塘正土司札喜压伤身死，副土司郭宗班觉压伤复被火焚死。又东北至察桠南墩、西南至临卡石盐墩等处，周围一千二百余里，同时地震，塘路陷塌，夷民亦有压毙。该员施毓龄会同在台文武，疏通塘路，抚恤难民，掩埋尸身，修理官民房屋，前项银两实有不敷等情。臣复督同藩司续筹银四千两，委员星驰解往，饬令施毓龄等于被灾之处，不论汉夷喇嘛，务须一体赈恤，俾沾实惠。并将赈过户口，造册汇报。计两次筹赈之后，灾民不致失所，来春似可无庸接济。仍檄饬委员等随时认真安抚，以期仰副圣主轸念民依至意。至巴塘正土司札喜、副土司郭宗班觉被压被焚身死，深堪惨恻，合奏仰恳天恩，敕部照例议恤，出自鸿慈。所有查勘巴塘被灾情形，并二次拨款接济缘由，合附片陈明，伏乞圣鉴训示。谨奏。

同治九年十一月初四日　军机大臣奉旨，札喜、郭宗班觉均着交部照例议恤。钦此。

（《四川地震全记录·上卷》156—159 页）

[链接] 朝廷赈恤地震谕令："同治九年庚午五月丁卯，据吴棠奏称巴塘地震、筹款抚恤各等语。本年三月间，四川巴塘一带地震火发，压毁人民房屋，该处遭此天灾，殊堪悯恻。吴棠业已筹动款项派员前往赈恤。即着妥为安抚，勿令失所。将此由五百里各谕令知之！"（《四川地震全记录·上卷》160 页）

川江洪水：

1870 年 7 月（六月中旬），长江上中游发生了罕见的特大洪水。嘉陵江中下游、长江干流重庆到宜昌河段，出现了数百年来最高洪水位，合川、涪陵、丰都、忠县、万县、奉节、巫山等沿江城市遭到灭顶之灾。

7 月中旬，长江上游连续出现大雨和暴雨，嘉陵江中下游和三峡区间出现了大强度暴雨，合川、万县等县均有"雨如悬绳连三昼夜""猛雨数昼夜"等记载。这场大暴雨历时 7 天，分前后两个阶段：7 月 13—17 日，暴雨区主要在嘉陵江中下游；7 月 18—

19 日，暴雨区东移至三峡区间。上游嘉陵江洪水与三峡区间洪水发生遭遇，造成了这场罕见的特大洪水。暴雨范围很广，岷江、雅砻江也出现了大雨和暴雨。

1870 年洪水受灾范围，从四川盆地到长江中游平原湖区，估计约 3 万平方公里的地区遭到洪水淹没。嘉陵江各河沿岸、重庆到汉口长江沿岸城镇农田普遍被淹没，大小支流尽遭水灾，合川、重庆、万县及沿江各城镇洪灾损失巨大。合川"大水入城深四丈余，城不没者仅北郭一隅"；酆都"全城淹没无存，水高于城数丈"；万县"全城尽没，仅余西北炮台一隅"。

1870 年的特大洪水，为近数百年所未有，嘉陵江武胜、合川东津沱、涪江小河坝、川江寸滩、万县沱口、巫山等站此年洪水皆为首大。川东的小江、磨刀溪、大洪河、龙溪河、小安溪等支流，也都以此年的洪水为历史上的首大。

川东有很多洪水题刻，记录这一年的洪灾情况。在忠县、涪陵、重庆、合川、江北、巴县、酆都、北碚、奉节、长寿、云阳等地区有 50 余件碑刻记载同治九年六月两次洪峰的情况。在嘉陵江的合川、北碚以及重庆至宜昌 600 余公里河段上还发现 90 多处洪水碑记和题刻，记述最高洪水位的位置和出现日期，部分还有洪水涨落过程的描述。民间还有一些洪水歌谣记录了这次洪水，如江北县舒家乡写字岩有谣："庚午洪水任滔天，窖处朝居有万千。鳌蟹随浪游户内，鱼虾逢浪至庭前。"长寿县邻丰乡猪市坝下半岩脚有："自从混沌初开地，洪水泛涨似昔前。泛滥庚子他邦境，大洞水淹既当年。庚午林钟逢丁巳，蛟龙出奔水朝天。禹王若不疏河九，焉得世上有人烟。"这些记载为确定 1870 年最高洪水位提供了可靠的实物依据。（《巴蜀灾情实录》63—64 页）

[备览] <h2 style="text-align:center">水灾行</h2>

柳福培①

同治九年六月初旬，四川阖省大雨，至十五六日方止。潼川、保宁、顺庆、綦江一带大水，淹没田庐无数，汇于重庆、合州，涪州、酆都、忠、万、夔、巫均遭水没，而酆都全城漂没，片椽无存，自古以来未有之灾也，因作水灾行以哀之。

同治九年六月初，西蜀淫雨二旬余；千里万里成泽国，城郭宫室尽丘墟。上有雷电助威虐，下有蛟龙为吹嘘；蜀中自古称天险，万姓倏然化为鱼。吾闻天灾不常有，祸福所乘在盈虚；圣朝涵濡二百载，处常安泰世何舒。不知积习渐污染，冠裳下逮及里胥；弱肉强食殊不悯，里党效尤夸猨狙。王章具在且漏网，莠为苗害终当锄；天灾流行国代有，祅氛亦上太平书。无如此灾出人意，或疑梁州尚未疏；不然即系蛇龙放，直以巴蜀为之菹。生者无归死者溆，已饥已溺难踌躇；大吏彷徨小吏走，补天无术徒长歔。目击桑田变沧海，阅历从今有谁如；我欲流民图代绘，越俎之责将及余。有明之末遭献贼，西蜀人民几尽屠；从来富强焉足恃，天其悔祸哀穷闾。自此洗尽繁华习，昔如养痈今溃疽；正气常伸元气足，国医何必叹拮据。

（民国《忠县志·文征·古体诗》）

---

① 柳福培（1830—1919），忠县人，号"存愚山人"，文史学家、诗人。位列忠县乡贤祠。民国《忠县志·文苑》有传。

四川大洪水：

夏秋，四川发生大水灾，特别是川东地区灾情严重。江津、合川大水入城，江津城内民房倒塌数百家，合川城内水深数尺。铜梁先旱后水，河水陡涨五六尺，田禾冲荡无收。洪水侵入涪州城。酆都全城被淹没。奉节、巫山城垣及民舍淹没大半，人民奔逃溃乱，生计荡然。云阳、忠县大水犯城，沿江数十里农田无收。灾后各地缺粮，仓廒被水淹没，谷米霉烂，人民无处觅食，地方官不得不禀报实情，请求赈济。遂宁6月、7月相继遭受洪灾，大河王爷庙淹过月台三尺，城内部分街道被水淹没；井研县初秋大水，漂没民房数十家。（《四川省志·大事纪述·上册》54页）

关于这次水灾，当年8月24日（七月二十八日）上谕称："本年六月间，川东连日大雨，江水陡涨数十丈，南充、合川、江北厅、巴县、长寿、涪州、忠州、酆都、万县、奉节、云阳、巫山等州县皆大雨，城垣、衙署、营汛、民田、庐舍，多被冲淹，居民迁徙不及，亦有溺毙者。""酆都知县徐潜铺，于江水进城之时，先行速避，置难民于不顾，殊出情理之外。徐潜铺着即革职，听候查办。"一些资料对其中某些城市之灾情作了具体描述，如光绪《巫山县志》载："六月大水，城垣民舍淹没大半，仅存城北一隅。人民奔逃溃乱。……水退，人民无处觅食，仓廒被水淹塌，任民于淤水分取湿谷，暂救眉急。……四乡禾苗复遭虫压，秋收歉甚。"《翁同龢日记》中8月末、9月初（八月上旬）亦记："四川夔州大水，城不没者三板。酆都县城冲坏，县官逃避，革职。""前日四川夔府报水长数十丈，酆都、巫山尽沦没。"（《近代中国灾荒纪年》295页）

1870年属特大洪水，为近百年所未有。（《四川水旱灾害》67页）

1870年洪水地跨涪江、嘉陵江、渠江及长江（川江下游）。（《四川省志·农业志·上册》33页、《四川省志·水利志》57页）

嘉陵江特大洪水：

清同治九年（庚午）六月十三至十八日（1870年7月12日至17日），在四川东部和湖北西部发生大暴雨，雨区扩展到嘉陵江、渠江两个水系中、下游，形成了嘉陵江下游和长江上游（重庆以下）的特大洪水。在嘉陵江的南充河段是第三大洪水，武胜至重庆段就上升为首大洪水。据调查：南充老庚午年（1810）也涨过大水，比癸卯年（1843）大水小五市尺左右（约合1.66米），河船拴在猪圈上。武胜"……搦角垭人步桥穿濠，癸卯年大水比庚午年大水低二尺"。《南充县志》："庚午年（1870）大水，城垣、衙署、营汛、民田、庐舍多被淹，居民迁徙不及，亦有溺毙者。"《合川县志》："……明嘉靖迄兹凡两见异灾，三百有余年……前道光庚子年（1840），水漫上半城至州署大堂止，州署背山，距地甚高，涨至此，合城街巷所余无几。而庚午（1870）之水更高丈余，浸至二堂之半扉，街户尽淹，只余缘山之神庙书院。……雨如悬绳连三昼夜……水连八日……"此外，嘉陵江两岸还有较多石刻洪痕，记载1870年最高洪水位，核算相应洪峰流量：武胜38100立方米/秒，北碚57300立方米/秒。（《嘉陵江志》95页）

蓬溪：春大旱。四月二十八日雨，大水。（光绪《蓬溪县续志·祀祥》）

中江：春久不雨，夏至后乃雨，亦大有年。（民国《中江县志·丛残·祥异》）

江津：五月十九日大水入城，城内仅板桥街人可往来，附城民房倒塌数百家，三日

乃退。六月十七日又大水。（民国《江津县志·祥异》）

巴县：川北、川东大水。（民国《巴县志·事纪》）

遂宁：五月大水。六月六日河水涨，大河王爷庙淹过月台三尺，行风门淹进城。十月初一日大风雨，飞瓦折木，极暴寒，行者毙。（民国《遂宁县志·杂记》）

合江：县西五十里佛像桥，江涨，漂佛像一尊。（民国《合江县志·杂纪篇·纪异》）

江北：夏，洪水，江河暴涨，二百年间未有奇灾。（民国《巴县志·事记》）

长寿：六月十三日至二十日，川东地区大雨，长江暴发特大洪水，长寿县衙被淹，复元乡靠龙溪河西岸，淹没大片土地。（《长寿县志·大事记》）

彭山：夏旱，秋大水。（民国《重修彭山县志·通纪》）

井研：夏旱。秋大水，漂没民房数十家。（光绪《井研志·纪年》）

犍为：夏旱。秋四望溪大水。（民国《犍为县志·杂志·事纪》）

乐山：夏旱。秋五通桥四望溪大水。（民国《犍为县志·杂志·事纪》）

丹棱：夏旱。八月朔大水。十月朔大雪，竹木尽折。（民国《丹棱县志·杂事志·灾祥》）

重庆：六月十三日至二十日，川东大雨，长江、嘉陵江暴发特大洪水，南充、合川、江北厅、巴县、长寿、涪州、忠州、酆都、万县、奉节、云阳、巫山等州县城垣、衙署、营汛（防汛机构）、民田、庐舍多被淹。六月十七日江津县城被淹，民房倒塌数百家。江北区沙湾河街长江洪水题刻："同治九年庚午岁，大（水）淹此，六月十三起，六月二十退。众姓立。"六月十九日重庆城大水淹至元通寺屋顶，城内民房倒塌数百家，三天后才退水。重庆寸滩长江水位196.15米，玄坛庙长江水位197.70米。合川县"六月大水入城，深四丈余（约13.2米），城不没者仅城北一隅"，"各街房倾圮几半，城垣倒塌数处，压毙数十人"，合川县嘉陵江洪痕水位为226.78米。六月十七日，北碚场全被淹没，水深至屋顶，庙嘴文昌宫戏台被冲走，庙侧石上刻"庚午年水涨至此"七字。北碚嘉陵江洪痕水位214米。（《重庆市志·大事记》）

北碚：在距今六十多年前的庚午年六月十五日，沿江各场镇房屋悉被淹没，黄桷镇、东阳镇、上下坝俱没水中，所余山头，悉成小岛。北碚侧市街房顶上过船，文昌宫的罗汉洗脚。（《北碚月刊》1937年3月1日）

奉节：六月十七、十八、十九日川北、川东大水，夔郡水涨到府署牌坊下，城垣民舍淹没大半，县署内常平仓四十廒被漂没，仅存城北一隅，人畜死者甚众。知府派员开仓放粮。（光绪《奉节县志·记事门》）白帝城隋龙山公墓一块从奉节城区迁来的墓碑，上刻文字："同治九年六月十九日大水为灾，高于城五丈，此碑被淹。"（《四川城市水灾史》307页）

据1956年测得，当年水位高程为146.52米。（《奉节县志·大事记述》）

绵阳：普降暴雨，灾情严重。（民国《绵阳县志·杂异·祥异》）

涪陵：同治九年六月十日起，连日大雨。十六至二十日，长江、乌江水位不断上涨，十九至二十日水位达到最高，州境石家沱、隆兴场、李渡小溪口、韩家沱、清溪、南沱等地均有当时留下的洪水题刻或刻记。涪陵城西门、北门俱进水，水齐小东门口，城墙未没仅一版；后经实测，最高洪水位高程为海拔 176.46 米。此次洪水，蔺市镇全部进水，水至川主庙土地龛脚下；北拱坝进水，一片汪洋；李渡镇萧公庙、王爷庙房屋先后于十八、十九日被漂走；坪西坝几尽没，仅余最高处（海拔 189 米）一小丘顶。二十一日水位停止上涨，次日开始下退。附郭民房被淹几尽，漂流者二百余间。州境长江、乌江沿岸损失惨重，为百年未有之灾。（《涪陵市志·自然灾害》）

涪陵隆兴场小溪口下桥沟右侧岩刻"水涨大江贯（洪水灌）小溪，戊申曾涨与滩齐，迄今八十单三载，涨过旧痕十尺梯"。末题"观涨人题。庚午年六月廿日水涨至此"。据"长办"考证，"戊申"为乾隆五十三年（1788），溪口川江洪水水痕实测为176.6 米。"庚午"为同治九年（1870），水位实测为 179.9 米。（《四川水旱灾害》35页）

[链接] **涪陵周氏"家传簿"详记洪水涨落**

涪陵县李渡周正伯"家传簿"对 1870 年洪水经过所作记述："同治九年庚午岁，六月初十日涨大水，又落大雨，（洪水）上涨齐河麻井，还长（涨）齐禹王宫土地庙坎下。米市街水涨雷轰街。土地庙当门水淹正街张牟玉当门盐店。十八日肖公庙（被）水打去，十九日王爷庙（被）水打去，二十二日退。"

（《四川城市水灾史》297 页）

新津：六月大水。（民国《新津县志·祥异》）

灌县：六月二十四日雨雹，大风拔木无算。当年大水泛滥，新渡口西岸坏田庐甚众。署灌县令黄毓奎发起募捐，于县西南修筑岷江堤，犯霜践露，功赖以成，计长一千余丈。（民国《灌县志·事纪》）

郫县：县北花园场（濒江安河）扬子云墓被水冲塌一角。（民国《郫县志·祥异》）

合川：六月三日江水涨，大水入城，深四丈余，浸至州署二堂，街市尽淹，只余神庙、书院与民房数十间。半月后水退。推算水位 226 米，洪水高度 40 米，"为二百年来未有之奇灾"。邑人丁树诚作文记录甚详。（民国《新修合川县志·祥异》）州民以连岁水旱，迁居贵州之遵义、陕西之汉中，多无所得而还。（光绪《合川县志·大事》）

[链接] **同治庚午六月合川大水纪事**
[清] 丁树诚

州城三面通江，为嘉、渠、涪三水交汇处。城左筑二堤，捍嘉、渠之冲。水涨率不过堤，过堤为大水，过而入城，水更大，或三四年一入城，淹下半城止矣。至淹上半城，则不数觏。前道光庚子年（1840），水及上半城，至州署大堂止。州署背山，踞地甚高，涨至此，合城街巷，所余无几。而庚午（同治九年，1870）之水，更高丈余，浸至二堂之半扉，街户尽淹，只余缘山之神庙、书院与民房数十间而已。东南堞垛，皆可行舟。城中青龙阁，高八九丈，未没仅小半。奎阁地卑，九层只存其二。南津之白塔，荡漾烟波中，如蜃市然。寺楼露鸱吻者，参差不多处，余皆浩浩荡荡，成泽国焉。水初入城，移家具者存幸心，水尺移尺，水寸移寸，无地可移，乃升之楼，水齐楼，升之屋顶。屋顶尽矣，水又平屋。富者尚呼舟载物，贫者无力，则委之去，挟要物踏桶行，一失足，则不可想。至水断无路，则骑屋脊呼救，如是者何止数十所。舟子昂其价，渡一人需千钱。贼船乘涨肆掠，失物无论，且有劫财沉人者。雨如悬绳，连三昼夜，上淋下湿，无一蜷伏处。但闻号啕四起，与雨声、波声相连一气，真人海中一大劫也！幸州牧为栾霍公，乃心民瘼，见水势泛滥，饬衙役封小船数十只，打桨巡河，只救人，不救物；遇行劫者，即捕行法；闻呼救声，飞桡立至。时青龙阁住数百人，楼高人重，摇摇欲折，用船十只，接连渡尽。有水阻地绝者，留一舟作浮桥，数昼夜约拯千百人。虽漂物无数，老幼男女不至葬鱼腹者，霍公恩也。水连八日，人多下乡，依戚家避水。无依者就近地托身，由城内达城外，凡寺观公地，皆离离住满。日饮瓦缶，夜则和衣寝地，泥污粪秽，狼藉不堪。迟半月水始落，街道欹侧，房庐倾塌。大半未倾者，污淖充塞，腥腐逼人。富家趁涨退，雇人荡涤，贫家则仰屋莫何。历两月之久，炊烟起，稍可居人，满城精华，一洗成空，十余年未复元气。——此城内被水之大略也。

而乡里之水，如思居铺、赛公桥等地，当嘉江岸，已成洪河。云门镇之水，及紫云宫乐楼之檐。镇口雕石龙头，水封其顶，以尺寸许，约高十五六丈。渠江如蒲溪、沔溪等场，常年水灾入街，今则全市浮沉，大小舟俱从屋上过。至各、浪二溪，外狭内宽，水灌进十余里，汪汪大湖也。涪江之临渡河，地最低，水平铺如海子，纵横数十里，不见村墟。当三江下流者，蔡坝、照镜坝也。百年老屋，水从未及门者，皆随浪漂去，田土数千亩，拥成沙堆，不辨轮廓。是时余馆云镇陈友家，离嘉江近，涨一二日，见中流瓦屋、大树与家器诸物，连下不绝。四五日涨痕愈高，升邱四望，茫茫无津涯，如蓬山望瀛海也。有门人归家，家隔江十里遥。水由溪漾入，沉其家，只露屋脊，家中人已篷居阜上矣，眼见水患如此。

（民国《新修合川县志》卷67）

［链接］ **知州霍为栾驾舟救百姓**

霍为栾，陕西朝邑人，以进士即用知县，签分四川。历任大邑、巴县等县，有循良名。同治八年署合州知州，力矢清勤，自奉节约，每日食用皆有程度。或讥其太俭，讫不为止，然义所当用，亦未尝少涉鄙吝也。九年，年满他调，候代未及去，而嘉陵、涪、渠三江皆暴涨水，没城深十余丈，浸淫至州署大堂，不没二堂阶者咫尺耳。为栾具衣冠拜，水稍定。乃自驾小舟循水巡视，指麾舟子及傍岸居者随宜救人，按名送署领赏，虽日费数百缗，不恤也。有乘势掠人者，则严惩之，不少贷。以此，州人保全不少。去而犹讴思焉。

（民国《新修合川县志·霍为栾传》）

［链接］ **庚午岁六月十六日州中大水纪异**
［清］陈在宽
夏残洪水忽争流，连雨滂沱涨不休。
浪鼓鱼龙倾市宅，波翻雷电撼城楼。
家家负戴求生路，处处号呼救死舟。

升屋战兢行不得，哭声终夜乱更筹。

漫道壬寅涌巨涛，较前壬戌水尤高。
平原雁稻漂千亩，峭岸蜂窝没万篙。
官为祷神抛玉弁，人伴拯溺索钱刀。
黄昏更患钩援盗，箱锁毡包一网捞。

瓦灰竹木价腾丰，作室居奇到众工，
屋破愁观星与月，壁穿怕听雨兼风。
六宵久困三江水，千户都无一亩宫，
除却北城家数十，坏垣尽在淖泥中。

孽由自作岂由天，我与州人共凛然，
岁幸降康贪愈甚，贼遭未杀善谁迁。
沉沦莫怨今穷困，修省当思古圣贤，
嘉靖迄兹凡两见，异灾三百有余年。

（民国《新修合川县志》卷 67、卷 70）

[善榜] 王国有创会瘗浮尸：同治九年、十年之间，涪江、嘉陵江连涨洪水，上游淹毙者日夜下浮无算，至合川东津沱辄停，或数日聚积不去。东津沱商家王国有见此恻然，乃出钱雇人收而埋葬。继而出资创办浮尸会，与前知州李宗沆原设的拯水会、施棺会相配合，收殓溺水者。（民国《合川县志·乡贤》）

南充：六月大水。（民国《新修南充县志·祥异》）

忠县：六月大雨。江水陡涨，浸入西南门内，东关镇江王爷神像没胫，西关王爷神像灭顶，马路口营盘口及老街俱成泽国。江中漂流人畜无算，南北断渡者弥月，水势凶猛，实为忠县千百年来所未闻。四川总督吴（棠）发库平银一千五百两，知州侯若源捐廉抚恤六千八百七十二钏。（民国《忠县志·事纪志》）

[链接] 长寿县"钓鱼人"题洪水诗：长寿邻丰乡猪市坝有一处洪水石刻，并有同治九年一位署名"钓鱼人"认题的诗："自从混沌初开地，洪水泛涨似昔前。泛滥庚子他邦境，大洞水淹既当年。庚午林钟逢丁巳，蛟龙出奔水朝天。禹王若不疏九河，焉得世上有人烟。"诗中指出了长寿近代发生的三次洪水灾害：一次是庚子年即道光二十年（1840），一次是丁巳年即咸丰七年（1857），另一次即庚午年亦即同治九年（1870）。（《四川城市水灾史》293－294 页）

酆都：六月大水，水高于城数丈，全城淹没无存。漂没常平仓稻谷 3917 石 5 斗、槽田仓谷物 67 石 5 斗 1 升，其余存谷也都霉变。大水后，鉴于县城地势低洼易受洪涝，乃将旧城往西移了三里，原县衙改建为平山书院。（民国《重修酆都县志·杂异门》）据佛建乡沙溪董家岩、双路乡龙河口石刻洪水线测定，此次洪水长江酆都段水位为 163.43 米，洪峰流量为 103 400 立方米/秒。县城被淹没，城墙塌毁。（《酆都县志·大事记》）

［链接］

清廷对酆都知县"玩视民瘼"的查处

据四川总督吴棠奏称：查明上年六月江水陡涨进城，酆都城内居民无路走避。知县徐濬镛先自封船带印，携眷登舟，迟至数日始雇借船筏，救出难民数十人。遗民逃生不及，亦有溺毙等语。徐濬镛前已革职，永不录用，以为玩视民瘼者诚。

（《清穆宗实录》卷 324）

当洪水涌进酆都县城时，知县徐濬镛"并未救护灾黎"，而是慌忙收拾细软，登上一只大船一走了之。事后，徐虽受革职处分，但到光绪初年就多方活动，要求平反。（《灾荒与饥馑》19－20 页）

巫山： 六月大水，城垣民舍淹没大半，仅存城北一隅。淹没社仓稻谷 19127 石，颗粒无存。人民奔逃溃乱。水退，人民无处觅食；仓廒被水淹塌，任民于淤水中分取湿谷，暂救眉急。四乡田禾复遭蝗，秋收歉甚。（光绪《巫山县志·祥异》）

铜梁： 连旱三百余日至十年四月。"六月十六日，遂宁关溅内河水涨。至十七日晨刻，城外淹至县署头门，大河王爷庙淹过月台三尺，北门淹至巷子平街，引凤门淹至城与会龙桥上。"（光绪《铜梁县志·杂记》）

云阳： 江水大汛冒城，濒江数千里奇灾，近古所罕。县治对岸飞凤山麓张桓侯庙圮。县城东门外汪家桥沟岩上石刻："大清同治九年六月二十三日，大河涨水淹此古迹。"据测算，洪水高程约为 149.88 米。（《四川城市水灾史》305－306 页）

万县： 六月十五日，江水泛，十六日没河岸，十七日啮城根，十八日及县署照墙，十九日夜子时大雨彻宵，骤涨。道路断绝，舟船阻碍不通。房舍、庙宇、树木、禾苗、人畜，杂沓蔽江下。县署淹及平屋，文庙大成殿水与阶平，武庙学署屋后屋数椽。全城没，仅余西北炮台一隅。洪波巨浸，浩瀚无涯矣。市肆浮沉，厨烟稀少。经二日雨止，水迤逦退。城垣崩塌八十五丈五尺，膨裂四十余丈，南门楼圮，文武署坍倒七十余间，城乡漂没倾陷民屋七千六百四十二间，溺死男女四十丁口，田地冲淤废无收者一万二千五百五十四亩。知县英溥禀提公款，合之募集之数计钱 9889 缗，得赈大小孤贫男女 17600 余丁口，民赖以安。（民国《万县志·采访事实》、《四川城市水灾史》303－304 页）

万县： 同治九年七月二十一日，长江水涨至海拔 156.04 米，城墙崩垮，灾民十多万人。（《万县志·自然灾害》）

巫山： 六月十八、十九等日，大水入城，淹塌知县、典史衙署，垮城墙 20 处；没常平仓 13 所、盐仓 41 间，漂流无存；又淹社仓谷 19127 石，颗粒无存。（光绪《巫山县志·祥异》）

雷波： 大雨雹。（光绪《雷波厅志·祥异》）

云阳： 七月，"江水大溢，张桓侯庙突忽倾圮，仅存正殿"。（民国《云阳县志·祥异》）

蓬溪： 四月二十八日，大水。（光绪《蓬溪县续志·饥祥》）

营山、仪陇、蓬安：大水溃堤圮城。（光绪《蓬州志·瑞异篇》）

遂宁：五月大水。（民国《遂宁县志·杂记》）

潼南：六月雨后至十年四月下旬始雨。（民国《潼南县志·祥异》）

资中：同治九年秋收后天旱，至于次年四月，冬水歉，陇田不能犁者多。（民国《资州志·祥异》）

［链接］**资中久旱得雨后力求增收**：同治九年秋收后，天旱，冬水欠甚，陇田不能犁者甚多。自九月至次年四月，天气高亢，间有细雨，不过湿尘，所种小春不生，田无高下皆开深坼，不但无水种秧，即家中用水亦必四处找寻。四月二十五日夜大雨连日。是岁收成仅二三分，米价甚昂。四月二十日后及五月初有种迟秧者，半月即可栽插，田肥者先行犁转搁枯，栽后又加水粪，约有五六分收成。否则，苗初甚茂，至秋则起黑厌，不能成实，即禾藁亦多朽腐。（光绪《资州直隶州志·杂类志·祥异》）

广安：九月不雨至越岁四月杪方雨，岁凶。（光绪《广安州新志·祥异志》）

渠县：大旱。（民国《渠县志·别录·祥异志》）

南川：岁又饥。（民国《南川县志·大事记》）

巫溪：通城乡一带流行伤寒，患者 3200 多人，死亡 600 余人，有一家十几口人全部病倒者。（沈卫志《解放前四川疫情》，原载《四川文史资料集粹·第 6 卷》）

简阳：夏，猪瘟（打火印），数日死，迄今五十余年犹未息。（民国《简阳县志·祥异》）

广安：四月二十四日城中大火，三圣宫、川主宫二庙乐楼两厢皆为灰烬，唯正殿独存。（光绪《广安州新志·祥异志》）

峨边：十二月十三日城内火，下街均被延烧。（民国《峨边县志·祥异》）

庆符、南溪：三月七日亥时，地大震。（光绪《庆符县志·祥异志》）

1871 年

（同治十年）

四川大旱：本年四川夏旱秋潦，收成歉薄，粮价骤昂，饥民塞道；尤以德阳、遂宁、彭县、大足、潼南、荣昌、铜梁、富顺、合川、江津、武胜、乐至、安岳、眉州、南溪、犍为、叙永等十八州县旱情严重，遂宁、潼南、铜梁连旱三百天，米价腾贵，民相食，贫民四处逃荒。川督吴棠奏准于厘金捐输项下拨银二十万两，以资赈济。（《四川省志·大事纪述·上册》55 页）

嘉陵江大洪水：清同治十年，白龙江流域发生大暴雨，雨区扩展到西汉水，以及嘉陵江干流阆中以上地区，形成了白龙江的首大洪水。昭化至苍溪一段，降为二大洪水，苍溪以下，由于 1857 年的洪峰迅速削减，到了阆中，1871 年洪水就上升为首大洪水。阆中以下，由于 1871 年的雨量小，故 1871 年的洪峰流量向下游削减，序位也逐渐移后，但直到合川仍属大洪水之列。据调查：三磊坝"……同治十年，水淹文昌宫，庙门被冲塌，水与正厅仪椽齐平，庙内木菩萨浮出庙外"。三磊坝"……涨水前一天下了暴雨，一夜之间水就涨到家门口"。昭化"……同治十年涨大水，知县穿官袍、官靴，在高处拜水，将正堂匾丢下水，漂浮至保宁府，被人打捞送回"。"水涨至十字街口、水船入城。"阆中"……当时南门有两道城门，水到里面这道城门洞，……比癸卯年大水高三四尺"。《合川县志》："……五月大水入城，抵州署月台，较庚午水小一丈二尺……"核算洪峰流量：碧口 6810 立方米/秒，三磊坝 15100 立方米/秒，昭化 26200 立方米/秒。（《嘉陵江志》94 页）

四川继上年大水后，是年又夏旱秋潦，收成歉薄：八月二十五日上谕称："编修吴鸿恩陈奏，四川按粮津贴，几成永远定额，而劝捐抽厘又同时并举。去年大水，本年大旱，后又大水，米价之昂，甚于往岁。农民两遇荒年，若再责令照前津贴，民力实有不支，请饬停止。"（《清穆宗实录》卷 318）翌年二月，署成都将军吴棠于奏折中亦云："川省地方辽阔，户口繁多，上年夏旱秋潦，收成歉薄，粮价骤昂，饥民嗷嗷待哺。"（《清穆宗实录》卷 325）涪江、嘉陵江洪水，遂宁、潼南、苍溪、合川等城受灾。（《四川城市水灾史》344 页）

大足、犍为、乐至、遂宁、荣县、安岳、彭县、铜梁、潼南等十八州县：遭受严重旱灾，人相食。（《四川省近五百年旱涝史料》7 页）

江津：春旱。旱蝗并作。饥民斯聚掠粮，道殣相望。（民国《江津县志·祥异》）

大足：春大旱，斗米千钱，自四月下旬始雨，晚稻勃茂。七月，秋稻将熟，阴雨弥旬，禾稻尽生天螟（蚜虫），田水尽黑，穗悉蚀，收获仅十分之二三。十月朔大风雪。（《大足县志·大事记·灾异》）

资中：自同治九年至十年四月天气高亢，间有微雨，小春无生活气，田无高下皆坼，无水插秧，觅泉汲饮。至四月二十五夜大雨连日。是岁收成仅二三分，米价仍昂。五月初尚有插秧者，加用肥料收成五六分；否则，黑鹰不能成实而苗槁矣。（民国《资中县续修资州志·祥异》）

乐至：春大旱，地坼井涸，五月始种秧，灾情特重。十月朔大雪，积十余日不化。（光绪《乐至县续志·杂记》）

富顺：夏旱。（光绪《叙州府志·祥异》）

荣昌：夏大旱。（光绪《荣昌县志·祥异》）

南部：夏大旱，明年（壬申）大饥。（《南部县志·大事记》）

綦江：春旱，田土龟裂。（《重庆市志·大事记》）

黔江：三月大淋雨，涝。（光绪《续黔江县志·祥异》）

叙永：大旱三月。四月二十八日大雨，禾尽栽。（光绪《续修叙永、永宁厅县合志·祥异》）

古宋：大旱三月，米价骤增。（民国《古宋县志·蠲赈》）

铜梁、潼南：大旱，自同治九年六月雨后至本年四月下旬始雨，旱期最长达三百余日，水稻无法栽种，部分田颗粒无收。每斗米值钱 2000 文，很多人饿死。（《重庆市志·大事记》）五月大水。六月十六日大风拔树。（民国《潼南县志·祥异》）

铜梁：五月十七日至十九日，七月初四，两次大水淹城北一带。稻将熟，"天厌（虫灾）"大作，仅收十之一二。（光绪《铜梁县志·杂记》）

六月二十一日震雷大作，溪水陡涨五六丈，田禾冲塌，安定桥激毁，不遗一石。东西两山岩崩，压死者无算。虫害四起，俗呼"天厌"，着稻穗二三日便成腐草，是秋颗粒无收。十月初一大雪，寒气异常。（光绪《铜梁县志·杂记》）

岳池：同治十年辛未岁，大旱数月不雨，高下田原，概未栽插，兼以前冬雪霜稀少，豆麦无收，人民饥荒。自春徂夏四月末始雨，人心稍安。然米价昂贵。贫民众多，几致朝不保夕。署县事陈以礼，目击情形，心甚悯焉。因首捐俸钱一百缗，劝谕城乡殷实绅粮量力捐赈，共输仓斗米三百六十石有奇。城内分设四局，发给附城贫民，并谕三关乡各场，分设三十五处，因地布置附场捐赈。由六月初五日至十五日，发赈二次，旋即受代。实任县朱元钊接篆。由六月二十五日至七月初五日，发赈二次，民困稍苏。是月，忽罹虫灾，禾稻剥蚀殆尽，收获仅十分之一。捐赈难继，乃与绅粮筹议，借粜济仓谷八百三十一石，半粜半赈，即以所获粜谷赢余钱，陆续增米，源源接济，诚属法良恩普，惠而不费。由冬月二十五日起至壬申七月初一日止，共平粜十四次，统计饥民二万二千二百二十八丁口。城内复设粥局，俾奇贫无炊者得以延活性命，爰首捐廉银一百两、米四石，县幕余吉卿亦倡捐银一百两，城乡官绅复共捐银七百二十两，捐钱二千四百三十缗有奇，捐米十三石五斗，由辛未十二月初二日起至壬申四月初十日止，共计发粥五十二次，每次约用米五石，食粥者三千余丁口。又奉督宪吴，提拨赈济银三千两，照市易钱，按城乡分局给发。嗣复因时疫流行，设局延医施药，共用捐余钱六百六十余钊。民咸感戴，全活者多。朱令元钊，竟因此致疾，冬间痰晕身故。其有此次赈粜、发粥、施药捐户各姓名银钱米数若干，均竖碑于城东门外康济亭，以彰善举。（同治《岳池县志·田赋志·附赈济》）

蓬溪：六月十六日，大风坏屋、拔巨木。秋，螟；饥，米斗值钱一千六百。十月朔，大雪，人有冻死者。（光绪《蓬溪县续志·祆祥》）

合川：春夏之交大旱不雨，田水尽涸。五月大水抵州署台下，较庚午（1870）小一丈二尺（推算水位219米，洪水高度33米）。先旱后涝，收成大歉，朝不谋夕，道殣相望。加以疫疠，丧枢累然。云门镇人王朝宪，捐米二十石，平粜、粥厂兼施，全活无算。复捐田二十亩作义冢，使死者有归。又于来葬之始照给纸烛，借慰幽魂。观者以为惠及众壤，非浮慕善名者可同日语也。（民国《合川县志·乡贤》）

［备览］**知州李忠清灾后弥乱**：李忠清，浙江嘉兴人，以军功保举知县，留川补用。同治十年（1871）署合州知州。时值庚午（九年，1870）大水之后，泥泞满壁，生意萧条，前政陈琜不能抚循，又新卒于任。顺天丁寿臻继之，办理考试，声名狼藉，人始有轻视官吏意。又遭大旱，继以大水，疾疫间作，虫蝗滋繁，城乡公私，扫地俱尽。来里奸民贾某，谋乘机揭竿起，已聚众某处，将祭旗出矣。忠清侦知之，先期饬乡团密集，不动声色，伏以待命，乃自率差役、民壮等数十百人传呼"大老爷来"，奸民色然骇，方犹豫间，大团应声起，贾某知无所逃，俯首受絷，余并缚以归，禀宪请赦胁从而诛渠魁，死者可十余人，皆立名字有器械者也，州民由是获安。（民国《新修合川县志》，1992-1993页，《李忠清传》）

［链接］ **合川民众请留知州李忠清署任公呈**（清同治十年）

"为留任救荒，照咨恳转事。窃以吴郡遗邓攸之爱，政绩昭昭；蜀人歌廉范之贤，舆情恋恋。牵衣遮道，乞留侯霸期年；卧辙攀辕，愿借寇恂一载。惟我州主李公，贤齐德裕，才美邺仙。虎帐从戎，不厌东山瓜苦；蚕丛报最，久留南国棠甘。其莅合邑也，节励悬鱼，政除害马，村无龙吠，阶有蝶飞。头可衔冰，恶绅敛手。面真似铁，蠹役寒心，雪斯民难雪之冤；明如悬镜，完前主未完之案。暇即挥琴，疋绢无存，视胡君而更洁；一钱不受，比刘尹而尤清。合邑自去岁孟秋以还，而今年四月而止，密云未布，微雨不霏。火已流金，田皆成石。蕉荷风起，荆棘日生，公乃驱凶卫良，团联保甲，捐俸平粜，境免呼庚。坛必祷乎名山，香每焚于静夜。为火烈不为水懦，息草泽之恶气；合人意并合天心，降桑林之晨露。真可谓泽流下尺，雨号随车矣。讵意民甫聊生，天不悔祸，甘霖方沛，大水频来。浊浪拍天，惊涛动地。裂山蛟舞，阖境俱赴泅凌波；沉龟蛙生，满城尽浮家泛宅。公乃大施宝筏，普渡迷津，舸舰接连，全活生民百万；衣冠祭奠，倒退弱水三千。照户捐资，按名给食，钱施万贯，粟发千钟。境虽危而仍安，命已绝而复续。饥已饥，溺已溺，野无鸿雁哀鸣；宅尔宅，田尔田，民免鱼虾为侣。无奈天灾迭降，地火重蒸。禾朽化蝗，谷飞为蛊。沟盈黑水，地少青苗。枯者荣而荣者枯，田难种玉；歉忽丰而丰忽歉，米尽成珠。富少春粮，游离满道，贫如悬磬，饿殍连村。公乃发汲黯之仓，煮黔敖之粥。省耕观稼，驾凤星言。止酒禁锡，条严霜令。乞粜之圭屡告，咸戴令尹为天。泛舟之役方兴，直倚长官若命。合水旱蝗而并降，劳我使君；统清慎勤以兼赅，仁同众母。久欲都城纳款，囊尽无金；亦思上国呈词，门深似海，幸文星光照，值天使以贲临；沛化雨于锦江，扫浮云于玉垒。观风问俗，群瞻一路福星；烛隐穷幽，代挽万家生佛。冀桐乡之暂驻，保我百姓身家；愿艾缓之重颁，续此一州性命。敢摅蚁悃，俯呈下情，更祈鸾章，转达上宪，垂怜赤子，俾戴青天，庶几亡可使存，式者饥而不害。为此具呈。

（民国《新修合川新志·文在十二》）

[链接]

合川重修朝阳门碑记
［清］陈在宽

朝廷设司牧之官，所以卫民生而保民命也。然非有饥由己饥，溺由己溺之实心者，则必不能察斯民实患所在，兴利去害，而保民命于无尽。合阳三江交汇，城东朝阳门，当嘉陵、宕渠下流之冲，城门卑狭，每遇江涨，辄先受水。河干救生船，水小则阻于横梯，大则阻于门洞，居民病之。去年六月既望，猛雨数昼夜，洪水骤涨，城中比屋成巨浸。男女老幼登屋巅而号救者数千家，而舟为洞阻，竟不能进。水退后，城垣庐舍倾圮相望。考《州志》，明嘉靖间州城被水后，以此水为甚，盖三百年未有之异灾也。今春二月，李侯来牧此邦，庶政咸理，城中士民诉水患，以增高城门为请。或疑程功大，而惧所费不资也。侯亲履勘毕，曰："惜财节力固也，而民命所关尤重。吾为尔等筹费以千缗为限。"其举廉能者董斯役，乃遴匠采石，鸠工庀材，自四月经始，迄八月而巍如廓如，朝阳门于是乎成。其时任斯事者，皆能栉风沐雨，不惮勤劳，节糜费以速告成功。其经营缔造之劳，与吾侯筹资集事，聿观厥成之德均有不可没者。在本年夏秋，江水复浸溢入城，恃功已告竣，得以无恐。夫工作无论大小，惟期有济于民生，矧城垣所以卫民，因陋就简，既不足以壮观瞻，省费减工，亦不足以资捍卫。李侯拳拳乎，以民命为重，增拓斯门，从此崇墉屹屹，永固金汤。民之利，实侯之力也。溺由己溺，其在斯乎，抑宽更有进焉，传曰："民保以城，城保以德。比年境内大水迭至，是岁旱且蝗，彼苍之示警者深矣。窃愿与州人士恐惧修省，庶几敬天威而保城以德也。是为记。"

（民国《新修合川县志·建置》）

[善榜] 合川：饥民载道，善人章汝瑚捐千金收养，雇人煮粥食之，卒得保全。至秋，痢疾大行，又广施医药，获全者十之五。道路桥梁皆捐资修理，日则施药与茶，夜送灯笼牛烛与行人。（民国《新修合川县志·乡贤》）

汶川：大旱，自春至夏河井浅涸。（《阿坝州志·气象灾害》）

汉源：六月大雨，蓝家营冲没民房二十八家。知县宋大奎往勘，以紫打地山租钱九十五铡分别赈之。（民国《汉源县志·杂志·祥异》）

射洪：六月十一日夜大雨雷电，风大木拔，民庐多震，十月初二日复大风，道路吹毙甚众。秋大歉，大饥，流徙四方。（光绪《射洪县志·祥异》）

潼南：六月十六日大风拔木。秋螟，饥。冬十月朔大雪，行道者毙无算。（民国《潼南县志·祥异》）

遂宁：大旱，赤地千里，道殣相望，自九年六月雨后至本年四月下旬始雨。五月大水，十月一日大风雨，飞瓦折木，极暴寒，行者道毙。次年菽麦倍收。（光绪《遂宁县志·杂记》）

中江：八月初四日大水入北门。（民国《中江县志·丛残·祥异》）

罗江（今属德阳）：八月，绵、雒大水，较道光二十年高数尺，漂没庐舍、人、畜无算。（同治《罗江县志·杂记》）

德阳：大旱，夏有蝗。八月大水，较道光庚子年（1840）水高数尺，漂没庐舍人畜无算。大饥，斗米价一千四五百文。冬恒雪，牛羊多冻死。（同治《德阳县志·灾祥志》）

彭县：八月大水，饥。十二月菜不熟。（光绪《重修彭县志·史记门·祥异志》）

名山：十月朔，积雪三尺，前所未有。（民国《名山县新志·事纪》）

灌县：十月朔日夜，大雪积尺，折竹木。（民国《灌县志·事纪》）

崇庆：十月一日大雪及尺，竹木皆折。（民国《崇庆县志·事纪》）

隆昌：十月初一日大雪，冬月初一日大雪。（民国《隆昌县志·祥异》）

南川：十月、十一月、十二月至次年正月二月朔，皆大雪，三月朔仍雪，稍减，是岁大丰。（民国《南川县志·大事记》）

广安：十月朔，十一月朔，十二月朔，皆大雪。（光绪《广安州新·祥异志》）

屏山：大旱。是年三冬及次年正月朔日，皆大雪。（光绪《屏山县续志·杂志》）

安岳：大旱，田裂数寸，米价昂贵。十月大雪积十余日不化，为数十年仅见之事。大饥，赤地千里，饥民汹汹与富家为难，将为变。知县查海臣重惩之，又设法以赈，灾不为害。蠹役、奸民一时屏息。（光绪《续修安岳县志·名宦》）

西充：大旱，"八个月无雨，民食野草、观音土，市鬻子女，道路死者相属"。（《嘉陵江志》145页）

蓬安：旱。（光绪《蓬州志·瑞异篇》）

南溪：旱。（民国《南溪县志·杂纪·纪异》）

渠县：旱。十月朔大雪，十一月、十二月朔大雪。（民国《渠县志·别录·祥异志》）

新繁：饥。猪瘟大作。（同治《新繁县志·杂类·灾异》）

是年，新繁地震有声。（《四川省志·地震志》66页）

新都：旱饥，米价腾涌。（民国《新都县志·外纪》）

盐亭：大旱，赤地千里，人相食。（光绪《盐亭续志·政事部·杂记》）

井研：旱饥。知县以粥为赈。（光绪《井研志·纪年》）

犍为、乐山：复旱。（民国《犍为县志·杂志·事纪》）

犍为：六七八月，猪瘟大作。（民国《犍为县志·杂志·事纪》）

沐川：旱饥。（《四川省近五百年旱涝史料》44页）

丹棱：夏旱。（民国《丹棱县志·灾祥》）

三月二十七日，东街失火，延烧四街殆尽。（民国《丹棱县志·灾祥》）

武胜：蝗，旱，饥。（民国《武胜县志·官师》）

营山、仪陇：旱，饥。（光绪《蓬州志·瑞异篇》）

双流：夏秋，流行麻脚瘟，顷刻不治。（民国《双流县志·杂识》）

眉山：六七八月猪瘟大行，死验其身，有方印如火烙痕，食其肉者病，弃之河水不可食，州牧谕掩埋。（民国《眉山县志·杂记》）

彭水：秋，郁山镇下街火灾。（光绪《彭水县志·祥异》）

仪陇：三月二十七日，邑城隍庙火灾，同时境内亦颇有发火灾者。（光绪《仪陇县志·杂类·祥异》）

［链接］　**同治辛未夏"地蒸、秧变"酿奇灾纪异**
［清］丁治棠

同治十年辛未，春夏之交，大旱不雨，田水尽涸，所蓄秧苗，老不堪插。芒种节后，复抛洒新秧，届五月始得猛雨。水满平田，急犁耙过，分秧新插，方才齐拳，未老也。趁势布种，前栽黄粱红薯者，齐拔之，仍植稻谷。不一月秧长过骤，既肥且硕，或或满野，三农喜过望，以为天不绝人，盈宁可券，家有积谷，皆贱价粜之。递六月中旬，日光过烈，下蒸田水如炊，而秧变矣，由青而黄而红，刚十日良苗尽槁，如燂汤滤过，满田成黑水，无一苗成。苗既腐，煦水气化蟥蟓，盈野漫天，人过则成团扑面，人谓为虫蚀，实根朽自蠹，非外来之蝗也。老农云，此为地蒸，因秧太稚，不耐溽暑，遂一败至此。不似立夏插秧，日色温和，苗根由嫩而老，能敌骄阳，故耕稼必乘天时，时过则难为功，亦自然之理，无足怪者。自是谷价轩昂，四野嗷嗷，较水旱为甚。水旱之苗，虽秀不实，猎粪发稻孙，收稻草，此则田皆成石，并种子亦失之矣。是年惟插老秧者，四五分收，插即干水，成圮田者，二三分收。始悟水愈多，热愈甚，苗坏愈速，不如无水之为得也。我州昨遭大水，今遇大荒，朝不谋夕，道殣相望。诗云："昊天不庸，降此鞠凶。"殆为我州咏矣。

（载《仕隐斋涉笔》，录自民国《新修合川县志·祥异》）

[链接] **崇庆县社田条规序**

[清] 李沛元

天下事不患无治法，而患无治人。余读前州牧年寿农先生社田条规十六款，其绸缪规画非不思深虑远，乃四十年来，所预度归还原款盈余备荒之外，推之以兴农田、开水利、扶持义节、长育婴孩、垫给兵徭诸费，毫无成效，此固非立法之未善，实守法者之未尽善也。原其未尽善之由，则以挠于势、徇于情、绌于才与识，而侵渔浮冒之弊不与焉。盖挠于势，则官私挪移不敢违，绅衿借卖不敢问，而亏空之弊生。徇于情，则佃户拖延不肯追，书吏舞弄不忍发，而短折之弊起。绌于才与识，则必俟水旱凶荒之大不得已，而始议开仓。平时小有丰歉，竟忘春借秋还、设仓之初意，而不思变通宜民之术，亦听其谷之陈陈相因，以致糜烂红朽，而不可食，此不啻暴殄屯膏，而消耗尤在于无形。使才识之士任之，不为首鼠、不避怨劳、实心任事、推陈出新，一转移间而利必普于无穷，是岂区区守成法为平粜救荒之长策也哉！辛未（同治十年，1871）年俭，连岁民艰食，当事诸公以社仓积谷减价分粜，以赢余之半增置社田，以半市谷填仓，出入之数骎骎乎有主者不知之势。宛君朝俊与同志诸君子，以董事不得其人，请于官而更之，又详其防范共十条，推李君万馥、李君世琦、李君怀清共任其事。当此时治法益周，治人斯得其积贮流通之术，得三君以权衡尽善。不数年间，必有恢之弥广者。而三君特恐人事代更，后来者不知昔日创始之难，与今日振兴之不易，因循侵蠹，并此良法而废之也。因刊其条例十则于石，而以数语弁其端。

一、议社田选举。首事必殷实公正绅粮，然殷实公正实难其选。协议三人经管，每人承充五载，五载报替一人，连环报替，以上保下，互相稽查，以资熟手。其首事，每人每年各予谷五石，下乡看佃收租轿资火食，俱在五石谷内支销，不得额外浮用。至报替之期，务必凭众算明出入账目，立案交出，不得私相授受，以杜串报串举。

二、议佃户。每年秋收上谷，定于九月初一日开仓，三十日封仓。如封仓后佃户租谷尚有尾欠未完，首事等开明佃户尾欠清单，禀请饬差严催。至十月犹不完纳，即请严饬换佃。如书差受贿踏延，催唤不力，禀官严究。首事受贿，不禀饬换替，被人控发，亦同严究。以杜串佃拖欠之弊。

三、议社田仓夫。管仓看仓诸色人，历来原无工食，以致佃户来仓上谷，诸色人等每有需索。今议每年仓夫工资谷四石，管仓长随谷共六石，看仓口食谷五石，仓房典吏书办笔资谷共五石，房内纸张谷一石，俱由首事秋收后发给。至佃户来仓上谷，随到随捣，以西市米斗较准，满斗平刮。仓夫不得额外需索颗粒，房书跟役亦不得苛取分文。如违，许禀官严究。以免守候拖累。

四、议佃户。每年上谷必需晒干风净，自行车运来仓。仓夫凭首事刮捣，上仓，不得借看样为名借故刁难。如佃户以灰湿不净之谷搪塞，该首事等禀明，讯究换佃。

五、议每年卖谷完纳地丁。以足地丁为准，不得于地丁外私行折卖减让。如遇凶年水旱，务必先禀州官牌示，酌予减让。至于小旱微潦，不得借此搪塞勒减，以杜浮开捏报。

六、议佃户所住社田房屋。稍有损坏，应自培补。历年久远，设有倒塌，首事务必禀官，或亲临履勘，或委房书亲信人等同首事看明，估定工料，禀明后再行修造。首事不得擅卖社谷动公，以杜借公营私。

七、议佃户承佃田，必自请殷实绅粮具保认佃，注明其佃田若干，押价铜钱若干，每年揭纳租谷若干，如有拖欠，惟保人是问，倘有私佃私转押者，亦惟保人是究。

八、议佃户认佃社田基址内，如有挖麻窖粪池及修补房间、开垦地亩、添栽树竹等事，俱不限制，但于退田之日，一概入官，不得借词狡赖，令接佃之人认给钱文，倘有不遵，首事等禀官严究。

九、议社谷原系民间自积，别项公事不得借以公济公为名，擅行挪移。即遇荒年减价平粜，卖谷得钱若干存库，不得私行挪用。至仓廒锁钥，规定二把，署内存一，首事等执一，以杜私开挪用。

十、议社田为合州性命所关，文武生监以及房吏书差，不得从中包揽，阻难估求首事减让谷石。如不自爱，妄行出头扛抗租谷，许首事等指明执禀，并饬佃户换佃，以杜倚势欺骗。

（民国《崇庆县志·江原文征》）

[善榜] **知州罗廷权救灾有方**：（是年）资州大旱，饥民遍野，知州罗廷权即发济仓谷二千石，又捐银百两平粜赈济，为各乡倡。同治十一年（1872）六月大水成灾，廷权不惜重资亟购多船由城埭放入城救生，无一被溺者；又捐钱买米煮粥散给，民赖以苏。（民国《资阳县志·官师志·政绩》）

同治辛未十年（1871），**资州大旱，饥民遍野**。有造妖言者谓：濛溪口有鱼作祟，今神将降濛溪收之，须借人力相助。各场贴字，约令四境居民各带军器，于四月二十五日齐集濛溪，助杀鱼妖，天始降雨。盖将胁众为乱也。知州罗廷权于二十三日闻信，速令汛官带领兵丁，往彼弹压；亲率三班数十人，调集附近团练，以防其变。至期，远近来观者万余人，俱各安静，俄即散去。后闻各场俱有会匪，或十余人或二三十人，在店候期；期及皆不敢至。若非知州神速，焉能免害。（民国《资阳县志·官师志·政绩》）

[附] **广元王三德遇洪逃生记**：同治十年八月，白龙江洪水。广元三堆镇人王三德到河边看水，忽然水势猛涨，无法回走，只好就近往大树上爬。幸好随身带着一条绳子，就把自己绑在树干上，才不致下坠。水不断上涨，他就随着往上移动，一直在树上绑了三天三夜，水退后才回家。其家乃染房，大水漫入，所存颜料被溶化，王入门，见四壁已皆被染，五彩纷呈。（民国《重修广元县志稿》）

[善榜] **罗世绥善行**：（同治年间四川战乱。）军兴后，米价腾涌，有财力者辄垄断加租，相谋夺利，佃耕者苦之。绥岁收租金数千，不惟不加，且减租以示优恤。辛未（同治十年，1871）大旱，嗷鸿遍野，（绥）欲开团焦济之，虑弗能周，乃修父母兆域以工代赈，贫者坌至，借谋升勺而隐受赐焉。旋湖北饥民百余，就食于潼，势汹汹，绥给资，请王明府介卿具文，舟送还鄂。素好奇气，里有冤抑者，为白之。近乡市侩，为厉斗取一盂以重利病民，绥请于长官，定章程，革其弊，一境帖然。邑中捐输，岁无宁日，渔利者视为奇货，绥与同乡士绅分路垫办，下户无所苦。李棠南明府手书"捍卫七

乡"门额以旌其间，纪实也。（民国《三台县志》卷8）

[善榜]**南充李甲第义赈**：同治辛未年（1871）大旱，甲第首倡赈饥，并募款多方救济；甚至将私家清明会加典钱一百余串，亲赴合州贩米至本县，全活灾民甚众。（民国《南充县志·慈善》）

1872 年
（同治十一年）

二月，赈四川各属灾。（《清史稿·穆宗本纪》）

四川成都等处雨水过多，收成歉薄。（《近代中国灾荒纪年》318 页）

遂宁：二月十八日大雷风雨雹，伤损禾苗无算。秋大水。秋木棉倍收。（光绪《遂宁县志·杂记》）

潼南：二月十八日大雨雹。春夏麦菽有年。秋大水。木棉倍收。（民国《潼南县志·祥异》）

巫溪：三月大雨雹，山水冲倒县衙署后垣，平地水涨数尺，毁民房数十间。（光绪《大宁县志·灾异》）

南川：五月初一日大风，起自江北厅之洛碛，由北西而东南横贯三县各数百里，大木多拔，为数百年未见，惟禾苗无损。是秋大熟。（民国《南川县志·大事记》）

西昌：五月十五日酉刻，倾盆骤雨，山洪暴发，南门外大桥、小桥和西门外宁远桥新桥被冲坏，下河坝冲走居民房铺 364 户、草瓦房 564 间，淹死 758 人。（《凉山州志·自然灾害》）

綦江、巴县：六月初六大风，大木多拔。（民国《巴县志·事纪》）

蓬安：夏旱，赤地千里，人相食，遍市鬻子女。（光绪《蓬州志·瑞异篇》）

合川：小春麦丰收，所出倍常三倍。春夏之交大旱，六月下旬得雨，死苗复活谓之"稻孙"，农得丰收。（《嘉陵江志》154 页）

丹棱：八月朔大水。十月朔大雪，竹木压折。（民国《丹棱县志·杂事志·灾祥》）

三月二十六日，城中大火，延烧四街殆尽。（光绪《丹棱县志·杂事·灾祥》）

渠县：正月朔大雪，岁大熟。（《渠县志·别录·祥异志》）

广安：正月朔大雪。岁稔。（光绪《广安州新志·祥异志》）

夹江：十月朔大雪，压折竹木甚多。（民国《夹江县志·外纪志·祥异》）

南溪：又旱。（民国《南溪县志·杂纪·纪异》）

灌县：同治十一年，灌县大饥，所在艰食。举人王春元辗转劝赈，复念邑多酿酒耗粮，并恳知县禁酿以裕民食，是岁得不害。（民国《灌县志·文征》）

大足：连遭旱，赤地千里，人相食，遍市鬻子女。（民国《大足县志·灾异》）

盐亭：旱，赤地千里，斗米值钱二千，大饥，野有饿殍，民食野草白泥，人相食，流徙四方，遍市鬻子女。（光绪《盐亭县志续编·政事部·杂记》、《绵阳市志·自然灾害》）

蓬溪：春，乏食，拨济社谷、捐输银以拯之。三月朔，雨雹，杀菽麦；无雹之境，

大熟。秋，大稔。（光绪《蓬溪县续志·祇祥》）

乐至：大饥。（光绪《乐至县续志·杂记》）

南部：大饥。（《南部县志·大事记》）

资中：同治十一年至十三年，岁皆稔。（民国《资阳县志·祥异》）

安岳：麦大熟。北门外居民不戒于火，延烧入城，试院、鼓楼俱烬。（光绪《续修安岳县志·祥异》）

遂宁：夏瘟疫流行，有合门尽毙者。（民国《遂宁县志·杂记》）

双流：夏初时疫流行，从两脚麻起，顷刻不救。名曰麻脚瘟。（民国《双流县志·祥异》）

铜梁：秋，疫症大作，染者辄死。（光绪《铜梁县志·杂记》）

犍为：秋，猪瘟大行。（民国《犍为县志·杂志·事纪》）

名山：首次发现火印猪瘟。（民国《名山县新志·事纪》）

井研：首次发生猪瘟，民间栏一空；此后，无岁无之。（光绪《井研志·纪年》）

秋大水。（光绪《井研志·纪年》）

［善榜］忠州永济会。清同治十一年，忠州收获欠丰，饥民载道。知州侯若源与州人鲁敦五商榷，设厂煮粥，减价售济饥民。若源捐廉百缗，绅商亦捐助有差，虽一时全活甚众，而款已耗尽。若源虑难持久，再捐廉千缗并劝富绅秦敬之捐田十三石有奇，秦友棠、吴履阶、谭蔚云各捐数百金，购足租田百石，李树德昆仲捐鸣玉溪全院作永久粥厂，名曰永济会。光绪七年，若源复知忠州，筹备积谷六千余石，全活甚众，士民感其德，于厂内竖若源神道碑，故又名其地曰侯公祠。民国初年，此产已移并城厢公立善堂矣。（民国《忠县志·事纪志》）

1873 年

（同治十二年）

四川大水：秋，岷江洪水冲决都江堰，内江水滚归外江至新渡口，冲决新河。洪水在深溪坎、张家碾等处笼堤西面决口成河，口宽二十余丈（六七十米），下冲布袋口；南面新开一河，口宽二百余丈（六七百米），洪水下逼黑石河，冲毁农田三千余亩。岷江西南新决一河，口宽二十余丈（六七十米），滚归黑石河，冲毁农田八百余亩。

岷江洪水后，灌县知县黄毓奎募捐兴工，在县西南修筑岷江堤坝。经一冬施工，筑成长千余丈（三四千米）的大堤。

同年秋，川省其他沿江州县也发生洪灾，其中双流、彭县、蓬溪、德阳、中江、射洪、遂宁、铜梁、大足、资州（今资中）、内江、眉州（今眉山）、富顺、雅安、汉源等十五州县灾情严重，城镇被淹，人畜漂没，农田冲毁，灾民流离失所。灾后秋收无着，饥馑继之。（《四川省志·大事纪述·上册》56 页）

灌县：都江堰大水，外江堤决……当深溪坎、张家碾等处笼堰西拆开一河，口宽二十余丈，下冲布袋口，南面新开一河，口宽二百余丈，下入宣家渡，坏田二万余亩。（陈炳魁《募捐河工经费启》，载民国《灌县志·事纪》）

德阳：六月大雨水，江涨，坏田房、堤防、道路、桥梁无数。县城西北郊外淹颓房舍颇多。七月大雨淹旬损稼。（《巴蜀灾情实录》306 页）

九月七日，德阳地震。（《四川省志·地震志》66 页）

雅安：六月初三大雨，天土坪蛟发，溃水溢，坏观音堡场市。岁大熟。（民国《雅安县志·灾祥志》）

汉源：闰六月初二日，大雨如注，干沟大水，全场被灾，冲没街房二百余家、庙宇十余座，淹毙男女三百余人。贡生曹之涵等禀报，知县韩树屏倡募三千余金，延长、增厚河堤以防洪。七月初二日大风雨，各乡古树多被折，五谷寺后新书院奎楼亦倒塌。（民国《汉源县志·杂志·祥异》）

中江：六月十九日大水入北门，沿河棉稻尽被冲刷。（民国《中江县志·丛残·祥异》）

绵阳、罗江、安县：大水皆入城，坏田地、堤防、桥梁无数。（民国《绵阳县志·杂异》）

射洪：六月十九日大雨，遂宁河水泛涨，沿河棉稻尽被冲刷。大饥，流徙四方，鬻子女、器具遍市，民食野草。（光绪《射洪县志·祥异》）

铜梁：六月十九遂宁河水发，二十日关溅河大涨，加以连日大雨，至二十一日淹至县署大堂下，漂没甚多（安居乡）。（光绪《铜梁县志·杂记》）

合川：六月大水及于州署仪门，较同治九年小一丈五尺（推算水位 217 米，洪水高度 31 米），四年之中大水三见。（《合川县志·自然灾害》）

眉山：六月大雨，洪水，落花生颗粒无收。（民国《眉山县志·杂记》引朱衣点《蜀谈》）

威远：六月、闰六月及七月均大水。南城圮裂。（光绪《威远县志·祥异》）

内江：夏大雨，大水入桂湖，漂没民舍及田禾。（光绪《内江县志·杂事志·祥异》）

资中：六月二十日大水，州城南北门及小东门水俱封洞，东西两门水深数尺，街道低处均可乘舟，居民多上楼避水者，州牧命小船拯救出无算。沿江一带禾稼无收，漂没民房甚多。较道光庚子（1840）之水约低三尺。（光绪《资州直隶州志·杂类志·祥异》）

蓬溪：七月水，涪溢，天福镇田禾伤。（《巴蜀灾情实录》307 页）

彭县：七月大淫雨，稻熟不收。（光绪《重修彭县志·史记门·祥异志》）

万源：七月大风雨，坏城垣数十丈、民房数百间。（民国《达县志·杂录》）

巫溪：七月大水入城，漂没城基。（光绪《大宁县志·灾异》）

双流：秋初大雨滂沱，邑东十三里金花桥河水暴涨，冲毁堤埂二十余丈，田谷亦被淹没。邑东金花桥、江安堰俱毁。（民国《双流县志·祥异》）

遂宁：秋大水，沿河两岸冲坏田土房屋无算，人民淹毙者多。（民国《遂宁县志·杂记》）

富顺：六月大水入城，漂没城基。较 1603 年低数尺。（民国《富顺县志·杂异·祥异》）

大足：大雨大水，城中深至五六尺，塌南城十余丈，沿河一带场镇村庐被漂没，与嘉庆十八年（1813）水势同。（民国《大足县志·杂记》）

潼南：秋大水。（民国《潼南县志·祥异》）大佛寺内石碑洪水石刻："同治十二年涨水至此。"经测定，洪水位高程为 250.76 米。（《四川城市水灾史》189 页）

彭山：七月，双江口北九龙山崩。（民国《重修彭山县志·通纪》）

自贡：大水入城，漂没城基。（《巴蜀灾情实录》306 页）

万县、**奉节**、**忠县**：1873－1874 年旱象达 150 天。（《四川省近五百年旱涝史料》117 页）

丹棱：秋，畜大疫，民间猪只尽死。至今近二十年未已，不知所由，民间遂因此致贫。初染疫时患处突起，痕如方印。大水冲折德纪桥与普济桥。（光绪《丹棱县志·杂事·灾祥》）

彭山：秋，畜大疫。（民国《重修彭山县志·通纪》）

雅安：秋，猪疫起。（民国《雅安县志·灾祥志》）

犍为：秋，猪瘟流行。（民国《犍为县志·杂志·事纪》）

广安：夏有虫，遍食柏叶，其树多枯。（光绪《广安州新志·祥异志》）

巫山：蝗虫为灾，岁歉无收。（光绪《巫山县志·祥异》）

富顺：四月，自流井大火，延烧千余家。（光绪《叙州府志·祥异》）

[附] <center>**修筑靖远县黄河堤记**</center>
[清] 张刘文

同治十二年夏四月朔，始作堤。民工畚者、锸者凡三千一百三十有奇，马牛车凡四千七百有九，运方尺石积三万四千九百一十余尺，舟工凡百二十八，又马牛车二百六十又六，运石辅堤无数。石工则七百六十有八，柴草之车三十又三，蜀军兵工凡二千九百有奇。用成堤千二百尺、高六尺、广半倍之，穿渠千二百尺、广丈二尺、深半之。五月晦日堤成，祝神。祝曰：凿西滩石，筑红崖堤。河神南顾，泽我郊圻。忆从横决离旧溪，南原赤地北涂泥，人民孑遗岁荐饥，十载于兹神应款。蛟龙过此无惊疑，吾乡大江铭石犀，深毋过腹浅毋蹄。惟神与江德相齐，岁时伏腊陈腒牺，于万斯年永祝釐。又祝曰：盈我渠，毋啮我堤，并灌我堤中泥。

（民国《崇庆县志·江原文征》）

1874 年

（同治十三年）

灌县等地发生地震、洪水：7 月 14 日（六月初一日），灌县发生地震，有声如雷。8 月 2 日（六月二十日）夜，漩口场（今汶川县漩口镇）山洪突发，冲没民房数十家，淹毙三百余人。同年 6 月（五月），汉源银厂沟遭受洪灾，冲毁民房二十余家，淹毙四十余人。同年 7 月 28 日（六月十五日），叙永墩子场遭大水冲荡，全场房屋淹没殆尽，淹毙二百余人。同年 6 月 18 日（五月初五日），万源城突遭洪水袭击，水从东门入，深

数尺，淹死人畜甚众，冲毁房舍无数。(《四川省志·大事纪述·上册》57页)

四川成都等属江水泛涨，民田被淹；巫山县"蝗虫为灾，岁歉无收"。(《近代中国灾荒纪年》332页)

资中：同治十三年四月，东乡近安岳一带雨雹，大者如鸡卵，小者如弹丸，又加狂风，民居多为所折，山粮打落，甚者颗粒无收。(光绪《直隶资州志·杂类·祥异》)

彭县：四月，大暑。(光绪《重修彭县志·史记门·祥异志》)

万源：五月初五夜大水从东门入，深数尺，淹死人畜甚众，冲毁房屋无算。七月二十三日大风雹，竹市大水，街民房屋多被淹没，伤禾稼。(民国《万源县志·祥异》)

江津：五月复被水淹，洪水入中山乡，三合场街市尽没。较道光二十年(1840)六月尤高数丈。(民国《江津县志·祥异》)

巴县：五月，复被水淹，较前尤高数丈。两次俱经邑令看验赈济。(民国《巴县志·事纪》)

合川：五月十七日夜，大雷雨，淹田禾甚夥。(民国《新修合川县志·祥异》)

汉源：五月银厂沟出蛟，冲塌民居二十余家，淹毙四十余人。六月游鹿口出蛟，冲塌民房十余家，淹毙十余人。(民国《汉源县志·杂志·祥异》)

叙永：六月十五日墩子场大水，全场庐舍淹没殆尽，人民淹毙二百余人，为叙永奇灾。(光绪《续修叙永、永宁厅县合志·记事》)

乐山：夏旱，有蝗为灾。(民国《乐山县志·艺文志·物异》)

安岳：风雹。(光绪《续修安岳县志·祥异》)

南溪：去冬今春江水落，较常年低二三丈，江边居民多拾得旧时金钱器具。(民国《南溪县志·杂纪·纪异》)

彭水：岁稔，山土数倍收。(光绪《彭水县志·祥异》)

筠连：大有。(民国《筠连县志·纪要》)

资中：西关外失火，延烧孝子街及河坝房屋二百余间。(民国《资阳县志·祥异》)

灌县：六月二十日夜旋口场山洪暴发，冲没民房数十家，淹毙三百余人。(光绪《增修灌县志·杂记志·祥异》)

[备览] **胡圻编成《治水三字经》**

灌县知县胡圻根据都江堰的治水经验，总结出治水三字经："六字传，千秋鉴。挖河心，堆堤岸。分四六，平潦旱。水画符，铁桩见。笼编密，石装健。砌鱼嘴，安羊圈。立湃缺，留漏罐。遵旧制，复古堰。"概括了都江堰的鱼嘴工程、河方工程、溢流工程、消能防冲等传统技术。光绪十三年(1887)，成都府知府文焕将"三字经"略作修改后刊刻于二王庙内。

(《都江堰志》33—34页)

1875年
(光绪元年)

泸州、泸县、合江、江安、纳溪：去冬今春江水竭。(光绪《泸州直隶州志·祥

异》）

射洪：二月初八日大雪，竹树多折。（光绪《射洪县志·祥异》）

合川：四月六日夜疾风甚雨，雷电大作，演武门外离城半里，地名石龙过江，有向姓宅，草树下劈死一巨蛇，业经烧毁，不知躯大几许，而所余残骨，率大如掌，草树延烧殆尽，亦一异也。（民国《新修合川县志·祥异》）

新繁：大雨水，锦水河泛滥，镇西冲决新河。（民国《新繁县志·事纪》）

丹棱：六月水涨，倒塌城墙十余丈。（民国《丹棱县志·杂事志·灾祥》）

江油：大水，东门外微风楼圮。（民国《绵阳县志·杂异》）

三台：七月涪江水溢，张月乡沿江沙地被水荡去计九百亩，淹没田五分之一。邑人韩成英、尹启发呈报，由知县王宫午转报大府，经部议减轻常税十分之五，被水冲刷者全予蠲免。（民国《三台县志·蠲政》）

合江：水。（民国《合江县志·杂纪篇》）

广元：十月初一日大风拔木，屋瓦皆飞，雨雪杂下，冻死牛马甚多。（民国《重修广元县志稿·杂志·天灾》）

资中：雨旸时若，尤为丰熟，山粮、田稼均十分收成，无少歉者。（光绪《资州直隶州志·杂类志·祥异》）

西充：大有年。（民国《西充县志·祥异》）

筠连：大有。（民国《筠连县志·纪要》）

彭水：大稔。（光绪《彭水县志·祥异》）

乐山：十二月十九日，玉堂街火，烧毁百余家。（民国《乐山县志·艺文志·物异》）

资中：西门、河坝又失火。至冬，议防火患：此后，禁修茅店，改用瓦盖。并将文昌宫火药局移至生龙山。（民国《资阳县志·祥异》）

十月初四夜，正东街小十字失火，烧房屋十余间。（光绪《直隶资州志·杂类·祥异》）

遂宁五任知县相继修护城堤：自光绪元年至民国十年，城区沿涪江修建的老堤、三庆堤、刀背堤、犀牛堤，由先后五任知县相继不断培修加固，堤基坚实，修筑牢固，虽历百余年，数遇特大洪水，仍岸固城安，成为遂州保障。（民国《遂宁县志·杂记》）

二月十四日春分，灌县地震。（《四川省志·地震志》66页）

五月十一日，晨，射洪地震，次日复震。（《巴蜀灾情实录》352页）

1876 年

（光绪二年）

四川大旱：丹棱、乐山、犍为、简阳、南充、广元、垫江等数十州县炎夏大旱，禾苗枯焦，秋收大歉，米价升腾，饥荒严重。（《四川省志·大事纪述·上册》64页）

荣昌：二月大雪如泞，四乡木竹被折不少。（光绪《荣昌县志·祥异》）

威远：五月，水雨雹。（《内江地区水利电力志》）

黔江：五月大雨水，西门外堤岸尽决，水溢城中街弄。（光绪《续黔江县志·祥异》）

彭山：六月雨雹。（民国《重修彭山县志·通纪》）

南溪：夏雹大如鸡卵，漂海楼石壁崩塌，庙宇压毁。（民国《南溪县志·杂纪·纪异》）

屏山：七月初二大雨，距观音场三里许山崩，溪水壅塞，居民惊惶搬迁，阅旬始获流通，遂成一沱，长里许，所谓小龙沱地。九月初八，大雷电。（光绪《屏山县续志·杂志》）

峨眉：秋大雨，符文河大水。（宣统《峨眉县新志·祥异志》）

灌县：夏，都江堰大水，冲坏灌区田庐桥梁甚多。（民国《灌县志·事纪》）

彭县、金堂：夏大旱，苗尽槁，粟无颗粒收获。民饥。（《成都水旱灾害志》227页）

简阳：夏大旱。粟贵如珠，饥民至食木叶，邑人李鸿仪出积粟数十石遍施，复筹款籴粟为继，全活颇多。（民国《简阳县志·善行》）

犍为、乐山：夏大旱，大饥。（民国《犍为县志·杂志·事纪》）

会理：东路大饥，百里无烟。（《凉山州志·自然灾害》）

丹棱：夏大旱，斗米千钱。（光绪《丹棱县志·杂事·灾祥》）

邻水：旱。（民国《达县志·杂录》）

垫江：大旱。（光绪《垫江县志·志余》）

乐山、彭县、金堂：夏大旱，禾苗尽槁，粟无颗粒收获。民饥。（《金堂县志》、《巴蜀灾情实录》289页）

安岳：秋大旱，田开裂，禾尽焦。（光绪《续修安岳县志·祥异》）

绵阳、中江、三台、射洪、潼南：夏秋无雨大旱，斗米千钱，饥民四起，哀鸿遍野。（《涪江志》103页）

广元：1876年至1878年连续旱灾，大饥。（民国《重修广元县志稿·杂志·天灾》）

涪陵：光绪二至四年，三年屡旱，收获仅十分之二三。光绪三年斗米价四千文，州境饥民逃荒到贵州遵义、铜仁等地数千家。（《涪陵市志·自然灾害》引任明五《月旦采访风谣录》）

南部：三年苦旱，饥民就食远方。（《南部县志·自然灾害》）

巫山：岁大熟，嘉禾连颖，历三年、四年皆丰。（光绪《巫山县志·祥异》）

营山、仪陇、蓬安：夏熟。（光绪《蓬州志·瑞异篇》）

西充：大有年。（光绪《西充县志·祥异》）

南充：大旱。自正月至于六月不雨，秋获全无，食水维艰，饥饿而死者沿街塞路，目不忍见。城中办理粥厂赈济。（民国《新修南充县志·掌故志·祥异》）旅馆主人李道生劝募多金，开厂施粥，全活甚众。（民国《南充县志·乡贤》）

西充亢旱收获全无，县衙发旱灾财：清光绪二年和三年（即丙子、丁丑），连续两年大旱，特别是丁丑年正月至六月亢旱不雨，收获全无，以致"饿殍塞途，饿死累累，树根草皮和观音土罗掘殆尽"。朝廷"捐输救灾""开仓赈灾",赈济灾民。青狮乡廪生曹定基卖捐庄业一份,捐纳得县教谕职。在重庆经商的邑人李成之,募救灾款甚巨,四川布政司授以县教谕兼训导之职。县衙则以每斗加二升利谷,将官仓霉烂积谷全累给灾民,发了旱灾财。(《西充县志·灾害救济》)

1877 年

(光绪三年)

四川大旱:继去年全川数十州县大旱之后,彭县、绵竹、犍为、乐山、安岳、绵阳、中江、三台、射洪、潼南、南充、苍溪、阆中、营山、仪陇、蓬安、通江、渠县、大竹、达县、南江、巴中、万源等州县持续大旱。禾苗枯槁,田土龟裂,斗米千钱,哀鸿遍野。

南充自春至夏,半年无雨,秋收全无,死者塞途。苍溪、阆中、营山、仪陇、蓬安,夏旱秋饥,道殣相望,死者无数。大竹、达县夏秋无雨,草根树皮食尽,饿殍载道。巴中、南江、万源、通江各州县初夏无雨,直至盛夏仍无雨,赤地千里,颗粒无收。贫民之家无储粮,糠菜食尽,继食草木,再食白土(俗称神仙面、观音土)。城乡居民家家萧条,炊烟断绝,鸡犬息声,到处呈现饥荒凶景。求生者成群结队,离乡背井,求死者服毒吊颈、坠岩自杀。当年冬至次年春,有的举家悄毙,有的人相残食,死者数以万计,葬具不继,只好挖掘深坑窖埋,名曰"万人坑"。(《四川省志·大事纪述·上册》67 页)

川北大旱,赤地数百里。饥民乏食,剥掘树皮草根为生,饿殍不下数万。《南江县志》载:"丁丑岁(光绪三年),晋、豫、秦三省大旱。……是年,川之北亦旱,而巴(中)、南(江)、通(江)三州县尤甚。(注:史称'丁戊奇荒',为中国近代十大灾荒之一。)……方初夏之未旱也,禾苗茂彧,谓可无恐。商人营什一之利,运谷下游贩卖,而谷一耗;越五月不雨,六月又不雨,闾里震荡,奸党乘机窃夺,而谷又一耗,……所存者有几何哉!诓至秋,弥旱,赤地数百里,禾苗焚槁,颗粒乏登,米价腾涌,日甚一日,而贫民遂有乏食之惨矣!蔬糠既竭,继以草木,而麻根、蕨根、棕梧、枇杷诸树皮掘剥殆尽。红子一斗价至一缗,更复啖谷中泥土,俗曰神仙面。至冬而豆麦青苗亦盗食之,耕牛几无遗种。登高四望,比户萧条,炊烟断缕,鸡犬绝声,凶荒之状,寿期颐者曾不经睹。……服鸩投环、堕岩赴涧、轻视其身者,日闻于野。父弃其子,兄弃其弟,夫弃其妻,号哭于路途,转徙于沟壑者,耳目不忍听睹。……是冬及次年春,或举家悄毙,或人相残食,殍殣不下数万。仁厚者始施棺,次施席,席不继则掘深坎丛葬之,名曰万人坑。灾之异,盖如此独怪。"(民国《南江县志·2 编·灾祲志》、《近代中国灾荒纪年》384-385 页)

泸州、泸县:二月大风雹,麟现、会文两乡尤甚。(民国《泸县志·卷 8·杂志·祥异》)

西充:即清代丙子、丁丑年,连续两年大旱,丁丑为甚,"饥殍塞途,饿死累累。惨不忍睹,草根树皮和观音土,罗掘殆尽"。民间相传:"提起丙子、丁丑年,两眼不觉泪连连，老弱死在沟沟里，少壮外逃未见还，'官仓'借点黑谷子，又苦又臭那能咽！来年还得加二还。"（《嘉陵江志》146 页）

南充：大旱，正月至六月，半年无雨，饮水艰难，秋收全无，饿死者沿街塞路。（民国《南充县志·祥异》）

达县：大旱，四至八月无雨，民大饥，草根树皮掘剥尽，饿殍载道。（民国《达县志·杂录》）

开江：光绪三年，久旱不雨，大部禾苗枯死。（《开江县志·大事记》）

大竹：四至八月大旱无雨，赤地千里。岁饥，邑人雷型发倡捐平粜，全活甚众。瘟疫流行，邑人黄世芳施药材、棺木，尽其力所能为。（民国《大竹县志·人物》）

通江：五至八月大旱，各乡颗粒无收，哀鸿遍野，道殣相望。（道光《通江县志·祥异志》）

蓬溪：夏秋旱，民乏食，西乡尤甚。（光绪《蓬溪县续志·祝祥》）

射洪：夏秋大旱，棉谷歉收，赤地千里，道殣相望，挖有万人坑掩埋尸体。（光绪《射洪县志·祥异》）

三台：夏秋无雨，连续大旱，道殣相望。（民国《三台县志·祥异》）

营山、仪陇、蓬安：夏旱、秋饥。（光绪《蓬州志·瑞异篇》）

[德碑]　　　　　　　　　**旱荒中的营山知县**

光绪丁丑，营山县大旱。知县宋家蒸，首"捐廉银千两赈饥。犹自持斋百日，竭诚上诉（诉于天）。家人有食肉者，公（宋）查知呵责，喻以天灾民困，凄然泣下。日凡三次，率老幼步诣城厢各庙祷雨，历百日不懈。见者感泣。又恭诣城东百余里之孔雀洞祈祷，精诚所格，甘霖随车，咸惊为神。其为民大端如此。至其自奉，朝夕饭一盂，首藉菽水之日居多，朝服之外，布衣浣洁。去任后，父老为之立去思碑"。

（嘉庆《营山县志·职官·政绩》）

巴中：夏大旱无收，是冬及次年大饥，死亡枕藉。（民国《巴中县志·祥异》）

平昌：夏大旱无收，翌年春荒，死亡甚多。（《平昌县志·自然地理·特殊天气》）

安岳：秋大旱，田开裂，禾尽焦。（光绪《续修安岳县志·祥异》）

绵竹：九月初一大雨如注，洪涝成灾。后又遇大旱，饥民四起，食草木叶片，死者无算。（民国《绵竹县志·祥异》）

广元：大饥，知县董蕴璋详请开仓。札百丈巡检赴神宣辖境查勘劝募、神宣驿丞赴百丈查勘劝募，两司异地，避免瞻徇。县城设粥厂二、赈粮处一、平粜处二，各委正绅经理，知县逐日周巡，务期各沾实惠，款不虚糜；丁丑（1877）九月起，戊寅四月终，春秋有收，米价乃平，全活老幼男女逾万。（民国《重修广元县志稿·赈济》）

川北一带：赤地千里。（民国《巴中县志》、民国《南江县志》）

中江：大旱。（民国《中江县志·丛残·祥异》）

彭县：大旱。（光绪《重修彭县志·史记门·祥异志》）

绵阳：大旱，饥民四起，食草木叶，死者无算。（民国《绵阳县志·杂异·祥异》）

合川：江水枯极，渠江之金滩，漕狭而深，冬涸时，舟上下不起货，涸甚矣，提空半载，即不磨舟。惟是年三、四两月，无论载之轻重，上下俱运虚舟，货由滩坝搬运，力夫以数百计。滩石介然成白路，朝暮喧杂。两岸新起烟、酒馆，方之巫峡清滩，亦不是过。（民国《新修合川县志·祥异》）

犍为、乐山：岁旱。（民国《犍为县志·杂志·事纪》）

犍为：奉文办积谷，全县合计四千七百余石。（民国《犍为县志·杂志·事记》）

阆中：旱，赤地千里，大饥。有万人坑遗迹。（民国《阆中县志·事纪》）

苍溪：旱，岁大饥，道殣相望，死者无算。（民国《苍溪县志·杂异志》）

仪陇：旱，白泥吃完，挖了几个万人坑。（光绪《仪陇县志·杂志》）

潼南：旱，赤地千里，道殣相望。（民国《潼南县志·祥异》）

万源：大旱。大饥。（光绪《太平县志·祥异》）

南江：旱，赤地千里，大饥。（民国《南江县志·灾祲志》）

［善榜］知县张熙谷设法赈恤，极为周至，灾民赖以全活者无算。文生罗宪钦富而好义，嗷嗷待哺者奔赴其门，储粟罄矣，变卖家产买仓谷百石散给，邻里乡党资以存活。（民国《南江县志·3编·人士》）

渠县：赤地千里，道殣相望。官府发粟，灾广难济，邑绅王步唐倡捐巨金，推设粥厂，躬亲督治，全活无算。（民国《渠县志·列传》）

［链接］　　　　　　　　　　　　**渠邑赈荒记**
　　　　　　　　　　　　　　　　杨虞裳

黔南杜侯来宰渠，下车日先理仓储，言岁欠多蚀，尽出易之。逾年谷大贱，遂得济仓谷二千四百石；又厘各藏廪得乐字廒谷千七百石，于案无稽，曰闲谷；又厘各社仓，多积遗，立拘社长责偿。怨者曰：社仓积自我先人，民贷而民收之，侯何为尔？侯曰：嘻彼无然，吾渠享丰绥福久矣，居安思危，有备无患，矧仓储尤国家首重乎！越三年，丁丑岁，遂祲旱，起通、南、巴、达，灾连渠，不二三获，斗米银一两，迤北尤甚。桐根英本为粮，至不得而死。流亡载路，不审为邻境本境之人也。侯始贷帑金招商贩，劝富民出谷平粜，兼准贷社仓谷之半，盖其时社谷已积至三万余石矣。于是，有服侯之成算者。先是邻商有醾私越境，逻获之得盐三万斤，售银千两有奇。侯曰：此非天济我迤北灾黎耶？遂请大府并乐字仓谷先赈三汇等十场灾，院批来而民困已一苏矣。是时也，邑灾渐弭，邻饥实甚。郡城粥赈，既与灾民麋集不而殣者，尸相枕藉。又南江卖粜笾，祆变几不测。渠乏食游民值岁暮，因肆讹言，侯怜且虑。戊寅正月，邑人以灾象，侯于是有倡资劝赈之议，无应者。越日，侯乃集富绅以大义告之曰：邑有旱荒，贫民之灾，非富民之幸也；邻有不戒，他邑之变非吾邑之福也。内顾者外患不乘，诸君未之前闻乎？夫灾象已成，既困若此，岂诸君资能溥救哉。然善气洋溢，自可以回天也。宰官如传舍，而渠者诸君之渠也，宰倡之，而渠无知之可乎？以五百金署册首。由是富绅毅然即日集二千五百金。是夕，上书制府，请三事：一缓征比，二免津捐，三发帑助赈。仅允缓征，余不报；且奉司檄令，以宝塔捐法集民资救秦晋灾。时合邑资户册已投邻县，盖不下三万户矣。侯益焦灼，因请仿塔捐法先济本邑，而后邻省，又不报。侯懑曰：求牧刍而不得，则反诸其人。然又不忍视其将死而去也，吾其愈乎？于是，仅请以济仓加赈，社谷全出贷，而侯亦病甚。邑袷耆闻者，皆感叹曰：侯为渠如此，渠人何敢自安？咸请由民间自劝，令有余济不足。侯霍然曰：诸君谓我虑上司责耶？吾亦忧民，力不逮耳。果尔愿公无私宽勿刻，则赖甚矣。众乃相率礼于关壮缪祠，沥誓而往，各就其乡，辗转劝募，禁抑勒，慎颁发，绝浮费，皆上其簿于侯。盖四月之久，而赈务秩然就理焉。惟时制府亦廉知渠灾，允发帑之请，且颁五百金来助，而商船溯江而上者已衔尾不绝，米价大平，民困遂一再苏。议者谓：渠灾越十月，侯之心相终始，殆无法不筹，要皆恃仓谷为大宗，然后知侯之斤斤于庾藏者，盖早为今日之计也。是举也，官绅捐赈银五千两有奇，各乡捐钱七千缗有奇。侯令以院发帑金易为谷，并济仓谷，作初次赈，每丁获谷一斗一升；以官绅捐银作二次赈，每丁获银一钱，小丁二为一丁；以各乡捐钱由各乡自散，作三次赈，每丁获钱数百及一二百不等，视其乡之捐数为差，领者有符，捐者赈者有榜，事至周也。通赈合邑极贫一万七千余户，大小四万余丁口，补遗又万余丁口，而迤北之民盖四邀赈觊矣。余银一千七百两有奇，尽输以济秦晋。公之至也，襄是役者，孝廉文君骏、拔萃李君泽培、金君传培，广文王君步唐、李君儒林，茂才石君映奎、糜君星文、王君炳焜、杨君德深，职员王君泽澍，国学杨君亨衢、沈君以慎、萧君典坤、戴君章美、范君国琛。捐资尤巨者，杨君际春、王君兴庸、熊君生成、刘君希圣、陈君芝艳、陈君凤扬、符君刚铃、张君承瑞。是时，大府又有募粟济陕之令，经侯请免之。

论曰：比岁以来，荒旱迭兴，冀州、太原、陕右之墟，著矣，以曾（国荃）、谭、阎（敬铭）、李之筹济，川、楚、皖、淮之输粟，曾不小补之。数公者，当亦思得干济之吏如侯，以纾宵旰忧也。侯尝言：昔治秀山，有矫令发粟事，余未之见。兹之政，余皆目亲之，诚哉其难也。渠旱十阅月，赈议兴而雨，赈毕大雨，时乃有秋，禾产双穗，然则天人之际，盖可忽乎哉！

（民国《渠县志·文征志九》）

黔江：三月大雨，五月又大雨，城内水深二三尺。六月旱，五里乡疫。冬十二月桃李再华。（光绪《续黔江县志·祥异》）

达县：自四月至八月，无雨，大旱，民大饥，草根树皮剥掘殆尽。斗米二千余文，饿殍载道。（民国《达县志·杂录》）

达县、大竹：秋，细雨连绵三月，稻谷霉坏，次年严重饥荒。（《巴蜀灾情实录》307页）

广元、旺苍：十一月大凌积日，飞鸟冻毙。（民国《重修广元县志稿·杂志·天灾》）

巫山：岁大熟，嘉禾连颖，历三年、四年皆丰。（光绪《巫山县志·祥异》）

丹棱：六月，雷震奎阁，坏其顶。（光绪《丹棱县志·杂事·灾祥》）

犍为：南厢外火灾。（民国《犍为县志·杂志·事纪》）

荣县：大佛崖火灾，明刻《法华经》板毁。（民国《荣县志·事纪》）

汉源：三月富林场大火，延烧中街民房八十余家。（民国《汉源县志·杂志·祥

异》)

广安：七月十三日，三圣街火，延烧大东街、上东街、东门街。（光绪《广安州志·拾遗志·祥异》)

五月初十辰时，南充地大震。五月十二日黎明，安岳地震，屋瓦皆动。(《巴蜀灾情实录》352页)

[附] **川督丁宝桢顺应民情奏请大修都江堰**：春，川督丁宝桢向清廷奏请大修都江堰。大修工程从光绪三年冬开始，到光绪四年春竣工。其主要工程有：

1. 易笼为石。将原来的由石竹笼构成的堰堤改为条石修砌，以桐油石灰塞缝，再用铁链加固。

2. 疏淤除塞。将堰区河道一律疏淘，河道普遍加深一丈多，洪水时节，不再浸溢。

在施工期间，丁宝桢除派成绵龙茂道丁士彬、灌县知县陆葆德等督工办理外，还经常"轻骑简从，躬冒霜雪，沿江督率，深淘河底，一律廓清"。整个外江、中江、内江施工里程，长达七十余里，挖土方四十余万方，砌堰堤一万二千余丈，用三丈余长的竹笼二万余条，修复人字堤一百三十余丈，修理分水鱼嘴三个。此外，还修了白马漕、平水漕等导水工程。工程花费银十二万余两。

次年夏，都江堰工程竣工不久，即遇特大洪水，新建各鱼嘴完好，但人字堤之金刚墙及各段堤身被冲垮三十七丈有零。(《四川省志·大事纪述》64—65页)

清光绪三年四川总督丁宝桢请帑银十万两大修都江堰奏折：丁宝桢于光绪三年十二月二十九日上《筹款修理都江堰工折》："成都府属之都江堰，关系十数州县之水利，国朝雍正年间，定有岁修之例。自咸丰年间以经费短绌，二十余年来，江底愈淤愈高。臣莅任后，于本年九月间率同熟悉水利之人员，亲诣履勘，见内、外两江节节淤垫，较旧时江底高至一二丈及八九尺不等，两岸沙滩，上与田齐。灌县、温江、崇宁、郫县、崇庆州等处民田淹废不下十数万亩，若不准予挑修，非但已冲之田不能复业，且恐成都十六属州县一遇大水，浸成泽国，而省城地处下流，亦恐浸淹。"折上，奉旨准动用帑银十万两，彻底疏淘金马河及左右灌溉河渠淤塞，改建堰首分水鱼嘴，加固堤岸，洪水复归故道，不再漫溢冲刷，以保灌溉无虞。(《成都水旱灾害志》227—228页)

[链接] <h2 style="text-align:center">丁宝桢大修都江堰</h2>

唐炯

光绪三年丁丑（1877）

三月（丁宝桢）到四川省总督任。先是同治二年，总督骆公秉章，檄署成绵道何成宜督修（都江堰），妄凿去三道岩，江流直冲离堆，毁一角，自是之后，水患频仍，灌、郫、崇宁、温江、金堂、崇庆淹没民田二十余万亩，疆吏咸漠视匪不上闻。……岁修费，雍正初定千九百两，道光季年增三千九百两，咸丰七年以来递增至一万两有奇。乃费岁增而民田岁辄淹没，二十年疆吏无一为国家计者。公（丁宝桢）以为政事莫急于此。（到任后）乃率署成绵道丁士彬、水利同知刘廷恕、灌县知县陆葆德履勘，自人字堤内外，两江淤垫，下暨两岸堤堰坏缺，计七十里。乃奏借帑大修。陆葆德议：人字堤墙所谓金刚墙者，改用条石宜可经久，省岁费。公许之，余如法。经始（光绪三年）十一月，迄明年（光绪四年）三月工蒇。其年夏，五月二十一日，江大涨，没过水则（离堆口山石刻有水则十九画，一画为一尺。历考极大水之年，未有没过水则者），离堆口急不能纳（俗名宝瓶口），涛头壁立丈余，声如雷，逾时转向人字堤，毁三道洴阔金刚墙，泄入外江，势乃平。江以疏浚，故大小堰复所在纳受。岁则大熟。公深自咎叹，不如笼石宣泄得宜也。自是岁修仍如法，田亩涸复。修费定如道光时。

光绪四年戊寅（1878）

侍讲张佩纶，劾公拟东乡狱轻纵；御史吴镇，劾公盐务、堰公不实。上命礼部尚书恩承、都察院左都御史童华，驰驿查办。

光绪五年乙卯（1879）

钦使首劾公续发修堰工需未奏先发。

上命以三品顶戴留任如故。

（《成山庐稿·丁文诚公年谱》）

四川总督丁宝桢、灌县知县陆葆德往返勘工十二次，认为都江堰用竹笼堤"岁修累甚"，便向朝廷奏请拨款大修都江堰。由丁宝桢主持，成绵龙茂道丁士彬、水利同知徐传善、灌县知县陆葆德共同督率，除征集民工外，还发驻省靖武营士兵参加大修。此次大修将都江堰分水鱼嘴、内江仰天窝鱼嘴、蒲柏河鱼嘴和人字堤全部改用条石修砌，条石之间用铁锭互相闩住，并用桐油、石灰、糯米汁嵌缝。同时还石砌堤岸一万二千余丈，修建白马槽、平水槽等导水、泄水工程，疏淘内、外江干流及江安河入口段等被淤塞河道，挖河方四十多万方，用竹笼一万九千余条，共用银一十二万九千四百四十余两。

（《都江堰志》34页）

[善榜] 巴中丁丑大饥中的民间义赈

巴中丁丑（1877）夏大旱无收，是冬及次年大饥。官赈缺位，而本地绅民则挺身而出义赈，据民国《巴中县志》各卷所载，列名的就有22位：

杨春光　生平好善，丁丑岁荒，施粥拯饥，全活甚多。

吴洪清　丁丑岁祲，出谷赈饥。

陈　常　丁丑岁荒，办赈不足，借常平仓谷设粥厂，全活无算，总督奖蓝翎并给匾额。

陈　良　州境大饥，民多饿死，良赈谷以济，乡里赖之。

冯天德　丁丑岁饥，助赈办粜，境赖以安，一切慈善公益多所经手，无射利揽权。

唐祈道　丁丑大祲，出谷宏赈粜，并于宅左右设粥厂，全活无算。居恒乐善，出至诚，置祭田，捐义冢，施衣药，治津梁道途，镌训世格言，终身如一日。

岳荣爵　岁饥济贫，全活甚众。

谭章达　好施与。丁丑岁祲，捐谷施粥。

程钟培　监生，好施与，丁丑岁，捐谷施粥。

赵阳春　丁丑大饥，赈济多人。

罗国达　教授家塾，从学者众，弗计修脯。岁连荒，出谷贷饥，偿否听之。"四境同声号善人。"

杨德三　读书知大义，丁丑岁捐赈活人。川督丁给"好义可风"额。

杨合盈　力农致富。丁丑岁荒，捐谷救饥，全活无数。

李文远　创余谷，积谷两会，年荒赈粜，今犹赖之。

冯锡成　丁丑岁荒，出麦半粜。

喻必先　喻元师　好施与，丁丑大饥，出谷赈济，存活甚众，人为请旌，不允。

杨保元　岁贡，多善行。丁丑大饥，出谷赈乡邻，全活甚多。制军丁宝桢嘉其行谊，议叙正七品衔。

孙崇德　性朴厚，睦邻恤姻。丁丑岁荒，亲友借贷钱谷，悉酌济之，赖以全活。

杨乃馨　监生。丁丑赈荒，尽心襄办，以藏其事。因公致疾卒，时人惜之。

陈邦辅　清季迭旱，辄捐资办赈。又置产济善堂，劝办慈善会及施丸药、寒衣、棺木，培修道路，捐置义冢义渡，均不辞。

朱学程　师事余焕文，学田十善（会），臂助尤力，称其精明强干，服局务垂二十稔。生平扶弱抑暴，出于天性。

达县民间义赈：大旱，斗米二千余钱，道殣相望，乡间善人义士相率挺身赈饥。除吴銮（云嵋）、吴德溥（眉生）叔侄捐巨款举办平粜外，还有：袁炳铣，小康好善，倡办赈粜，全活甚众；李兴元，捐米十余石，以赈饥民；吕鹤年，见饿殍载道，恻然伤之，乃持百余金赴广安购米，归设粥厂赈饥，乡人赠以匾曰"太平仁人"；武生李抡元，售田得钱二百余缗，悉捐赈济。（民国《达县志·人物门·卓行》）

［善榜］**南充慈善家赵世金：**赵世金以商致富，好行善，捐金创办"七条会"，行平粜、济药、育婴等七项善事，五十余年无间。或遇凶岁与水火灾，不吝私囊出金作赈款以济之。时称慈善家。（民国《南充县志·乡贤》）

［链接］　　　　　　　　**余焕文作《悯荒竹枝词》**

巴中人余焕文，咸丰十年进士，历任礼部主事、礼部员外郎，辞官后回县长期主掌书院教门，"躬行实践，能以至诚感人"，成为当地兴行善事的主导人士，并有兄弟及数位门生襄助积谷、赈饥事务。光绪三年丁丑夏，巴中大旱无收，大饥，斗粟四千余钱，死亡枕藉。余焕文作《悯荒竹枝词》七首。

贫农何故又遭荒，苦境偏叫此辈尝。

受尽艰难成饿殍，欲将理数问穹苍。

赫赫天威历夏秋，禾生禾死劫三周。

农人同病同相惜，刈得偏苞当谷收。

初冬小雨润绵绵，都把旱粮种水田。

正似老翁才抱子，恐难待汝到明年。

儒者襟怀万物春，一分有济一分仁。
救灾扶困谁之责？自愧无颜对里邻。

平粜议成两局开，吾兄巨细费心裁。
一千余户贫民册，都是苍天捡点来。

试借僧家米一囷，布施从此破愁城。
梵王欢喜沙门笑，都愿回头度众生。

小惠区区莫浪传，疮痍几处有生全。
抒诚欲奏通明殿，雷雨经纶下九天。

（民国《巴中县志·述异》）

[链接]

荒年叹

费衡（蓬安县人）

天灾原不常，所恃在国计。丁丑乃罹凶，百万一憔悴。
坡陀来孟夏，良苗何秀蔚，青青满郊原，丰年有佳气。
忽然阻风云，旱魃斯为祟。不雨首六月，迄于八月际。
山岳为之焦，川泽为之沸。禾黍空油油，反掌失新意，
化作白头翁，如雪盖大地。秋霖亦已足，残穗抽细细，
乃复亢阳之，得一亡十倍。以兹谷不登，物物见昂贵。
斗粟价千钱，畴云两相对。纤纤豆与麦，取直几一例。
斯民干戈后，具食但粗粝。迫此年岁荒，何以保生聚。
哀鸿满目来，亿兆盖不啻。养子道途闲，疗饥呻吟内。
始餐秋草根，次焉树皮继，桐麻及芭蕉，采撷无遗类。
店月宿寓稀，桥霜井灶备。心折粒食艰，野爨惜烦费。
幼弱亦生成，割爱忍抛弃。同居患难中，谁肯加存济。
长坑瘗男女，百里有腥秽，向来熏蒸余，或恐多疫疠。
吴盐断夔巫，蜀麻空阆利。即今西北区，有土人其毙。
太息元气伤，转见风俗替，沐猴窃冠裳，青衿委仆隶。
鬼弹飞昏朝，兽机伏暗昧。圣哲垂纪纲，荡逾等儿戏。
昊天本深仁，而偶降斯戾。吁嗟宰官身，催科即长技。
生灵竭脂膏，谁实阶之厉？活国术则无，安能起凋瘵。
再使世运昌，重睹雍熙岁，邑闻弦歌声，野绝庶人议。
巫尪避德威，常康呈祥瑞，解却倒悬危，除尽积年弊。
兹想恐徒然，感叹潸下泪，我欲叩黄扉，请旨蠲征税。

（光绪《蓬州志·艺文篇》）

[德碑]　　　　**达县吴氏叔侄救饥**（吴公纪念碑碑文，1877）

吴公纪念碑（在白衣场东北二里。清光绪丁丑大旱。吴公云嵋、眉生叔侄，捐办平粜数月，全活饥民甚众。乡人感其德，立石纪念。碑额曰："福庇乡邻。"）其碑文：丁丑秋，大旱无禾，斗米二千余钱。道殣相望，民不聊生。吴府贤竹林倡捐银千六百金，独办平粜。减价二十六场，普送一场。计三千五百余口。每口四合，定价每升百文。孤者五合，每升五十文。多者自一升起，少者至四合止。俱用汇斗，不兼杂粮。嗣因贫户太多，无钱承买。复创设籴所，贱发贵收。不惟本境蒙此便宜，且为远近城乡表率。自冬至春，历三月久，而一切章程洞悉利弊，存实心，行实惠，洵为各场平粜所不及。至于捐置义田，建议义冢，周恤流丐，旋送棺木，其功德更不一而足。众等沾感仁慈，全活性命，特树丰碑，以志异日不忘云尔。

贵州按察使筹巨款寄回乡赈饥："德溥（眉生，时任贵州按察使）筹巨金，驰书里门，（联其叔云嵋）开办平粜，全活甚众，乡人称颂义举。"

（民国《达县志》）